高等教育应用型本科人才培养系列教材

计算机应用数学

吕洋波　主　编
夏飞洋　副主编

哈尔滨工程大学出版社
Harbin Engineering University Press

内容简介

本书定位“应用型本科学生,融通学科体系,面向计算机信息领域,引导量化分析”的编写原则,密切结合专业需求,强化数学技术,注重数学思想和方法在计算机科学领域中的应用,针对应用型本科学生的培养特点,语言表述通俗简洁,深入浅出,可读性强。

本书可作为普通高校应用型本科计算机和信息类各专业高等数学课程的教材或参考书,也可供成人教育相关专业和自学考试的读者学习参考。

图书在版编目(CIP)数据

计算机应用数学. 吕洋波主编. —哈尔滨:哈尔滨工程大学出版社,2018.7(2021.3 重印)
ISBN 978-7-5661-2027-4

Ⅰ.①计… Ⅱ.①吕… Ⅲ.①电子计算机-应用数学-教材 Ⅳ.①TP301.6

中国版本图书馆 CIP 数据核字(2018)第 150746 号

选题策划 夏飞洋
责任编辑 夏飞洋
封面设计 刘长友

出版发行 哈尔滨工程大学出版社
社　　址 哈尔滨市南岗区南通大街 145 号
邮政编码 150001
发行电话 0451-82519328
传　　真 0451-82519699
经　　销 新华书店
印　　刷 北京中石油彩色印刷有限责任公司
开　　本 787 mm×1 092 mm 1/16
印　　张 18.25
字　　数 456 千字
版　　次 2018 年 7 月第 1 版
印　　次 2021 年 3 月第 3 次印刷
定　　价 48.00 元
http://www.hrbeupress.com
E-mail:heupress@hrbeu.edu.cn

前　言

本书定位“应用型本科学生，融通学科体系，面向计算机信息领域，引导量化分析”的编写原则，密切结合专业需求，强化数学技术，注重数学思想和方法在计算机科学领域中的应用，针对应用型本科学生的培养特点，语言表述通俗简洁，深入浅出，可读性强。同时，笔者根据应用型人才培养要求，经过对培养方向实际调研，开发本教材，以望对国家教育应用型人才培养大计做出贡献。

本书共 8 章，第 1 章函数、极限和连续，介绍函数、极限、连续性及其相关的基本概念、性质和计算；第 2 章导数与微分，介绍函数的导数和微分的概念，以及计算导数与微分的基本公式和方法；第 3 章导数的应用，是第 2 章的内容延续，主要是利用导数与微分这一方法来分析和研究函数的性质、图形及各种形态；第 4 章积分及其应用，主要介绍不定积分、定积分的概念与性质，分部积分法和积分表的使用及几何应用等；第 5 章矩阵化建模技术，主要介绍矩阵的概念及运算，矩阵的初等变换及逆矩阵，矩阵化建模技术的应用；第 6 章行列式、矩阵与线性方程组，介绍二、三阶行列式的性质及 n 阶行列式的计算方法，矩阵和逆矩阵的概念及其运算等；第 7 章计算方法初步，简要介绍在数值计算中常用的几种算法；第 8 章计算实验，简单介绍 MATLAB 及其数学应用。本教材最后附有积分表及参考程序，供教师和学生查找使用。

本书由吕洋波老师主编，在编写过程中得到了相关专家的指点和帮助。笔者查阅并借鉴的相关资料在参考文献中已列出，在这里一并表示感谢！

限于编者水平，书中内容难免有错误和纰漏之处，敬请专家及读者提出宝贵的意见和建议，在下次修订过程中一并改正。

编　者
2018 年 6 月

目　　录

第1章　函数、极限和连续

微积分是从研究函数概念开始的,它是高等数学的重要研究对象. 极限是自始至终贯穿于微积分的重要概念,它是研究微积分的重要工具,微积分中的导数、定积分等概念都是通过极限来定义的,因此,掌握极限的思想与方法是学好微积分的前提条件. 本章将介绍函数、极限、连续及其相关的基本概念、性质和计算.

1.1　函数的概念及其性质

1.1.1　基本知识

1. 常量与变量

我们在观察自然现象和研究实际问题的过程中,常常会遇到很多不同的量,这些量一般可分为两种:一种是在观察过程中保持不变的量,这种量称为常量,通常用字母 $a,b,c,\cdots$ 来表示;另一种是在观察过程中会起变化的量,这种量称为变量,通常用字母 $x,y,z\cdots$ 来表示. 例如,自由落体的下降时间和下降距离是变量,而落体的质量在这个过程中是常量.

2. 区间

任何变量都有一定的变化范围,有时变量可取任意实数值,有时又要受到某种条件的限制,若变量的变化范围是连续的,我们常用区间来表示.

设两个实数 a,b 且 $a<b$,则满足 $a\leqslant x\leqslant b$ 的实数的全体称为闭区间,记作 $[a,b]$;满足 $a<x<b$ 的实数的全体称为开区间,记作 (a,b);满足 $a\leqslant x<b$ 或 $a<x\leqslant b$ 的实数的全体称为半开半闭区间,除了有限区间之外,还有无限时间.

$(-\infty,a]$ 表示全体不大于 a 的实数,(∞,a) 表示全体小于 a 的实数,$[b,+\infty)$ 表示全体不小于 b 的实数,$(b,+\infty)$ 表示全体大于 b 的实数,$(-\infty,+\infty)$ 表示全体实数.

3. 邻域

邻域是在微积分中经常用到的一个概念.

在数轴上,以点 x_0 为中心的任何开区间称为点 x_0 的邻域,记作 $U(x_0)$. 设 δ 为任意一个正数($\delta>0$),则开区间 $(x_0-\delta,x_0+\delta)$ 就是点 x_0 的一个邻域,这个邻域称为点 x_0 的 δ 邻域,记作 $U(x_0,\delta)$,即 $U(x_0,\delta)=\{x\mid |x-x_0|<\delta\}$,其中点 x_0 称为邻域的中心,δ 称为邻域的半径.

有时用到的邻域需要把邻域的中心去掉,点 x_0 的 δ 邻域去掉中心 x_0 后称为点 x_0 的去心 δ 邻域,记作 $\mathring{U}(x_0,\delta)$,即 $\mathring{U}(x_0,\delta)=\{x\mid 0<|x-x_0|<\delta\}$. 我们把开区间 $(x_0-\delta,x_0)$ 称为点 x_0 的左 δ 邻域,把开区间 $(x_0,x_0+\delta)$ 称为点 x_0 的右 δ 邻域.

1.1.2 函数的概念

1. 引例

函数的概念在 17 世纪之前一直与公式紧密关联，到了 1837 年，德国数学家狄利克雷（Dirichlet，1805—1859）抽象出了直至今日仍易于为人们接受，且较为合理的函数概念.

我们先来考察两个具体例子.

【例 1-1】 一个自由落体，从开始下落时算起，经过的时间设为 t，在这段时间中落体的位移设为 s. 若不计阻力，则 s 与 t 之间有这样的依存关系：$s=\frac{1}{2}gt^2$（g 为重力加速度）.

【例 1-2】 图 1-1 给出了某一天的气温变化曲线，它表现了时间 t 与气温 T 之间的依存关系.

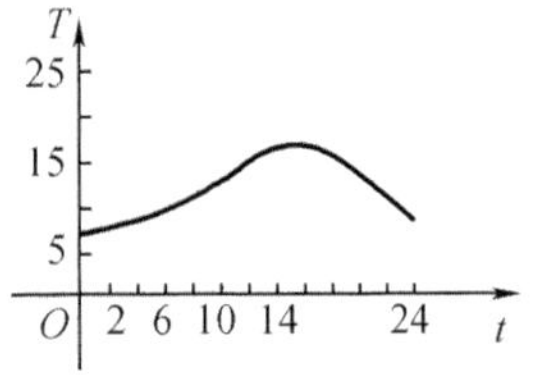

图 1-1

当 t 在 $[0,24]$ 内变化时，从曲线上可以找出气温的对应值.

上面的两个例子虽然实际意义不同，但是它们都是通过一定的对应法则来反映两个变量之间相互依赖的对应关系，函数的概念正是这样抽象出来的，下面我们对函数给出如下定义：

2. 函数的概念

定义 1-1 设有两个变量 x 和 y，若当变量 x 在非空实数集 D 内任意取定一个数值时，按照一定的法则 f，变量 y 总有唯一确定的数值与之对应，则称 y 是 x 的函数，记作

$$f:x\to y \text{ 或 } y=f(x),x\in D.$$

式中，变量 x 称为自变量，变量 y 称为因变量. 数集 D 称为函数 $y=f(x)$ 的定义域，记作 D_f. 当 x 取遍 D 中的一切数值时，对应的函数值 y 的全体所构成的集合称为函数 $y=f(x)$ 的值域，记作 R_f，用集合形式可表示为

$$R_f=\{y\mid y=f(x),x\in D\}.$$

若对于确定的 $x_0\in D$，通过对应法则 f，函数 $y=f(x)$ 有唯一确定的值 y_0 与之对应，则称 y_0 为函数 $y=f(x)$ 在 x_0 处的函数值，记作 $f(x_0)$ 或 $y\big|_{x=x_0}$.

坐标平面上的点集 $\{(x,y)\mid y=f(x),x\in D\}$ 称为函数 $y=f(x),x\in D$ 的图形，如图1-2所示.

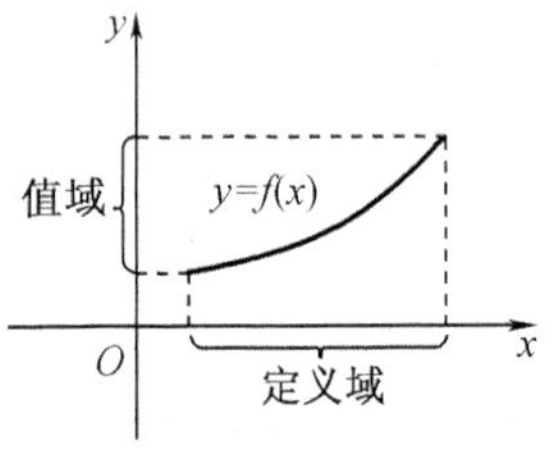

图 1-2

【例 1-3】 函数 $y=2x+1$ 的定义域是 $D_f=(-\infty,+\infty)$，值域是 $R_f=(-\infty,+\infty)$，其图形是一条直线，如图 1-3 所示.

【例 1-4】 函数 $y=|x|=\begin{cases}-x & x<0\\ x & x\geqslant 0\end{cases}$ 称为绝对值函数，它的定义域是 $D_f=(-\infty,+\infty)$，值域是 $R_f=[0,+\infty)$，它的图形如图 1-4 所示.

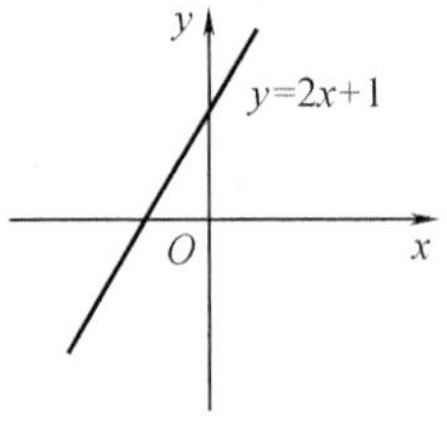

图 1-3

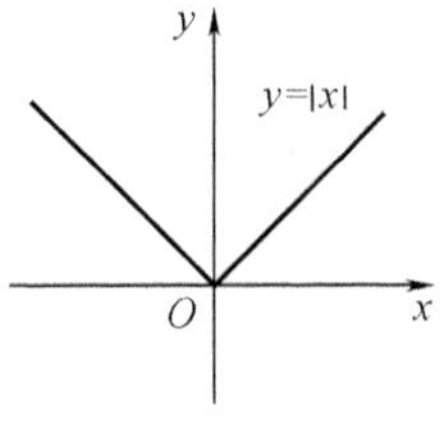

图 1-4

【例 1－5】 函数 $y=\operatorname{sgn}(x)=\begin{cases}1 & x>0\\ 0 & x=0\\ -1 & x<0\end{cases}$ 称为符号函数，它的定义域是 $D_f=(-\infty,+\infty)$，值域是 $R_f=\{-1,0,1\}$.

从例 1－4、例 1－5 中可以看出，有的函数要用几个式子来表示. 这种在其定义域的不同范围内，对应法则用不同的式子来表示的函数，称为分段函数.

需要注意的是，分段函数是一个函数，而不是几个函数；分段函数的定义域是各段函数定义域的并集，值域也是各函数值域的并集；分段函数的函数值是用自变量所在区间对应的式子来计算的.

通过对函数定义的分析不难发现，确定一个函数，起作用的两要素是：定义域和对应法则. 若两个函数的定义域相同且对应法则也相同，则这两个函数就相同，否则就不同.

【例 1－6】 下列各组函数是否相同，为什么？

(1) $f(x)=\sqrt{x^2}$，$g(x)=x$；　　(2) $f(x)=\dfrac{x^2-1}{x-1}$，$g(x)=x+1$；

(3) $f(x)=\sin^2 x$，$g(x)=1-\cos^2 x$.

解 (1) 不相同. 因为 $g(x)=\sqrt{x^2}=|x|$，$f(x)=x$，显然两个函数的对应法则不相同，所以 $f(x)$ 与 $g(x)$ 不相同.

(2) 不相同. 因为 $D_f=(-\infty,1)\cup(1,+\infty)$，$D_g=(-\infty,+\infty)$，显然两个函数的定义域不相同，所以 $f(x)$ 与 $g(x)$ 不相同.

(3) 相同. 因为 $g(x)=1-\cos^2 x=\sin^2 x$ 与 $f(x)=\sin^2 x$ 的定义域和对应法则都相同，所以 $f(x)$ 与 $g(x)$ 相同.

【例 1－7】 求下列函数的定义域.

(1) $f(x)=\dfrac{1}{4-x^2}-\sqrt{x+5}$；　　(2) $f(x)=\lg(9-x^2)+\dfrac{x}{\sqrt{x^2-1}}$.

解 (1) 要使 $f(x)=\dfrac{1}{4-x^2}-\sqrt{x+5}$ 有意义，必须有 $\begin{cases}4-x^2\neq 0\\ x+5\geqslant 0\end{cases}$，解得 $\begin{cases}x\neq\pm 2\\ x\geqslant -5\end{cases}$，所以该函数的定义域为 $D_f=[-5,-2)\cup(-2,2)\cup(2,+\infty)$.

(2) 要使 $f(x)=\lg(9-x^2)+\dfrac{x}{\sqrt{x^2-1}}$ 有意义，必须有 $\begin{cases}9-x^2>0\\ x^2-1>0\end{cases}$，解得 $\begin{cases}-3<x<3\\ x<-1 \text{ 或 } x>1\end{cases}$，所以该函数的定义域为 $D_f=(-3,-1)\cup(1,3)$.

1.1.3　函数的简单性质

1. 函数的有界性

设函数 $y=f(x)$ 在 D 上有定义，若存在正数 M，使对于任意 $x\in D$，都有 $|f(x)|\leqslant M$，则称函数 $y=f(x)$ 在 D 上有界；否则，称为无界. 若一个函数在它的整个定义域内有界，则称该函数为有界函数，有界函数的图形必位于两条直线 $y=M$ 与 $y=-M$ 之间.

例如，正弦函数 $y=\sin x$ 是有界函数，因为它在定义域 $(-\infty,+\infty)$ 内，总有 $|\sin x|\leqslant 1$.

2. 函数的单调性

设函数 $y=f(x)$ 在 D 上有定义，任取两点 $x_1,x_2\in D$，当 $x_1<x_2$ 时，有 $f(x_1)<f(x_2)$，则称函数 $y=f(x)$ 在 D 上是单调增加的；当 $x_1<x_2$ 时，有 $f(x_1)>f(x_2)$，则称函数 $y=f(x)$ 在 D 上是单调减少的.

单调增加或单调减少的函数，它们的图形分别是沿 x 轴正向逐渐上升或逐渐下降，分别如图 1－5(a) 和 (b) 所示.

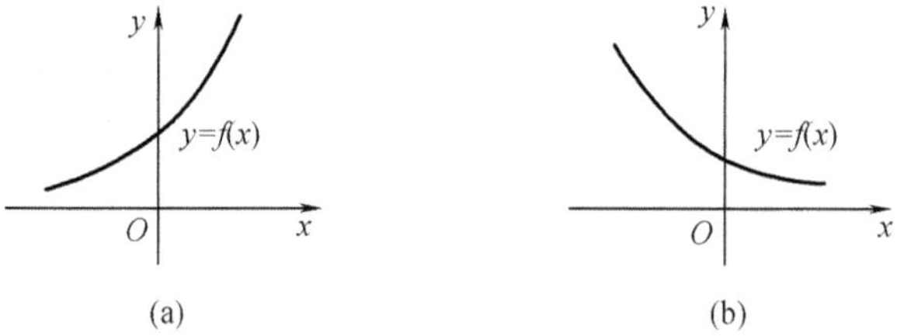

图 1－5

单调增加和单调减少的函数统称为单调函数. 若函数 $y=f(x)$ 在其定义域 D 内的某个区间内是单调的，则称这个区间为函数 $y=f(x)$ 的单调区间.

例如，$f(x)=x^2$ 在 $(-\infty,0]$ 上单调减少，$(-\infty,0]$ 为单调减少区间；在 $[0,+\infty)$ 上单调增加，$[0,+\infty)$ 为单调增加区间，但该函数在 $(-\infty,+\infty)$ 上不是单调函数.

3. 函数的奇偶性

设函数 $y=f(x)$ 的定义域 D 关于原点对称. 若任取 $x\in D$，都有 $f(-x)=f(x)$，则称 $y=f(x)$ 是 D 上的偶函数. 若任取 $x\in D$，都有 $f(-f)=-f(x)$，则称 $y=f(x)$ 是 D 上的奇函数.

从几何图形上看，偶函数的图像关于 y 轴对称，奇函数的图像关于原点对称.

例如，$f(x)=x^2$ 是偶函数，因为其定义域为 $(-\infty,+\infty)$，且 $f(-x)=(-x)^2=x^2=f(x)$；$f(x)=x^3$ 是奇函数，因为其定义域为 $(-\infty\ +\infty)$，且 $f(-1)=(-x)^3=-x^3=-f(x)$.

4. 函数的周期性

设函数 $y=f(x)$ 的定义域 D，若存在正数 T，对于任意 $x\in D$，有 $(x\pm T)\in D$，且 $f(x\pm T)=f(x)$，则称函数 $y=f(x)$ 是周期函数，T 称为 $f(x)$ 的周期. 通常我们说的周期函数的周期是指其最小正周期.

例如，正弦函数 $y=\sin x$ 和余弦函数 $y=\cos x$ 都是以 2π 为周期的周期函数.

1.1.4 反函数和复合函数

1. 反函数

定义 1－2 设给定 y 是 x 的函数，$y=f(x)$，若把 y 当作自变量，x 当作函数，则由关系式 $y=f(x)$ 所确定的函数 $x=\varphi(y)$ 称为函数 $y=f(x)$ 的反函数，记作 $x=f^{-1}(y)$，$y\in R_f$.

由定义可知，$y=f(x)$ 与 $x=f^{-1}(y)$ 互为反函数. 我们习惯上用 x 表示自变量，y 表示因变量，所以函数常习惯性地表示成 $y=f^{-1}(x)$ 的形式.

注意 (1) 函数 $y=f(x)$ 与其反函数 $x=f^{-1}(y)$ 表示同一个函数.

(2) 求反函数的方法：给出一个函数 $y=f(x)$，要求其反函数，只要把 x 用 y 表示出来，再交换 x 与 y 的位置即可.

【例 1-8】　求 $y=\sqrt[3]{x+1}$ 的反函数.

解　由 $y=\sqrt[3]{x+1}$ 解得 $x=y^3-1$，交换 x 与 y，得 $y=x^3-1$，即为所求反函数.

可以证明，函数 $y=f(x)$ 的图形与 $y=f^{-1}(x)$ 的图形关于直线 $y=x$ 对称.

2. 复合函数

定义 1-3　设 y 是 u 的函数，$y=f(u)$，而 u 又是 x 的函数，$u=g(x)$，且当 x 在 $u=g(x)$ 的定义域（或该定义域的一部分）D 内取值时，对应的 u 值使 y 有定义，则称 y 是 x 的一个定义于 D 的复合函数，记作

$$y=f[g(x)],\ x\in D,$$

称 $y=f(u)$ 为外层函数，$u=g(x)$ 为内层函数，u 为中间变量，x 为自变量，y 为因变量.

注意　(1) 函数 $u=g(x)$ 与函数 $y=f(u)$ 构成的复合函数通常记为 $f\circ g$，即

$$(f\circ g)(x)=f[g(x)].$$

(2) 不是任意两个函数都可以复合成一个复合函数的. 只有当函数 $y=f(u)$ 的定义域与函数 $u=g(x)$ 的值域有公共部分时，两个函数 $y=f(u)$ 与 $u=g(x)$ 才能复合成函数 $y=f[g(x)]$；否则，这两个函数就不能复合.

(3) 有时我们会遇到两个以上的函数构成的复合函数.

【例 1-9】　设 $f(x)=4x^2-x$，$g(x)=\sin x$，试写出 $f[g(x)]$、$g[f(x)]$ 的表达式.

解　$f[g(x)]=f(\sin x)=4\sin^2 x-\sin x$，$g[f(x)]=g(4x^2-x)=\sin(4x^2-x)$.

【例 1-10】　函数 $y=3^{(5x-1)^2}$ 可以看成由哪些函数复合而成？

解　原函数可以看成下列三个函数的复合：

$$y=3^u,\ u=v^2,\ v=5x-1,$$

式中 u 与 v 为中间变量.

【例 1-11】　设函数 $f(x)$ 的定义域为 $[1,2]$，求函数 $f(x-1)$ 的定义域.

解　因为 $f(u)$ 的定义域为 $[1,2]$，即 $1\leqslant u\leqslant 2$. 令 $u=x-1$，则 $1\leqslant x-1\leqslant 2$，即 $2\leqslant x\leqslant 3$，所以 $f(x-1)$ 的定义域为 $[2,3]$.

1.1.5　函数的四则运算

设函数 $f(x)$、$g(x)$ 的定义域分别为 D_1、D_2，$D=D_1\cap D_2\neq\varnothing$，则我们可以定义这两个函数具有下列运算：

和(差) $f\pm g$：　$(f\pm g)(x)=f(x)\pm g(x)$，$x\in D$.

积 $f\cdot g$：　$(f\cdot g)(x)=f(x)\cdot g(x)$，$x\in D$.

商 $\dfrac{f}{g}$：　$\left(\dfrac{f}{g}\right)(x)=\dfrac{f(x)}{g(x)}$，$x\in\{x\mid x\in D$ 且 $g(x)\neq 0\}$.

1.1.6　基本初等函数

(1) 常数函数 $y=C$（C 为常数）.

(2) 幂函数 $y=x^a$（a 为常数）.

(3) 指数函数 $y=a^x$（$a>0$ 且 $a\neq 1$）.

(4) 对数函数 $y=\log_a x$（$a>0$ 且 $a\neq 1$）.

(5)三角函数 $y=\sin x, y=\cos x, y=\tan x, y=\cot x, y=\sec x, y=\csc x$.

(6)反三角函数 $y=\arcsin x, y=\arccos x, y=\arctan x, y=\text{accot}\ x$.

这六种函数统称为基本初等函数,已在中学数学中学过,在这里就不多加叙述.

1.1.7 初等函数

由基本初等函数经过有限次四则运算和有限次复合运算所构成的,且可用一个解析式表示的函数称为初等函数;否则,称为非初等函数,今后我们讨论的函数.绝大多数都是初等函数.

例如,$y=\sqrt{1-x^2}$,$y=\sin^2 x$ 都是初等函数,而形如$f(x)=\begin{cases} x^2 & x>0 \\ \sin x & x\leqslant 0 \end{cases}$的分段函数通常不是初等函数.

习题 1－1

1. 下列各组函数是否相同,为什么?

(1)$f(x)=\ln x^2, g(x)=2\ln x$;　　(2)$f(x)=\lg x^3, g(x)=3\lg x$.

2. 求下列函数的定义域.

(1)$y=\dfrac{2x-1}{x^2-3x+2}$;　　(2)$y=\dfrac{1}{1-x^2}+\sqrt{x+2}$;

(3)$y=\sqrt{\lg\left(\dfrac{9x-x^2}{2}\right)-1}$;　　(4)$y=\arctan x+\sqrt{1-x}$.

3. 判断下列函数的奇偶性.

(1)$f(x)=x^3-x$;　　(2)$f(x)=\sin^3 x$;

(3)$f(x)=2^x-2^{-x}$;　　(4)$f(x)=x^2(1+x^4)$.

4. 设函数$f(x)=\arccos(\lg x)$,求$f(10^{-1}), f(1), f(10)$.

5. 设函数$f(x)=(x-1)^2, g(x)=\dfrac{1}{x+1}$,求

(1)$f[g(x)]$;　　(2)$g[f(x)]$;

(3)$f(x^2)$;　　(4)$g(x-1)$.

6. 设函数 $y=f(x)$的定义区间为$(0,1]$,求下列各函数的定义域.

(1)$f(x^2)$;　　(2)$f(\sin x)$;

(3)$f(\lg x)$;　　(4)$f\left(x-\dfrac{1}{2}\right)+f(\log_2 x)$.

7. 火车站收取行李费的规定是:当行李质量不超过 50 kg 时,按基本运费每千克收费 0.30 元计算;当超过 50 kg 时,超重部分按每千克 0.45 元收费.若某人从北京到某地,试求北京到该地的行李费 y(元)与质量 x(kg)之间的函数关系,并画出该函数的图形.

1.2　函数的极限

1.2.1　数列的极限

1. 数列的概念

定义 1-4　定义在正整数集上的函数 $a_n=f(n)(n=1,2,\cdots)$，其函数值按自变量 n 增大的次序排成一列数，$a_1,a_2,a_3,\cdots,a_n,\cdots$ 称为数列，记作：$\{a_n\}$.

其中 a_1 称为数列的首项，a_n 称为数列的一般项或通项.

例如，(1)$1,2,3,\cdots,n,\cdots$；(2)$1,\frac{1}{2},\frac{1}{3},\cdots,\frac{1}{n},\cdots$；(3)$1,-1,1,-1\cdots(-1)^{n-1},\cdots$都是数列，它们的通项分别为 $a_n=n,a_n=\frac{1}{n},a_n=(-1)^{n-1}$.

对于数列，我们主要关注的是，当项数 n 无限增大时，它的变化趋势.

例如，(1)当 n 无限增大时，$a_n=n$ 也随之无限增大；(2)当 n 无限增大时，$a_n=\frac{1}{n}$越来越小，且无限趋近于一个定值 0；(3)当 n 无限增大时，$a_n=(-1)^{n-1}$始终在 1 与 -1 之间交替取值. 为此，我们引入数列极限的定义.

2. 数列极限

定义 1-5　设有数列$\{a_n\}$和常数 A. 若当 n 无限增大时，a_n 无限趋近于 A，则称 A 是数列$\{a_n\}$的极限(或称数列$\{a_n\}$收敛于 A)，记作

$$\lim_{n\to\infty}a_n=A \text{ 或 } a_n\to A(n\to\infty),$$

否则，称数列$\{a_n\}$的极限不存在，或者说数列$\{a_n\}$是发散的.

数列极限的几何解释：将常数 A 和数列的各项 $a_1,a_2,a_3,\cdots,a_n,\cdots$在数轴上用对应的点表示，若数列$\{a_n\}$收敛于 A，则表示随着项数 n 越来越大，在数轴上表示 a_n 的点从点 A 的一侧(或两侧)越来越接近 A，如图 1-6 所示.

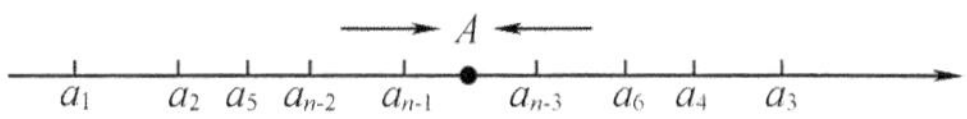

图 1-6

【例 1-12】　将下列数列在数轴上表示出来，并讨论其收敛性.

(1)$2,48,\cdots,2^n,\cdots$；

(2)$\frac{1}{2},\frac{2}{3},\frac{4}{3},\cdots,\frac{n}{n+1},\cdots$；

(3)$-1,1,-1,\cdots,(-1)^n,\cdots$.

解　将数列(1)(2)(3)在数轴上分别表示出来，如图 1-7 所示.

从数轴上可以看出，数列(1)(3)的极限不存在，它们是发散数列；数列(2)的极限是常数 1，记作

$$\lim_{n\to\infty}a_n=\lim_{n\to\infty}\frac{n}{n+1}=1.$$

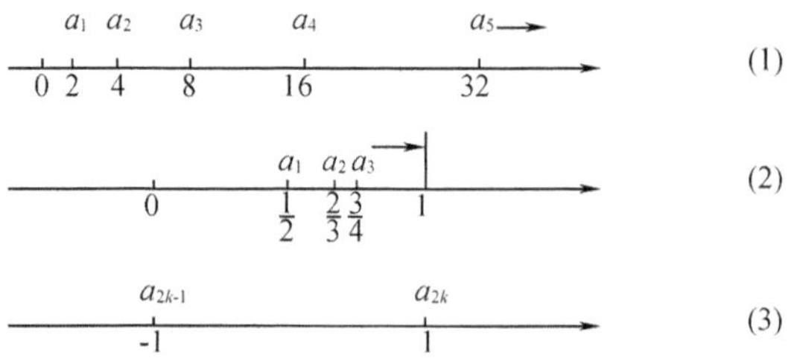

图 1－7

若数列$\{a_n\}$收敛，则该数列有如下性质：

性质 1（唯一性）　若数列$\{a_n\}$收敛，则该数列的极限唯一．

性质 2（界性性）　若数列$\{a_n\}$收敛，则该数列一定有界．

定理 1－1（单调有界原理）　单调有界数列必有极限．

推论　无界数列一定发散．

注　有界数列不一定收敛，发散数列不一定无界．

例如，数列$\{(-1)^n\}$是有界数列，但它是发散的．也就是说，数列有界是数列收敛的必要条件而非充分条件．

1.2.2　函数的极限

对于给定的函数$y=f(x)$，因变量y随着自变量x的变化而变化．若当自变量x无限接近于某个目标（数x_0或无穷大∞）时，因变量y无限接近于一个确定的常数A，则称函数$y=f(x)$以A为极限．下面我们根据自变量x无限接近于不同的目标，分别介绍函数的极限．

1．当$x\to\infty$时，函数$f(x)$的极限

【例 1－13】　函数$f(x)=\dfrac{1}{x}$的图形如图 1－8 所示，试判断其极限情况．

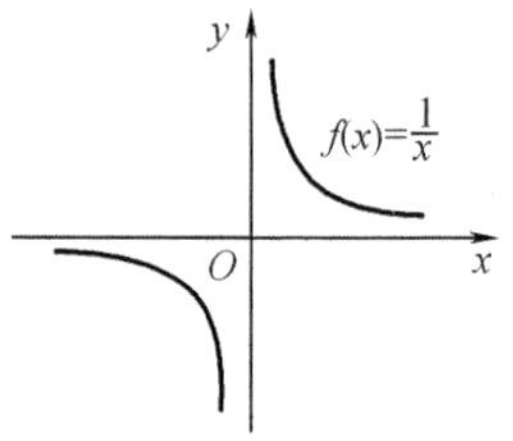

图 1－8

解　从图 1－8 可以看出，$f(x)\to 0\ (x\to-\infty)$，$f(x)\to 0\ (x\to+\infty)$，所以$\lim\limits_{n\to\infty}f(x)=0$，即当$x\to\infty$时，$f(x)$以 0 为极限．

定义 1－6　设函数$f(x)$对于绝对值无论多大的x都是有定义的，若当$|x|$无限增大（即$x\to\infty$）时，函数$f(x)$无限趋近于一个确定的常数A，则称常数A为函数$f(x)$当$x\to\infty$时的极限，记作

$$\lim_{x\to\infty}f(x)=A\ \text{或}\ f(x)\to A(x\to\infty).$$

有时需要区分趋于无穷大的符号，我们将x取正值无限增大，记作：$x\to+\infty$；将x取负值其绝对值无限增大，记作$x\to-\infty$．

类似地，若当$x\to-\infty$（或$x\to+\infty$）时，函数$f(x)$无限趋近于一个确定的常数A，则称常数A为函数$f(x)$当$x\to-\infty$（或$x\to+\infty$）时的极限，记作

$$\lim_{x\to\infty}f(x)=A\left(\text{或}\lim_{n\to+\infty}f(x)=A\right).$$

【例 1－14】　求当$x\to-\infty$与$x\to+\infty$时，$f(x)=\arctan x$的变化趋势，并判断当$x\to\infty$时，$f(x)$的极限是否存在．

解　由图 1－9 可得，$\lim\limits_{x\to\infty} f(x)=\lim\limits_{x\to\infty}\arctan x=-\dfrac{\pi}{2}$，$\lim\limits_{x\to+\infty} f(x)=\lim\limits_{x\to+\infty}\arctan x=\dfrac{\pi}{2}$，由定义 1－6 可知，当 $x\to\infty$ 时，$f(x)=\arctan x$ 无法趋近于一个确定的常数，所以当 $x\to\infty$ 时，$f(x)$的极限不存在.

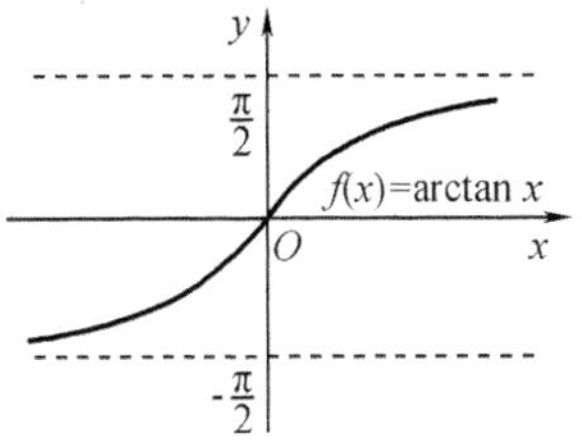

图 1－9

由例 1－14 的分析及定义 1－6，我们可得到下面的定理：

定理 1－2　$\lim\limits_{x\to\infty} f(x)=A$ 的充分必要条件是$\lim\limits_{x\to\infty} f(x)=A$ 且 $\lim\limits_{n\to+\infty} f(x)=A$.

2. 当 $x\to x_0$ 时，函数$f(x)$的极限

我们首先来观察函数$f(x)=x+1$（图 1－10）和函数$f(x)=\dfrac{x^2-1}{x-1}$（图 1－11），当 x 无限趋近于 1 时的变化趋势. 从图 1－10 和图 1－11 可看出，当自变量 x 从 1 的左右两侧无限趋近于 1 时，这两个函数的值都无限接近于 2. 由此可见，当 x 无限趋近于 1 时，这两个函数都以 2 为极限.

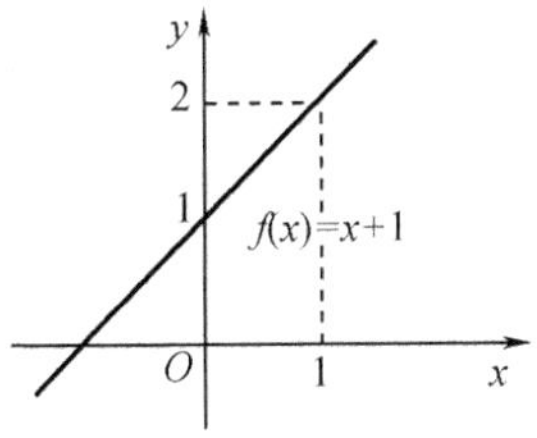

图 1－10

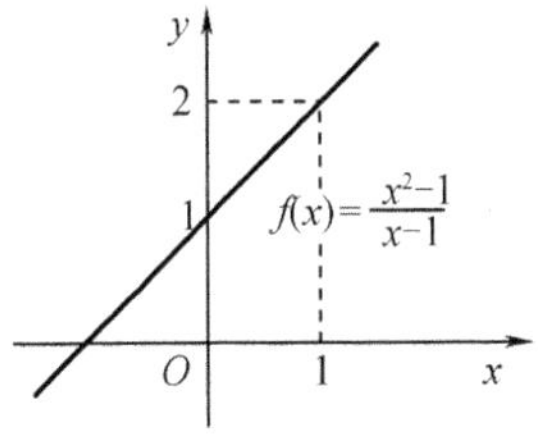

图 1－11

对于函数的这种变化趋势，我们给出如下定义：

定义 1－7　设函数$f(x)$在点 x_0 的某邻域内有定义（x_0 可以除外），若当 x 无限趋近于 $x_0(x\neq x_0)$时，函数$f(x)$无限趋近于一个确定的常数 A，则称常数 A 为函数$f(x)$当 $x\to x_0$ 时的极限，记作

$$\lim_{x\to x_0} f(x)=A \text{ 或 } f(x)\to A(x\to x_0).$$

注意　(1)极限研究的是当 $x\to x_0$ 时，$f(x)$的变化趋势，与$f(x)$在 x_0 处有无定义无关；(2)$x\to x_0$ 是指 x 从 x_0 的左右两侧趋近于 x_0.

有时，只需要研究 x 从 x_0 的某一侧趋近于 x_0 时，$f(x)$的变化趋势，下面就给出左极限和右极限的定义.

定义 1－8　若当 x 从 x_0 的左侧无限趋近于 x_0（即 $x\to x_0^-$）时，函数$f(x)$无限趋近于一个确定的常数 A，则称常数 A 为函数$f(x)$当 x 从左侧无限近于 x_0（即 $x\to x_0^-$）时的左极限，记作

$$\lim_{x\to x_0^-} f(x)=A \text{ 或 } f(x_0-0)=A.$$

类似地，若当 x 从 x_0 的右侧无限趋近于 x_0（即 $x\to x_0^+$）时，函数$f(x)$无限趋近于一个确定的常数 A，则称常数 A 为函数$f(x)$当 x 从右侧无限趋近于 x_0（即 $x\to x_0^+$）时的右极限，记作

$$\lim_{x\to x_0^+} f(x)=A \text{ 或 } f(x_0+0)=A.$$

左极限和右极限统称为单侧极限.

定理 1-3 $\lim\limits_{x\to x_0}f(x)=A$ 的充分必要条件是 $\lim\limits_{x\to x_0^-}f(x)=A$ 且 $\lim\limits_{x\to x_0^+}f(x)=A$.

【例 1-15】 设函数 $f(x)=\begin{cases}x & x\geqslant 0\\ \sin x & x<0\end{cases}$,判断 $\lim\limits_{x\to 0}f(x)$ 是否存在.

解 $\lim\limits_{x\to 0^-}f(x)=\lim\limits_{x\to 0^-}\sin x=0$,$\lim\limits_{x\to 0^+}f(x)=\lim\limits_{x\to 0^+}x=0$,由定理 1-3 可知,$\lim\limits_{x\to 0}f(x)=0$.

【例 1-16】 设函数 $f(x)=\begin{cases}x+1 & x>0\\ -x & x\leqslant 0\end{cases}$,画出该函数的图形,并判断 $\lim\limits_{x\to 0}f(x)$ 是否存在.

解 如图 1-12 所示,$\lim\limits_{x\to 0^-}f(x)=\lim\limits_{x\to 0^-}(-x)=0$,$\lim\limits_{x\to 0^+}f(x)=\lim\limits_{x\to 0^+}(x+1)=1$,由定理 1-3 可知,$\lim\limits_{x\to 0}f(x)$ 不存在.

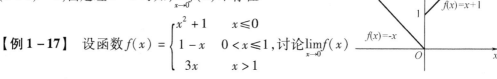

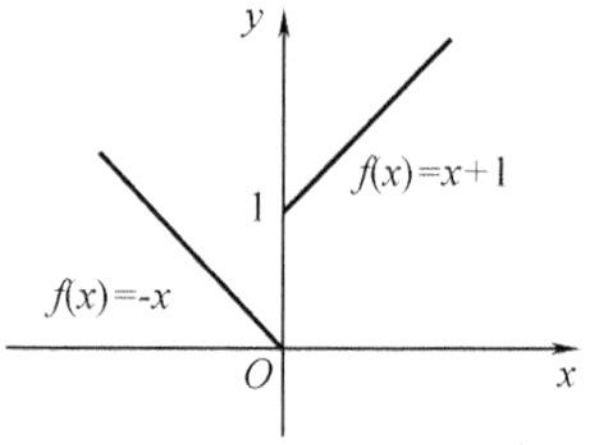

图 1-12

【例 1-17】 设函数 $f(x)=\begin{cases}x^2+1 & x\leqslant 0\\ 1-x & 0<x\leqslant 1\\ 3x & x>1\end{cases}$,讨论 $\lim\limits_{x\to 0}f(x)$ 和 $\lim\limits_{x\to 0}f(x)$ 是否存在.

解 因为 $\lim\limits_{x\to 0^-}f(x)=\lim\limits_{x\to 0^-}(x^2+1)=1$,$\lim\limits_{x\to 0^+}f(x)=\lim\limits_{x\to 0^+}(1-x)=1$,所以 $\lim\limits_{x\to 0}f(x)=1$;又 $\lim\limits_{x\to 1^-}f(x)=\lim\limits_{x\to 1^-}(1-x)=0$,$\lim\limits_{x\to 1^+}f(x)=\lim\limits_{x\to 1^+}(3x)=3$,所以 $\lim\limits_{x\to 1}f(x)$ 不存在.

1.2.3 函数极限的性质

以上讨论了函数极限的各种情形,它们描述的问题都是:自变量在某一变化过程中,函数值无限趋近于某一个确定的常数. 因此,它们有一系列的共性,下面以 $x\to x_0$ 为例给出函数极限的性质.

性质 1(唯一性) 若 $\lim\limits_{x\to x_0}f(x)$ 存在,则该函数的极限唯一.

性质 2(有界性) 若 $\lim\limits_{x\to x_0}f(x)$ 存在,则存在点 x_0 的某去心邻域,在该去心邻域内 $f(x)$ 有界.

性质 3(保号性) 若 $\lim\limits_{x\to x_0}f(x)=A$ 且 $A>0$(或 $A<0$),则存在点 x_0 的某去心邻域,在该去心邻域内 $f(x)>0$(或 $f(x)<0$).

推论 若在点 x_0 的某去心邻域内,$f(x)\geqslant 0$(或 $f(x)\leqslant 0$),且 $\lim\limits_{x\to x_0}f(x)=A$,则 $A\geqslant 0$(或 $A\leqslant 0$).

性质 4(夹逼准则) 若在点 x_0 的某去心邻域内,有 $g(x)\leqslant f(x)\leqslant h(x)$,$\lim\limits_{x\to x_0}g(x)=\lim\limits_{x\to x_0}h(x)=A$,则 $\lim\limits_{x\to x_0}f(x)=A$.

从直观上看,该准则是显然的. 当 $x\to x_0$ 时,函数 $g(x)$、$h(x)$ 的值无限逼近于常数 A,而夹在 $g(x)$ 与 $h(x)$ 之间的 $f(x)$ 的值也无限逼近于常数 A,即 $\lim\limits_{x\to x_0}f(x)=A$.

对于函数极限的上述四个性质,若把 $x\to x_0$ 换成自变量 x 的其他变化过程,有类似的结论成立.

【例 1-18】 求极限 $\lim\limits_{n\to\infty}\left(\dfrac{1}{\sqrt{n^2+1}}+\dfrac{1}{\sqrt{n^2+2}}+\cdots+\dfrac{1}{\sqrt{n^2+n}}\right)$.

解　因为$\frac{n}{\sqrt{n^2+n}}\leqslant\frac{1}{\sqrt{n^2+1}}+\frac{1}{\sqrt{n^2+2}}+\cdots+\frac{1}{\sqrt{n^2+n}}\leqslant\frac{n}{\sqrt{n^2+1}}$，又$\lim\limits_{n\to\infty}\frac{n}{\sqrt{n^2+n}}=\lim\limits_{n\to\infty}\frac{1}{\sqrt{1+\frac{1}{n}}}=1$，$\lim\limits_{n\to\infty}\frac{n}{\sqrt{n^2+1}}=\lim\limits_{n\to\infty}\frac{1}{\sqrt{1+\frac{1}{n^2}}}=1$，所以由夹逼准则，得

$$\lim_{n\to\infty}\left(\frac{1}{\sqrt{n^2+1}}+\frac{1}{\sqrt{n^2+2}}+\cdots+\frac{1}{\sqrt{n^2+n}}\right)=1$$

1.2.4　无穷小量与无穷大量

1. 无穷小量

定义 1-9　在自变量的某一变化过程中（当 $x\to x_0$ 或 $x\to\infty$ 时），极限为零的函数称为无穷小量（简称无穷小），即

若 $\lim\limits_{\substack{x\to x_0\\(x\to\infty)}}f(x)=0$，则称当 $x\to x_0$（当 $x\to\infty$）时，$f(x)$是无穷小量.

例如，因为$\lim\limits_{n\to\infty}\frac{1}{n}=0$，所以当 $n\to\infty$ 时，$\frac{1}{n}$是无穷小量；因为$\lim\limits_{x\to3}(x-3)=0$，所以当 $x\to3$ 时，$x-3$ 是无穷小量.

注意　(1)无穷小量（除 0 以外）是极限为 0 的变量，而不是很小的数；

(2)常数 0 是无穷小量，而无穷小量不是 0；

(3)无穷小量是相对于自变量的变化过程而言的.

例如，当 $x\to2$ 时，$2x-4$ 是无穷小量，但是当 $x\to1$ 时，$2x-4$ 就不是无穷小量.

性质 1　有限个无穷小量的代数和是无穷小量.

例如，当 $x\to0$ 时，x^2 和 $\sin x$ 都是无穷小量，$x^2\pm\sin x$ 也是无穷小量.

性质 2　有界变量与无穷小量的乘积是无穷小量.

例如，因为当 $x\to\infty$ 时，$\frac{1}{x}$是无穷小量，$|\sin x|\leqslant1$，即 $\sin x$ 是有界变量，所以$\frac{\sin x}{x}$是无穷小量.

由于常数可以看作有界变量，因此由性质 2 可得到下面的推论：

推论 1　常数与无穷小量的乘积是无穷小量.

由于无穷小量也是有界变量，所以由性质 2 还可得到下面推论：

推论 2　有限个无穷小量的乘积是无穷小量.

例如，当 $x\to0$ 时，$3x$ 和 $\sin x^2$ 都是无穷小量，$3x\sin x^2$ 也是无穷小量.

下面的定理说明无穷小量与极限的关系：

定理 1-4　$\lim\limits_{x\to x_0}f(x)=A$ 的充分必要条件是 $f(x)=A+\alpha(x)$，其中 $\alpha(x)$是无穷小量（$x\to x_0$ 时）.

2. 无穷大量

定义 1-10　在自变量的某一变化过程中（当 $x\to x_0$ 或 $x\to\infty$ 时），绝对值无限增大的函数称为无穷大量（简称无穷大），即

若 $\lim\limits_{\substack{x\to x_0\\(x\to\infty)}}f(x)=\infty$，则称当 $x\to x_0$（或 $x\to\infty$）时，$f(x)$是无穷大量.

当 $x\to x_0$ 或 $x\to\infty$ 时为无穷大的函数 $f(x)$，按照函数极限的定义来说，它的极限是不存

在的,但是为了方便叙述函数这一性质,我们也可以说“函数的极限是无穷大”,并记作

$$\lim_{x\to x_0}f(x)=\infty\ (\text{或}\lim_{x\to x_0}f(x)=\infty).$$

注意　(1)无穷大量是一种特殊的无界变量,而不是很大的数.

例如,1 000 000 是很大的数,但它不是无穷大量.

(2)无穷大量的代数和未必是无穷大量.

例如,当 $x\to+\infty$ 时,$-e^x$ 和 e^x 都是无穷大量,但 $-e^x+e^x$ 不是无穷大量而是无穷小量;当 $x\to1$ 时,$\frac{x^2}{x-1}$和$\frac{1}{x-1}$都是无穷大量,但$\frac{x^2}{x-1}-\frac{1}{x-1}$既不是无穷大量又不是无穷小量.

(3)无界变量未必是无穷大量.

例如,$x\sin x$ 在$(-\infty,+\infty)$内是无界变量,而当 $x\to0$ 时,$x\sin x$ 却不是无穷大量.

(4)无穷大量是相对于自变量的变化过程而言的.

例如,当 $x\to2$ 时,$\frac{1}{x-2}$是无穷大量,但是当 $x\to\infty$ 时,$\frac{1}{x-2}$是无穷小量.

当 $x\to x_0$ 或 $x\to\infty$ 时,函数 $f(x)$ 的绝对值无限增大包含以下两种特殊情况:

(1)函数 $f(x)$ 取正值且无限增大,称函数 $f(x)$ 为正无穷大量(简称正无穷大),记作$\lim\limits_{x\to x_0}f(x)=+\infty$ 或$\lim\limits_{x\to\infty}f(x)=+\infty$.

(2)函数 $f(x)$ 取负值且绝对值无限增大,称函数 $f(x)$ 为负无穷大量(简称负无穷大),记作$\lim\limits_{x\to x_0}f(x)=-\infty$ 或$\lim\limits_{x\to\infty}f(x)=-\infty$.

【例 1-19】　设函数 $y=x^2$ 和 $y=\ln x$,且它们的图形分别如图 1-13 和 1-14 所示,求$\lim\limits_{x\to\infty}x^2$ 和 $\lim\limits_{x\to0^+}\ln x$.

解　从图中可以看出:$\lim\limits_{x\to\infty}x^2=+\infty$,$\lim\limits_{x\to0^+}\ln x=-\infty$.

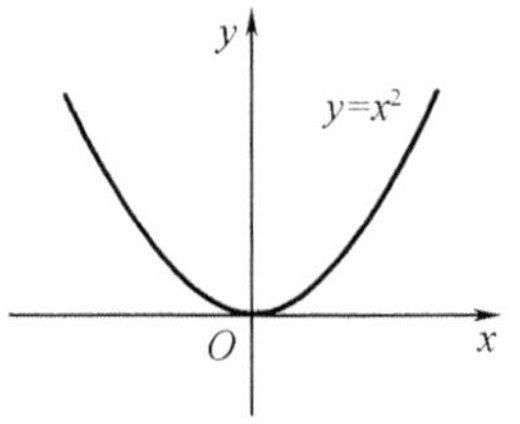

图 1-13

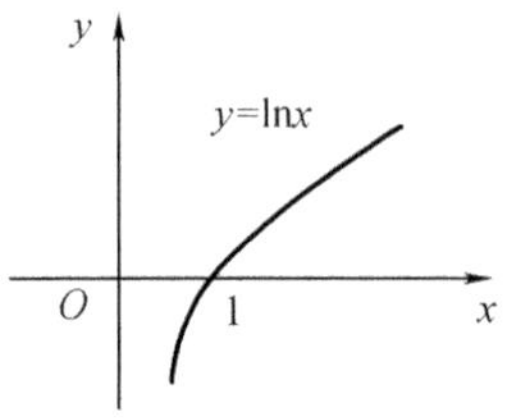

图 1-14

3. 无穷小量与无穷大量的关系

定理 1-5　在自变量 x 的同一变化过程中,若 $f(x)$ 是无穷大量,则$\frac{1}{f(x)}$是无穷小量;若 $f(x)$ 是非零无穷小量,则$\frac{1}{f(x)}$是无穷大量.

【例 1-20】　求(1)$\lim\limits_{x\to0}\frac{1}{x^2}$;(2)$\lim\limits_{x\to3}\frac{x+3}{x-3}$.

解　(1)因为$\lim\limits_{x\to0}x^2=0$,所以$\lim\limits_{x\to0}\frac{1}{x^2}=\infty$;

(2)因为$\lim\limits_{x\to3}\frac{x-3}{x+3}=0$,所以$\lim\limits_{x\to3}\frac{x+3}{x-3}=\infty$.

【例 1-21】 指出下列函数哪些是无穷小量,哪些是无穷大量.

(1) $y=\frac{1}{x-1}(x\to 1)$;　　(2) $y=2^x(x\to+\infty)$;

(3) $y=\left(\frac{1}{4}\right)^x(x\to+\infty)$;　　(4) $y=\frac{\sin\theta}{2+\sec\theta}(\theta\to 0)$.

解　因为 $\lim\limits_{x\to 1}\frac{1}{x-1}=\infty$, $\lim\limits_{x\to+\infty}2^x=+\infty$, $\lim\limits_{x\to+\infty}\left(\frac{1}{4}\right)^x=0$, $\lim\limits_{\theta\to 0}\frac{\sin\theta}{2+\sec\theta}=0$,所以(1)和(2)是无穷大量,(3)和(4)是无穷小量.

4. 无穷小量的比较

例如,当 $x\to 0$ 时, $2x$, x^2, $\sin x$ 都是无穷小量,而 $\lim\limits_{x\to 0}\frac{x^2}{2x}=0$, $\lim\limits_{x\to 0}\frac{2x}{x^2}=\infty$, $\lim\limits_{x\to 0}\frac{\sin x}{2x}=\frac{1}{2}$,两个无穷小量之比的极限的各种不同情况,反映了不同的无穷小量趋于零的"快慢"程度.

定义 1-11　设 α、β 是在自变量的同一变化过程中的两个无穷小量,

(1) $\lim\frac{\alpha}{\beta}=0$,则称 α 是比 β 高阶的无穷小量,记作: $\alpha=o(\beta)$;

(2) $\lim\frac{\alpha}{\beta}=\infty$,则称 α 是比 β 低阶的无穷小量;

(3) 若 $\lim\frac{\alpha}{\beta}=C$($C$ 为非零常数),则称 α 和 β 是同阶无穷小量;

(4) 若 $\lim\frac{\alpha}{\beta}=1$,则称 α 与 β 是等价无穷小量,记作 $\alpha\sim\beta$.

显然,等价无穷小是同阶无穷小的特殊情况,即 $C=1$ 的情形.

例如,因为 $\lim\limits_{x\to 0}\frac{3x^2}{x}=0$,所以当 $x\to 0$ 时, $3x^2$ 是比 x 高阶的无穷小量,即 $3x^2=o(x)(x\to 0)$;

因为 $\lim\limits_{n\to\infty}\frac{\frac{1}{n}}{\frac{1}{n^2}}=\infty$,所以当 $n\to\infty$ 时, $\frac{1}{n}$ 是比 $\frac{1}{n^2}$ 低阶的无穷小量;

因为 $\lim\limits_{x\to 3}\frac{x^2-9}{x-3}=6$,所以当 $x\to 3$ 时, x^2-9 与 $x-3$ 是同阶无穷小量;

因为 $\lim\limits_{x\to 0}\frac{\sin x}{x}=1$,所以当 $x\to 0$ 时, $\sin x$ 与 x 是等价无穷小量,即 $\sin x\sim x(x\to 0)$.

关于等价无穷小量,我们有下面的等价代换定理.

定理 1-6　若 $\alpha\sim\alpha'$, $\beta\sim\beta'$ 且 $\lim\frac{\beta'}{\alpha'}$ 存在,则 $\lim\frac{\beta}{\alpha}=\lim\frac{\beta'}{\alpha'}$.

证明　$\lim\frac{\beta}{\alpha}=\lim\left(\frac{\beta}{\beta'}\cdot\frac{\beta'}{\alpha'}\cdot\frac{\alpha'}{\alpha}\right)=\lim\frac{\beta}{\beta'}\cdot\lim\frac{\beta'}{\alpha'}\cdot\lim\frac{\alpha'}{\alpha}=\lim\frac{\beta'}{\alpha'}$.

可以证明,当 $x\to 0$ 时,常见的等价无穷小量有

(1) $\sin x\sim x$;　　(2) $\tan x\sim x$;

(3) $\arcsin x\sim x$;　　(4) $\arctan x\sim x$;

(5) $e^x-1\sim x$;　　(6) $\ln(1+x)\sim x$;

(7) $1-\cos x\sim\frac{x^2}{2}$;　　(8) $\sqrt[n]{1+x}-1\sim\frac{1}{n}x$.

利用等价代换定理可以简化极限的计算.

【例 1-22】 $\lim\limits_{x\to0}\dfrac{\sin 2x}{\tan 3x}=\lim\limits_{x\to0}\dfrac{2x}{3x}=\dfrac{2}{3}$.

【例 1-23】 $\lim\limits_{x\to0}\dfrac{1-\cos x}{x^2+x}=\lim\limits_{x\to0}\dfrac{\frac{x^2}{2}}{x^2+x}=\lim\limits_{x\to0}\dfrac{\frac{x}{2}}{x+1}=0$.

【例 1-24】 $\lim\limits_{x\to0}\dfrac{\ln(1+x)}{\sin x}=\lim\limits_{x\to0}\dfrac{x}{x}=1$.

必须注意的是,等价代换定理一般情况下只适用于积或商的形式,大同小异是适用于和或差的情形,否则很容易产生错误的结论.

例如,在求$\lim\limits_{x\to0}\dfrac{\tan x-\sin x}{x^3}$时,若盲目使用等价代换定理,就会得出

$$\lim_{x\to0}\frac{\tan x-\sin x}{x^3}=\lim_{x\to0}\frac{x-x}{x^3}=0$$

但实际上,正确的答案应该是

$$\lim_{x\to0}\frac{\tan x-\sin x}{x^3}=\lim_{x\to0}\frac{\sin x(1-\cos x)}{x^3\cos x}=\lim_{x\to0}\frac{\sin x}{x}\cdot\frac{1}{\cos x}\cdot\frac{1-\cos x}{x^2}=\frac{1}{2}$$

1.2.5 极限的运算

1. 极限的运算法则

设极限$\lim f(x)$和$\lim g(x)$都存在,则

(1) 函数和的极限等于极限的和:$\lim[f(x)+g(x)]=\lim f(x)+\lim g(x)$.

(2) 函数和的极限等于极限的差:$\lim[f(x)-g(x)]=\lim f(x)-\lim g(x)$.

(3) 函数和的极限等于极限的积:$\lim[f(x)g(x)]=\lim f(x)\lim g(x)$.

(4) 常数倍函数的极限等于函数极限的常数倍:$\lim[Cf(x)]=C\lim f(x)$(C 为常数).

(5) 函数商的极限等于极限的商,但要求分母函数的极限不为零:$\lim\dfrac{f(x)}{g(x)}=\dfrac{\lim f(x)}{\lim g(x)}$ ($\lim g(x)\neq0$).

(6) 函数乘方的极限等于函数极限的乘方:$\lim f^n(x)=[\lim f(x)]^n$(其中 n 为正整数).

(7) 函数开方的极限等于函数极限的开方:$\lim\sqrt[n]{f(x)}=\sqrt[n]{\lim f(x)}$(其中 n 为正整数,当 n 为偶数时,$\lim f(x)\geqslant0$).

注意 (1) 极限运算法则中的(1)(2)(3)可推广到有限个函数的情形;

(2) 利用该运算法则时要求各函数的极限都存在.

2. 利用极限的运算法则求极限

下面介绍几个基本极限公式:

(1) $\lim\limits_{x\to a}C=C$(C 为常数);

(2) $\lim\limits_{x\to a}x=a$;

(3) $\lim\limits_{x\to a}x^n=a^n$(由乘方性质可得到,其中 n 为正整数);

(4) $\lim\limits_{x\to a}\sqrt[n]{x}=\sqrt[n]{a}$(其中 n 为正整数,且当 n 为偶数时,假设 $a\geqslant0$).

利用以上极限运算法则和基本极限公式,可以计算多项式函数、有理函数(多项式函数

之商)及一些无理函数的极限.

【例 1-25】 求极限$\lim\limits_{x\to5}(2x^2-5x+3)$.

解 $$\lim_{x\to5}(2x^2-5x+3)=\lim_{x\to5}(2x^2)-\lim_{x\to5}(5x)+\lim_{x\to5}3$$
$$=2\lim_{x\to5}x^2-5\lim_{x\to5}x+\lim_{x\to5}3$$
$$=2\times5^2-5\times5+3=28$$

【例 1-26】 求极限$\lim\limits_{x\to-1}\dfrac{x^3+2x+1}{2-3x^2}$.

解 $$\lim_{x\to-1}\frac{x^3+2x+1}{2-3x^2}=\frac{\lim\limits_{x\to-1}(x^3+2x+1)}{\lim\limits_{x\to-1}(2-3x^2)}=\frac{(-1)^3+2\times(-1)+1}{2-3\times(-1)^2}=2.$$

可以看出上面例题中函数的极限值恰好等于将 5 和 -1 代入后的函数值. 事实上,利用极限的运算法则可以证明一般情形的结论仍然成立.

定理 1-7 对于多项式函数和有理函数(多项式函数之商),当 $x\to a$ 时,将 a 代入函数式得到的函数值等于函数的极限,即

$\lim\limits_{x\to a}P(x)=P(a)$,其中 $P(x)$ 为多项式函数;

$\lim\limits_{x\to a}\dfrac{P(x)}{Q(x)}=\dfrac{P(a)}{Q(a)}$,其中 $P(x)$,$Q(x)$ 都是多项式函数,且 $Q(a)\neq0$.

【例 1-27】 求极限$\lim\limits_{x\to1}\left(2x^3+3x+\dfrac{x+1}{x^2+1}\right)$.

分析 令$f(x)=2x^3+3x+\dfrac{x+1}{x^2+1}$,因为$f(x)$在 $x=1$ 处有定义,所以可用直接代入法求出极限.

解 $$\lim_{x\to1}\left(2x^3+3x+\frac{x+1}{x^2+1}\right)=\lim_{x\to1}(2x^3+3x)+\lim_{x\to1}\frac{x+1}{x^2+1}$$
$$=2\times1^3+3\times1+\frac{1+1}{1^2+1}=6.$$

【例 1-28】 求极限$\lim\limits_{x\to2}\dfrac{x^2+1}{x-2}$.

分析 令$f(x)=\dfrac{x^2+1}{x-2}$,因为$f(x)$在 $x=2$ 处无定义,所以不能用直接代入法求极限,但是可用无穷大和无穷小的关系求出极限.

解 $\lim\limits_{x\to2}\dfrac{1}{f(x)}=\lim\limits_{x\to2}\dfrac{x-2}{x^2+1}=0$,由无穷大与无穷小的关系可知,当 $x\to2$ 时,$f(x)$是无穷大,即$\lim\limits_{x\to2}\dfrac{x^2+1}{x-2}=\infty$.

【例 1-29】 求极限$\lim\limits_{x\to1}\dfrac{x^2-1}{2x^2-x-1}$.

分析 令$f(x)=\dfrac{x^2-1}{2x^2-x-1}$,因为$f(x)$在 $x=1$ 处无定义,所以不能用直接代入法求极限,但是我们考虑的是 x 无限趋近于 1 时$f(x)$的极限,当 x 趋近于 1 时满足 $x\neq1$,因此,此题可用化简法求出极限.

解 $\lim\limits_{x \to 1}\dfrac{x^2-1}{2x^2-x-1}=\lim\limits_{x \to 1}\dfrac{(x+1)(x-1)}{(2x+1)(x-1)}=\lim\limits_{x \to 1}\dfrac{x+1}{2x+1}=\dfrac{2}{3}.$

【例 1-30】 求极限$\lim\limits_{x \to 1}\left(\dfrac{1}{1-x}-\dfrac{3}{1-x^3}\right)$.

分析 当 $x \to 1$ 时,$\dfrac{1}{1-x}$和$\dfrac{3}{1-x^3}$的极限都不存在,所以不能用直接代入法求极限,但是可先通分后再求极限.

解
$$\begin{aligned}\lim_{x \to 1}\left(\frac{1}{1-x}-\frac{3}{1-x^3}\right)&=\lim_{x \to 1}\frac{x^2+x+1-3}{1-x^3}=\lim_{x \to 1}\frac{x^2+x-2}{1-x^3}\\&=\lim_{x \to 1}\frac{(1+2)(x-1)}{-(x-1)(x^2+x+1)}\\&=\lim_{x \to 1}\left(-\frac{x+2}{x^2+x+1}\right)=-1.\end{aligned}$$

【例 1-31】 求极限$\lim\limits_{x \to 0}\dfrac{x^2}{1-\sqrt{1+x^2}}$.

分析 当 $x \to 0$ 时,函数分子、分母的极限都为零,所以不能用直接代入法求极限,但是可先将分母有理化后再求极限.

解
$$\begin{aligned}\lim_{x \to 0}\frac{x^2}{1-\sqrt{1+x^2}}&=\lim_{x \to 0}\frac{x^2(1+\sqrt{1+x^2})}{(1-\sqrt{1+x^2})(1+\sqrt{1+x^2})}\\&=\lim_{x \to 0}(-1-\sqrt{1+x^2})=-2.\end{aligned}$$

【例 1-32】 求极限$\lim\limits_{x \to 0}x^2\sin\dfrac{1}{x}$.

分析 当 $x \to 0$ 时,x^2 是无穷小量,$\left|\sin\dfrac{1}{x}\right| \leqslant 1$,即 $\sin\dfrac{1}{x}$是有界变量,由无穷小量的性质 2,$x^2\sin\dfrac{1}{x}$应是无穷小量.

解 因为当 $x \to 0$ 时,x^2 是无穷小量,$\sin\dfrac{1}{x}$是有界变量,所以$\lim\limits_{x \to 0}x^2\sin\dfrac{1}{x}=0$.

【例 1-33】 求极限$\lim\limits_{n \to \infty}\left(1+\dfrac{1}{3}+\dfrac{1}{3^2}+\cdots+\dfrac{1}{3^n}\right)$.

分析 此例不能直接运用极限运算法则,但只要利用等比数列求和公式求出函数之和后,就能求极限.

解
$$\begin{aligned}\lim_{x \to \infty}\left(1+\frac{1}{3}+\frac{1}{3^2}+\cdots+\frac{1}{3^n}\right)&=\lim_{n \to \infty}\frac{1-\frac{1}{3^{n+1}}}{1-\frac{1}{3}}\\&=\frac{3}{2}\lim_{n \to \infty}\left(1-\frac{1}{3^{n+1}}\right)\\&=\frac{3}{2}.\end{aligned}$$

【例 1-34】 设函数$f(x)=\begin{cases}8-2x & x<4\\ \sqrt{x-4} & x>4\end{cases}$,判断$\lim\limits_{x \to 4}f(x)$是否存在,若存在,则求出

其值.

分析　利用极限存在的充分必要条件确定极限的存在性,并求出极限.

解　因为$\lim\limits_{x\to4^-}f(x)=\lim\limits_{x\to4^-}(8-2x)=0$,$\lim\limits_{x\to4^+}f(x)=\lim\limits_{x\to4^+}\sqrt{x-4}=0$,有$\lim\limits_{x\to4^+}f(x)=\lim\limits_{x\to4^-}f(x)=0$,所以$\lim\limits_{x\to4}f(x)=0$.

【例 1-35】　求下列极限.

(1) $\lim\limits_{x\to\infty}\dfrac{3x^2+2x+5}{4x^2+3x+1}$;　　(2) $\lim\limits_{x\to\infty}\dfrac{x^2+x+1}{x^3+2x^2+x}$;

(3) $\lim\limits_{x\to\infty}\dfrac{2x^2+x+1}{3x+5}$.

解　(1) $\lim\limits_{x\to\infty}\dfrac{3x^2+2x+5}{4x^2+3x+1}=\lim\limits_{x\to\infty}\dfrac{3+\dfrac{2}{x}+\dfrac{5}{x^2}}{4+\dfrac{3}{x}+\dfrac{1}{x^2}}=\dfrac{3+0+0}{4+0+0}=\dfrac{3}{4}$.

(2) $\lim\limits_{x\to\infty}\dfrac{x^2+x+1}{x^3+2x^2+x}=\lim\limits_{x\to\infty}\dfrac{\dfrac{1}{x}+\dfrac{1}{x^2}+\dfrac{1}{x^3}}{1+\dfrac{2}{x}+\dfrac{1}{x^2}}=\dfrac{0+0+0}{1+0+0}=0$.

(3) 因为$\lim\limits_{x\to\infty}\dfrac{3x+5}{2x^2+x+1}=\lim\limits_{x\to\infty}\dfrac{\dfrac{3}{x}+\dfrac{5}{x^2}}{2+\dfrac{1}{x}+\dfrac{1}{x^2}}=\dfrac{0+0}{2+0+0}=0$,所以由无穷大与无穷小的关系,可知$\lim\limits_{x\to\infty}\dfrac{2x^2+x+1}{3x+5}=\infty$.

综上所述,可以得到这样的结论:当 m、n 为非负整数,a_0、b_0 为非零常数时,则有

$$\lim_{x\to\infty}\frac{a_0x^m+a_1x^{m-1}+\cdots+a_m}{b_0x^n+b_1x^{n-1}+\cdots+b_n}=\begin{cases}0 & m<n\\ \dfrac{a_0}{b_0} & m=n.\\ \infty & m>n\end{cases}$$

上面的结论在求极限时可直接运用.

3. 利用两个重要极限公式求极限

(1) $\lim\limits_{x\to0}\dfrac{\sin x}{x}=1$;(2) $\lim\limits_{x\to\infty}\left(1+\dfrac{1}{x}\right)^x=\mathrm{e}$(其中 e 是无理数,e = 2.718 28…)

对于以上两个极限公式,只要求大家会利用这两个极限公式求一些极限.

注意　在利用重要极限求极限时,关键在于把要求的极限化成重要极限的标准型或它们的变形,这就要抓住重要极限和特征. 对于$\lim\limits_{x\to0}\dfrac{\sin x}{x}=1$,它表示无穷小量的正弦和它自己的比;对于$\lim\limits_{x\to\infty}\left(1+\dfrac{1}{x}\right)^x=\mathrm{e}$,它形如$(1+\text{无穷小量})^{\text{无穷大量}}$,其中无穷小量与无穷大量必须是互为倒数的形式.

上面两个重要极限公式还有相关的另外两种形式:

(1) $\lim\limits_{x\to\infty}\dfrac{\sin\frac{1}{x}}{\frac{1}{x}}=1$;　　(2) $\lim\limits_{x\to 0}(1+x)^{\frac{1}{x}}=\mathrm{e}$.

【例 1-36】 求极限 $\lim\limits_{x\to 0}\dfrac{\sin 5x}{x}$.

解 $\lim\limits_{x\to 0}\dfrac{\sin 5x}{x}=\lim\limits_{x\to 0}\dfrac{\sin 5x}{5x}\cdot 5=\lim\limits_{5x\to 0}\dfrac{\sin 5x}{5x}\cdot 5=5$.

【例 1-37】 求极限 $\lim\limits_{x\to 0}(1+2x)^{\frac{1}{x}}$.

解 $\lim\limits_{x\to 0}(1+2x)^{\frac{1}{x}}=\lim\limits_{x\to 0}[(1+2x)^{\frac{1}{2x}}]^2=\mathrm{e}^2$.

【例 1-38】 求极限 $\lim\limits_{x\to 0}\dfrac{1-\cos 2x}{x^2}$.

解 $\lim\limits_{x\to 0}\dfrac{1-\cos 2x}{x^2}=\lim\limits_{x\to 0}\dfrac{2\sin^2 x}{x^2}=2\lim\limits_{x\to 0}\left(\dfrac{\sin x}{x}\right)^2=2$.

【例 1-39】 求极限 $\lim\limits_{x\to\infty}\left(\dfrac{5x+7}{5x-3}\right)^x$.

解
$$\lim_{x\to\infty}\left(\frac{5x+7}{5x-3}\right)^x=\lim_{x\to\infty}\left(1+\frac{10}{5x-3}\right)^{\frac{5x-3}{10}\cdot 2+\frac{3}{5}}$$
$$=\lim_{x\to\infty}\left(1+\frac{10}{5x-3}\right)^{\frac{5x-3}{10}\cdot 2}\cdot\left(1+\frac{10}{5x-3}\right)^{\frac{3}{5}}=\mathrm{e}^2\cdot 1=\mathrm{e}^2.$$

习题 1-2

1. 设函数 $f(x)=\begin{cases}x^2 & x<0\\ x+1 & x\geqslant 0\end{cases}$，(1) 画出 $f(x)$ 的图形；(2) 求 $\lim\limits_{x\to 0^-}f(x)$ 和 $\lim\limits_{x\to 0^+}f(x)$.

2. 设函数 $f(x)=\begin{cases}2x-1 & x\leqslant 0\\ x^2+2 & 0<x\leqslant 1\\ \dfrac{3}{x} & x>1\end{cases}$，分别讨论 $\lim\limits_{x\to\infty}f(x)$ 和 $\lim\limits_{x\to 1}f(x)$ 是否存在.

3. 指出下列各式哪些是无穷小量，哪些是无穷大量.

(1) $\dfrac{1+2x}{x}(x\to 0)$;　　(2) $\log_2 x(x\to 0^+)$;

(3) $\dfrac{1}{x^2-4}(x\to 2)$;　　(4) $\dfrac{\sin x}{1+\cos x}(x\to 0)$;

(5) $\mathrm{e}^{-x}(x\to+\infty)$;　　(6) $\dfrac{1+2x}{x^2}(x\to\infty)$.

4. 求下列极限.

(1) $\lim\limits_{n\to\infty}\left(2+\dfrac{1}{n^2}\right)$;　　(2) $\lim\limits_{x\to 0}\sqrt{x^2-2x+5}$;

(3) $\lim\limits_{x\to\infty}\dfrac{x^2-1}{2x^2-x-1}$;　　(4) $\lim\limits_{x\to\infty}\dfrac{x^2+3x+1}{x^3+x^2+x}$;

(5) $\lim\limits_{x\to3}\dfrac{x^2-9}{x-3}$;　　(6) $\lim\limits_{x\to0}\dfrac{x^2}{1-\sqrt{1+x^2}}$;

(7) $\lim\limits_{x\to\frac{\pi}{6}}\ln(2\cos 2x)$;　　(8) $\lim\limits_{x\to\infty}\sqrt{2-\dfrac{\sin x}{x}}$.

5. 利用两个重要的极限公式求下列极限.

(1) $\lim\limits_{x\to0}\dfrac{\tan 3x}{x}$;　　(2) $\lim\limits_{n\to\infty}2^n\sin\dfrac{x}{2^n}(x\neq0)$;

(3) $\lim\limits_{x\to0}(1-x)^{\frac{1}{x}}$;　　(4) $\lim\limits_{x\to0}(1+2x)^{\frac{1}{x}}$;

(5) $\lim\limits_{x\to\infty}\left(\dfrac{2x+3}{2x-5}\right)^x$;　　(6) $\lim\limits_{x\to0}x\cot x$.

6. 利用等价无穷小代换求下列极限.

(1) $\lim\limits_{x\to0}\dfrac{1-\cos x}{x\sin x}$;　　(2) $\lim\limits_{x\to0}\dfrac{(e^x-1)\sin x}{1-\cos x}$;

(3) $\lim\limits_{x\to0}\dfrac{1-\cos 2x}{x\sin 3x}$;　　(4) $\lim\limits_{x\to0}\dfrac{\sin x^n}{\sin^m x}$(其中 m,n 为正整数).

7. 已知 a、b 为常数,且 $\lim\limits_{x\to\infty}\dfrac{ax^2+bx+5}{3x+2}=5$,求 a、b 的值.

8. 已知 a、b 为常数,且 $\lim\limits_{x\to2}\dfrac{ax+b}{x-2}=2$,求 a、b 的值.

1.3　函数的连续性

在许多实际问题中,变量的变化都是连续的,连续性是自然界中各种物态连续变化的数学体现,如水的连续流动、身高的连续增长、气温的变化等,这些不间断的现象反映的就是函数的连续性.

如图 1-15 所示,(a)中的图像是连续的,而(b)中的图像是间断的. 究竟怎样才叫连续呢? 单从图像上看是不行的,我们可以举出每点都连续但无法用图像表示的函数,图像只能帮助我们更形象化地理解这一概念. 为了对它做进一步的分析和研究,必须给"连续"以确切的定义.

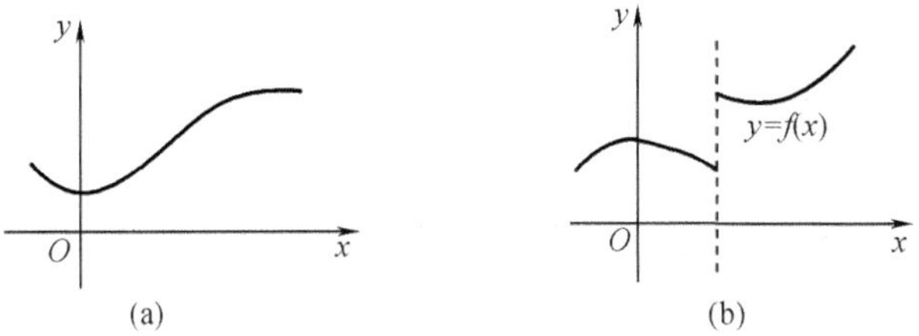

图 1-15

(a)连续;(b)间断

1.3.1　函数连续的定义

定义 1-12　设函数 $f(x)$ 在点 x_0 的某邻域内有定义,若 $\lim\limits_{x\to x_0}f(x)=f(x_0)$,则称函数 $f(x)$

在点 x_0 处连续.

定义 1-13 设函数 $f(x)$ 在点 x_0 的某左半邻域(或右半邻域)内有定义(含 x_0 在内),若 $\lim\limits_{x \to x_0^-} f(x)=f(x_0)$,则称函数 $f(x)$ 在点 x_0 处左连续;若 $\lim\limits_{x \to x_0^+} f(x)=f(x_0)$,则称函数 $f(x)$ 在点 x_0 处右连续.

由函数在一点处连续的定义和极限存在充要条件,有下面的定理:

定理 1-8 函数 $y=f(x)$ 在点 x_0 处连续的充分必要条件是函数 $y=f(x)$ 在点 x_0 处既左连续又右连续,即 $\lim\limits_{x \to x_0} f(x)=f(x_0) \Leftrightarrow \lim\limits_{x \to x_0^-} f(x)=\lim\limits_{x \to x_0^+} f(x)=f(x_0)$.

若函数 $f(x)$ 在开区间 (a,b) 内的每一点都连续,则称 $f(x)$ 在开区间 (a,b) 内连续. 若函数 $f(x)$ 在开区间 (a,b) 内连续,且在点 a 处右连续,在点 b 处左连续,则称 $f(x)$ 在闭区间 $[a,b]$ 上连续.

【例 1-40】 讨论函数 $f(x)=\begin{cases} x+1 & x \leqslant 0 \\ x^2+1 & x>0 \end{cases}$ 在点 $x=0$ 处的连续性.

解 因为 $\lim\limits_{x \to 0^-} f(x)=\lim\limits_{x \to 0^-}(x+1)=1$, $\lim\limits_{x \to 0^+} f(x)=\lim\limits_{x \to 0^+}(x^2+1)=1$, $f(0)=1$,即

$$\lim_{x \to 0^-} f(x)=\lim_{x \to 0^+} f(x)=f(0),$$

所以函数 $f(x)$ 在 $x=0$ 处连续.

1.3.2 函数的间断点

根据函数 $f(x)$ 在点 x_0 处连续的定义可知,若函数 $f(x)$ 在点 x_0 处连续,则 $f(x)$ 必须同时满足下面三个条件:

(1) 函数 $f(x)$ 在点 x_0 处有定义;

(2) 极限 $\lim\limits_{x \to x_0} f(x)$ 存在;

(3) 极限 $\lim\limits_{x \to x_0} f(x)$ 等于 $f(x_0)$.

当三个条件中有任何一个不成立时,我们就说函数 $f(x)$ 在点 x_0 处不连续,此时点 x_0 称为函数 $f(x)$ 的间断点或不连续点.

设函数 $f(x)$ 在点 x_0 处间断,通常根据 $f(x)$ 在点 x_0 处的左极限和右极限将间断点分为两大类:

(1) 若 $\lim\limits_{x \to x_0^-} f(x)$ 和 $\lim\limits_{x \to x_0^+} f(x)$ 都存在,则称点 x_0 为 $f(x)$ 的第一间断点,它包括可去间断点和跳跃间断点.

①可去间断点: $\lim\limits_{x \to x_0^-} f(x)$ 和 $\lim\limits_{x \to x_0^+} f(x)$ 存在且相等(即 $\lim\limits_{x \to x_0} f(x)$ 存在),但不等于 $f(x_0)$ 或 $f(x)$ 在点 x_0 处无定义;

不论 $f(x)$ 在点 x_0 处有无定义,只要补充定义 $f(x_0)=\lim\limits_{x \to x_0} f(x)$,就可使 $f(x)$ 在点 x_0 处连续,"可去"的意义就在于此.

②跳跃间断点: $\lim\limits_{x \to x_0^-} f(x)$ 和 $\lim\limits_{x \to x_0^+} f(x)$ 都存在,但不相等.

(2) $\lim\limits_{x \to x_0^-} f(x)$ 和 $\lim\limits_{x \to x_0^+}$ 至少有一个不存在,则称点 x_0 为 $f(x)$ 的第二类间断点,它包括无穷间断点和振荡间断点.

①无穷间断点: $f(x)$ 在点 x_0 处无定义,且 $\lim\limits_{x \to x_0^-} f(x)$ 和 $\lim\limits_{x \to x_0^+}$ 至少有一个是无穷大;

②振荡间断点：$f(x)$在点 x_0 处无定义，且当 $x\to x_0$ 时，$f(x)$的值在两个常数间变动无限多次.

【例 1-41】　讨论函数$f(x)=\begin{cases}x & x\neq 1\\ \dfrac{1}{2} & x=1\end{cases}$在 $x=1$ 处的连续性.

解　因为$\lim\limits_{x\to 1}f(x)=\lim\limits_{x\to 1}x=1$，但$f(1)=\dfrac{1}{2}$，即$\lim\limits_{x\to 1}f(x)\neq f(1)$，所以点 $x=1$ 是$f(x)$的可去间断点.

若改变$f(x)$在 $x=1$ 处的定义，令$f(1)=1$，即$f(x)=\begin{cases}x & x\neq 1\\ 1 & x=1\end{cases}$，也就是$f(x)=x$，则此时点 $x=1$ 就是$f(x)$的连续点.

【例 1-42】　讨论函数$f(x)=\dfrac{\sin x}{x}$在 $x=0$ 处的连续性.

解　因为$\lim\limits_{x\to 0}\dfrac{\sin x}{x}=1$，但$f(x)$在 $x=0$ 处无定义，所以 $x=0$ 是$f(x)$的可去间断点.

若补充$f(x)$在 $x=0$ 处的定义，令$f(0)=1$，则$f(x)=\begin{cases}\dfrac{\sin x}{x} & x\neq 0\\ 1 & x=0\end{cases}$，则此时点 $x=0$ 就是$f(x)$的连续点.

【例 1-43】　讨论函数$f(x)=\begin{cases}x-1 & x<0\\ \sqrt{1-x^2} & x\geqslant 0\end{cases}$在点 $x=0$ 处的连续性.

解　因为$\lim\limits_{x\to 0^-}f(x)=\lim\limits_{x\to 0^-}(x-1)=-1$，$\lim\limits_{x\to 0^+}f(x)=\lim\limits_{x\to 0^+}\sqrt{1-x^2}=1$，所以点 $x=0$ 是$f(x)$的跳跃间断点.

【例 1-44】　讨论函数$f(x)=\dfrac{1}{x-1}$在 $x=1$ 处的连续性.

解　因为$f(x)$在 $x=1$ 处无定义，且

$$\lim_{x\to 1^-}f(x)=\lim_{x\to 1^-}\frac{1}{x-1}=-\infty,\quad \lim_{x\to 1^+}f(x)=\lim_{x\to 1^+}\frac{1}{x-1}=+\infty$$

所以点 $x=1$ 是$f(x)$的无穷间断点.

【例 1-45】　讨论函数$f(x)=\sin\dfrac{1}{x}$在 $x=0$ 处的连续性.

解　因为$f(x)$在 $x=0$ 处无定义，且当 $x\to 0$ 时，$f(x)$的值在 -1 和 1 之间无限多次变动，所以点 $x=0$ 是$f(x)$的振荡间断点.

1.3.3　连续函数的性质

定理 1-9（连续函数的和、差、积、商的连续性）　若函数$f(x)$与 $g(x)$在点 x_0 处连续，则它们的和、差、积、商（分母不为零）也在点 x_0 处连续.

定理 1-10（反函数的连续性）　若函数 $y=f(x)$在区间 I_x 上单调增加（或单调减少）且连续，则它的反函数 $y=f^{-1}(x)$也在对应区间 $I_y=\{y\mid y=f(x),x\in I_x\}$上单调增加（或单调减少）且连续.

定理 1-11（复合函数的连续性）　设函数 $u=\varphi(x)$在点 $x=x_0$ 连续，$y=f(u)$在点 $u=$

$u_0(u_0=\varphi(x_0))$处连续,则复合函数 $y=f[\varphi(x)]$在点 $x=x_0$ 处连续.

注意 对于复合函数 $y=f[\varphi(x)]$,若$\lim\limits_{x\to x_0}\varphi(x)=a$,且$f(u)$在点 $u=a$ 处连续,则

$$\lim_{x\to x_0}f[\varphi(x)]=f[\lim_{x\to x_0}\varphi(x)].$$

1.3.4 初等函数的连续性

基本初等函数在它们的定义域内都是连续函数;一切初等函数在其定义区间(即包含在定义域内的区间)内都是连续的.因此,求初等函数的连续区间,就是求其定义区间.

特别需要注意的是,初等函数仅在其定义区间内连续,而在其定义域内不一定连续.

例如,函数$f(x)=\sqrt{2\cos x-2}$在其定义域内不连续.

根据初等函数连续性的结论,提供了一个求初等函数极限的简捷方法,即若$f(x)$是初等函数,且 x_0 是$f(x)$定义区间内的点,则$\lim\limits_{x\to x_0}f(x)=f(x_0)$.

关于分段函数的连续性,除按上述结论考虑每一函数的连续性外,还必须讨论分段点处的连续性.

【例 1-46】 求函数$f(x)=\dfrac{x^2+x+1}{\sqrt{x}}$的连续区间,并求$\lim\limits_{x\to 1}f(x)$.

解 因为$f(x)$是初等函数,且其定义域为$(0,+\infty)$,即$f(x)$在$(0,+\infty)$内连续,而 $x=1$在其定义区间内,所以$f(x)$在 $x=1$ 处连续,即

$$\lim_{x\to 1}f(x)=f(1)=\frac{1^2+1+1}{\sqrt{1}}=3.$$

【例 1-47】 求函数$f(x)=\dfrac{\ln(1+x)}{x}$的连续区间,并求$\lim\limits_{x\to 0}f(x)$.

解 因为$f(x)$是初等函数,且其定义域为$(-1,0)\cup(0,+\infty)$,即$f(x)$在$(-1,0)\cup(0,+\infty)$内连续,而 $x=0$ 不在其定义区间内,但是

$$\frac{\ln(1+x)}{x}=\frac{1}{x}\ln(1+x)=\ln[(1+x)^{\frac{1}{x}}],$$

而$\lim\limits_{x\to 0}(1+x)^{\frac{1}{x}}=\mathrm{e}$,且 $\ln u$ 在 $u=\mathrm{e}$ 处连续,所以

$$\lim_{x\to 0}\frac{\ln(1+x)}{x}=\lim_{x\to 0}\ln[(1+x)^{\frac{1}{x}}]=\ln[\lim_{x\to 0}(1+x)^{\frac{1}{x}}]=\ln \mathrm{e}=1$$

1.3.5 闭区间上连续函数的性质

闭区间上连续函数性质的证明涉及的知识面很广,在此,我们只给出结论而不予以证明.

定理 1-12(最大值和最小值定理) 若函数$f(x)$在闭区间$[a,b]$上连续,则函数$f(x)$在闭区间$[a,b]$上必有最大值和最小值.

例如,如图 1-16 所示,函数$f(x)$在 x_1 处取得最小值,在 x_2 处取得最大值.

注意 (1)若函数$f(x)$只在开区间上连续,则定理 1-12 的结论就不一定成立.

例如,函数$f(x)=x$在$(0,1)$连续,但它在$(0,1)$既无最大值又无最小值.

(2)若函数$f(x)$在闭区间上有间断点(即不连续),则定理 1-12 的结论也不一定成立.

例如，如图 1－17 所示，函数 $f(x)=\begin{cases}2-x & 0\leqslant x<2\\ 2 & x=2\\ 6-x & 2<x\leqslant 4\end{cases}$ 在闭区间 $[0,4]$ 上既无最大值又无最小值.

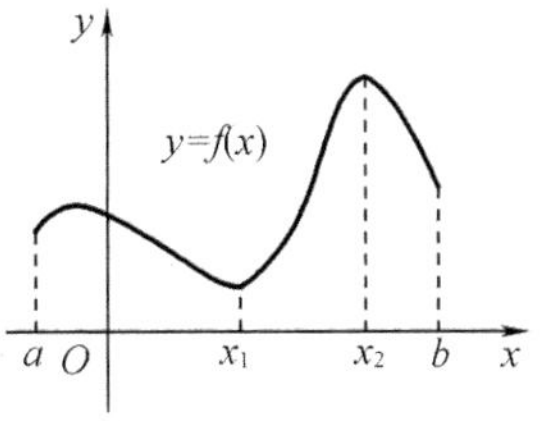

图 1－16

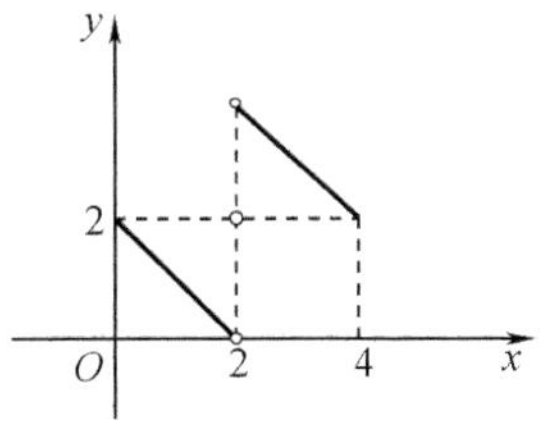

图 1－17

由定理 1－12 可以得到下面的推论：

推论　若函数 $f(x)$ 在闭区间 $[a,b]$ 上连续，则函数 $f(x)$ 在闭区间 $[a,b]$ 上有界.

定理 1－13（介值定理）　设函数 $f(x)$ 在闭区间 $[a,b]$ 上连续，且 $f(a)\neq f(b)$，则对于 $f(a)$ 与 $f(b)$ 之间的任何数 C，至少存在一点 $\xi\in(a,b)$，使得 $f(\xi)=C$.

即闭区间 $[a,b]$ 上的连续函数 $f(x)$，当 x 从 a 变化到 b 时，$f(x)$ 要经过 $f(a)$ 与 $f(b)$ 之间的一切数值.

推论 1　在闭区间 $[a,b]$ 上的连续函数 $f(x)$ 必能取得介于最大值 M 和最小值 m 之间的任何值.

推论 2（零点存在定理）　设函数 $f(x)$ 在闭区间 $[a,b]$ 上连续，且 $f(a)\cdot f(b)<0$，则至少存在一点 $\xi\in(a,b)$，使得 $f(\xi)=0$.

证明　由 $f(a)\cdot f(b)<0$ 可知，$f(a)$ 与 $f(b)$ 异号，零是介于 $f(a)$ 与 $f(b)$ 之间的一个数，由介值定理可知，在 (a,b) 内至少有一点 ξ，使得 $f(\xi)=0$.

推论 2 中的 ξ 显然就是方程 $f(x)=0$ 的一个根，这在解方程时可以帮助我们确定方程根的大体位置或判定方程在某一范围内是否有解.

【例 1－48】　证明：方程 $x^5-3x=1$ 至少有一个实根介于 1 和 2 之间.

证明　令 $f(x)=x^5-3x-1$，则 $f(x)$ 在 $[1,2]$ 上连续. 又 $f(1)=-3<0$，$f(2)=25>0$，即 $f(1)\cdot f(2)<0$，由零点存在定理可知，至少有一个实根 $\xi\in(1,2)$，使 $f(\xi)=0$，即

$$\xi^5-3\xi-1=0,$$

所以方程 $x^5-3x=1$ 至少有一个实根介于 1 和 2 之间.

习题 1－3

1. 讨论函数 $f(x)=\begin{cases}x^2+1 & x\leqslant 1\\ \dfrac{2}{x} & x>1\end{cases}$ 在点 $x=1$ 处的连续性.

2. 求函数 $f(x)=\dfrac{1}{\sqrt{x^2-1}}$ 的连续区间.

3. 求函数 $f(x)=\lg(3-x)$ 的连续区间，并求 $\lim\limits_{x\to -7} f(x)$.

4. 设函数 $f(x)=\begin{cases}1+e^x & x<0\\ x+2a & x\geqslant 0\end{cases}$，问常数 a 为何值时，函数 $f(x)$ 在 $(-\infty,+\infty)$ 内连续.

5. 指出下列函数的间断点，并判断是哪一类型的间断点.

(1) $f(x)=e^{\frac{1}{x}}$；　　(2) $f(x)=\arctan\dfrac{1}{x}$；

(3) $f(x)=\dfrac{1}{x^2-1}$；　　(4) $f(x)=\dfrac{x^2-1}{x^2-3x+2}$.

6. 试证：方程 $4x^3-6x^2+3x-2=0$ 至少有一个实根介于 1 和 2 之间.

7. 证明：方程 $x-2\sin x=1$ 至少有一个正根小于 3.

本 章 小 结

1. 函数

(1) 函数的概念.

(2) 函数的三要素：①定义域；②对应法则；③值域.

(3) 相同函数

判断两个及两个以上函数是否相同的条件：①定义域是否相同；②对应法则是否相同.

(4) 函数的定义域.

(5) 函数的性质：①有界性；②单调性；③奇偶性；④周期性.

(6) 反函数.

(7) 复合函数：①已知简单函数，求复合函数；②已知复合函数，分解为简单函数.

(8) 基本初等函数与初等函数.

2. 极限

(1) 数列的极限

①若数列 $\{a_n\}$ 收敛，则其极限唯一.

②若数列 $\{a_n\}$ 收敛，则其必定有界，但是有界数列不一定收敛.

③单调有界数列必有极限.

④无界数列一定发散.

(2) 函数的极限

① $\lim\limits_{x\to\infty} f(x)=A \Leftrightarrow \lim\limits_{x\to-\infty} f(x)=\lim\limits_{x\to+\infty} f(x)=A$.

② $\lim\limits_{x\to x_0} f(x)=A \Leftrightarrow \lim\limits_{x\to x_0^-} f(x)=\lim\limits_{x\to x_0^+} f(x)=A$.

③极限研究的是当 $x\to x_0$ 时，$f(x)$ 的变化趋势，与 $f(x)$ 在 x_0 处有无定义无关.

④函数极限的性质：唯一性，有界性，保号性，夹逼准则.

(3) 极限运算的方法：直接代入求极限，化简求极限，有理化求极限，通分求极限，利用无穷小和无穷大求极限，有理函数求极限，利用两个重要极限公式求极限.

(4) 无穷小量与无穷大量

①无穷小量不是很小的数而是极限为 0 的变量（除 0 以外）.

②有限个无穷小量的代数和是无穷小量,有界变量与无穷小量的乘积是无穷小量,常数与无穷小量的乘积是无穷小量,有限个无穷小量的乘积是无穷小量.

③无穷大量不是很大的数,而是一种特殊的无界变量. 无穷大量的代数和(差)未必是无穷大量,无界变量未必是无穷大量.

④无穷小量与无穷大量的关系.

⑤无穷小量的阶.

3. 函数的连续性

(1)函数 $f(x)$ 在点 x_0 处连续,即 $\lim\limits_{x\to x_0}f(x)=f(x_0)$.

(2)函数 $f(x)$ 在点 x_0 连续的充分必要条件是 $\lim\limits_{x\to x_0}f(x)=f(x_0)$.

(3)函数的间断点:第一类间断点包括可去间断点和跳跃间断点.

①可去间断点:$\lim\limits_{x\to x_0}f(x)$ 存在,但不等于 $f(x_0)$ 或 $f(x)$ 在点 x_0 处无定义.

②跳跃间断点:$f(x)$ 在 x_0 处左右极限都存在,但不相等.

第二类间断点包括无穷间断点和振荡间断点.

①无穷间断点:$f(x)$ 在 x_0 处无定义,且 $\lim\limits_{x\to x_0^-}f(x)$ 和 $\lim\limits_{x\to x_0^+}f(x)$ 至少有一个是无穷大量.

②振荡间断点:$f(x)$ 在 x_0 处无定义,且当 $x\to x_0$ 时,$f(x)$ 的值在两个常数间变动无限多次.

第一类间断点$\begin{cases}\text{可去间断点}\\\text{跳跃间断点}\end{cases}$;第二类间断点$\begin{cases}\text{无穷间断点}\\\text{振荡间断点}\end{cases}$.

(4)闭区间上连续函数的性质:最值定理,介值定理,零点存在定理.

知 识 拓 展

软件编程案例

我们熟悉的裴波那契(Fibonacci)数列,其数学函数为一个分段函数:

$$y=f(x)\ (x=0,1,2,3,4,5,\cdots).$$

当 x 为 0 或 1 时,其函数值为 1;当 $x>2$ 时,其函数值为它最近前两项函数值的和. 若用整数类型(int)来计算其函数值,则计算机编程实现如下:

1. C + + 程序实现裴波那契分段函数案例

```
# include < iostream >
using namespace std;


//迭代实现求裴波那契(Fibonacci)数列项
int Fibol(int n)
{
    //判断输入参数的合法性或有效性
    if(n <0||n >46)
    {
```

```
        cout < <"参数不在 0 到 46 之间,请检查!";
        return 0;
      }
  int a =0,b =1,c;
      if(n = =0)//求 Fibonacci 数列第 1 项值
        c =a;
      else if(n =1)//求 Fibonacci 数列第 2 项值
        c =b;
      else//迭代求 Fibonacci 数列第 2 项以后的值
      {
        for(int i =2;i < =n; + +i)
        {
          c =a +b,a =b,b =c;
      }
    }
      return c;
    }

  //递归实现求裴波那契(Fibonacci)数列项
  int Fibo2(int n)
  {
      //判断输入的合法性或有效性
      if(n <0||n >46)
      {
        cout < <"参数不在 0 到 46 之间,请检查!";
        return 0;
      }
      if(n = =0)//求 Fibonacci 数列第 1 项值
        return 0;
      if(n = =1)//求 Fibonacci 数列第 2 项值
        return 1;
      //递归求 Fibonacci 数列第 2 项以后的值
      return Fibo2(n -1) +Fibo2(n -2);
  }

  //调用函数 Fibo1 和 Fibo2,求裴波那契(Fibonacci)数列第 6 和 21 项
      int main(int argc,char * argv[])
      {
      cout < <"迭代求解裴波那契数列第 6 项值为;" < <Fibo1(5) < <endl;
      cout < <"递归求解裴波那契数列第 6 项值为;" < <Fibo2(5) < <endl;
```

```
    cout < < endl;
    cout < < "迭代求解裴波那契数列第 21 项值为;" < < Fibo1(20) < < endl;
    cout < < "递归求解裴波那契数列第 21 项值为;" < < Fibo2(20) < < endl;
    return 0;
```

2. JAVA 程序实现裴波那契分段函数案例

```
package hyPrg;

public class Func( ){
public Func( ){
    }

    //迭代实现求裴波那契(Fibonacci)数列项
    public int Fibol(int n)
    {
    //判断输入参数的合法性或有效性
    if(n <0||n >46)
    {
      System. out. print("参数不在 0 到 46 之间,请检查!");
      return 0;
    }
  int a =0,b =1,c;
  if(n = =0)//求 Fibonacci 数列第 1 项值
    c = a;
  else if(n = =1)//求 Fibonacci 数列第 2 项值
    c = b;
  else
  {
  //迭代求 Fibonacci 数列第 2 项以后的值
  for(int i =2;i <1 =n; + +i)
  {
    c = a + b;
    a = b;
    b = c;
  }
 }
}
return c;
}
```

```
//递归实现求裴波那契(Fibonacci)数列项
 public inf Fibo2(int n)
 {
        //判断输入参数的合法性或有效性
        if(n<0||n>46)
        {
        System. out. print("参数不在0到46之间,请检查!")
        return 0;
        }
      if(n = =0)//求 Fibonacci 数列第1项值
        return 0;
      if(n = =1)//求 Fibonacci 数列第2项值
        return 1;
      //递归求 Fibonacci 数列第2项以后的值
      return Fibo2(n-1) +Fibo2(n-2);
      }

      //调用函数 Fibo1 和 Fibo2,求裴波那契(Fibonacci)数列第6和第21项
      public static void main(String [ ]args)
      {
        Func ft = new Func( );
        System. out. println("迭代求解裴波那契数列第6项值为;" +ft. Fibo1(5));
        System. out. println("递归求解裴波那契数列第6项值为;" +ft. Fibo2(5));
        System. out. println("迭代求解裴波那契数列第21项值为;" +ft. Fibo1(20));
        System. out. println("递归求解裴波那契数列第21项值为;" +ft. Fibo1(20));
      }
    }
```

3. 程序运行结果

以上两个程序运行结果为:

迭代求解裴波那契数列第6项值为5;

递归求解裴波那契数列第6项值为5;

迭代求解裴波那契数列第21项值为6756;

递归求解裴波那契数列第21项值为6756.

复 习 题 1

1. 选择题.

(1)下列极限中,正确的是(　　).

A. $\lim\limits_{x\to 0}2^{\frac{1}{x}}=\infty$　　B. $\lim\limits_{x\to 0}2^{\frac{1}{x}}=0$　　C. $\lim\limits_{x\to 0}\sin\dfrac{1}{x}=0$　　D. $\lim\limits_{x\to 0}\dfrac{\sin x}{x}=0$

(2) 当 $x \to 0$ 时，下列各无穷小量与 x 相比是高阶无穷小量的是(　　).

A. $2x^2 + x$　　B. $\sin x^2$　　C. $x + \sin x$　　D. $x^2 + \sin x$

(3) 函数 $f(x) = \begin{cases} x-1 & 0 \leqslant x \leqslant 1 \\ 2-x & 1 < x \leqslant 2 \end{cases}$ 在 $x = 1$ 处间断是因为(　　).

A. $f(x)$ 在 $x = 1$ 处无定义　　B. $\lim\limits_{x \to 1^-} f(x)$ 不存在

C. $\lim\limits_{x \to 1} f(x)$ 不存在　　D $\lim\limits_{x \to 1^+} f(x)$ 不存在

(4) 当 $x \to 0$ 时，$\ln(1+x)$ 等价于(　　).

A. $1 + x$　　B. $1 - \frac{1}{2}x$　　C. x　　D. $1 + \ln x$

(5) 设函数 $f(x) = \begin{cases} \dfrac{x}{\sin 3x} & x < 0 \\ 2x - k & x \geqslant 0 \end{cases}$ 在 $x = 0$ 处连续，则 $k =$ (　　).

A. 3　　B. 2　　C. $\frac{1}{3}$　　D. $-\frac{1}{3}$

2. 填空题.

(1) 设函数 $f(x) = \dfrac{1 - \cos x}{x}$，则 $x = 0$ 是 $f(x)$ 的________间断点.

(2) 函数 $f(x)$ 在 $x = x_0$ 处连续是函数 $f(x)$ 在 $x = x_0$ 处有定义的________条件.

(3) 函数 $f(x) = |x|$ 在区间________上是连续的.

(4) 设极限 $\lim\limits_{x \to 0}(1 + ax)^{\frac{1}{x}} = 2$，则 $a =$ ________.

(5) 极限 $\lim\limits_{x \to 0} \dfrac{\sin(x^2 + 3x)}{2x^2 + x} =$ ________.

3. 求下列函数的定义域.

(1) $y = \dfrac{1}{1 - x^2} + \sqrt{x + 4}$；　　(2) $y = \dfrac{1}{\ln(4 - x)} + \sqrt{x^2 - 4}$；

(3) $y = \dfrac{1}{|x| + x}$；　　(4) $y = \log_3(x^2 - 5x + 6)$；

(5) $y = \sqrt{\sin x}$；　　(6) $f(x) = \begin{cases} x - 1 & -1 \leqslant x \leqslant 0 \\ x^2 + 1 & 0 < x \leqslant 1 \end{cases}$.

4. 下列函数是由哪些初等函数复合而成的?

(1) $y = \sin^2(1 + 2x)$；　　(2) $y = \tan \mathrm{e}^{5x}$；

(3) $y = \sqrt{\ln \tan x^2}$；　　(4) $y = [\arcsin(1 - x^2)]^3$.

5. 求下列各极限.

(1) $\lim\limits_{x \to 3\pi} \sin 3x$；　　(2) $\lim\limits_{x \to 3\pi} \cos 3x$；

(3) $\lim\limits_{x \to 2}(3x^3 - 2x + x - 1)$；　　(4) $\lim\limits_{x \to 0}(\mathrm{e}^{2x} + 2^x + 1)$；

(5) $\lim\limits_{x \to 1} \arctan x$；　　(6) $\lim\limits_{x \to \mathrm{e}} \dfrac{\ln x}{x}$；

(7) $\lim\limits_{x \to 0} x^2 \sin \dfrac{1}{x^2}$；　　(8) $\lim\limits_{x \to \infty} \dfrac{\sin x + \cos x}{x}$；

(9) $\lim\limits_{x \to 0}(1 - 3x)^{\frac{1}{x}}$；　　(10) $\lim\limits_{x \to 0} \dfrac{\sin x^3}{(\sin x)^3}$；

(11) $\lim\limits_{x\to\infty}\left(\frac{1+x}{x}\right)^{2x}$;　　(12) $\lim\limits_{x\to 0}\frac{\ln(1+2x)}{\tan 5x}$;

(13) $\lim\limits_{x\to 0}\frac{x^2\sin\frac{1}{x}}{\sin x}$;　　(14) $\lim\limits_{x\to 0}\frac{(1-\cos x)\arcsin x}{x^3}$.

6. 设函数 $f(x)=\begin{cases}|\sin x| & |x|\leqslant\frac{\pi}{3}\\ 0 & |x|>\frac{\pi}{2}\end{cases}$，求 $f\left(\frac{\pi}{6}\right)$，$f\left(-\frac{\pi}{4}\right)$，$f(-2)$.

7. 设 $\lim\limits_{x\to 0}\frac{f(x)}{x}=1$，求 $\lim\limits_{x\to 0}\frac{\sqrt{1+f(x)}-1}{x}$.

8. 指出下列函数的间断点，并判断是哪一类型的间断点.

(1) $f(x)=\frac{x^2-x}{|x|(x^2-1)}$　　(2) $f(x)=\frac{x+2}{x^2+x-6}$

9. 证明：方程 $4x=2^x$ 在区间 $\left(0,\frac{1}{2}\right)$ 内至少有一个实根.

10. 已知 $a>0,b>0$，证明方程 $x=a\sin x+b$ 至少有一个正根不超过 $a+b$.

第 2 章　导数与微分

微分学是高等数学的重要组成部分,它的基本概念是导数和微分,而导数和微分的概念是建立在极限概念的基础上的,其基本任务是解决函数的变化率问题及函数的增量问题. 本章将介绍函数的导数和微分的概念,以及计算导数与微分的基本公式和方法.

2.1 导数的概念

2.1.1 导数的引入

1. 变速直线运动的速度

速度这一概念是我们经常遇到的. 例如,若某人步行时每小时走 5 km,则这个人步行的速度是 5 km/h;某汽车在 3 h 内共行驶了 120 km,则它的速度是 40 km/h.

这都是平均速度,它在一定程度上反映了物体的运动,但是还不能说明这辆车在哪些时刻开得快,哪些时刻开得慢,以及快多少慢多少.

科学的发展不仅需要计算平均速度,还要计算在任何一个时刻的瞬时速度. 那么如何求瞬时速度呢?

设物体作变速直线运动,运动方程(路程 s 与时间 t 的函数关系)为 $s=s(t)$,求物体在 t_0 时刻的瞬时速度.

当时间由 t_0 变到 $t_0+\Delta t$ 时,相应的路程由 $s(t_0)$ 变到 $s(t_0+\Delta t)$,则物体在 $[t_0,t_0+\Delta t]$ 时间区间内的平均速度为 $\bar{v}=\dfrac{\Delta s}{\Delta t}=\dfrac{s(t_0+\Delta t)-s(t_0)}{\Delta t}$.

当 Δt 很小时,物体在 $[t_0,t_0+\Delta t]$ 内运动速度变化不大,可近似看作匀速运动;Δt 越小时,这个平均速度越接近 t_0 时刻的瞬时速度;当 $\Delta t\to 0$ 时,平均速度的极限值就是物体在 t_0 时刻的瞬时速度,即 $v(t_0)=\lim\limits_{\Delta t\to 0}\dfrac{\Delta s}{\Delta t}=\lim\limits_{\Delta t\to 0}\dfrac{s(t_0+\Delta t)-s(t_0)}{\Delta t}$.

2. 切线问题

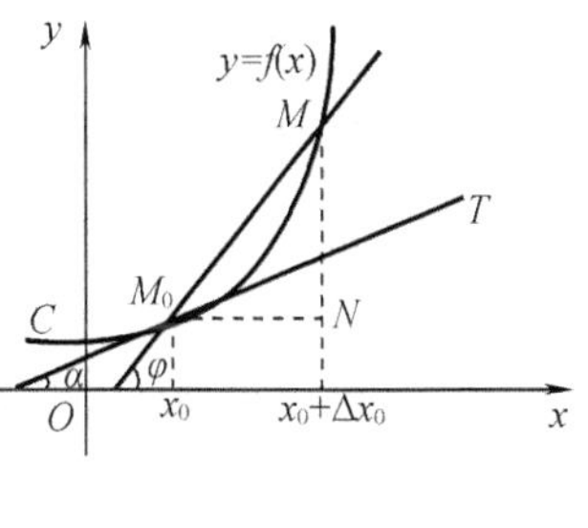

图 2－1

设曲线 C 是函数 $y=f(x)$ 的图形,如图 2－1 所示,求在给定点 $M_0(x_0,f(x_0))$ 处的切线的斜率. 过点 $M_0(x_0,f(x_0))$ 及点 $M(x_0+\Delta x,f(x_0+\Delta x))$ 引割线 M_0M,则 M_0M 的斜率为

$$\tan\varphi=\frac{MN}{M_0N}=\frac{\Delta y}{\Delta x}=\frac{f(x_0+\Delta x)-f(x_0)}{\Delta x}$$

当 M 沿着曲线 C 趋向于 M_0 时,割线 M_0M 的极限位置是直线 M_0T,这正是曲线 C 在点 M_0 处的切线. 因此,切线的斜率为

$$\tan\alpha=\lim_{M\to M_0}\tan\varphi=\lim_{\Delta x\to 0}\frac{\Delta y}{\Delta x}=\lim_{\Delta x\to 0}\frac{f(x_0+\Delta x)-f(x_0)}{\Delta x}$$

上面我们考虑了两个问题,类似的问题不难从物理、化学等学科中找到,如比热容问题、密度问题、电流强度问题.虽然它们属于不同科学领域,但是都可以导出与上面两个问题相同的数学运算.

通过上面的考察看到,函数增量与自变量增量之比表示函数的平均变化率,若当自变量增量趋于零,增量之比的极限存在,则这个极限就是函数曲线过定点的切线斜率.当函数是路程函数时,这个极限就是瞬时速度.下面我们把"增量之比极限"抽象出来作为导数的定义.

2.1.2 导数的概念

1. 函数 $f(x)$ 在点 x_0 处的导数

定义 2-1 设函数 $y=f(x)$ 在点 x_0 的某邻域内有定义,当自变量 x 在 x_0 处有增量 Δx($\Delta x\neq 0$)时,相应的函数值有增量 $\Delta y=f(x_0+\Delta x)-f(x_0)$,若当 $\Delta x\to 0$ 时,$\frac{\Delta y}{\Delta x}$的极限存在,即

$$\lim_{\Delta x\to 0}\frac{\Delta y}{\Delta x}=\lim_{\Delta x\to 0}\frac{f(x_0+\Delta x)-f(x_0)}{\Delta x}$$

存在,则称此极限值为函数 $y=f(x)$ 在 x_0 处的**导数**,并称函数 $f(x)$ 在 x_0 处可导,记作

$$f'(x_0)\text{或}\,y'\Big|_{x=x_0}\text{或}\frac{\mathrm{d}f(x)}{\mathrm{d}x}\Big|_{x=x_0}\text{或}\left.\frac{\mathrm{d}y}{\mathrm{d}x}\right|_{x=x_0},$$

即

$$f'(x_0)=\lim_{\Delta x\to 0}\frac{\Delta y}{\Delta x}=\lim_{\Delta x\to 0}\frac{f(x_0+\Delta x)-f(x_0)}{\Delta x}. \qquad (2-1)$$

若$\lim\limits_{\Delta x\to 0}\frac{\Delta y}{\Delta x}$不存在,则称函数 $f(x)$ 在点 x_0 处不可导;若$\lim\limits_{\Delta x\to 0}\frac{\Delta y}{\Delta x}=\infty$(导数不存在),为方便起见,也称函数 $f(x)$ 在点 x_0 处的导数为无穷大.

$\frac{\Delta y}{\Delta x}$称为 $f(x)$ 在区间 $[x_0,x_0+\Delta x]$ 上的**平均变化率**,导数 $f'(x_0)$ 也称为 $f(x)$ 在 x_0 处的**瞬时变化率(简称变化率)**.

由定义 2-1 可知,前面两个引例中瞬时速度 $v(t_0)=s'(t_0)$,切线斜率 $\tan\alpha=f'(x_0)$.

根据导数的定义,求函数 $y=f(x)$ 在点 x_0 处的导数有以下三个步骤:

第一步:求增量(函数改变量)$\Delta y=f(x_0+\Delta x)-f(x_0)$;

第二步:求比值(平均变化率)$\frac{\Delta y}{\Delta x}=\frac{f(x_0+\Delta x)-f(x_0)}{\Delta x}$;

第三步:求极限(瞬时变化率)$f'(x_0)=\lim\limits_{\Delta x\to 0}\frac{\Delta y}{\Delta x}$.

导数 $f'(x_0)$ 反映的是函数 $f(x)$ 在点 x_0 处的变化率,若在式(2-1)中令 $x=x_0+\Delta x$,则 $\Delta x=x-x_0$;当 $\Delta x\to 0$ 时,有 $x\to x_0$,于是导数定义中式(2-1)可写成

$$f'(x_0)=\lim_{x\to x_0}\frac{f(x)-f(x_0)}{x-x_0} \qquad (2-2)$$

注意　函数 $f(x)$ 在点 x_0 处的导数的两种表示式(2－1)和式(2－2)是等价的,后面会经常用到.

2. 函数 $f(x)$ 在区间 (a,b) 内的导数

定义 2－2　若函数 $f(x)$ 在区间 (a,b) 内每一点都可导,则称函数 $f(x)$ 在区间 (a,b) 内可导. 这时函数对于区间 (a,b) 内每一个确定的值 x_0,都有一个确定的导数值 $f'(x_0)$ 与之对应,这样就构成了一个新的函数,这个函数称为函数 $f(x)$ 的导函数,记作

$$f'(x)\text{或}y'\text{或}\frac{dy}{dx}\text{或}\frac{df(x)}{dx},$$

即

$$f'(x)=\lim_{\Delta x\to 0}\frac{f(x+\Delta x)-f(x)}{\Delta x}.$$

显然,函数 $f(x)$ 在 x_0 处的导数 $f'(x_0)$ 就是导函数 $f'(x)$ 在点 x_0 处的函数值,即

$$f'(x_0)=f'(x)\big|_{x=x_0},$$

在不致混淆的情况下,导函数 $f'(x)$ 可简称导数.

【例 2－1】　设函数 $f(x)=x^2$,求 $f'(x)$ 和 $f'(2)$.

解　由导数的定义,得

$$\begin{aligned}f'(x)&=\lim_{\Delta x\to 0}\frac{f(x+\Delta x)-f(x)}{\Delta x}=\lim_{\Delta x\to 0}\frac{(x+\Delta x)^2-x^2}{\Delta x}\\&=\lim_{\Delta x\to 0}(2x+\Delta x)=2x,\end{aligned}$$

所以 $f'(2)=f'(x)\big|_{x=2}=2\times 2=4$.

3. 单侧导数

定义 2－3　若 $\lim\limits_{\Delta x\to 0^-}\dfrac{f(x_0+\Delta x)-f(x_0)}{\Delta x}$ 存在,则称此极限值为 $f(x)$ 在点 x_0 处的左导数,记作 $f'_-(x_0)$;若 $\lim\limits_{\Delta x\to 0^+}\dfrac{f(x_0+\Delta x)-f(x_0)}{\Delta x}$ 存在,则称此极限值为 $f(x)$ 在点 x_0 处的右导数,记作:$f'_+(x_0)$. 左导数 $f'_-(x_0)$ 和右导数 $f'_+(x_0)$ 统称为 $f(x)$ 在点 x_0 处的单侧导数.

在 $f'_-(x_0)=\lim\limits_{\Delta x\to 0^-}\dfrac{f(x_0+\Delta x)-f(x_0)}{\Delta x}$ 中,若令 $x=x_0+\Delta x$,则 $\Delta x=x-x_0$;当 $\Delta x\to 0^-$ 时,有 $x\to x_0^-$,于是 $f'_-(x_0)=\lim\limits_{x\to x_0^-}\dfrac{f(x)-f(x_0)}{x-x_0}$;同理,可得 $f'_+(x_0)=\lim\limits_{x\to x_0^+}\dfrac{f(x)-f(x_0)}{x-x_0}$.

由函数在一点处导数的定义和极限存在的充要条件可知,函数 $f(x)$ 在点 x_0 处可导的充分必要条件是左导数 $f'_-(x_0)$ 与右导数 $f'_+(x_0)$ 都存在且相等,即

$$f'(x_0)=A\Leftrightarrow f'_-(x_0)=f'_+(x_0)=A(\text{其中 }A\text{ 为确定常数})$$

若函数 $f(x)$ 在开区间 (a,b) 内可导,且 $f'_+(a)$ 和 $f'_-(b)$ 都存在,则 $f(x)$ 在闭区间 $[a,b]$ 上可导.

4. 导数的几何意义

由前面的讨论可知,函数 $y=f(x)$ 在点 x_0 处的导数 $f'(x_0)$ 就是曲线 $y=f(x)$ 在点 $M(x_0,y_0)$(其中 $y_0=f(x_0)$)处的切线的斜率,即 $k=\tan\alpha=f'(x_0)$,其中 α 是该点处切线与 x 轴的夹角.

根据导数的几何意义并运用直线的点斜式方程可知,曲线 $y=f(x)$ 在点 $M(x_0,y_0)$ 处的切线方程为 $y-y_0=f'(x_0)(x=x_0)$.

过点 M 且与该点处的切线垂直的直线,称为曲线 $y=f(x)$ 在点 M 处的法线.

若 $f'(x_0)\neq 0$,则曲线 $y=f(x)$ 在点 (x_0,y_0) 处的法线的斜率为 $-\dfrac{1}{f'(x_0)}$,且法线方程为 $y-y_0=-\dfrac{1}{f'(x_0)}(x-x_0)$.

若 $f'(x_0)=0$,则曲线 $y=f(x)$ 在点 (x_0,y_0) 处的切线平行于 x 轴,切线方程为 $y=y_0$,法线方程为 $x=x_0$;若 $f'(x_0)=\infty$,则曲线 $y=f(x)$ 在点 (x_0,y_0) 处的切线垂直于 x 轴,切线方程为 $x=x_0$,法线方程为 $y=y_0$.

【例 2-2】 求曲线 $f(x)=3x^2$ 在点(1,3)处的切线方程和法线方程.

解 因为

$f'(x)=\lim\limits_{\Delta x\to 0}\dfrac{f(x+\Delta x)-f(x)}{\Delta x}=\lim\limits_{\Delta x\to 0}\dfrac{3(x+\Delta x)^2-3x^2}{\Delta x}=\lim\limits_{\Delta x\to 0}\dfrac{6x\cdot\Delta x+3(\Delta x)^2}{\Delta x}=\lim\limits_{\Delta x\to 0}(6x+3\Delta x)=6x$

所以 $f'(1)=f'|_{x=1}=6$.

由导数的几何意义可知,曲线 $f(x)=3x^2$ 在点(1,3)处的切线斜率为 $k=f'(1)=6$,所以所求的切线方程为

$$y-3=6(x-1),\text{即 } 6x-y-3=0.$$

法线方程为

$$y-3=-\frac{1}{6}(x-1),\text{即 } x+6y-19=0.$$

2.1.3 函数的可导性与连续性的关系

定理 2-1 若函数 $y=f(x)$ 在点 x_0 处可导,则 $y=f(x)$ 在点 x_0 处连续.

注意 此定理的逆命题不一定成立,即可导一定连续,连续不一定可导.

【例 2-3】 证明:函数 $y=\sqrt[3]{x}$ 在 $x=0$ 处连续但不可导.

证明 因为函数在 $(-\infty,+\infty)$ 内连续,显然该函数在 $x=0$ 处连续. 又

$$\lim_{\Delta x\to 0}\frac{\Delta y}{\Delta x}=\lim_{\Delta x\to 0}\frac{\sqrt[3]{0+\Delta x}-0}{\Delta x}=\lim_{\Delta x\to 0}\frac{1}{\sqrt[3]{(\Delta x)^2}}=+\infty,$$

所以函数 $y=\sqrt[3]{x}$ 在 $x=0$ 处不可导(图 2-2).

【例 2-4】 讨论函数 $f(x)=|x|=\begin{cases}-x & x<0\\ x & x\geqslant 0\end{cases}$ 在 $x=0$ 处的连续性和可导性.

解 因为 $\lim\limits_{x\to 0^-}f(x)=\lim\limits_{x\to 0^-}(-x)=0$,$\lim\limits_{x\to 0^+}f(x)=\lim\limits_{x\to 0^+}x=0$,即

$$\lim_{x\to 0}f(x)=0.\ \text{又 } f(0)=0,$$

于是 $\lim\limits_{x\to 0}f(x)=f(0)$,所以由连续的定义可知,函数 $f(x)$ 在 $x=0$ 处连续.

又 $f(x)$ 在 $x=0$ 处的左右导数分别为

$$f'_-(0)=\lim_{\Delta x\to 0^-}\frac{f(x)-f(0)}{x-0}=\lim_{\Delta x\to 0^-}\frac{-x-0}{x}=-1$$

$$f'_+(0)=\lim_{\Delta x\to 0^+}\frac{f(x)-f(0)}{x-0}=\lim_{\Delta x\to 0^+}\frac{x-0}{x}=1$$

即 $f'_-(0)\neq f'_+(0)$,所以 $f(x)$ 在点 $x=0$ 处不可导(图 2-3).

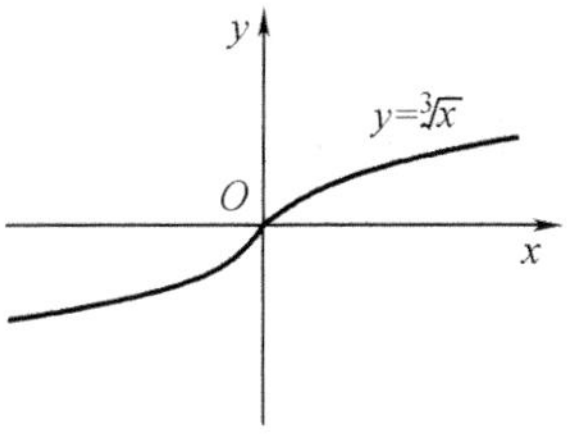

图 2－2

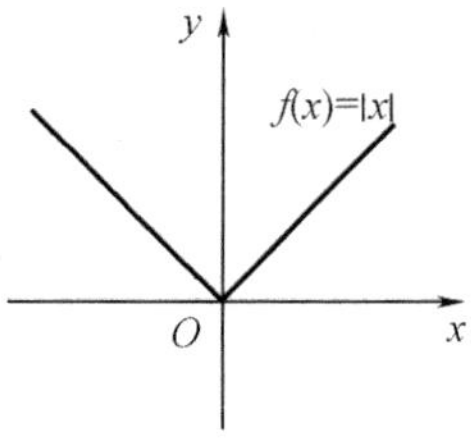

图 2－3

习题 2－1

1. 用导数的定义求下列函数的导函数.

(1) $y=\ln x$;　　　　(2) $y=\cos x$.

2. 求下列极限.

(1) $\lim\limits_{\Delta x\to 0}\dfrac{f(x_0-\Delta x)-f(x_0)}{2\Delta x}$;　　　　(2) $\lim\limits_{\Delta x\to 0}\dfrac{f(x_0+2\Delta x)-f(x_0)}{\Delta x}$;

(3) $\lim\limits_{\Delta x\to 0}\dfrac{f(x+\Delta x)-f(x-\Delta x)}{\Delta x}$;　　　　(4) $\lim\limits_{x\to x_0}\dfrac{f(x_0)-f(x)}{x-x_0}$.

3. 已知某物体的直线运动规律为 $s=3t^2-2t$,求该物体在 $t=1$ 时的瞬时速度.

4. 用导数定义求 $y=\sqrt{x}$ 的导函数,并求出在点(1,1)处曲线的切线方程和法线方程.

5. 函数 $f(x)$ 在点 $(-2,3)$ 处的导数 $f'(-2)=0$,则曲线在该点处的切线方程为________,法线方程为________.

6. 求曲线 $y=\dfrac{1}{3}x^3$ 与直线 $y=4x-3$ 平行的切线方程.

7. 函数 $f(x)=\begin{cases}x+2 & 0\leqslant x<1\\ 3x-1 & x\geqslant 1\end{cases}$ 在点 $x=1$ 处是否可导,为什么?

8. 讨论函数 $f(x)=|x-2|$ 在点 $x=2$ 处的连续性和可导性.

2.2　导数的基本公式和运算法则

2.2.1　基本初等函数的导数公式

1. 基本初等函数的导数

根据导数的定义,求函数 $y=f(x)$ 的导数有以下几个步骤:

第一步,求增量 $\Delta y=f(x+\Delta x)-f(x)$;

第二步,求比值 $\dfrac{\Delta y}{\Delta x}=\dfrac{f(x+\Delta x)-f(x)}{\Delta x}$;

第三步,求极限 $f'(x)=\lim\limits_{\Delta x\to 0}\dfrac{\Delta y}{\Delta x}$.

下面我们按照导数的定义求一些基本初等函数的导数.

【例 2 -5】 求函数 $y=C$（C 为常数）的导数.

解 因为 $\Delta y=C-C=0,\dfrac{\Delta y}{\Delta x}=\dfrac{0}{\Delta x}=0,\lim\limits_{\Delta x\to 0}\dfrac{\Delta y}{\Delta x}=0$，所以 $y'=(C)'=0$.

【例 2 -6】 求函数 $y=\log_a x$（$a>0$ 且 $a\neq 1$）的导数.

解 因为

$$\Delta y=\log_a(x+\Delta x)-\log_a x=\log_a\left(1+\frac{\Delta x}{x}\right),$$

$$\frac{\Delta y}{\Delta x}=\frac{1}{\Delta x}\log_a\left(1+\frac{\Delta x}{x}\right)=\log_a\left(1+\frac{\Delta x}{x}\right)^{\frac{1}{\Delta x}},$$

$$\lim_{\Delta x\to 0}\frac{\Delta y}{\Delta x}=\lim_{\Delta x\to 0}\left[\log_a\left(1+\frac{\Delta x}{x}\right)^{\frac{x}{\Delta x}}\right]^{\frac{1}{x}}=\log_a e^{\frac{1}{x}}=\frac{1}{x}\log_a e=\frac{1}{x\ln a},$$

所以

$$y'=(\log_a x)'=\frac{1}{x\ln a}.$$

特别地，当 $a=e$ 时，$(\ln x)'=\dfrac{1}{x}$.

【例 2 -7】 求函数 $y=a^x$（$a>0$ 且 $a\neq 1$）的导数.

解 因为

$$\Delta y=a^{x+\Delta x}-a^x=a^2(a^{\Delta x}-1),$$

$$\frac{\Delta y}{\Delta x}=\frac{a^x(a^{\Delta x}-1)}{\Delta x}=a^x\cdot\frac{a^{\Delta x}-1}{\Delta x},$$

$$\lim_{\Delta x\to 0}\frac{\Delta y}{\Delta x}=\lim_{\Delta x\to 0}a^x\cdot\frac{a^{\Delta x}-1}{\Delta x}=a^x\lim_{\Delta x\to 0}\frac{a^{\Delta x}-1}{\Delta x},$$

令 $\beta=a^{\Delta x}-1$，则 $\Delta x=\log_a(1+\beta)$；当 $\Delta x\to 0$ 时，$\beta\to 0$，于是

$$\lim_{\Delta x\to 0}\frac{a^{\Delta x}-1}{\Delta x}=\lim_{\beta\to 0}\frac{\beta}{\log_a(1+\beta)}=\lim_{\beta\to 0}\frac{1}{\log_a(1+\beta)^{\frac{1}{\beta}}}=\frac{1}{\log_a e}=\ln a,$$

所以

$$y'=(a^x)'=a^x\ln a.$$

特别地，当 $a=e$ 时，$(e^x)'=e^x$.

【例 2 -8】 求函数 $y=\sin x$ 的导数.

解 因为

$$\Delta y=\sin(x+\Delta x)-\sin x=2\cos\left(x+\frac{\Delta x}{2}\right)\sin\frac{\Delta x}{2},$$

$$\frac{\Delta y}{\Delta x}=2\cos\left(x+\frac{\Delta x}{2}\right)\frac{\sin\frac{\Delta x}{2}}{\Delta x}=\cos\left(x+\frac{\Delta x}{2}\right)\frac{\sin\frac{\Delta x}{2}}{\frac{\Delta x}{2}},$$

$$\lim_{\Delta x\to 0}\frac{\Delta y}{\Delta x}=\lim_{\Delta x\to 0}\cos\left(x+\frac{\Delta x}{2}\right)\frac{\sin\frac{\Delta x}{2}}{\frac{\Delta x}{2}}=\cos x,$$

所以

$$y' = (\sin x)' = \cos x.$$

类似地,可求出 $(\cos x)' = -\sin x$.

2. 反函数的求导法则

定理 2-2　若函数 $y=f(x)$ 在点 x 的某邻域内单调连续,且 $f'(x)\neq 0$,则它的反函数 $x=\varphi(y)$ 在对应点 y 处可导,且

$$[\varphi(x)]' = \frac{1}{f'(x)} \text{或} \frac{dx}{dy} = \frac{1}{\frac{dy}{dx}}.$$

上面的定理可简述为,反函数的导数等于直接函数导数(不为零)的倒数. 可以利用反函数的求导法则求反三角函数的导数或指数函数的导数.

【例 2-9】　求反正弦函数 $y=\arcsin x$ 的导数.

解　因为 $y=\arcsin(-1<x<1)$ 是 $x=\sin y\left(-\frac{\pi}{2}<y<\frac{\pi}{2}\right)$ 的反函数,所以由反函数的求导法则,得

$$y' = (\arcsin x)' = \frac{1}{(\sin y)'} = \frac{1}{\cos y} = \frac{1}{\sqrt{1-\sin^2 y}} = \frac{1}{\sqrt{1-x^2}},$$

即
$$(\arcsin x)' = \frac{1}{\sqrt{1-x^2}}(-1<x<1).$$

类似地,有

$$(\arccos x)' = -\frac{1}{\sqrt{1-x^2}}(-1<x<1).$$

按照上述方法还可求出反正切函数 $y=\arctan x$ 和反余切函数 $y=\text{arccot}\, x$ 的导数.

上面分别讨论了一些基本初等函数的导数,为了便于大家学习,现将基本初等函数的导数公式归纳于表 2-1 中.

表 2-1

序号	导数公式	序号	导数公式
1	$(C')=0$(C 为常数)	9	$(\tan x)' = \sec^2 x$
2	$(x^n)' = nx^{n-1}$	10	$(\cot x)' = -\csc^2 x$
3	$(\log_a x)' = \frac{1}{x\ln a}$($a>0$ 且 $a\neq 1$)	11	$(\sec x)' = \sec x \cdot \tan x$
4	$(\ln x)' = \frac{1}{x}$	12	$(\csc x)' = -\csc x \cdot \cot x$
5	$(a^x)' = a^x \ln a$($a>0$ 且 $a\neq 1$)	13	$(\arcsin x)' = \frac{1}{\sqrt{1-x^2}}$
6	$(e^x)' = e^x$	14	$(\arccos x)' = -\frac{1}{\sqrt{1-x^2}}$
7	$(\sin x)' = \cos x$	15	$(\arctan x)' = \frac{1}{1+x^2}$
8	$(\cos x)' = -\sin x$	16	$(\text{arccot}\, x)' = -\frac{1}{1+x^2}$

2.2.2 函数的和、差、积、商的求导法则

定理 2－3 若函数 $u=u(x)$ 及 $v=v(x)$ 都在点 x 处可导，则它们的和、差、积、商（除分母为零的点外）都在点 x 处可导，且

(1) $[u(x)\pm v(x)]'=u'(x)\pm v'(x)$；

(2) $[u(x)\cdot v(x)]'=u'(x)v(x)+u(x)v'(x)$；

(3) $\left[\dfrac{u(x)}{v(x)}\right]'=\dfrac{u'(x)v(x)-u(x)v'(x)}{v^2(x)}=(v(x)\neq 0)$.

法则(1)(2)可推广到任意有限个可导函数的情形，见推论 1 和推论 2.

推论 1 若函数 $u_1(x),u_2(x),\cdots,u_n(x)$ 在点 x 处可导，则

$$[u_1(x)\pm u_2(x)\pm\cdots\pm u_n(x)]'=u_1'(x)\pm u_2'(x)\pm\cdots\pm u_n'(x).$$

推论 2 若函数 $u_1(x),u_2(x),\cdots,u_n(x)$ 在点 x 处可导，则

$$[u_1(x)u_2(x)\cdots u_n(x)]'=u_1'(x)u_2(x)\cdots u_n(x)+u_1(x)u_2'(x)\cdots u_n(x)+\cdots+u_1(x)u_2(x)\cdots u_n'(x).$$

推论 3 若函数 $u(x)$ 在点 x 处可导，且 C 为常数，则 $[Cu(x)]'=Cu'(x)$.

推论 4 若函数 $v(x)$ 在点 x 处可导，且 $v(x)\neq 0$，则 $\left[\dfrac{1}{v(x)}\right]'=-\dfrac{v'(x)}{[v(x)]^2}$.

【例 2－10】 求函数 $f(x)=x^2+\sin x+\ln 3$ 的导数.

解 $f'(x)=(x^2+\sin x+\ln 3)'=(x^2)'+(\sin x)'+(\ln 3)'$

$=2x+\cos x+0=2x+\cos x$.

【例 2－11】 求函数 $f(x)=\mathrm{e}^x\sin x$ 的导数.

解 $f'(x)=(\mathrm{e}^x\sin x)'=(\mathrm{e}^x)'\sin x+\mathrm{e}^x(\sin x)'=\mathrm{e}^x\sin x+\mathrm{e}^x\cos x$

$=\mathrm{e}^x(\sin x+\cos x)$.

【例 2－12】 求函数 $f(x)=\tan x$ 的导数.

解 $f'(x)=(\tan x)'=\left(\dfrac{\sin x}{\cos x}\right)'=\dfrac{(\sin x)'\cos x-\sin x(\cos x)'}{\cos^2 x}$

$=\dfrac{\cos x\sin x-\sin x(-\sin x)}{\cos^2 x}=\dfrac{\cos^2 x+\sin^2 x}{\cos^2 x}=\sec^2 x$.

【例 2－13】 求函数 $f(x)=\dfrac{x\cos x}{1-\sin x}$ 的导数.

解 $f'(x)=\left(\dfrac{x\cos x}{1-\sin x}\right)'=\dfrac{(x\cos x)'(1-\sin x)-(x\cos x)(1-\sin x)'}{(1-\sin x)^2}$

$=\dfrac{(\cos x-x\sin x)(1-\sin x)-(x\cos x)(-\cos x)}{(1-\sin x)^2}$

$=\dfrac{\cos x-x\sin x-\sin x\cos x+x\sin^2 x+x\cos^2 x}{(1-\sin x)^2}$

$=\dfrac{\cos x(1-\sin x)+x(1-\sin x)}{(1-\sin x)^2}$

$=\dfrac{\cos x+x}{1-\sin x}$.

2.2.3　复合函数的求导法则

定理 2-4　若 $u=g(x)$ 在点 x 处可导，而 $y=f(u)$ 在点 $u=g(x)$ 处可导，则复合函数 $y=f[g(x)]$ 在点 x 处可导，且其导数为 $\frac{dy}{dx}=f'(u)\cdot g'(x)$ 或 $\frac{dy}{dx}=\frac{dy}{du}\cdot\frac{du}{dx}$ 或 $y'_x=y'_u\cdot u'_x$.

例如，设函数 $y=\sin 2x$，则 $(\sin 2x)'=\cos 2x$ 是否正确？显然，这是错误的. 事实上，由函数乘积的求导法则，有

$$
\begin{aligned}
y'&=(\sin 2x)'=(2\sin x\cos x)'=2(\sin x\cos x)'=2(\sin x)'\cos x+2\sin x(\cos x)'\\
&=2(\cos^2 x-\sin^2 x)=2\cos 2x.
\end{aligned}
$$

导致错误的原因是什么？这是因为 $y=\sin 2x$ 是关于 x 的复合函数，复合函数有自己的求导法则. 在求复合函数的导数时，其关键是弄清楚复合函数的结构，把它分解成基本初等函数或基本初等函数的四则运算，并恰当地设中间变量，然后再用复合函数的求导法则求出导数.

【例 2-14】　求函数 $y=\sin^2 x$ 的导数.

解　这个函数可以看作由 $y=u^2$，$u=\sin x$ 复合而成，则

$$
y'=\frac{dy}{dx}=\frac{dy}{du}\cdot\frac{du}{dx}=2u\cos x=2\sin x\cos x=\sin 2x.
$$

【例 2-15】　求函数 $y=e^{x^3}$ 的导数.

解　这个函数可以看作由 $y=e^u$，$u=x^3$ 复合而成，则

$$
y'=\frac{dy}{dx}=\frac{dy}{du}\cdot\frac{du}{dx}=e^u\cdot 3x^2=3x^2e^{x^3}.
$$

由定理 2-4 可知，复合函数的导数等于复合函数对中间变量的导数乘以中间变量对自变量的导数. 复合函数的求导法则可以推广到多个中间变量的情形，下面以两个中间变量为例.

设 $y=f(u)$，$u=\varphi(v)$，$v=\psi(x)$，则 $\frac{dy}{dx}=\frac{dy}{du}\cdot\frac{du}{dx}$，而 $\frac{du}{dx}=\frac{du}{dv}\cdot\frac{dv}{dx}$，所以复合函数 $y=f\{\varphi[\psi(x)]\}$ 的导数为 $\frac{dy}{dx}=\frac{dy}{du}\cdot\frac{du}{dv}\cdot\frac{dv}{dx}$.

当然，这里要求上式所需的可导条件都满足.

【例 2-16】　求函数 $y=\ln\sin e^x$ 的导数.

解　这个函数可以看作由 $y=\ln u$，$u=\sin v$，$v=e^x$ 复合而成，则

$$
\begin{aligned}
y'&=\frac{dy}{dx}=\frac{dy}{du}\cdot\frac{du}{dv}\cdot\frac{dv}{dx}=\frac{1}{u}\cdot\cos v\cdot e^x\\
&=\frac{\cos e^x}{\sin e^x}\cdot e^x=e^x\cot e^2.
\end{aligned}
$$

复合函数求导熟练后，就不必再写中间变量，但是在求导时，每一步都必须弄清楚谁是中间变量，谁是自变量.

以例 2-16 为例，不写出中间变量，就可以写成

$$
y'=(\ln\sin e^x)'=\frac{1}{\sin e^x}\cdot(\sin e^x)'=\frac{\cos e^x}{\sin e^x}(e^x)'=e^x\cot e^x.
$$

【例 2-17】　求函数 $y=(2x-1)^3$ 的导数.

解 $y'=[(2x-1)^3]'=3(2x-1)^2(2x-1)'=6(2x-1)^2.$

【例 2-18】 求函数 $y=f(\cos 2x)$ 的导数.

解 $y'=[f(\cos 2x)]'=f'(\cos 2x)\cdot(\cos 2x)'$

$=f'(\cos 2x)\cdot(-\sin 2x)\cdot(2x)'$

$=-2f'(\cos 2x)\cdot\sin 2x.$

习题 2-2

1. 求下列函数的导数.

(1) $y=2x^2+4x-1$;　　(2) $y=5x^3-2^x+3e^x+\ln 3$;

(3) $y=\dfrac{x-1}{x+1}$;　　(4) $y=3e^x\cos x$;

(5) $y=x\sin x+\ln x$;　　(6) $y=\dfrac{1+x-x^2}{1-x+x^2}$.

2. 求下列函数的导数.

(1) $y=(2x+3)^4$;　　(2) $y=\ln\ln x$;

(3) $y=\ln(1+x^2)$;　　(4) $y=\left(\arcsin\dfrac{x}{2}\right)^2$;

(5) $y=\arctan(\tan x)^2$;　　(6) $y=e^{-3x^2}$;

(7) $y=\arcsin(1-2x)$;　　(8) $y=\ln\tan\dfrac{x}{2}$.

3. 设函数 $f(x)$ 可导,求下列函数的导数.

(1) $y=f(2x+1)$;　　(2) $y=f(\sin^2 x)+f(\cos^2 x)$,求 $y'|_{x=\frac{\pi}{4}}$.

2.3 特殊函数求导法及高阶导数

2.3.1 隐函数求导法

前面遇到的函数,例如 $y=\sin x$, $y=e^x+1$ 等的表达方式是用自变量的一个表达式来表示因变量,我们把形如 $y=f(x)$ 的函数称为显函数. 有些函数的表达方式却不是这样,例如方程 $2x-y^3-1=0$, $e^y-xy=0$ 等都表示函数,但是这里的函数关系是隐含在方程 $F(x,y)=0$ 中的,我们把形如 $F(x,y)=0$ 的函数称为隐函数.

将隐函数化为显函数,称为隐函数的显化. 例如,可以由方程 $2x-y^3-1=0$ 解出 $y=\sqrt[3]{2x-1}$,这样就把隐函数化为了显函数,但是有些隐函数的显化却很困难甚至不可能,例如由方程 $e^y-xy=0$ 确定的隐函数就不能化为显函数.

对于求由方程 $F(x,y)=0$ 所确定的隐函数 y 关于 x 的导数,当然不能完全寄希望于把它显化,关键是要能从 $F(x,y)=0$ 中直接把 y' 求出来. 下面通过具体例子来说明这种方法.

【例 2-19】 求由方程 $e^y+xy-1=0$ 所确定的隐函数的导数 $\dfrac{dy}{dx}$.

解　假设从方程中可解出 $y=f(x)$，代入原方程，有

$$e^{f(x)}+x\cdot f(x)-1=0,$$

把 $f(x)$ 看成 x 的函数，上式两边都对 x 求导，则有

$$e^{f(x)}\cdot f'(x)+f(x)+x\cdot f'(x)=0.$$

从上式中解出 $f'(x)$，得

$$f'(x)=-\frac{f(x)}{x+e^{f(x)}}=-\frac{y}{x+e^{y}},\text{即}\frac{dy}{dx}=-\frac{y}{x+e^{y}}.$$

一般地，在隐函数的导数表达式中，既含有自变量 x，又含有因变量 y.

通过上面的例子可以总结出隐函数求导的方法：

在方程 $F(x,y)=0$ 中，将 y 看作 x 的函数，方程两边对 x 求导，得到一个关于 y'，y 与 x 的方程，解出 y'，即所求隐函数的导数.

【例 2－20】　求由方程 $y=xy+\ln y$ 所确定的隐函数的导数$\frac{dy}{dx}$.

解　方程两边分别对 x 求导，得 $y'=y+xy'+\frac{1}{y}\cdot y'$，解得

$$\frac{dy}{dx}=y'=\frac{y^2}{y-xy-1}.$$

【例 2－21】　求曲线 $3y^2=x^2(x+1)$ 在点 $(2,2)$ 处的切线方程.

解　方程两边分别对 x 求导，得

$$6y\cdot y'=3x^2+2x,$$

解得

$$y'=\frac{3x^2+2x}{6y}.$$

由导数的几何意义可知，所求切线的斜率为

$$k=y'\Big|_{\substack{x=2\\y=2}}=\frac{4}{3},$$

所以所求的切线方程为

$$y-2=\frac{4}{3}(x-2),\text{即 }4x-3y-2=0.$$

2.3.2　对数求导法

根据隐函数求导法，还可以得到一个简化求导的运算方法，它适合于由几个因子通过乘、除、乘方、开方运算所构成的比较复杂的函数（包括幂指函数 $y=[u(x)]^{v(x)}$）的求导问题. 这个方法是先通过取对数化乘（除）为加（减），化乘（开）方为乘积，使其成为隐函数，再利用隐函数求导法求导，我们称这种方法为对数求导法.

【例 2－22】　求函数 $y=x^x(x>0)$ 的导数.

解　该函数是幂指函数，虽然是显函数的形式，但是不能直接用初等函数的求导法则来求导. 可以先在方程两边取对数化成隐函数，再用隐函数求导的方法就可以求出这种函数的导数.

方程两边分别取对数，得

$$\ln y=x\ln x,$$

上式两边分别对 x 求导,得

$$\frac{1}{y}\cdot y'=\ln x+x\cdot\frac{1}{x},$$

解得

$$y'=y(1+\ln x),$$

所以

$$y'=x^x(1+\ln x).$$

【例 2-23】 求函数 $y=x\sqrt{\dfrac{1-x}{1+x}}$ 的导数.

解 方程两边分别取对数,得

$$\ln y=\ln x+\frac{1}{2}\ln(1-x)-\frac{1}{2}\ln(1+x),$$

上式两边分别对 x 求导,得

$$\frac{1}{y}\cdot y'=\frac{1}{x}-\frac{1}{2(1-x)}-\frac{1}{2(1+x)},$$

解得

$$y'=y\cdot\left(\frac{1}{x}-\frac{1}{1-x^2}\right),$$

所以

$$y'=x\sqrt{\frac{1-x}{1+x}}\left(\frac{1}{x}-\frac{1}{1-x^2}\right).$$

2.3.3 由参数方程所确定的函数的求导法

一般地,若参数方程 $\begin{cases}x=\varphi(t)\\y=\psi(t)\end{cases}$ (t 为参数)确定 y 与 x 的函数关系,则称此函数关系所表达的函数为由参数方程所确定的函数.

例如,圆的参数方程为

$$\begin{cases}x=r\cos t\\y=r\sin t\end{cases}(t\in[0,2\pi]),$$

椭圆的参数方程为

$$\begin{cases}x=a\cos t\\y=b\sin t\end{cases}(t\in[0,2\pi]).$$

下面讨论由参数方程所确定的函数的求导方法.

由参数方程 $\begin{cases}x=\varphi(t)\\y=\psi(t)\end{cases}$ (t 为参数)所确定的函数可以看作由函数 $y=\psi(t)$, $t=\varphi^{-1}(x)$ 复合而成的函数 $y=\psi[\varphi^{-1}(x)]$. 假定函数 $x=\varphi(t)$, $y=\psi(t)$ 都可导,且 $\varphi'(t)\neq0$,根据复合函数的求导法则与反函数的求导法则,有

$$\frac{\mathrm{d}y}{\mathrm{d}x}=\frac{\mathrm{d}y}{\mathrm{d}t}\cdot\frac{\mathrm{d}t}{\mathrm{d}x}=\frac{\mathrm{d}y}{\mathrm{d}t}\cdot\frac{1}{\frac{\mathrm{d}x}{\mathrm{d}t}}=\frac{y'_t}{x'_t}=\frac{\psi'(t)}{\varphi'(t)},$$

即

$$\frac{dy}{dx}=\frac{\frac{dy}{dt}}{\frac{dx}{dt}}.$$

这就是由参数方程所确定的函数的求导公式.

【例 2 - 24】　设椭圆的参数方程是$\begin{cases}x=a\cos t\\y=b\sin t\end{cases}$($t$ 为参数),求$\frac{dy}{dx}$.

解　因为 $x'(t)=-a\sin t, y'(t)=b\cos t$,所以

$$\frac{dy}{dx}=\frac{y_t'}{x_t'}=\frac{b\cos t}{-a\sin t}=-\frac{b}{a}\cot t.$$

2.3.4　高阶导数

从前面已讲的内容可知,变速直线运动的速度 v 是距离对时间 t 的导数,即

$$v=\frac{ds}{dt}=s'(t),$$

而速度 $v=s'(t)$ 也是时间 t 的函数,它对时间 t 的导数则是物体在 t 时刻的瞬时加速度,即

$$a=\frac{dv}{dt}=[s'(t)]'.$$

一般地,函数 $y=f(x)$ 的导数 $y'=f'(x)$ 仍是 x 的函数,称为函数 $y=f(x)$ 的一阶导数. 若一阶导数 $y'=f'(x)$ 仍可导,则称 $y'=f'(x)$ 的导数为 $y=f(x)$ 的二阶导数,记作

$$y'', f''(x), \frac{d^2y}{dx^2}\text{或}\frac{d^2f(x)}{dx^2}.$$

类似地,二阶导数的导数称为三阶导数,三阶导数的导数称为四阶导数,…,$(n-1)$阶导数的导数称为 n 阶导数. 三阶以上的导数分别记作

$$y''', y^{(4)}, y^{(5)}, \cdots, y^{(n)}\text{或}\frac{d^3y}{dx^3}, \frac{d^4y}{dx^4}, \cdots, \frac{d^ny}{dx^n}.$$

函数 $y=f(x)$ 具有 n 阶导数,也说成函数 $y=f(x)$ 为 n 阶可导. 二阶及二阶以上的导数统称为高阶导数. 由上述可知,求高阶导数只需应用一阶导数的基本公式和求导法则重复进行求导运算即可.

【例 2 - 25】　求函数 $y=2x^2+\ln x$ 的二阶导数.

解　$y'=4x+\frac{1}{x}, y''=4-\frac{1}{x^2}$.

【例 2 - 26】　求函数 $y=e^{ax}$(其中 a 为常数)的 n 阶导数.

解　$y'=ae^{ax}, y''=a^2e^{ax}, y'''=a^3e^{ax}, \cdots, y^{(n)}=a^ne^{ax}$.

【例 2 - 27】　求函数 $y=xe^x$ 的 n 阶导数 $y^{(n)}$.

解　$y'=e^x+xe^x=e^x(x+1), y''=e^x+e^x+xe^x=ex(x+2), y'''=e^x+e^x+e^x+xe^x=ex(x+3), \cdots, y^{(n)}=e^x(x+n)$.

习题 2 - 3

1. 求由下列方程所确定的隐函数的导数$\frac{dy}{dx}$.

(1) $xy - e^x + e^y = 0$;　　(2) $y = x + \ln y$;

(3) $x^2 + y^2 - xy = 1$;　　(4) $y = 1 + xe^y$.

2. 利用对数求导法求下列函数的导数.

(1) $x^y = y^x$;　　(2) $y = (\ln x)^x$;

(3) $y = x^{\frac{1}{x}}$;　　(4) $y = (\cos x)^{\sin x}$.

3. 求下列参数方程所确定函数的导数$\frac{dy}{dx}$.

(1) $\begin{cases} x = e^{-t} \\ y = te^{2t} \end{cases}$;　　(2) $\begin{cases} x = 2\cos^3 t \\ y = 4\sin^3 t \end{cases}$;

(3) $\begin{cases} x = t^3 \\ y = t - \arctan t \end{cases}$;　　(4) $\begin{cases} x = a(t - \sin t) \\ y = a(1 - \cos t) \end{cases}$.

4. 求下列函数的高阶导数.

(1) 设 $y = \cos^2 x$,求 y'';　　(2) 设 $y = x^3 + 2x - e^x$,求 y''';

(3) 设 $y = x^3 \ln x$,求 $y^{(4)}$;　　(4) 设 $y = x\cos x$,求 $y'''(0)$.

2.4　函数的微分

前面讨论了导数概念,而微分概念是与导数概念有着紧密联系的微分学中的另一个基本概念,本节就来研究微分的概念.

2.4.1　微分的概念

1. 微分的引入

我们在研究实际问题中,不仅需要知道自变量变化引起函数变化的快慢问题,而且还需要了解当自变量取得了微小的改变量时,函数取得的相应改变量的大小. 一般来说,计算函数改变量的精确值是比较烦琐的,因此,往往需要为计算它的近似值而找出简便的计算方法.

例如,一块正方形金属薄片受温度变化的影响,其边长由 x_0 变为 $x_0 + \Delta x$,如图 2-4 所示,问此薄片的面积改变了多少?

设此薄片的边长为 x,面积为 S,则 S 与 x 存在函数关系 $S = x^2$. 当薄片受温度变化的影响时,面积的改变量可以看成当自变量 x 自 x_0 取得增量 Δx 时,函数 $S = x^2$ 相应的增量 ΔS,即

$$\Delta S = (x_0 + \Delta x)^2 - x_0^2 = 2x_0\Delta x + (\Delta x)^2$$

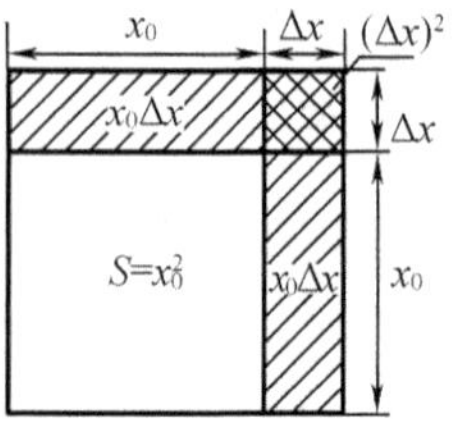

图 2-4

从上式可看出,ΔS 分成两部分:第一部分 $2x_0\Delta x$,它是 Δx 的线性函数,即图中带斜线的两个矩形面积之和;第二部分 $(\Delta x)^2$,在图中是带有交叉斜线的小正方形的面积. 显然,如图2-4所示,$2x_0\Delta x$ 是面积增量 ΔS 的主要部分,而 $(\Delta x)^2$ 是次要部分,当 $\Delta x \to 0$ 时,第二部分 $(\Delta x)^2$ 是比 Δx 高阶的无穷小,即 $(\Delta x)^2 = o(\Delta x)$. 由此可见,若边长改变很微小,即 $|\Delta x|$ 很小时,面积的改变量 ΔS 可近似地用第一部分 $2x_0\Delta x$ 来表示,即

$$\Delta S \approx 2x_0 \Delta x,$$

以此作为 ΔS 的近似值,略去的部分 $(\Delta x)^2$ 是比 Δx 高阶的无穷小,即

$$\lim_{\Delta x \to 0} \frac{(\Delta x)^2}{\Delta x} = 0.$$

若函数 $y = f(x)$ 在点 x 处可导,则有

$$\lim_{\Delta x \to 0} \frac{\Delta y}{\Delta x} = f'(x),$$

所以 $\frac{\Delta y}{\Delta x} = f'(x) + \alpha$,其中 α 是当 $\Delta x \to 0$ 时的无穷小量,于是有

$$\Delta y = f'(x)\Delta x + \alpha \cdot \Delta x.$$

上式说明,函数的增量可以表示为两项之和,第一项 $f'(x)\Delta x$ 是 Δx 的线性函数,称为 Δy 的线性主部,第二项 $\alpha \cdot \Delta x$ 是当 $\Delta x \to 0$ 时比 Δx 高阶的无穷小量. 当 Δx 很小时,称第一项 $f'(x)\Delta x$ 为函数 $f(x)$ 的微分.

2. 微分的定义

定义 2-4　设函数 $y = f(x)$ 在点 x 处有导数 $f'(x)$,则称 $f'(x)\Delta x$ 为函数 $y = f(x)$ 在点 x 处的微分,记作 dy,即 $dy = f'(x)\Delta x$. 这时也称函数 $y = f(x)$ 在点 x 处是可微分的,或称函数 $y = f(x)$ 在点 x 处可微.

此定义可简述为:函数的微分等于函数的导数与自变量增量的乘积.

通常把自变量 x 的增量 Δx 称为自变量的微分,记作 dx,因此函数 $y = f(x)$ 可以写成 $dy = f'(x)dx$,从而可得到 $\frac{dy}{dx} = f'(x)$,即函数的导数就是函数的微分 dy 和自变量的微分 dx 之商,因此导数也称为微商.

3. 微分的几何意义

为了对微分有比较直观的了解,下面来说明一下微分的几何意义.

设函数 $y = f(x)$ 的图形如图 2-5 所示,MP 是曲线上点 $M(x_0, y_0)$ 处的切线,设 MP 的倾斜角为 α,当自变量 x 有改变量 Δx 时,得到曲线上另一点 $N(x_0 + \Delta x, y_0 + \Delta y)$,从图 2-5 可知,$MQ = \Delta x$, $NQ = \Delta y$,则 $QP = MQ \cdot \tan \alpha = f'(x_0)\Delta x$,即 $dy = QP$.

由此可知,微分 $dy = f'(x_0)\Delta x$ 就是当 x 有改变量 Δx 时,曲线 $y = f(x)$ 在点 $M(x_0, y_0)$ 处的切线的纵坐标的改变量. 用 dy 近似代替 Δy 就是用点 $M(x_0, y_0)$ 处的切线的纵坐标的改变量 QP 来近似代替曲线 $y = f(x)$ 的纵坐标的改变量 QN,并且有 $|\Delta y - dy| = PN$.

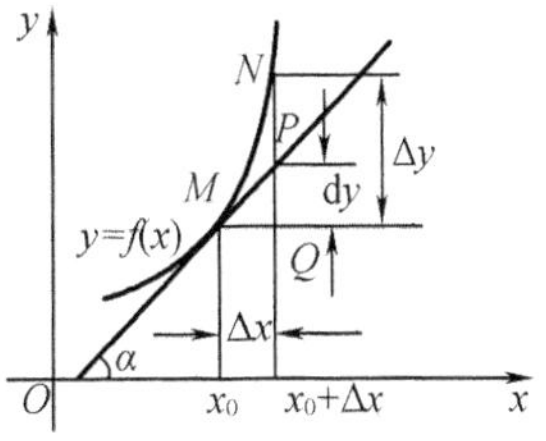

图 2-5

4. 可微与可导的关系

函数 $y = f(x)$ 在点 x_0 处可微的充要条件是函数 $y = f(x)$ 在点 x_0 处可导,即一元函数可微与可导是等价的.

2.4.2　微分的计算

由微分的定义知:一个函数的微分就是它的导数与自变量微分的乘积.

由 $dy = f'(x)dx$ 可知,从前面的导数公式可得出相应的微分公式,例如 $y = \sin x$, $dy = (\sin x)'dx = \cos x dx$,这里不再列出微分的公式表,读者可自己写出.

【例 2-28】 求函数 $y=\frac{1}{x}+2\sqrt{x}$ 的微分 $\mathrm{d}y$.

解 因为

$$y'=\left(\frac{1}{x}+2\sqrt{x}\right)'=-\frac{1}{x^2}+\frac{1}{\sqrt{x}},$$

所以

$$\mathrm{d}y=y'\mathrm{d}x=\left(-\frac{1}{x^2}+\frac{1}{\sqrt{x}}\right)\mathrm{d}x.$$

【例 2-29】 求函数 $y=\ln(1+\mathrm{e}^x)$ 的微分 $\mathrm{d}y$.

解 因为

$$y'=\frac{1}{1+\mathrm{e}^x}(1+\mathrm{e}^x)'=\frac{\mathrm{e}^x}{1+\mathrm{e}^x},$$

所以

$$\mathrm{d}y=y'\mathrm{d}x=\frac{\mathrm{e}^x}{1+\mathrm{e}^x}\mathrm{d}x.$$

由复合函数的求导法则可知,复合函数 $y=f[\varphi(x)]$ 的微分是 $\mathrm{d}y=f'[\varphi(x)]\cdot\varphi'(x)\mathrm{d}x$.

由于 $u=\varphi(x)$ 的微分是 $\mathrm{d}u=\varphi'(x)\mathrm{d}x$,所以上式可写成 $\mathrm{d}y=f'(u)\mathrm{d}u$. 由此可见,在这里尽管 u 是中间变量,不是自变量,仍然与 u 是自变量时函数的微分形式是一样的,这个性质称为一阶微分形式的不变性. 导数不具有这样的性质,当 u 为自变量时,导数为 $y'=f'(u)$;当 u 为中间变量 $u=\varphi(x)$ 时,导数为 $y'=f'[\varphi(x)]\cdot\varphi'(x)$.

【例 2-30】 求函数 $y=\frac{x^2}{x^2-1}$ 的微分 $\mathrm{d}y$.

解 因为

$$y'=\frac{2x(x^2-1)-x^2\cdot 2x}{(x^2-1)^2}=-\frac{2x}{(x^2-1)^2},$$

所以

$$\mathrm{d}y=y'\mathrm{d}x=-\frac{2x}{(x^2-1)^2}\mathrm{d}x.$$

【例 2-31】 设参数方程为 $\begin{cases}x=a(1-\sin t)\\ y=a(1-\cos t)\end{cases}$ (t 为参数),利用微分求 $\frac{\mathrm{d}y}{\mathrm{d}x}$.

解 因为

$$\mathrm{d}y=\mathrm{d}[a(1-\cos t)]=a\sin t\mathrm{d}t,$$
$$\mathrm{d}x=\mathrm{d}[a(t-\sin t)]=a(1-\cos t)\mathrm{d}t,$$

所以

$$\frac{\mathrm{d}y}{\mathrm{d}x}=\frac{a\sin t\mathrm{d}t}{a(1-\cos t)\mathrm{d}t}=\frac{\sin t}{1-\cos t}.$$

2.4.3 微分在近似计算中的应用

在实际问题中,经常利用微分作近似计算,由微分的定义可知,$\Delta y\approx\mathrm{d}y$($|\Delta x|$很小),即

$$\Delta y=f(x_0+\Delta x)-f(x_0)\approx f'(x_0)\Delta x,$$
$$f(x_0+\Delta x)\approx f(x_0)+f'(x_0)\Delta x,$$

此式为求函数值的近似公式，即已知$f(x_0)$之值，求x_0附近的函数值.

令$x=x_0+\Delta x$且$x_0=0$，则$f(x_0+\Delta x)\approx f(x_0)+f'(x_0)\Delta x$可写成

$$f(x)\approx f(0)+f'(0)\Delta x(|\Delta x|\text{很小}),$$

此式为求$x=0$附近函数值的近似公式.

【例 2-32】 计算 arctan 1.05 的近似值.

解 设$f(x)=\arctan x$，则$f'(x)=\frac{1}{1+x^2}$. 由

$$f(x_0+\Delta x)\approx f(x_0)+f'(x_0)\Delta x,$$

有

$$\arctan(x_0+\Delta x)\approx\arctan x_0+\frac{1}{1+x_0^2}\Delta x,$$

取$x_0=1$，$\Delta x=0.05$，有

$$\arctan 1.05=\arctan(1+0.05)\approx\arctan 1+\frac{1}{1+1^2}\times 0.05=\frac{\pi}{4}+\frac{0.05}{2}\approx 0.810.$$

【例 2-33】 求$e^{-0.03}$的近似值.

解 设$f(x)=e^x$，则$f'(x)=e^x$. 由$f(x_0+\Delta x)\approx f(x_0)+f'(x_0)\Delta x$，有

$$e^{(x_0+\Delta x)}\approx e^{x_0}+e^{x_0}\Delta x,$$

取$x_0=0$，$\Delta x=-0.03$，有

$$e^{-0.03}=e^{0+(-0.03)}\approx e^0+e^0\cdot(-0.03)=1-0.03=0.97.$$

当$|x|$很小时，我们常用的近似公式有：

(1) $\sin x\approx x$（x用弧度）；　　(2) $\tan x\approx x$（x用弧度）；

(3) $e^x\approx 1+x$；　　(4) $\ln(1+x)\approx x$；

(5) $(1+x)^2\approx 1+2x$.

【例 2-34】 半径为 10 cm 的金属圆片加热后，半径伸长了 0.05 cm，问：金属圆片面积增大的精确值为多少，其近似值又为多少？

解 金属圆片面积增大的精确值：

设圆面积为S，半径为r，则$S=\pi r^2$. 已知$r=10$ cm，$\Delta r=0.05$ cm，所以金属圆片面积S的增量为

$$\Delta S=\pi(10+0.05)^2-\pi\times 10^2=1.0025\pi(\text{cm}^2)$$

金属圆片面积增加的近似值：

$$dS=2\pi r dr=2\pi\times 10\times 0.05=\pi(\text{cm}^2)$$

比较这两种结果可知$dS\approx\Delta S$，其误差还是较小的.

习题 2-4

1. 求下列函数的微分.

(1) $y=x^2+\sin^2 x-3x+4$；　　(2) $y=x\ln x-x^2$；

(3) $y=\ln\tan\frac{x}{2}$；　　(4) $y=e^{\sin 2x}$.

2. 用适当的函数填入下列各括号中,使各等式成立.

(1) $3x^2\mathrm{d}x=\mathrm{d}(\quad)$;　　(2) $2\cos 2x\mathrm{d}x=\mathrm{d}(\quad)$;

(3) $\dfrac{1}{x-1}\mathrm{d}x=\mathrm{d}$;$(\quad)$　　(4) $\sqrt{a+bx}\,\mathrm{d}x=\mathrm{d}(\quad)$.

3. 求下列式子的近似值.

(1) $\mathrm{e}^{0.02}$;　(2) $\ln 0.9$;　(3) $\cos 61°$;　(4) $\sqrt[3]{8.02}$.

本章小结

1. 导数的概念

(1)当自变量的改变量趋于零时,函数的改变量和相应的自变量的改变量之比的极限,称为函数的导数.

(2)求函数 $f(x)$ 在点 x_0 处的导数分下述三个步骤:

第一步,求增量 $\Delta y=f(x_0+\Delta x)-f(x_0)$;

第二步,求比值 $\dfrac{\Delta y}{\Delta x}=\dfrac{f(x_0+\Delta x)-f(x_0)}{\Delta x}$;

第三步,求极限 $f'(x_0)=\lim\limits_{\Delta x\to 0}\dfrac{\Delta y}{\Delta x}$.

(3)导数的几何意义

函数 $y=f(x)$ 在点 x_0 处的导数 $f'(x_0)$ 就是曲线 $y=f(x)$ 在点 $M(x_0,y_0)$ 处的切线的斜率,即 $k=\tan\alpha=f'(x_0)$,其中 α 为切线与 x 轴之间的夹角.

(4)函数 $f(x)$ 在点 x_0 处可导的充要条件是左导数 $f'_-(x_0)$ 与右导数 $f'_+(x_0)$ 都存在且相等.

(5)若函数 $f(x)$ 在开区间 (a,b) 内可导,且 $f'_+(a)$ 和 $f'_-(b)$ 都存在,则 $f(x)$ 在闭区间 $[a,b]$ 上可导.

(6)可导一定连续,连续不一定可导.

2. 导数的基本公式与运算法则

(1)基本初等函数的导数公式.

(2)函数的和、差、积、商的求导法则.

(3)复合函数的求导法:$\dfrac{\mathrm{d}y}{\mathrm{d}x}=f'(u)\cdot g'(x)$ 或 $\dfrac{\mathrm{d}y}{\mathrm{d}x}=\dfrac{\mathrm{d}y}{\mathrm{d}u}\cdot\dfrac{\mathrm{d}u}{\mathrm{d}x}$.

3. 特殊函数求导法及高阶导数

(1)隐函数的导数:在方程 $F(x,y)=0$ 中,将 y 看作 x 的函数,方程两边对 x 求导,得到一个关于 y'、y 与 x 的方程,解出 y',即所求隐函数的导数.

(2)对数求导法:对幂指函数 $y=[u(x)]^{v(x)}$ 的求导,是先通过取对数,化乘(除)为加(减),化乘(开)方为乘积,再利用隐函数求导法求导.

(3)高阶导数:求高阶导数只需应用一阶导数的基本公式和求导法则重复进行求导运算即可.

(4)微分的定义:函数的微分等于函数的导数与自变量微分的乘积.

(5)微分在近似计算中的应用：$f(x_0+\Delta x)\approx f(x_0)+f'(x_0)\Delta x$.

复习题 2

1. 选择题.

(1)设函数 $f(x)$ 在点 x_0 处可导且 $f'(x_0)=3$，则 $\lim\limits_{h\to 0}\dfrac{f(x_0+5h)-f(x_0)}{h}=$(　　).

A. 6　　B. 0　　C. 15　　D. 10

(2)函数 $y=f(x)$ 的切线斜率为 $\dfrac{x}{2}$ 且过点(2,2)，则曲线方程为(　　).

A. $y=\dfrac{1}{4}x^2+3$　　B. $y=\dfrac{1}{2}x^2+1$　　C. $y=\dfrac{1}{2}x^2+3$　　D. $y=\dfrac{1}{4}x^2+1$

(3)设曲线 $y=x^2+x-2$ 在点 M 处的切线斜率是 3，则点 M 的坐标为(　　).

A. (0,1)　　B. (1,0)　　C. (0,0)　　D. (1,1)

(4)设 $f(0)=0$ 且 $f'(0)$ 存在，则 $\lim\limits_{x\to 0}\dfrac{f(x)}{x}=$(　　).

A. $f'(x)$　　B. $f'(0)$　　C. $f(0)$　　D. $\dfrac{1}{2}f(0)$

(5)函数在点 x_0 处连续是在该点处可导的(　　)条件.

A. 充分　　B. 必要　　C. 充要　　D. 非充分非必要

2. 填空题.

(1)设函数 $f(x)=\sqrt{1+\ln^2 x}$，则 $f'(\mathrm{e})=$________.

(2) $\lim\limits_{h\to 0}\dfrac{f(x_0-h)-f(x_0)}{h}=$________，$\lim\limits_{h\to 0}\dfrac{f(x_0+\alpha h)-f(x_0+\beta h)}{h}=$________(其中 α、β 为常数).

(3)设函数 $f(x)=\begin{cases} x^2 & x\leqslant 1 \\ ax+b & x>1 \end{cases}$，当 $a=$________时，$b=$________时，$f(x)$ 在 $x=1$ 处可导.

(4)曲线 $y=\ln(1+x)$ 在点(0,0)处的切线方程是________.

(5)曲线 $y=x^3$ 在点(2,8)处的切线方程是________，法线方程是________.

3. 求下列函数的导数.

(1) $y=x^2\sin x$；　　(2) $y=\dfrac{\sin x}{1+\cos x}$；

(3) $y=\dfrac{x}{1+x^2}$；　　(4) $y=(x^3-x)^6$；

(5) $y=\sin^2(\cos 3x)$；　　(6) $y=\arcsin(1-x)$.

4. 求下列函数的微分.

(1) $y=\ln\sin\dfrac{x}{2}$；　　(2) $y=x\arctan x$；

(3) $y=x\mathrm{e}^x$；　　(4) $y=(\sin x-\cos x)\ln x$；

(5) $y=1+xe^y$;　　(6) $y=x+\ln y$.

5. 设函数 $f(x)=\begin{cases} x & x<0 \\ \ln(1+x) & x\geqslant 0 \end{cases}$,求 $f(0)$ 和 $f'(0)$.

6. 讨论函数 $f(x)=\begin{cases} x\sin\dfrac{1}{x} & x\neq 0 \\ 0 & x=0 \end{cases}$ 在 $x=0$ 处的连续性和可导性.

7. 曲线 $y=x^{\frac{3}{2}}$ 上哪一点处的切线与直线 $y=3x-1$ 平行?

8. 验证 $y=e^x\sin x$ 满足关系式 $y''-2y'+2y=0$.

9. 一正方体的棱长 $x=10$ cm,如果棱长增大 0. 1 cm,求此正方体体积增加的精确值和近似值.

10. 若半径为 15 m 的球的半径伸长 2 cm,则球的体积约扩大多少?

第 3 章　导数的应用

本章是第 2 章内容的延续，主要是利用导数与微分这一方法来分析和研究函数的性质、图形和各种形态，这一切的理论基础就是在微分学中占有重要地位的几个微分中值定理，下面首先来介绍微分学中值定理.

3.1　中值定理和洛必达法则

3.1.1　中值定理

在给出微分中值定理的内容之前，先从几何的角度看一个问题.

设有连续函数 $y=f(x)$，a 和 b 是其定义区间内的两点（$a<b$），假定此函数在(a,b)内可导，也就是说在(a,b)内的函数图形上处处都有切线，则从图 3－1 上容易看到：差商$\frac{\Delta y}{\Delta x}=\frac{f(b)-f(a)}{b-a}$就是割线 AB 的斜率，若割线 AB 作平行于自身的移动，则至少有一次机会达到离割线最远的一点 C（$x=\xi$）处成为曲线的切线，而 C 点处切线的斜率为 $f'(\xi)$，由于切线与割线是平行的，因此$f'(\xi)=\frac{f(b)-f(a)}{b-a}$成立.

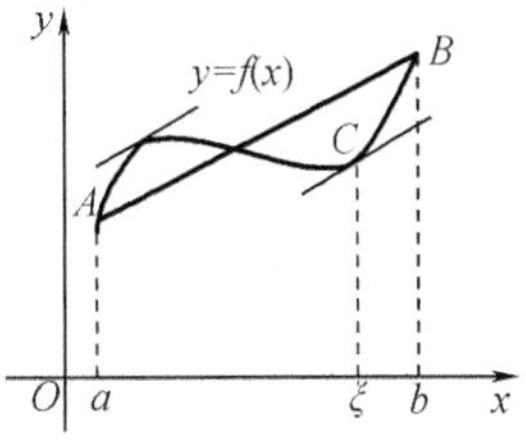

图 3－1

注意　这个结果就称为微分中值定理，也称为拉格朗日(Lagrange)中值定理.

定理 3－1　拉格朗日中值定理

若函数$f(x)$在闭区间$[a,b]$上连续，在开区间(a,b)内可导，则在(a,b)内至少有一点$\xi(a<\xi<b)$，使$f(b)-f(a)=f'(\xi)(b-a)$成立.

【例 3－1】　验证拉格朗日中值定理对函数$f(x)=\ln x$在闭区间$[1,e]$上的正确性.

解　显然函数$f(x)=\ln x$在$[1,e]$上连续，又$f'(x)=\frac{1}{x}$，即$f(x)$在$(1,e)$内可导，满足拉格朗日中值定理的条件，所以该函数在$(1,e)$内至少存在一点ξ，使

$$f(e)-f(1)=f'(\xi)(e-1),$$

即

$$\ln e-\ln 1=\frac{1}{\xi}(e-1),$$

得

$$\xi=e-1,$$

这就说明了拉格朗日中值定理对函数$f(x)=\ln x$在闭区间$[1,e]$上是正确的.

由拉格朗日中值定理可以得到下面的推论：

推论 若函数 $f(x)$ 在开区间 (a,b) 内任意一点处的导数都为零，则 $f(x)$ 在开区间 (a,b) 内是一个常数.

在拉格朗日中值定理中，当 $f(b)=f(a)$ 时即为罗尔(Rolle)中值定理，描述如下：

定理 3-2 罗尔中值定理

若函数 $f(x)$ 在闭区间 $[a,b]$ 上连续，在开区间 (a,b) 内可导，且 $f(a)=f(b)$，则在 (a,b) 内至少有一点 $\xi(a<\xi<b)$，使 $f'(\xi)=0$ 成立.

如图 3-2 所示，一段两端等高的处处有切线的曲线 AB，可以看到在该曲线上至少存在一点 ξ(ξ_1 或 ξ_2)，使该点处的切线斜率为零，即 $f'(\xi)=0$.

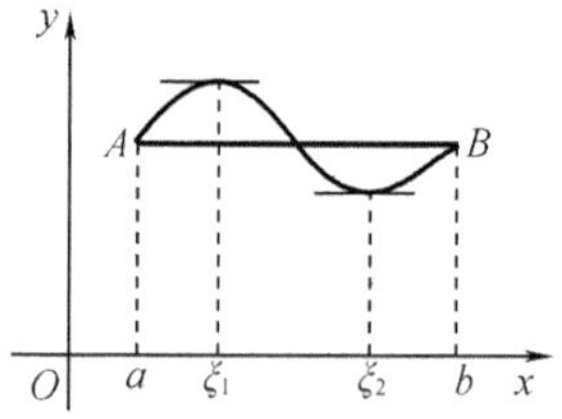

图 3-2

【例 3-2】 验证罗尔中值定理对函数 $f(x)=x^2-3x+2$ 在闭区间 $[1,2]$ 上的正确性.

解 显然函数 $f(x)=x^2-3x+2$，在 $[1,2]$ 上连续，又 $f'(x)=2x-3$，即 $f(x)$ 在 $(1,2)$ 内可导，且 $f(1)=f(2)$，满足罗尔中值定理的条件，所以该函数在 $(1,2)$ 内至少存在一点 ξ，使 $f'(\xi)=0$，即 $2\xi-3=0$，得 $\xi=\dfrac{3}{2}$.

这就说明了罗尔定理对函数 $f(x)=x^2-3x+2$ 在闭区间 $[1,2]$ 上是正确的.

下面再学习一条通过拉格朗日中值定理推广得来的定理——柯西(Cauchy)中值定理.

定理 3-3 柯西中值定理

若函数 $f(x)$，$g(x)$ 在闭区间 $[a,b]$ 上连续，在开区间 (a,b) 内可导，且在开区间 (a,b) 内 $g'(x)\neq 0$，则在 (a,b) 内至少有一点 $\xi(a<\xi<b)$，使 $\dfrac{f'(\xi)}{g'(\xi)}=\dfrac{f(b)-f(a)}{g(b)-g(a)}$ 成立.

令 $g(x)=x$，则 $g(a)=a$，$g(b)=b$，$g'(\xi)=1$，这时柯西中值定理就变成了拉格朗日中值定理，可见拉格朗日中值定理是柯西中值定理的特殊情形.

3.1.2 洛必达(L'Hospital)法则

下面就来学习柯西中值定理的一个重要应用——洛必达法则.

在学习极限时，会遇到这样的问题：对于函数 $f(x)$ 和 $g(x)$，当 $x\to x_0$(或 $x\to\infty$)时，函数 $f(x)$ 和 $g(x)$ 都趋于零或无穷大，极限 $\lim\limits_{x\to x_0}\dfrac{f(x)}{g(x)}$，$\lim\limits_{x\to\infty}\dfrac{f(x)}{g(x)}$ 可能存在，也可能不存在，我们把这两种类型的极限通常称为 $\dfrac{0}{0}$ 型或 $\dfrac{\infty}{\infty}$ 型的不定式. 我们容易知道，求不定式的极限，是不能直接利用极限的运算法则“商的极限等于极限的商”来求解的，那该如何求这类问题的极限呢？

下面我们就给出求这类不定式的一种有效的方法——洛必达法则.

1. $\dfrac{0}{0}$ 型不定式

定理 3-4(洛必达法则一)

若函数 $f(x)$、$g(x)$ 满足下列条件：

(1) $\lim\limits_{x\to x_0}f(x)=0$，$\lim\limits_{x\to x_0}g(x)=0$；

(2)$f(x)$、$g(x)$在点 x_0 的某邻域内(点 x_0 可以除外)可导,且 $g'(x)\neq 0$;

(3)$\lim\limits_{x\to x_0}\dfrac{f'(x)}{g'(x)}=A$(或者$\infty$),则

$$\lim_{x\to x_0}\frac{f(x)}{g(x)}=\lim_{x\to x_0}\frac{f'(x)}{g'(x)}=A(\text{或者}\infty).$$

注意　(1)此定理中的 $x\to x_0$ 换成其他趋向过程仍成立,例如,$x\to\infty$,$x\to+\infty$,$x\to-\infty$,$x\to x_0^+$,$x\to x_0^-$;

(2)若$\lim\limits_{x\to x_0}\dfrac{f'(x)}{g'(x)}$又是$\dfrac{0}{0}$型不定式且满足上述条件,则可以继续使用洛必达法则,即

$$\lim_{x\to x_0}\frac{f(x)}{g(x)}=\lim_{x\to x_0}\frac{f'(x)}{g'(x)}=\lim_{x\to x_0}\frac{f''(x)}{g''(x)},$$

依次类推,直到求出权限为止.

下面通过具体例子来看看洛必达法则一的应用.

【例 3 -3】　求极限$\lim\limits_{x\to 0}\dfrac{e^x-1}{x}$.

解　这是$\dfrac{0}{0}$型不定式.由洛必达法则,得

$$\lim_{x\to 0}\frac{e^x-1}{x}=\lim_{x\to 0}\frac{e^x}{1}=1.$$

【例 3 -4】　求极限$\lim\limits_{x\to 0}\dfrac{\sin ax}{\sin bx}$.

解　这是$\dfrac{0}{0}$型不定式,由洛必达法则,得

$$\lim_{x\to 0}\frac{\sin ax}{\sin bx}=\lim_{x\to 0}\frac{a\cos ax}{b\cos bx}=\frac{a}{b}.$$

【例 3 -5】　求极限$\lim\limits_{x\to 2}\dfrac{x^3-12x+16}{x^3-2x^2-4x+8}$.

解　这是$\dfrac{0}{0}$型不定式,由洛必达法则,得

$$\lim_{x\to 2}\frac{x^3-12x+16}{x^3-2x^2-4x+8}=\lim_{x\to 2}\frac{3x^2-12}{3x^2-4x-4}=\lim_{x\to 2}\frac{6x}{6x-4}=\frac{3}{2}.$$

【例 3 -6】　求极限$\lim\limits_{x\to+\infty}\dfrac{\dfrac{\pi}{2}-\arctan x}{\dfrac{1}{x}}$.

解　这是$\dfrac{0}{0}$型不定式,由洛必达法则,得

$$\lim_{x\to+\infty}\frac{\dfrac{\pi}{2}-\arctan x}{\dfrac{1}{x}}=\lim_{x\to+\infty}\frac{-\dfrac{1}{1+x^2}}{-\dfrac{1}{x^2}}=\lim_{x\to+\infty}\frac{x^2}{1+x^2}=1.$$

2. $\frac{\infty}{\infty}$型不定式

定理 3－5（洛必达法则二）

若函数 $f(x)$、$g(x)$ 满足下列条件：

(1) $\lim\limits_{x\to x_0} f(x)=\infty$，$\lim\limits_{x\to x_0} g(x)=\infty$；

(2) $f(x)$、$g(x)$ 在点 x_0 的某邻域内（点 x_0 可以除外）可导，且 $g'(x)\neq 0$；

(3) $\lim\limits_{x\to x_0}\frac{f'(x)}{g'(x)}=A$（或者 ∞），则

$$\lim_{x\to x_0}\frac{f(x)}{g(x)}=\lim_{x\to x_0}\frac{f'(x)}{g'(x)}=A\text{（或者}\infty\text{）}.$$

注意 (1) 此定理中的 $x\to x_0$ 换成其他趋向过程仍成立；

(2) 若 $\lim\limits_{x\to x_0}\frac{f'(x)}{g'(x)}$ 又是 $\frac{\infty}{\infty}$ 型不定式且满足上述条件，则可以继续使用洛必达法则，依次类推，直到求出极限为止.

下面通过具体例子来看看洛必达法则二的应用.

【例 3－7】 求极限 $\lim\limits_{x\to+\infty}\frac{\ln x}{x^{\alpha}}(\alpha>0)$.

解 这是 $\frac{\infty}{\infty}$ 型不定式，由洛必达法则得

$$\lim_{x\to+\infty}\frac{\ln x}{x^{\alpha}}=\lim_{x\to+\infty}\frac{\frac{1}{x}}{\alpha x^{\alpha-1}}=\lim_{x\to+\infty}\frac{1}{\alpha x^{\alpha}}=0.$$

【例 3－8】 求极限 $\lim\limits_{x\to+\infty}\frac{x^2}{e^x}$.

解 这是 $\frac{\infty}{\infty}$ 型不定式，由洛必达法则得

$$\lim_{x\to+\infty}\frac{x^2}{e^x}=\lim_{x\to+\infty}\frac{2x}{e^x}=\lim_{x\to+\infty}\frac{2}{e^x}=0.$$

3. 其他类型的不定式

$0\cdot\infty$，$\infty-\infty$，0^0，∞^0，1^∞ 等不定式也可通过适当转化，化成 $\frac{0}{0}$ 型或 $\frac{\infty}{\infty}$ 型的不定式后再计算.

(1) $0\cdot\infty$ 型

若 $\lim\limits_{x\to x_0} f(x)=0$，$\lim\limits_{x\to x_0} g(x)=\infty$，则 $\lim\limits_{x\to x_0} f(x)\cdot g(x)$ 就构成了 $0\cdot\infty$ 型不定式，它可以作如下变换：

$$\lim_{x\to x_0} f(x)\cdot g(x)=\lim_{x\to x_0}\frac{f(x)}{\frac{1}{g(x)}}\left(\frac{0}{0}\text{型}\right)\text{或}\lim_{x\to x_0} f(x)\cdot g(x)=\lim_{x\to x_0}\frac{g(x)}{\frac{1}{f(x)}}\left(\frac{\infty}{\infty}\text{型}\right).$$

【例 3－9】 求极限 $\lim\limits_{x\to 0^+} x^2\ln x$.

解 $$\lim_{x\to 0^+} x^2\ln x=\lim_{x\to 0^+}\frac{\ln x}{\frac{1}{x^2}}=\lim_{x\to 0^+}\frac{\frac{1}{x}}{-\frac{2}{x^3}}=-\frac{1}{2}\lim_{x\to 0^+} x^2=0.$$

(2) $\infty-\infty$ 型

此类型可以通过通分转化为$\frac{0}{0}$型或$\frac{\infty}{\infty}$型不定式.

【例 3－10】　求极限$\lim\limits_{x\to\frac{\pi}{2}}(\sec x-\tan x)$.

解　$\lim\limits_{x\to\frac{\pi}{2}}(\sec x-\tan x)=\lim\limits_{x\to\frac{\pi}{2}}\left(\frac{1}{\cos x}-\frac{\sin x}{\cos x}\right)=\lim\limits_{x\to\frac{\pi}{2}}\frac{1-\sin x}{\cos x}$

$$=\lim_{x\to\frac{\pi}{2}}\frac{-\cos x}{-\sin x}=0.$$

(3) $0^0,\infty^0,1^\infty$ 型

此类型可以通过取对数进行如下转化：

$$\lim_{x\to x_0}[f(x)]^{g(x)}=\lim_{x\to x_0}e^{\ln[f(x)]^{g(x)}}=\lim_{x\to x_0}e^{g(x)\ln f(x)}=e^{\lim\limits_{x\to x_0}g(x)\ln f(x)}.$$

【例 3－11】　求极限$\lim\limits_{x\to0^+}x^x$.

解　因为

$$\lim_{x\to0^+}x^x=e^{\lim\limits_{x\to0^+}x\ln x},$$

而

$$\lim_{x\to0^+}x\ln x=\lim_{x\to0^+}\frac{\ln x}{\frac{1}{x}}=\lim_{x\to0^+}(-x)=0,$$

所以

$$\lim_{x\to0^+}x^x=e^0=1.$$

【例 3－12】　求极限$\lim\limits_{x\to+\infty}\left(\frac{2}{\pi}\arctan x\right)^x$.

解　因为

$$\lim_{x\to+\infty}\left(\frac{2}{\pi}\arctan x\right)^x=e^{\lim\limits_{x\to\infty}x\ln\left(\frac{2}{\pi}\arctan x\right)},$$

而

$$\lim_{x\to+\infty}x\ln\left(\frac{2}{\pi}\arctan x\right)=\lim_{x\to+\infty}\frac{\ln\frac{2}{\pi}+\ln\arctan x}{\frac{1}{x}}$$

$$=\lim_{x\to+\infty}\frac{\frac{1}{\arctan x}\cdot\frac{1}{1+x^2}}{-\frac{1}{x^2}}$$

$$=\lim_{x\to+\infty}\frac{1}{\arctan x}\cdot\frac{-x^2}{1+x^2}$$

$$=-\frac{2}{\pi},$$

所以

$$\lim_{x\to+\infty}\left(\frac{2}{\pi}\arctan x\right)^x=e^{-\frac{2}{\pi}}.$$

【例 3-13】 求极限$\lim\limits_{x\to 0}\dfrac{\tan x-x}{x^2\sin x}$.

解 $\lim\limits_{x\to 0}\dfrac{\tan x-x}{x^2\sin x}=\lim\limits_{x\to 0}\dfrac{\tan x-x}{x^3}$(利用等价无穷小量代换 $\sin x\sim x$)

$$=\lim_{x\to 0}\frac{\sec^2 x-1}{3x^2}=\lim_{x\to 0}\frac{\tan^2 x}{3x^2}=\frac{1}{3}\lim_{x\to 0}\left(\frac{\tan x}{x}\right)^2=\frac{1}{3}.$$

使用洛必达法则时必须注意以下几点:

(1)洛必达法则只能对型$\dfrac{0}{0}$和$\dfrac{\infty}{\infty}$型不定式直接使用,其他型必须转化为两者之一才可使用该法则;

(2)只要满足条件,就可以连续使用洛必达法则;

(3)洛必达法则的条件是充分但并不必要的,因此,在该法则失效时并不能断定原极限不存在,即$\lim\limits_{x\to x_0}\dfrac{f'(x)}{g'(x)}$不存在不能说明$\lim\limits_{x\to x_0}\dfrac{f(x)}{g(x)}$就不存在.

【例 3-14】 求极限$\lim\limits_{x\to\infty}\dfrac{x+\sin x}{x}$.

解 这是$\dfrac{\infty}{\infty}$型不定式,由洛必达法则得

$$\lim_{x\to\infty}\frac{x+\sin x}{x}=\lim_{x\to\infty}\frac{1+\cos x}{1}=\lim_{x\to\infty}(1+\cos x),$$

而$\lim\limits_{x\to\infty}(1+\cos x)$不存在,即洛必达法则失效,改用其他方法,得

$$\lim_{x\to\infty}\frac{x+\sin x}{x}=\lim_{x\to\infty}\frac{1+\dfrac{\sin x}{x}}{\dfrac{2}{1}}=1.$$

【例 3-15】 求极限$\lim\limits_{x\to+\infty}\dfrac{\sqrt{1+x^2}}{x}$.

解 这是$\dfrac{\infty}{\infty}$型不定式,由洛必达法则得

$$\lim_{x\to+\infty}\frac{\sqrt{1+x^2}}{x}=\lim_{x\to+\infty}\frac{x}{\sqrt{1+x^2}}=\lim_{x\to+\infty}\frac{\sqrt{1+x^2}}{x}=\cdots,$$

可见产生了循环,如此继续下去,并不能求得结果. 改用其他方法,得

$$\lim_{x\to+\infty}\frac{\sqrt{1+x^2}}{x}=\lim_{x\to+\infty}\frac{\sqrt{\dfrac{1}{x^2}+1}}{1}=1.$$

习题 3-1

1. 用洛必达法则求下列极限.

(1)$\lim\limits_{x\to 0}\dfrac{\sin 3x}{\tan 5x}$;　　(2)$\lim\limits_{x\to 0}\dfrac{\ln(1+x)}{x}$;

(3) $\lim\limits_{x\to 0}\dfrac{e^2-e^{-2}}{\sin x}$;

(4) $\lim\limits_{x\to 0}\dfrac{x-\sin x}{e^x+\cos x-x-2}$;

(5) $\lim\limits_{x\to a}\dfrac{x^m-a^m}{x^n-a^n}$;

(6) $\lim\limits_{x\to 0}\dfrac{(a+x)^x-a^x}{x^2}(a>0)$;

(7) $\lim\limits_{x\to 0}\dfrac{x-\arctan x}{\ln(1+x^2)}$;

(8) $\lim\limits_{x\to 0^+}(\sin x)\ln x$;

(9) $\lim\limits_{\Delta\to 0}\left(\dfrac{2}{\pi}\cdot\arccos x\right)^{\frac{1}{x}}$;

(10) $\lim\limits_{x\to+\infty}\dfrac{\ln\left(1+\dfrac{1}{x}\right)}{\operatorname{arccot} x}$;

(11) $\lim\limits_{x\to 0}\left(\cot x-\dfrac{1}{x}\right)$;

(12) $\lim\limits_{x\to 0}\left(\dfrac{3-e^x}{x+2}\right)^{\csc x}$;

(13) $\lim\limits_{x\to 0}x^2e^{x^{\frac{1}{2}}}$;

(14) $\lim\limits_{x\to 0}\left(\dfrac{e^x}{x}-\dfrac{1}{e^x-1}\right)$.

2. 设极限$\lim\limits_{x\to 1}\dfrac{x^2+mx+n}{x-1}=5$,求常数$m$、$n$的值.

3. 试证:极限$\lim\limits_{x\to\infty}\dfrac{x+\sin x}{x-\sin x}$存在,但不能由洛必达法则求出.

3.2 函数的单调性和极值

3.2.1 函数的单调性

若函数在定义域的某个区间内随着自变量的增加而增加(减少),则称函数在该区间上是单调增加(减少)的. 单调增加函数的图形在平面直角坐标系中是一条从左至右(自变量增加的方向)逐渐上升(函数值增加的方向)的曲线,曲线上各点处的切线(若存在的话)与横轴正向所夹角度为锐角,即曲线切线的斜率为正,也即导数为正. 类似地,单调减少函数的图形是平面直角坐标系中一条从左至右逐渐下降的曲线,其上任一点的导数(若存在的话)为负,由此可见,函数的单调性与导数的符号有着密切的关系. 事实上,有如下定理:

定理3-6(函数单调性判别定理)

设函数$f(x)$在闭区间$[a,b]$上连续,在开区间(a,b)内可导,则

(1)若对任意$x\in(a,b)$,有$f'(x)>0$,则$f(x)$在$[a,b]$上严格单调增加;

(2)若对任意$x\in(a,b)$,有$f'(x)<0$,则$f(x)$在$[a,b]$上严格单调减少.

证明 对任意$x_1,x_2\in[a,b]$,不妨设$x_1<x_2$,由拉格朗日中值定理有$f(x_1)-f(x_2)=f'(\xi)(x_1-x_2)$,$\xi\in(x_1,x_2)$.

由$f'(x)>0$,得$f'(\xi)>0$,故$f(x_1)<f(x_2)$,即(1)得证. 类似地可证(2).

例如,函数$f(x)=\sin x$在$\left(-\dfrac{\pi}{2},\dfrac{\pi}{2}\right)$内单调增加,这是因为对任意的$x\in\left(-\dfrac{\pi}{2},\dfrac{\pi}{2}\right)$,有$f'(x)=(\sin x)'=\cos x>0$.

若将定理3-6中的闭区间换成其他区间(包括无穷区间),结论同样成立. 定理3-6的条件也可以适当放宽,即若在(a,b)内的有限个点上,有$f'(x)=0$,其余点处处满足定理条件,则定理的结论仍然成立.

例如,如图 3-3 所示,$y=x^3$ 在 $x=0$ 处有 $f'(0)=0$,但它在$(-\infty,+\infty)$上单调增加.

【例 3-16】 讨论函数 $y=\sqrt[3]{x^2}$ 的单调性.

解 如图 3-4 所示,函数的定义域为$(-\infty,+\infty)$,当 $x\neq 0$ 时,$y'=\dfrac{2}{3\sqrt[3]{x}}$;当 $x=0$ 时,函数的导数不存在. 当 $x>0$ 时,$y'>0$;当 $x<0$ 时,$y'<0$,故函数在$(-\infty,0]$内单调减少,在$[0,+\infty)$内单调增加.

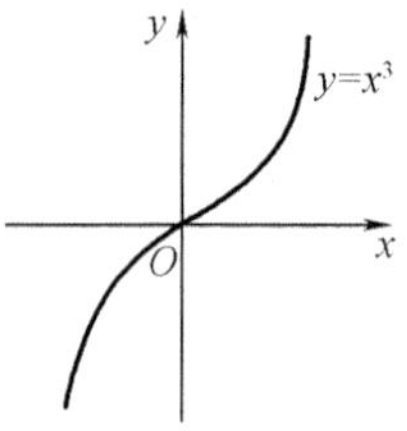

图 3-3

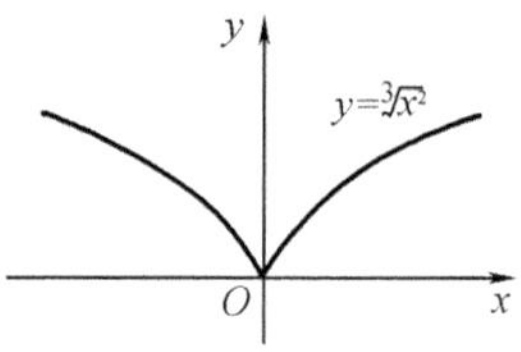

图 3-4

【例 3-17】 求函数 $y=2x^2-x$ 的单调区间.

解 函数的定义域为$(-\infty,+\infty)$,函数在整个定义域内可导,且 $y'=4x-1$.

令 $y'=0$,得 $x=\dfrac{1}{4}$. 当 $x<\dfrac{1}{4}$时,$y'<0$;当 $x>\dfrac{1}{4}$时,$y'>0$. 所以函数在$\left(-\infty,\dfrac{1}{4}\right]$上单调减少,在$\left[\dfrac{1}{4},+\infty\right)$上单调增加.

从例 3-16 和例 3-17 可以看出,函数单调区间的分界点是导数为零的点或导数不存在的点. 一般地,若函数在定义域上连续,除去有限个导数不存在的点外导数是存在的,则只要用 $f'(x)=0$ 的点及 $f'(x)$ 不存在的点来划分函数的定义域,在每一区间上判别导数的符号,便可求得函数的单调区间.

【例 3-18】 求函数 $y=e^x-x-1$ 的单调区间.

解 函数的定义域为$(-\infty,+\infty)$. 又 $y'=e^x-1$,令 $y'=0$,得 $x=0$.

列表分析如下:

x	$(-\infty,0)$	0	$(0,+\infty)$
y'	−	0	+
y	↘		↗

所以函数 $f(x)$ 的单调增加区间为$[0,+\infty)$,单调减少区间为$(-\infty,0]$.

注意 为了方便起见,通常用"↗"表示曲线在相应区间上是单调增加的,用"↘"表示曲线在相应区间上是单调减少的.

【例 3-19】 求函数 $f(x)=2x^3-9x^2+12x-3$ 的单调区间.

解 函数的定义域为$(-\infty,+\infty)$. 又 $f'(x)=6x^2-18x+12$,令 $f'(x)=0$,得 $x_1=1$,$x_2=2$.

列表分析如下:

x	$(-\infty,1)$	1	$(1,2)$	2	$(2,+\infty)$
$f'(x)$	+	0	−	0	+
$f(x)$	↗		↘		↗

所以函数 $f(x)$ 的单调增加区间为 $(-\infty,1]$ 和 $[2,+\infty)$，单调减少区间为 $[1,2]$.

【例 3-20】 当 $x>0$ 时，求证：$x>\ln(1+x)$.

证明 令 $f(x)=x-\ln(1+x)$，则 $f(x)$ 在 $[0,+\infty)$ 上连续.

又当 $x>0$ 时，$f'(x)=\dfrac{x}{1+x}>0$，即 $f(x)$ 在 $[0,+\infty)$ 上单调增加，则有 $f(x)>f(0)$，而 $f(0)=0$，所以当 $x>0$ 时，$f(x)>0$，即 $x>\ln(1+x)$.

3.2.2 函数的极值

定义 3-1 设函数 $f(x)$ 在 x_0 的某邻域内有定义. 若对该邻域内任意一点 $x(x\neq x_0)$，都有 $f(x)<f(x_0)$ $(f(x)>f(x_0))$，则称 $f(x_0)$ 为 $f(x)$ 的一个极大值（极小值），x_0 称为极大值点（极小值点）.

极大值和极小值统称为极值，极大值点和极小值点统称为极值点.

由定义可知，函数的极值只是一个局部性的概念，它只是比极值点左右近旁的函数值大或小而已，并不是在函数的定义域内最大或最小，而函数的最值是全局性的，它是对整个定义域而言的，所以极大值不一定是最大值，极小值也不一定是最小值. 某些函数在其定义域内可能会有多个极大值或极小值，且某一点取得的极大值可能会比另一点取得的极小值还要小（图 3-5）. 从直观上看，在函数取得极值时，曲线上对应点处有水平切线，即在极值点处 $f'(x)=0$.

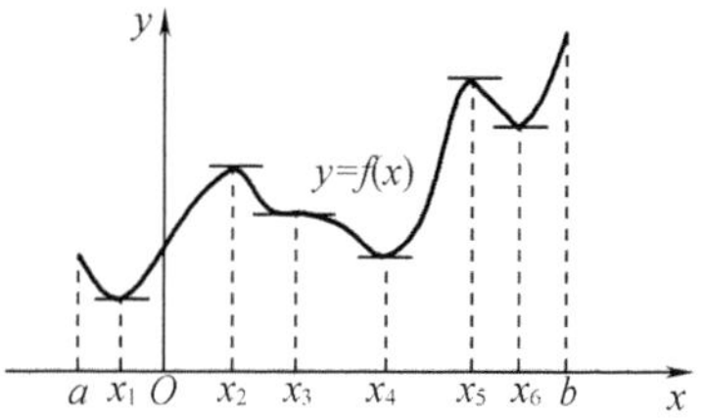

图 3-5

定理 3-7（极值存在的必要条件）

若函数 $f(x)$ 在点 x_0 的某邻域内可导且在 x_0 处取得极值，则必有 $f'(x_0)=0$.

定义 3-2 使 $f'(x)=0$ 成立的点称为 $f(x)$ 的驻点.

定理 3-7 说明，可导函数的极值点一定是驻点，但驻点不一定是极值点. 导数不存在的点也可能是极值点，也可能不是极值点，函数的极值点只能在驻点或导数不存在的点中去找.

当求出了函数的驻点或导数不存在的点后，还需要进一步判断这些点是否是极值点，若是极值点，还要判断函数在这些点处是取得极大值还是极小值. 怎样判断函数的驻点和导数不存在的点是否是极值点，以及是极大值点还是极小值点，下面给出求函数极值的第一充分条件.

定理 3-8（极值的第一充分条件）

设函数 $f(x)$ 在点 x_0 的某邻域内可导且 $f'(x_0)=0$，则

(1) 若当 $x\in(x_0-\delta,x_0)$ 时，$f'(x)>0$，而当 $x\in(x_0,x_0+\delta)$ 时，$f'(x)<0$，则 $f(x)$ 在 x_0 处取得极大值，x_0 是极大值点，$f(x_0)$ 为极大值.

(2) 若当 $x\in(x_0-\delta,x_0)$ 时，$f'(x)<0$，而当 $x\in(x_0,x_0+\delta)$ 时，$f'(x)>0$，则 $f(x)$ 在 x_0 处取得极小值，x_0 是极小值点，$f(x_0)$ 为极小值.

(3) 若当 $x\in(x_0-\delta,x_0+\delta)$ $(x\neq x_0)$ 时，$f'(x)$ 不变号，则 x_0 不是极值点，$f(x_0)$ 不是极值.

定理 3-8 实际上是利用 $f(x)$ 在点 x_0 左右两侧附近的单调性来判断 $f(x)$ 是否在 x_0 处取得极值. 简言之，若 $f'(x)$ 在点 x_0 左右两侧异号，则点 x_0 是 $f(x)$ 的极值点；若 $f'(x)$ 在点 x_0

左右两侧同号，则点 x_0 不是 $f(x)$ 的极值点.

根据定理 3-8，可以归纳出求函数的单调性和极值的步骤如下：

(1) 确定函数的定义域；

(2) 求出一阶导数 $f'(x)$，以及在定义域内的驻点（$f'(x)=0$）和 $f'(x)$ 不存在的点；

(3) 列表分析 $f'(x)$ 在驻点和不可导点左右两侧的符号情况；

(4) 根据分析和定理确定出函数的单调区间和极值.

【例 3-21】 例 3-16 中函数 $y=\sqrt[3]{x^2}$ 在 $x=0$ 处导数不存在，但其导数在该点左右两侧的符号由负变正，所以点 $x=0$ 是函数的极小值点. 例 3-17 中函数 $y=2x^2-x$ 在点 $x=\frac{1}{4}$ 处导数为零，且其导数在点 $x=\frac{1}{4}$ 处左右两侧的符号由负变正，所以点 $x=\frac{1}{4}$ 是函数的极小值点.

【例 3-22】 求函数 $f(x)=x\ln x$ 的单调增减区间和极值.

解 函数的定义域为 $(0,+\infty)$. 又 $f'(x)=1+\ln x$，令 $f'(x)=0$，得 $x=\mathrm{e}^{-1}$.

列表分析如下：

x	$(0,\mathrm{e}^{-1})$	e^{-1}	$(\mathrm{e}^{-1},+\infty)$
$f'(x)$	$-$	0	$+$
$f(x)$	↘	极小值 $-\mathrm{e}^{-1}$	↗

所以函数 $f(x)$ 的单调增加区间为 $[\mathrm{e}^{-1},+\infty)$，单调减少区间为 $(0,\mathrm{e}^{-1}]$；函数 $f(x)$ 在点 $x=\mathrm{e}^{-1}$ 处取得极小值 $f(\mathrm{e}^{-1})=-\mathrm{e}^{-1}$.

【例 3-23】 求函数 $f(x)=x-\frac{3}{2}\sqrt[3]{x^2}$ 的单调区间和极值.

解 函数的定义域为 $(-\infty,+\infty)$. 又 $f'(x)=1-x^{-\frac{1}{3}}$，令 $f'(x)=0$，得 $x=1$，当 $x=0$ 时，$f'(x)$ 不存在.

列表分析如下：

x	$(-\infty,0)$	0	$(0,1)$	1	$(1,+\infty)$
$f'(x)$	$+$	不存在	$-$	0	$+$
$f(x)$	↗	极大值 0	↘	极小值 $-\frac{1}{2}$	↗

所以函数 $f(x)$ 的单调增加区间为 $(-\infty,0]$ 和 $[1,+\infty)$，单调减少区间为 $[0,1]$；函数 $f(x)$ 在点 $x=0$ 处有极大值 $f(0)=0$，在点 $x=1$ 处有极小值 $f(1)=-\frac{1}{2}$.

定理 3-9（极值的第二充分条件）

设函数 $f(x)$ 在点 x_0 处具有二阶导数，且 $f'(x_0)=0$，$f''(x_0)\neq 0$，则

(1) 当 $f''(x_0)<0$ 时，函数 $f(x)$ 在点 x_0 处取得极大值；

(2) 当 $f''(x_0)>0$ 时，函数 $f(x)$ 在点 x_0 处取得极小值.

【例 3-24】 求函数 $f(x)=x^3-3x^2-9x+5$ 的极值.

解 函数的定义域为 $(-\infty,+\infty)$. 又 $f'(x)=3x^2-6x-9$，$f''(x)=6x-6$，令 $f'(x)=0$，得 $x_1=-1$，$x_2=3$，且 $f''(-1)=-12<0$，$f''(3)=12>0$，所以函数 $f(x)$ 在点 $x=-1$ 处取得极大值 $f(-1)=10$，在点 $x=3$ 处取得极小值 $f(3)=-22$.

若函数 $f(x)$ 在驻点 x_0 处 $f''(x_0)=0$，则利用定理 3-9 不能判断 $f(x)$ 在驻点 x_0 处是否取得极值，而要利用定理 3-8 才能判断.

例如，函数 $f(x)=x^3$，不仅 $f'(0)=0$，而且 $f''(0)=0$，此时要用定理 3-8 来判断.

习题 3-2

1. 确定下列函数的单调区间.

(1) $y=\frac{1}{2}(e^x-e^{-x})$；　　(2) $y=2+x+x^2$；

(3) $y=\frac{\sqrt{x}}{100+x}$；　　(4) $y=\sqrt[3]{(2x-x^2)^2}$.

2. 用函数的单调性证明下列不等式.

(1) 当 $x>0$ 时，有 $x-\frac{x^2}{2}<\ln(1+x)$；　　(2) 当 $x\neq0$ 时，有 $e^x>1+x$.

3. 求下列函数的单调区间和极值.

(1) $y=2x^3-6x^2-18x+7$；　　(2) $y=x^2\ln x$；

(3) $y=2-(x-1)^{\frac{2}{3}}$；　　(4) $y=x^2e^{-x^2}$.

4. 当 a 为何值时，函数 $f(x)=a\sin x+\frac{1}{3}\sin 3x$ 在 $x=\frac{\pi}{3}$ 处取得极值.

3.3　函数的凹凸性和拐点

3.3.1　曲线的凹凸性

仅仅知道函数的单调性和极值，还不能准确把握函数的图形. 如图 3-6 所示，函数 $y=x^2$ 和 $y=\sqrt{x}$ 在 $[0,+\infty)$ 上都是单调增加的，它们的图形都是上升的，但是它们的弯曲情况却不同，$y=x^2$ 是凹的，$y=\sqrt{x}$ 是凸的. 可见，在研究函数的图形时，除了考虑它的单调性外，还有必要研究曲线的弯曲情况. 下面我们就来研究函数的凹凸性.

定义 3-3　若曲线弧上每一点的切线都位于曲线的下方，则称这段弧是凹的；若曲线弧上每一点的切线都位于曲线的上方，则称这段弧是凸的.（图 3-7）

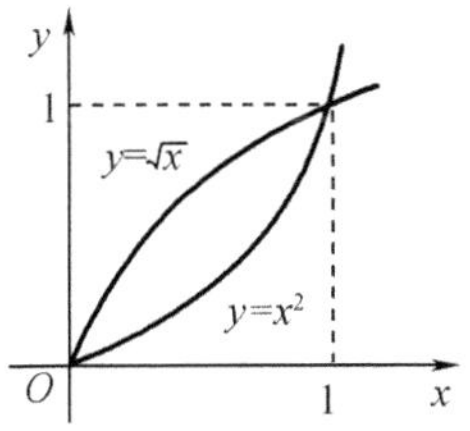

图 3-6

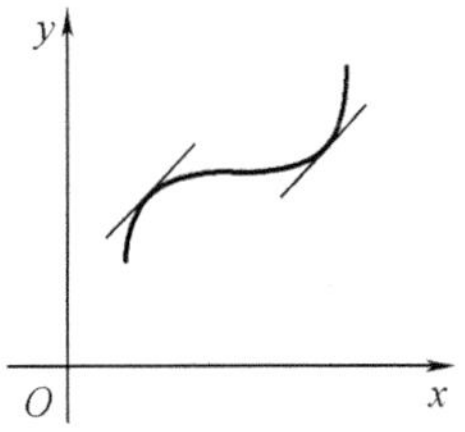

图 3-7

利用定义来判断曲线的凹凸性是很麻烦的. 若连续函数 $f(x)$ 在区间 (a,b) 内有二阶导数,则可以通过二阶导数的正、负号来判断曲线的凹凸性.

定理 3－10 设函数 $f(x)$ 在 $[a,b]$ 上连续,在 (a,b) 内具有二阶导数,则

(1)若在 (a,b) 内,$f''(x)>0$,则 $f(x)$ 的图形在 $[a,b]$ 上是凹的;

(2)若在 (a,b) 内,$f''(x)<0$,则 $f(x)$ 的图形在 $[a,b]$ 上是凸的.

【例 3－25】 判断曲线 $y=e^x$ 的凹凸性.

解 函数的定义域为 $(-\infty,+\infty)$. 又 $y'=e^x$,$y''=e^x$,当 $x\in(-\infty,+\infty)$ 时,$y''>0$,所以曲线 $y=e^x(-\infty,+\infty)$ 上是凹的.

【例 3－26】 判断曲线 $y=\ln x$ 的凹凸性.

解 函数的定义域为 $(0,+\infty)$. 又 $y'=\dfrac{1}{x}$,$y''=-\dfrac{1}{x^2}$,当 $x\in(0,+\infty)$ 时,$y''<0$,所以曲线 $y=\ln x$ 在 $(0,+\infty)$ 上是凸的.

【例 3－27】 判断曲线 $y=x^3$ 的凹凸性.

解 函数的定义域为 $(-\infty,+\infty)$. 又 $y'=3x^2$,$y''=6x$,令 $y''=0$,得 $x=0$;当 $x<0$ 时,$y''<0$;当 $x>0$ 时,$y''>0$;所以曲线 $y=x^3$ 在 $(-\infty,0]$ 上是凸的,在 $[0,+\infty)$ 上是凹的.

从上例可看出,点 $(0,0)$ 是曲线由凸变凹的分界点.

3.3.2 拐点

定义 3－4 连续曲线上的凹弧与凸弧的分界点称为曲线的拐点.

例如,点 $(0,0)$ 是曲线 $y=x^3$ 由凸变凹的分界点,所以点 $(0,0)$ 是曲线 $y=x^3$ 的拐点.

我们已经知道,由 $f''(x)$ 的符号可以判断曲线的凹凸性. 若 $f''(x_0)=0$,而 $f''(x)$ 在点 x_0 处左右两侧异号,则 $(x_0,f(x_0))$ 就是一个拐点;若 $f''(x)$ 在点 x_0 处不存在,而 $f(x_0)$ 有定义,同样按上述方法判断.

求曲线的凹凸性和拐点的一般步骤:

(1)确定函数的定义域;

(2)求出 $f(x)$ 的二阶导数,以及在定义域内 $f''(x)=0$ 的点和 $f''(x)$ 不存在的点;

(3)列表分析 $f''(x)=0$ 的点和 $f''(x)$ 不存在的点左右两侧的符号情况;

(4)根据分析和定理确定出函数的凹凸区间和拐点.

【例 3－28】 求曲线 $y=\sin x$ 在 $(0,2\pi)$ 的拐点.

解 $y'=\cos x$,$y''=-\sin x$,令 $y''=0$,得 $x=\pi$.

列表分析如下:

x	$(0,\pi)$	π	$(\pi,2\pi)$
y''	$-$	0	$+$
y	$\cap$	拐点 $(\pi,0)$	$\cup$

所以曲线的拐点为 $(\pi,0)$.

注意 为了方便起见,通常用"$\cap$"表示曲线在相应区间上是凸的,用"$\cup$"表示曲线在相应区间上是凹的.

【例 3－29】 求曲线 $y=3x^4-4x^3+1$ 的凹凸区间及拐点.

解 函数的定义域为 $(-\infty,+\infty)$. 又 $y'=12x^3-12x^2$,$y''=36x\left(x-\dfrac{2}{3}\right)$,令 $y''=0$,得

$x_1=0, x_2=\frac{2}{3}$.

列表分析如下：

x	$(-\infty,0)$	0	$\left(0,\frac{2}{3}\right)$	$\frac{2}{3}$	$\left(\frac{2}{3},+\infty\right)$
y''	+	0	−	0	+
y	∪	拐点$(0,1)$	∩	拐点$\left(\frac{2}{3},\frac{11}{27}\right)$	∪

所以曲线的凹区间为$(-\infty,0]$和$\left[\frac{2}{3},+\infty\right)$，凸区间为$\left[0,\frac{2}{3}\right]$，拐点为$(0,1)$和$\left(\frac{2}{3},\frac{11}{27}\right)$.

【例 3－30】 求曲线 $y=x^2\ln x$ 的凹凸区间和拐点.

解 函数的定义域为$(0,+\infty)$. 又 $y'=2x\ln x+x$，$y''=2\ln x+3$，令 $y''=0$，得 $x=e^{-\frac{3}{2}}$.
列表分析如下：

x	$(0,e^{-\frac{3}{2}})$	$e^{-\frac{3}{2}}$	$(e^{-\frac{3}{2}},+\infty)$
y''	−	0	+
y	∩	拐点$\left(e^{-\frac{3}{2}},-\frac{3}{2}e^{-3}\right)$	∪

所以曲线的凹区间为$[e^{-\frac{3}{2}},+\infty)$，凸区间为$(0,e^{-\frac{3}{2}}]$，拐点为$\left(e^{-\frac{3}{2}},-\frac{3}{2}e^{-3}\right)$.

习题 3－3

1. 求下列函数的凹凸区间和拐点.

(1) $y=3x^2-x^3$；　　(2) $y=\ln(1+x^2)$；

(3) $y=xe^x$；　　(4) $y=\sqrt{1+x^2}$.

2. 已知函数 $y=ax^3+bx^2+cx$ 有拐点$(1,2)$，且在该点处的切线与直线 $y=3x+1$ 平行，求 a、b、c 的值.

3.4　函数的最值

在工农业生产、工程技术及科学实验中，常常会遇到这样一类问题：在一定条件下，怎样使产品最多、用料最省、成本最低、效率最高等问题，这类问题在数学上通常可归结为求某一函数（通常称为目标函数）的最大值或最小值问题.

设函数 $f(x)$ 在闭区间$[a,b]$上连续，则函数 $f(x)$ 的最大值和最小值一定存在. 若函数 $f(x)$ 的最大（小）值在开区间(a,b)内的点 x_0 处取得，则 $f(x_0)$ 一定也是函数的极大（小）值，又函数 $f(x)$ 的最大（小）值也可能在区间的端点处取得，所以函数 $f(x)$ 在闭区间$[a,b]$上的最大值一定是函数的所有极大值和函数在区间端点的函数值中的最大值. 同理，函数 $f(x)$ 在闭区间$[a,b]$上的最小值一定是函数的所有极小值和函数在区间端点的函数值中的最小值.

综上，可归纳出求连续函数$f(x)$在闭区间$[a,b]$上的最大(小)值的步骤如下：

(1)求出$f(x)$在(a,b)内的所有驻点和导数不存在的点；

(2)计算上述所求各点和两个端点的函数值；

(3)比较这些函数值的大小，最大的为最大值，最小的为最小值.

如图3－8和图3－9所示，若函数$f(x)$在闭区间$[a,b]$上连续，在开区间(a,b)内有且仅有一个极大(小)值，则此极大(小)值就是$f(x)$在$[a,b]$的最大(小)值.

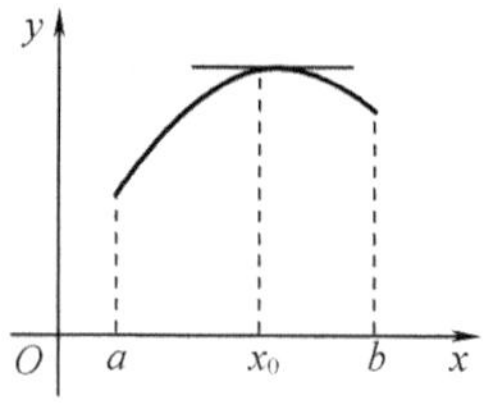

图3－8

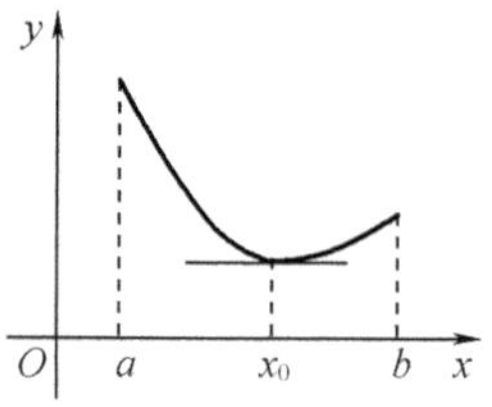

图3－9

显然，若函数$f(x)$在闭区间$[a,b]$上连续，且单调增加(减少)，则$f(a)$是$f(x)$在闭区间$[a,b]$上的最小(大)值，$f(b)$是$f(x)$在闭区间$[a,b]$上的最大(小)值.

【例3－31】 求函数$f(x)=2x^3+3x^2-12x+14$在闭区间$[-3,4]$上的最大值与最小值.

解 $f'(x)=6(x+2)(x-1)$. 令$f'(x)=0$，得$x_1=-2, x_2=1$.

又$f(-3)=23, f(-2)=34, f(1)=7, f(4)=142$，所以比较各函数值，可知函数在闭区间$[-3,4]$上的最大值为$f(4)=142$，最小值为$f(1)=7$.

【例3－32】 求$f(x)=\sqrt[3]{2x-x^2}$在闭区间$[-1,4]$上的最大值与最小值.

解 $f'(x)=[(2x-x^2)^{\frac{1}{3}}]'=\dfrac{1}{3}(2x-x^2)^{-\frac{2}{3}}(2-2x)=\dfrac{2(1-x)}{3[(x(2-x)]^{\frac{2}{3}}}$.

令$f'(x)=0$，得$x=1$，而$x=0, x=2$为$f'(x)$不存在的点.

又$f(-1)=-\sqrt[3]{3}, f(0)=0, f(1)=1, f(2)=0, f(4)=-2$，所以，比较各函数值，可知函数在闭区间$[-1,4]$上的最大值为$f(1)=1$，最小值为$f(4)=-2$.

【例3－33】 房地产公司有50套公寓要出租，当租金定为每月180元时，公寓会全部租出去. 当租金每增加10元时，就有一套公寓租不出去，而租出去的房子每月需花费20元的整修维护费，试问房租定为多少可获得最大收入？

解 设房租为每月x元，则租出去的房子有$50-\left(\dfrac{x-180}{10}\right)$套，每月总收入为

$$R(x)=(x-20)\left(50-\frac{x-180}{10}\right)=(x-20)\left(68-\frac{x}{10}\right)\quad(20<x<680).$$

又

$$R'(x)=\left(68-\frac{x}{10}\right)+(x-20)\left(-\frac{1}{10}\right)=70-\frac{x}{5},$$

令$R'(x)=0$，得$x=350$(唯一驻点)，所以每月每套租金为350元时收入最大，最大收入为R

(350) =10 890(元).

注意 在实际问题中,往往根据问题的性质就可以断定函数$f(x)$确有最大值或最小值,而且一定在定义范围内取得. 这时若$f(x)$在定义范围内只有一个驻点x_0,则不必讨论$f(x_0)$是否是极值,就可以断定$f(x_0)$是所要求的最大值或最小值.

【例3-34】 某人利用原材料每天要制作5个贮藏橱. 假设外来木材的运送成本为6 000元,而贮存每个单位材料的成本为8元. 为使他在两次运送期间的制作周期内平均每天的成本最小,每次他应该订多少原材料及多长时间订一次货?

解 设每x天订一次货,则在运送周期内必须订$5x$单位材料,而平均贮存量大约为运送数量的一半,即$\frac{5x}{2}$,所以

$$\text{每个周期的成本}=\text{运送成本}+\text{贮存成本}=6\ 000+\frac{5x}{2}\cdot x\cdot 8$$

$$\text{平均成本}\overline{C}(x)=\frac{\text{每个周期的成本}}{x}=\frac{6\ 000}{x}+20x,(x>0)$$

又$\overline{C}'(x)=-\frac{6\ 000}{x^2}+20$,令$\overline{C}'(x)=0$,得$x_1=10\sqrt{3}\approx 17.32$,$x_2=-10\sqrt{3}\approx -17.32$(舍去).

而$\overline{C}''(x)=\frac{12\ 000}{x^3}$,且$\overline{C}''(10\sqrt{3})>0$,所以在$x_1=10\sqrt{3}\approx 17.32$天时取得最小值,贮藏橱制作者应该安排每隔17天运送外来木材$5\times 17=85$单位材料.

习题3-4

1. 求下列函数在给定区间上的最值.

(1)$y=x^5-5x^4+5x^3+1,x\in[-1,2]$;　　(2)$y=x+\sqrt{1-x},x\in[-5,1]$;

(3)$y=2\tan x-\tan^2 x,x\in\left[0,\frac{\pi}{3}\right]$.

2. 求内接于椭圆$\frac{x^2}{a^2}+\frac{y^2}{b^2}=1$且面积最大的矩形的各边之长.

3. 用一块半径为R的圆形铁皮,剪去一圆心角为θ的扇形后,做成一个漏斗形容器,问θ为何值时,容器的容积最大?

4. 进入人体血液的麻醉药浓度随注入时间的长短而变. 据临床观测,某麻醉药在某人血液中的浓度C与时间t的函数关系为

$$C(t)=0.294\ 83t+0.042\ 53t^3-0.000\ 35t^3,$$

式中C的单位是mg,t的单位是s,现问医生为给这位患者做手术,这种麻醉药从注入人体开始,过多长时间其血液含该麻醉药的浓度最大?

5. 宽为2 m的支渠道垂直地流向宽为3 m的主渠道,若在其中漂运原木,问能通过的原木的最大长度是多少?

本章小结

1. 中值定理和洛必达法则

(1)柯西中值定理$\xrightarrow{g(x)=x}$拉格朗日中值定理$\xrightarrow{f(b)=f(a)}$罗尔中值定理,即罗尔中值定理是拉格朗日中值定理的特殊情形,而拉格朗日中值定理是柯西中值定理的特殊情形.

(2)洛必达法则

①洛必达法则只能对$\frac{0}{0}$型和$\frac{\infty}{\infty}$型不定式直接使用,其他型必须转化为两者之一才可使用该法则;

②只要满足条件,就可以连续使用洛必达法则;

③洛必达法则的条件是充分的但并不必要. 因此,在该法则失效时并不能断定原极限不存在,即$\lim\limits_{x\to x_0}\frac{f'(x)}{g'(x)}$不存在不能说明$\lim\limits_{x\to x_0}\frac{f(x)}{g(x)}$就不存在.

2. 函数的单调性和极值

(1)设$f(x)$在闭区间$[a,b]$上连续,在开区间(a,b)内可导,则对任意$x\in(a,b)$,若$f'(x)>0$,则$f(x)$在$[a,b]$上严格单调增加;若$f'(x)<0$,则$f(x)$在$[a,b]$上严格单调减少.

(2)求函数的单调性和极值的步骤如下:

①确定函数的定义域;

②求出一阶导数$f'(x)$,以及在定义域内的驻点($f'(x)=0$)和$f'(x)$不存在的点;

③列表分析$f'(x)$在驻点和不可导点的左右两侧的符号情况;

④根据分析和定理确定出函数的单调区间和极值.

注意 判断x_0是否为$f(x)$的极值点,极值第一充分条件是最基本方法,只有当$f(x)$在点x_0处具有二阶可导,且$f'(x_0)=0$,$f''(x_0)\neq 0$时才可用极值第二充分条件来判断.

3. 函数的凹凸性和拐点

(1)设函数$f(x)$在$[a,b]$上连续,在(a,b)内具有二阶导数,则若在(a,b)内,$f''(x)>0$,$f(x)$的图形在$[a,b]$上是凹的;若在(a,b)内,$f''(x)<0$,则$f(x)$的图形在$[a,b]$上是凸的.

注意 一般情况下,用一阶导数的符号确定函数$f(x)$的单调性,用二阶导数的符号确定函数$f(x)$的凹凸性.

(2)求曲线的凹凸性和拐点的一般步骤如下:

①确定函数的定义域;

②求出$f(x)$的二阶导数,以及在定义域内$f''(x)=0$的点和$f''(x)$不存在的点;

③列表分析$f''(x)=0$的点和$f''(x)$不存在的点左右两侧的符号情况;

④根据分析和定理确定出函数的凹凸区间和拐点.

4. 函数的最值

(1)闭区间上的连续函数必有最值.

(2)函数的极值是局部性的,而最值是全局性的.

(3)求连续函数$f(x)$在闭区间$[a,b]$上的最大(小)值的步骤如下:

①求出在$f(x)$在(a,b)内的所有驻点和导数不存在的点;

②计算上述所求各点,以及两个端点的函数值;

③比较这些函数值的大小,最大的为最大值,最小的为最小值.

知识拓展

软件编程案例

我们知道函数 $y=x^2-2x+6$ 的曲线是一条抛物线，它的最小值为抛物线的顶点，用数学的方法求最小值，就是函数的导数为 0 的点，即 $y'=2x-2=0$，解出 $x=1$. 再代入函数求 y 值，即 $y=1*1-2*1+6=5$.

同样，对函数 $y=-x^2-2x-6$，其曲线是一条抛物线，它的最大值为抛物线的顶点，用数学方法求最大值，就是函数的导数为 0 的点，即 $y'=-2x-2=0$，解出 $x=-1$. 再代入函数求 y 值，即 $y=-(-1)*(-1)-2*(-1)-6=-5$.

如何用计算机程序来求解函数 $y=x^2-2x+6$ 的最小值和函数 $y=-x^2-2x-6$ 的最大值呢？我们用试探法，首先确定最小值和最大值出现的区间，如[－10,10]，然后再一个一个地试探，得出最小值和最大值（可能是一个近似值）.

1. C＋＋程序实现导数求极值案例

```
#include <iostream>
using namespace std;

//函数 y = x * x - 2 * x + 6
int funcl(int x)
{
    return x * x - 2 * x + 6;
}

//函数 y = - x * x - 2 * x - 6
int func2(int x)
{
    return - x * x - 2 * x - 6;
}
//求函数 pFun,在区间[nStart,nEnd]内的极值. bMax 为真时求极大值,否则为极小值.
void Extremum(int nStart, int nEed, int( * pFun)(int x),bool bMax)
{

    //取起点 nStart 的 X,Y 值.
    int X = nStart, Y = pFun(nStart);
    //在区间[nStart,nEnd]内,逐个取值试探.
    for(int i = nStart; i < = nEnd;i + + )
    {
      int temp = pFun(i);
```

```
        if(bMax)////求极大值,就把最大值及对应的 X 存起来.
        {
          if(temp > Y)
          {
            Y = temp;
            X = i;
          }
        }
        else//求极小值,就把最小值及对应的 X 存起来
        {
          if(temp < Y)
          {
            Y = temp;
            X = i;
          }
        }
      }
      cout < <"当 X 取值为:" < <X < <"时,函数的极值为:" < <Y < <endl;
}
//预估计极小值范围在[ -10,10]之内,于是用试探法在估计区间内,找出极值.
int main(int argc,char * argv[ ])
{
  //求函数的最小值
  Extremum( -10,10,funcl,false);
  //求函数的最大值
  Extremum( -10,10,func2,true);
  return 0;
  }
```

2. JAVA 程序实现导数求极值案例

```
package hyPrg;

public class Extremum
{
public Extremum( )
{ }

//函数 y = x * x - 2 * x + 6
public int funcl(int x)
{
  return x * x - 2 * x + 6;
```

```
    }

    //函数 y = -x * x -2 * x -6
    public int func2(int x)
    {
       return -(x * x) -2 * x -6;
    }

    //求 ft 里的函数,在区间[nStart,nEnd]内的极值,bMax 为真时求极大值,否则为极小
值 public void Extremum(int nStart,int nEnd,Extremum ft,Boolean bMax)
    {
    //取起点 nStart 的 X,Y 值
    int X = nStart;
    int Y;
    if(bMax)
       Y = ft.func2(X);
    else
       Y = ft.func1(X);
       //在区间[nStart,nEnd]内,逐个取值试探
       for(int i = nStart;i < = nEnd;i + +)
       {
       int temp;
       if(bMax)
       {
       //求极大值,就把最大值及对应的 X 存起来
       temp = ft.func2(i);
       if(temp < Y)
       {
          Y = temp;
          X = i;
       }
       }
       else
       {
       //求极小值,就把最小值及对应的 X 存起来
       temp = ft.func1(i);
       if(temp < Y)
       {
       Y = temp;
       X = i;
```

```
      }
    }
  }
  System. out. println ("当 X 取值为:" +X + "时,函数的极值为:" + Y);
}
//预估计极小值范围在[ -10,10]之内,于是用试探法在估计区间内,找出极值
public static void main(String[ ]args)
{
  Extremum ft = new Extremum( );
  //求函数的最小值
  ft. Extremum( -10,10,ft,false);
  //求函数的最大值
  ft. Extremum( -10,10,ft,true);
  }
}
```

3. 程序运行结果

当 X 取值为 1 时,函数的极值为 5;

当 X 取值为 -1 时,函数的极值为 -5.

复 习 题 3

1. 函数 $y=x^2-1$ 在闭区间$[-1,1]$上满足罗尔定理条件的 $\xi=$________.

2. 若函数 $f(x)=x^3$ 在$[1,2]$上满足拉格朗日中值定理,则在$(1,2)$内存在的 $\xi=$________.

3. 证明下列不等式.

(1)当 $x>0$ 时,$\arctan x>x-\frac{1}{3}x^3$;

(2)已知 a、b 为实数,且 $e<a<b$,证明 $a^b>b^a$.

4. 用洛必达法则求下列极限.

(1)$\lim\limits_{x\to3}\frac{\sqrt{x+1}-2}{x-3}$; (2)$\lim\limits_{x\to0}\frac{x-\sin x}{e^x+e^{-x}-2}$;

(3)$\lim\limits_{x\to0^+}\frac{\ln\tan x}{\ln\tan 2x}$; (4)$\lim\limits_{x\to0}\left(\frac{\sin x}{x}\right)^{\frac{1}{x^2}}$.

5. 求下列函数的单调区间和极值.

(1)$y=x^3-3x$; (2)$y=\ln(x+\sqrt{1+x^2})$;

(3)$y=x-\ln(1+x)$; (4)$y=x+\sqrt{1-x}$.

6. 求下列函数的凹凸区间和拐点.

(1) $y=x^3-5x^2+3x+5$；　　(2) $y=x+\frac{x}{1-x}$.

7. 当 a、b 为何值时，点(1,3)为曲线 $y=ax^3+bx^2$ 的拐点？

8. 求下列函数在给定区间上的最值.

(1) $y=2x^3-3x^2, x\in[-1,4]$；　　(2) $y=3x^4-4x^3-12x^2+1, x\in[-3,3]$.

9. 讨论函数 $f(x)=x^3+6x^2-2$ 的单调性、凹凸性，并求出极值和拐点.

10. 要用薄铁皮造一圆柱体汽油筒，体积为 V，问底半径 r 和高 h 分别为多少时，才能使表面积最小？这时底直径与高的比是多少？

11. 用围墙围成面积为 216 m^2 的一块矩形土地，并在长边正中用一堵墙将其隔成两块，问这块地的长和宽选取多大尺寸，才能使所用建材最省？

第 4 章　积分及其应用

4.1　不定积分

4.1.1　不定积分的概念与性质

1. 不定积分的概念

引例　设曲线上任一点 $M(x,y)$ 处,其切线的斜率为 $2x$,若这曲线过原点,求这曲线方程.

解　设所求曲线方程为 $y=F(x)$,由导数的几何意义,得

$$y'=F'(x)=2x,$$

所以

$$F(x)=x^2+C.$$

因为曲线过原点,所以 $C=0$,$F(x)=x^2$ 即为所求.

由引例,我们可归结为已知某函数的导数(或微分),求这个函数,即已知 $F'(x)=f(x)$,求 $F(x)$.

定义 4-1　设 $f(x)$ 在区间 I(有限区间或无限区间)上有定义,如果存在函数 $F(x)$,使得在该区间内任一点 x,都有

$$F'(x)=f(x) \text{ 或 } \mathrm{d}F(x)=f(x)\mathrm{d}x$$

则称函数 $F(x)$ 是函数 $f(x)$ 的一个原函数.

例如,在 $(-\infty,\infty)$ 内,由于 $(x^2)'=2x$ 或 $\mathrm{d}(x^2)=2x\mathrm{d}x$,所以 x^2 是函数 $2x$ 的一个原函数. 同理,x^2+1,$x^2-\dfrac{1}{2}$,x^2+C(C 为任意常数)都是 $2x$ 的原函数.

可以看出,$2x$ 的原函数有无限多个,并且其中任意两个原函数之差为一个常数.

一般地:如果某函数有一个原函数,那么它就有无限多个原函数,并且其中任意两个原函数之间相差一个常数.

这就是说:如果 $F(x)$ 是 $f(x)$ 的一个原函数,则 $F(x)+C$(C 为任意常数)就是 $f(x)$ 的全部原函数(称为原函数族).

定义 4-2　如果 $F(x)$ 是 $f(x)$ 的一个原函数,那么 $f(x)$ 的全部原函数 $F(x)+C$(C 为任意常数)就叫作 $f(x)$ 的不定积分,记作 $\int f(x)\mathrm{d}x$,即

$$\int f(x)\mathrm{d}x = F(x)+C \quad (C\text{ 为常数})$$

式中,x 叫作积分变量,“$\int$”叫作积分号,$f(x)$ 叫作被积函数,$f(x)\mathrm{d}x$ 叫作被积表达式,C 叫

作积分常数.

由定义知,要求已知函数$f(x)$的不定积分,只需求出$f(x)$的一个原函数,然后加上一个常数 C 即可.

例如由于$(x^2)'=2x$,所以$\int 2x\mathrm{d}x = x^2 + C$.

【例 4-1】 求下列不定积分:

(1)$\int x^2\mathrm{d}x$;　　(2)$\int \cos x\mathrm{d}x$;　　(3)$\int \mathrm{e}^x\mathrm{d}x$.

解 (1)因为$\left(\frac{1}{3}x^3\right)'=x^2$,即$\frac{1}{3}x^3$ 是 x^2 的一个原函数,所以$\int x^2\mathrm{d}x = \frac{1}{3}x^3 + C$.

(2) 因为$(\sin x)' = \cos x$,即 $\sin x$ 是 $\cos x$ 的一个原函数,所以$\int \cos x\mathrm{d}x = \sin x + C$.

(3) 因为$(\mathrm{e}^x)' = \mathrm{e}^x$,即 e^x 是 e^x 的一个原函数,所以$\int \mathrm{e}^x\mathrm{d}x = \mathrm{e}^x + C$.

2. 不定积分的性质

从不定积分的定义,可直接得到不定积分的下列性质:

性质 1 不定积分与求导数(或微分)互为逆运算,即

(1)$\left[\int f(x)\mathrm{d}x\right]' = f(x)$　或　$\mathrm{d}\left[\int f(x)\mathrm{d}x\right] = f(x) + C$.

(2)$\int F'(x)\mathrm{d}x = F(x) + C$　或　$\int \mathrm{d}F(x) = F(x) + C$.

性质 2 被积表达式中的非零常数因子可以移到积分号前,即

$$\int kf(x)\mathrm{d}x = k\int f(x)\mathrm{d}x \quad (k \neq 0,\text{常数}).$$

性质 3 两个函数代数和的不定积分,等于两个函数积分的代数和,即

$$\int [f(x) \pm g(x)]\mathrm{d}x = \int f(x)\mathrm{d}x \pm \int g(x)\mathrm{d}x.$$

性质 2、性质 3 可以推广到有限个函数代数和的形式,即

$$\int [k_1f(x) \pm k_2f_2(x) \pm \cdots \pm k_nf_n(x)]\mathrm{d}x = k_1\int f_1(x)\mathrm{d}x \pm k_2\int f_2(x)\mathrm{d}x \pm \cdots \pm k_n\int f_n(x)\mathrm{d}x$$

3. 基本积分公式

因为不定积分运算与微分运算是互逆关系,所以由导数的基本公式和不定积分的概念得到不定积分的基本公式:

(1)$\int \mathrm{d}x = x + C$;　　(2)$\int x^\alpha\mathrm{d}x = \frac{1}{\alpha+1}x^{\alpha+1} + C(\alpha \neq -1)$;

(3)$\int \frac{1}{x}\mathrm{d}x = \ln|x| + C$;　　(4)$\int a^x\mathrm{d}x = \frac{1}{\ln a}a^x + C$;

(5)$\int \mathrm{e}^x\mathrm{d}x = \mathrm{e}^x + C$;　　(6)$\int \cos x\mathrm{d}x = \sin x + C$;

(7)$\int \sin x\mathrm{d}x = -\cos x + C$;　　(8)$\int \sec^2x\mathrm{d}x = \tan x + C$;

(9)$\int \csc^2x\mathrm{d}x = -\cot x + C$;　　(10)$\int \sec x\tan x\mathrm{d}x = \sec x + C$;

(11)$\int \csc x\cot x\mathrm{d}x = -\csc x + C$;　　(12)$\int \frac{1}{\sqrt{1-x^2}}\mathrm{d}x = \arcsin x + C$;

(13) $\int \frac{1}{1+x^2}dx = \arctan x + C.$

【例 4-2】 求 $\int \left(x^2 + \frac{2}{x} - \frac{3}{x^2}\right)dx.$

解 原式 $= \int \left(x^2 + \frac{2}{x} - \frac{3}{x^2}\right)dx = \int x^2dx + 2\int \frac{1}{x}dx - 3\int x^{-2}dx$

$$= \frac{1}{3}x^3 + 2\ln|x| - 3 \times \frac{1}{-2+1}x^{-2+1} + C$$

$$= \frac{1}{3}x^3 + 2\ln|x| + \frac{3}{x} + C.$$

【例 4-3】 求 $\int \frac{(1-x)^2}{x\sqrt{x}}dx.$

解 原式 $= \int \frac{(1-x)^2}{x\sqrt{x}}dx = \int \frac{1-2x+x^2}{x\sqrt{x}}dx = \int x^{-\frac{3}{2}}dx - 2\int x^{-\frac{1}{2}}dx + \int x^{\frac{1}{2}}dx$

$$= -2x^{-\frac{1}{2}} - 2 \times 2x^{\frac{1}{2}} + \frac{2}{3}x^{\frac{3}{2}} + C.$$

$$= -\frac{2}{\sqrt{x}} - 4\sqrt{x} + \frac{2}{3}x\sqrt{x} + C$$

注意:(1) 对各项积分进行积分运算后,每一项的不定积分都含有一个积分常数,但几个积分常数的代数和仍是常数,所以最后只要写一个积分常数即可.

(2) 检验积分计算是否正确,只需对积分结果求导,看它是否等于被积函数,若相等,积分结果正确,否则结果错误.

【例 4-4】 求 $\int \frac{x^4}{x^2+1}dx.$

解 在积分公式中没有这种类型的积分公式,我们可以先把被积函数作恒等变形,再逐项积分.

$$原式 = \int \frac{x^4}{x^2+1}dx = \int \frac{x^4-1+1}{x^2+1}dx = \int \frac{(x^2+1)(x^2-1)+1}{x^2+1}dx$$

$$= \int (x^2-1)dx + \int \frac{1}{1+x^2}dx = \frac{1}{3}x^3 - x + \arctan x + C.$$

【例 4-5】 求 $\int \tan^2 x dx.$

解 先利用三角恒等式进行变形,然后积分

$$原式 = \int \tan^2 x dx = \int (\sec^2 x - 1)dx = \int \sec^2 dx - \int dx = \tan x - x + C.$$

4.1.2 不定积分的换元法

直接利用积分的公式和性质所能计算的不定积分是十分有限的. 因此,有必要进一步研究不定积分的求法. 本节介绍第一类换元积分法和第二类换元积分法.

1. 第一类换元积分法(凑微分法)

第一类换元积分法是与微分学中的复合函数的求导法则(或微分形式不变性) 相对应的积分方法.

【例 4－6】　求$\int \cos 3x\mathrm{d}x$.

解　因为$\int \cos x\mathrm{d}x = \sin x + C$,若把这里的 x 换成 $3x$,则得

$$原式 = \int \cos 3x\mathrm{d}3x = \sin 3x + C,$$

因为
$$\int \cos 3x\mathrm{d}(3x) = \int 3\cos 3x\mathrm{d}x = 3\int \cos 3x\mathrm{d}x,$$

所以
$$\int \cos 3x\mathrm{d}x = \int \cos 3x \cdot 3\mathrm{d}x = \frac{1}{3}\int \cos 3x\mathrm{d}(3x) = \frac{1}{3}\sin 3x + C.$$

这里,我们不但给出了$\int \cos 3x\mathrm{d}x$ 的结果,而且给出了求这类不定积分的方法:把复合函数 $\cos 3x$ 中的 $3x$ 当作整体 u,再对 $\mathrm{d}x$ 进行有针对性地“凑”,凑成 $\mathrm{d}x = \frac{1}{2}\mathrm{d}(3x) = \frac{1}{3}\mathrm{d}u$,通过换元得$\frac{1}{3}\int\cos u\mathrm{d}u$,然后利用基本积分公式得$\frac{1}{3}\sin u + C$,最后回代有$\int \cos 3x\mathrm{d}x = \frac{1}{3}\sin 3x + C$.

一般地,如果积分$\int g(x)\mathrm{d}x$ 可以“凑成”

$$\int f[\varphi(x)]\varphi'(x)\mathrm{d}x \quad 或 \quad \int f[\varphi(x)]\mathrm{d}\varphi(x)$$

的形式,则令 $\varphi(x) = u$,当积分$\int f(u)\mathrm{d}u = F(u) + C$ 时,可按下述方法计算不定积分:

$$\int g(x)\mathrm{d}x \xlongequal{变形} \int f[\varphi(x)]\varphi'(x)\mathrm{d}x \xlongequal{凑微分} \int f[\varphi(x)]\mathrm{d}\varphi(x)$$
$$\xlongequal[令\ \varphi(x) = u]{换元} \int f(u)\mathrm{d}u \xlongequal{积分} F(u) + C \xlongequal[u = \varphi(x)]{回代} F[\varphi(x)] + C.$$

这种求不定积分的方法称为第一类换元积分法,又称凑微分法.

【例 4－7】　求$\int (3x-2)^5\mathrm{d}x$.

解　因为 $\mathrm{d}x = \frac{1}{3}\mathrm{d}(3x-2)$,所以

$$\begin{aligned}原式 &= \int (3x-2)^5\mathrm{d}x = \int (3x-2)^5 \cdot \frac{1}{3}\mathrm{d}(3x-2) = \frac{1}{3}\int u^5\mathrm{d}u \\ &= \frac{1}{3}\cdot\frac{1}{6}u^6 + C = \frac{1}{18}(3x-2)^6 + C.\end{aligned}$$

【例 4－8】　求$\int \frac{1}{x(1+\ln^2 x)}\mathrm{d}x$.

解　因为$\frac{1}{x}\mathrm{d}x = \mathrm{d}(\ln x)$,所以

$$\begin{aligned}原式 &= \int \frac{1}{x(1+\ln^2 x)}\mathrm{d}x = \int \frac{1}{1+\ln^2 x}\mathrm{d}(\ln x) \\ &= \int \frac{1}{1+u^2}\mathrm{d}u = \arctan u + C = \arctan(\ln x) + C\end{aligned}$$

由上面两个例题可以看出,用第一类换元积分法计算积分时,关键是把被积表达式凑

成两部分,其中一部分为 $\varphi(x)$ 的函数 $f[\varphi(x)]$,而另一部分凑成 $d\varphi(x)$ 的形式,利用公式积分就可以了. 当然,在熟练之后就可以省略换元和回代这两步了. 在凑微分时,常用到下列微分因子,熟记它们有助于求不定积分.

(1) $dx=\frac{1}{a}d(ax+C)$($a\neq 0,a,b$ 为常数);　(2) $xdx=\frac{1}{2a}d(ax^2+C)$;

(3) $\frac{1}{x}dx=d(\ln x)$;　(4) $\frac{1}{\sqrt{x}}dx=2d\sqrt{x}$;

(5) $x^{\alpha}dx=\frac{1}{\alpha+1}d(x^{\alpha+1}+C)$;　(6) $e^x dx=de^x$;

(7) $a^x dx=\frac{1}{\ln a}da^x$;　(8) $\sin x dx=-d\cos x$;

(9) $\cos x dx=d\sin x$;　(10) $\sec^2 x dx=d\tan x$;

(11) $\csc^2 x dx=-d\cot x$;　(12) $\frac{1}{1+x^2}dx=d\arctan x=-d\,\mathrm{arccot}\, x$;

(13) $\frac{1}{\sqrt{1-x^2}}dx=d\arcsin x=-d\arccos x$.

【例 4-9】 求 $\int \tan x dx$.

解　原式 $=\int \tan x dx=\int \frac{\sin x}{\cos x}dx=-\int \frac{d\cos x}{\cos x}=-\ln|\cos x|+C$.

用类似的方法可得

$$\int \cot x dx=\ln|\sin x|+C.$$

【例 4-10】 求 $\int \frac{1}{a^2+x^2}dx(a\neq 0)$.

解　原式 $=\int \frac{1}{a^2+x^2}dx=\frac{1}{a^2}\int \frac{1}{1+\left(\frac{x}{a}\right)^2}dx=\frac{1}{a}\int \frac{d\frac{x}{a}}{1+\left(\frac{x}{a}\right)^2}=\frac{1}{a}\arctan\frac{x}{a}+C$.

【例 4-11】 求 $\int \frac{1}{\sqrt{a^2-x^2}}dx(a>0)$.

解　原式 $=\int \frac{1}{\sqrt{a^2-x^2}}dx=\frac{1}{a}\int \frac{dx}{\sqrt{1-\left(\frac{x}{a}\right)^2}}=\int \frac{d\frac{x}{a}}{\sqrt{1-\left(\frac{x}{a}\right)^2}}=\arcsin\frac{x}{a}+C$.

【例 4-12】 求 $\int \frac{1}{x^2-a^2}dx$.

解　原式 $=\int \frac{1}{x^2-a^2}dx=\int \frac{1}{(x+a)(x-a)}dx=\frac{1}{2a}\int\left(\frac{1}{x-a}-\frac{1}{x+a}\right)dx$

$$=\frac{1}{2a}\left[\int \frac{d(x-a)}{x-a}-\int \frac{d(x+a)}{x+a}\right]=\frac{1}{2a}[\ln|x-a|-\ln|x+a|]+C$$

$$=\frac{1}{2a}\ln\left|\frac{x-a}{x+a}\right|+C.$$

【例 4 - 13】　求(1)$\int \cos^2 x\mathrm{d}x$；　　　(2)$\int \cos^3 x\mathrm{d}x$.

解　(1) 原式 $= \int \cos^2 x\mathrm{d}x = \int \frac{1+\cos 2x}{2}\mathrm{d}x = \frac{1}{2}\left[\int \mathrm{d}x + \frac{1}{2}\int \cos 2x\mathrm{d}(2x)\right]$

$$= \frac{1}{2}\left[x + \frac{1}{2}\sin 2x\right] + C = \frac{1}{2}x + \frac{1}{4}\sin 2x + C.$$

(2) 原式 $= \int \cos^3 x\mathrm{d}x = \int \cos^2 x \cdot \cos x\mathrm{d}x = \int (1-\sin^2 x)\mathrm{d}(\sin x)$

$$= \int \mathrm{d}(\sin x) - \int \sin^2 x\mathrm{d}(\sin x) = \sin x - \frac{1}{3}\sin^3 x + C.$$

2. 第二类换元积分

第一类换元积分法的使用范围极为广泛,但对于某些无理函数的积分,则需应用第二类换元积分法.

第一类换元积分法是通过选择新的积分变量 $\varphi(x) = u$,将积分 $\int f[\varphi(x)]\varphi'(x)\mathrm{d}x$ 转化为 $\int f(u)\mathrm{d}u$,有时会遇到与第一类换元积分法相反的情形,即 $\int f(x)\mathrm{d}x$ 不易直接积出,例如 $\int \frac{1}{1+\sqrt{x}}\mathrm{d}x$, $\int \sqrt{a^2 - x^2}\mathrm{d}x$ 等,就需适当选择 $x = \phi(t)$ 进行换元,将 $\int f(x)\mathrm{d}x$ 化为 $\int f[\phi(t)]\phi'(t)\mathrm{d}t$,若这个积分容易求出,就可按下述方法计算不定积分:

$$\int f(x)\mathrm{d}x \xlongequal[x=\phi(t)]{\text{换元}} \int f[\phi(t)]\phi'(t)\mathrm{d}t = F(t) + C \xlongequal[t=\phi^{-1}(x)]{\text{回代}} F[\phi^{-1}(x)] + C$$

式中 $t = \phi^{-1}(x)$ 是代换 $x = \phi(t)$ 的反函数,这种求不定积分的方法称为第二类换元积分法.

常见的代换有:

(1) 根号代换

【例 4 - 14】　求 $\int \frac{1}{1+\sqrt{x}}\mathrm{d}x$.

解　令 $\sqrt{x} = t$,则 $x = t^2$, $\mathrm{d}x = 2t\mathrm{d}t$

$$\text{原式} = \int \frac{1}{1+\sqrt{x}}\mathrm{d}x = \int \frac{2t\mathrm{d}t}{1+t} = 2\int \frac{t+1-1}{1+t}\mathrm{d}t = 2\int \left(1 - \frac{1}{1+t}\right)\mathrm{d}t$$

$$= 2[t - \ln(1+t)] + C$$

$$= 2[\sqrt{x} - \ln(1+\sqrt{x})] + C.$$

【例 4 - 15】　求 $\int \frac{1}{\sqrt{x}+\sqrt[3]{x}}\mathrm{d}x$.

解　令 $\sqrt[6]{x} = t$,则 $x = t^6$, $\mathrm{d}x = 6t^5\mathrm{d}t$

$$\int \frac{1}{\sqrt{x}+\sqrt[3]{x}}\mathrm{d}x = \int \frac{6t^5\mathrm{d}t}{t^3+t^2} = 6\int \frac{t^3\mathrm{d}t}{t+1} = \int \frac{t^3+1-1}{t+1}\mathrm{d}t = 6\int \left(t^2 - t + 1 - \frac{1}{1+t}\right)\mathrm{d}t$$

$$= 6\left[\frac{1}{3}t^2 - \frac{1}{2}t^2 + t - \ln(1+t)\right] + C$$

$$= 2\sqrt{x} - 3\sqrt[3]{x} + 6\sqrt[6]{x} - 6\ln(1+\sqrt[6]{x}) + C.$$

(2) 三角代换

一般地,如果被积函数含有 $\sqrt{a^2-x^2}$ 或 $\sqrt{x^2\pm a^2}$ $(a>0)$ 时,可作如下代换:

① 含有 $\sqrt{a^2-x^2}$ 时,令 $x=a\sin t$;

② 含有 $\sqrt{x^2+a^2}$ 时,令 $x=a\tan t$;

③ 含有 $\sqrt{x^2-a^2}$ 时,令 $x=a\sec t$.

【例 4-16】 求 $\int\sqrt{a^2-x^2}\mathrm{d}x(a>0)$.

解 令 $x=a\sin t\left(-\frac{\pi}{2}<t<\frac{\pi}{2}\right)$,由图形利用直角三角形三边之间的关系,则

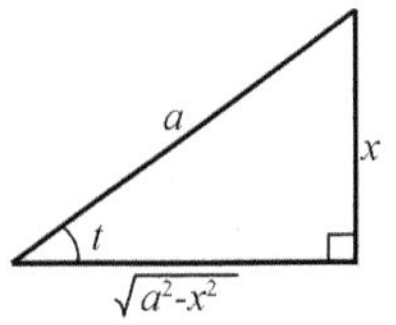

$$\sqrt{a^2-x^2}=\sqrt{a^2-a^2\sin^2 t}=a\cos t,\mathrm{d}x=a\cos t\mathrm{d}t,$$

于是
$$\int\sqrt{a^2-x^2}\mathrm{d}x=\int a\cos t\cdot a\cos t\mathrm{d}t=a^2\int\cos^2 t\mathrm{d}t$$
$$=\frac{a^2}{2}\int(1+\cos 2t)\mathrm{d}t=\frac{a^2}{2}\left(t+\frac{1}{2}\sin 2t\right)+C.$$

因为
$$x=a\sin t,\sqrt{a^2-x^2}=a\cos t,$$

所以
$$t=\arcsin\frac{x}{a},\cos t=\frac{\sqrt{a^2-x^2}}{a},$$

$$\sin 2t=2\sin t\cos t=2\cdot\frac{x}{a}\cdot\frac{\sqrt{a^2-x^2}}{a}=\frac{2x\sqrt{a^2-x^2}}{a^2}$$

所以
$$\int\sqrt{a^2-x^2}\mathrm{d}x=\frac{a^2}{2}\arcsin\frac{x}{a}+\frac{x}{2}\sqrt{a^2-x^2}+C.$$

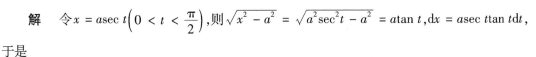

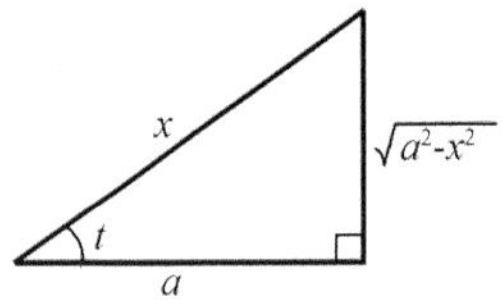

【例 4-17】 求 $\int\frac{\sqrt{x^2-a^2}}{x}\mathrm{d}x(x>a>0)$.

解 令 $x=a\sec t\left(0<t<\frac{\pi}{2}\right)$,则 $\sqrt{x^2-a^2}=\sqrt{a^2\sec^2 t-a^2}=a\tan t,\mathrm{d}x=a\sec t\tan t\mathrm{d}t$,

于是

$$\int\frac{\sqrt{x^2-a^2}}{x}\mathrm{d}x=\int\frac{a\tan t}{a\sec t}\cdot a\sec t\tan t\mathrm{d}t=a\int\tan^2 t\mathrm{d}t$$
$$=a\int(\sec^2 t-1)\mathrm{d}t=a(\tan t-t)+C.$$

因为 $x=a\sec t,\sqrt{x^2-a^2}=a\tan t$,所以 $\cos t=\frac{a}{x},t=\arccos\frac{a}{x},\tan t=\frac{\sqrt{x^2-a^2}}{a}$,所以

$$\int\frac{\sqrt{x^2-a^2}}{x}\mathrm{d}x=\sqrt{x^2-a^2}-a\arccos\frac{a}{x}+C.$$

4.1.3 不定积分的分部积分法及积分表的使用

1. 分部积分法

换元积分法应用虽然很广，但它却不能解决形如 $\int x\cos x\mathrm{d}x$, $\int x^2\mathrm{e}^x\mathrm{d}x$, $\int x\ln x\mathrm{d}x$,

$\int \arctan x\mathrm{d}x$ 等积分，下面我们在函数乘积的微分法则的基础上得到另一种基本积分方法——分部积分法.

由函数乘积的微分法，　$\mathrm{d}(uv)=u\mathrm{d}v+v\mathrm{d}u$，

移项得　$u\mathrm{d}v=\mathrm{d}(uv)-v\mathrm{d}u$，

两边积分得　$\int u\mathrm{d}v=uv-\int v\mathrm{d}u.$

这就是不定积分的分部积分公式.

如果计算$\int u\mathrm{d}v$有困难，而$\int v\mathrm{d}u$容易计算，用这个公式就可能起到化难为易的作用，应用这个公式求不定积分的方法称为分部积分法.

【例 4 - 18】　求$\int x\cos x\mathrm{d}x$.

解　取 $u=x,\mathrm{d}v=\cos x\mathrm{d}x=\mathrm{d}(\sin x)$，由分部积分公式得

$$\int x\cos x\mathrm{d}x=\int x\mathrm{d}(\sin x)=x\sin x-\int \sin x\mathrm{d}x=x\sin x+\cos x+C.$$

假如改取 $u=\cos x,\mathrm{d}v=x\mathrm{d}x=\mathrm{d}\left(\frac{1}{2}x^2\right)$，由分部积分公式得

$$\int x\cos x\mathrm{d}x=\int \cos x\mathrm{d}\left(\frac{1}{2}x^2\right)=\frac{1}{2}x^2\cos x+\frac{1}{2}\int x^2\sin x\mathrm{d}x.$$

这时，右端的积分比左端的更难计算了，由此可见，正确使用分部积分公式的关键是找到适当的u、$\mathrm{d}v$，一般考虑下面两点：

(1)v 容易求出；

(2)$\int v\mathrm{d}u$ 比$\int u\mathrm{d}v$容易计算.

【例 4 - 19】　求$\int x\sin 2x\mathrm{d}x$.

解

$$\begin{aligned}\int x\sin 2x\mathrm{d}x&=-\frac{1}{2}\int x\mathrm{d}(\cos 2x)=-\frac{1}{2}\left(x\cos 2x-\int \cos 2x\mathrm{d}x\right)\\&=-\frac{1}{2}\left(x\cos 2x-\frac{1}{2}\sin 2x\right)+C\\&=-\frac{1}{2}x\cos 2x+\frac{1}{4}\sin 2x+C.\end{aligned}$$

【例 4 - 20】　求$\int x^2\mathrm{e}^x\mathrm{d}x$.

解

$$\begin{aligned}\int x^2\mathrm{e}^x\mathrm{d}x&=\int x^2\mathrm{d}\mathrm{e}^x=x^2\mathrm{e}^x-\int \mathrm{e}^x\mathrm{d}x^2=x^2\mathrm{e}^x-2\int x\mathrm{e}^x\mathrm{d}x\\&=x^2\mathrm{e}^x-2\int x\mathrm{d}\mathrm{e}^x=x^2\mathrm{e}^x-2\left(x\mathrm{e}^x-\int \mathrm{e}^x\mathrm{d}x\right)\\&=x^2\mathrm{e}^x-2x\mathrm{e}^x+2\mathrm{e}^x+C.\end{aligned}$$

由以上三个例题可见，如果被积函数是正整数指数的幂函数和正(余)弦函数或指数函数的乘积，可用分部积分法，这时取 u 为幂函数，这样用一次分部积分法可使幂函数的次数降低一次.

【例 4 - 21】 求$\int x^2\ln x\mathrm{d}x$.

解
$$\int x^2\ln x\mathrm{d}x = \int \ln x\mathrm{d}\left(\frac{x^3}{3}\right) = \frac{x^3}{3}\ln x - \int \frac{x^3}{3}\mathrm{d}(\ln x)$$
$$= \frac{x^3}{3}\ln x - \frac{1}{3}\int x^3 \cdot \frac{1}{x}\mathrm{d}x = \frac{x^3}{3}\ln x - \frac{1}{3}\int x^2\mathrm{d}x$$
$$= \frac{x^3}{3}\ln x - \frac{1}{9}x^3 + C = \frac{x^3}{9}(3\ln x - 1) + C.$$

【例 4 - 22】 求$\int 2x\arctan x\mathrm{d}x$.

解
$$\int 2x\arctan x\mathrm{d}x = \int \arctan x\mathrm{d}(x^2) = x^2\arctan x - \int x^2\mathrm{d}(\arctan x)$$
$$= x^2\arctan x - \int \frac{x^2}{1+x^2}\mathrm{d}x = x^2\arctan x - x + \arctan x + C.$$

【例 4 - 23】 求$\int \arcsin x\mathrm{d}x$.

解
$$\int \arcsin x\mathrm{d}x = x\arcsin x - \int x\mathrm{d}(\arcsin x) = x\arcsin x - \int \frac{x}{\sqrt{1-x^2}}\mathrm{d}x$$
$$= x\arcsin x + \frac{1}{2}\int \frac{\mathrm{d}(1-x^2)}{\sqrt{1-x^2}} = x\arcsin x + \sqrt{1-x^2} + C.$$

由例4 - 21 至例4 - 23 可见，如果被积函数是幂函数与对数函数或反三角函数的乘积，可考虑用分部积分法，这时取对数函数或反三角函数为 u.

有些积分在使用分部积分公式后，会重复出现原积分的形式（不是恒等式），这时把等式看成以原积分为“未知量”的方程，解此“方程”即得所求积.

【例 4 - 24】 求$\int \mathrm{e}^x\sin x\mathrm{d}x$.

解
$$\int \mathrm{e}^x\sin x\mathrm{d}x = \int \sin x\mathrm{d}\mathrm{e}^x = \mathrm{e}^x\sin x - \int \mathrm{e}^x\cos x\mathrm{d}x$$
$$= \mathrm{e}^x\sin x - \int \cos x\mathrm{d}\mathrm{e}^x = \mathrm{e}^x\sin x - \mathrm{e}^x\cos x - \int \mathrm{e}^x\sin x\mathrm{d}x,$$

移项合并，得
$$2\int \mathrm{e}^x\sin x\mathrm{d}x = \mathrm{e}^x(\sin x - \cos x) + 2C.$$

故
$$\int \mathrm{e}^x\sin x\mathrm{d}x = \frac{1}{2}\mathrm{e}^x(\sin x - \cos x) + C.$$

2. 积分表的使用

从前面几节可以看出，求不定积分的方法很多，有的计算相当麻烦，为了方便，人们将一些常用的积分公式汇集成表，这就是积分表（见附录 A）. 积分表一般是按被积函数的类型分类排列的. 求积分时，可根据被积函数的类型在表中查得其结果. 有时还要做适当的变形才能查找. 下面举例说明如何使用积分表.

【例 4 - 25】 查表求$\int \frac{\mathrm{d}x}{x(3+2x)^2}$.

解 被积函数含有 $3+2x$，在附录 A 积分公式表“含有 $a+bx$ 的积分”类中，找到公式9，将 $a=3, b=2$ 代入，得

$$\int \frac{dx}{x(3+2x)^2} = \frac{1}{3(3+2x)} - \frac{1}{9}\ln\left|\frac{3+2x}{x}\right| + C.$$

【例 4－26】　查表求$\int \frac{dx}{3+2\sin x}$.

解　被积函数含有 $3+2\sin x$,在积分公式表"含有三角函数的积分"类中,找到公式 99,并注意到 $a=3,b=2,a^2>b^2$,所以

$$\int \frac{dx}{3+2\sin x} = \frac{2}{\sqrt{3^2-2^2}}\arcsin\frac{3\tan\frac{x}{2}+2}{\sqrt{3^2-2^2}} + C$$

$$= \frac{2}{\sqrt{5}}\arcsin\frac{3\tan\frac{x}{2}+2}{\sqrt{5}} + C.$$

有些积分不能直接从积分表中查到,要经过换元才行.

【例 4－27】　查表求$\int \frac{dx}{x^2\sqrt{9x^2+4}}$.

解　令 $t=3x$,则 $x=\frac{t}{3},dx=\frac{dt}{3}$,于是

$$\int \frac{dx}{x^2\sqrt{9x^2+4}} = \int \frac{1}{\frac{t^2}{9}\sqrt{t^2+4}}\cdot\frac{dt}{3} = 3\int \frac{dt}{t^2\sqrt{t^2+4}}.$$

在积分公式表"含有 $\sqrt{x^2+a^2}$ 的积分"类中,找到公式 35,即得

$$\int \frac{dx}{x^2\sqrt{9x^2+4}} = 3\int \frac{dt}{t^2\sqrt{t^2+4}} = 3\left(-\frac{\sqrt{t^2+4}}{4t}\right) + C = -\frac{\sqrt{9x^2+4}}{4x} + C.$$

有些积分要反复使用某一公式才能得出结果.

【例 4－28】　查表求$\int x^3\ln^2 x dx$.

解　在积分公式表"含有对数函数的积分"类的公式 130 中,将 $m=3,n=2$ 代入,得

$$\int x^3\ln^2 x dx = \frac{x^2}{4}\ln^2 x - \frac{1}{2}\int x^3\ln x dx.$$

再一次运用这个公式,得

$$\int x^3\ln^2 dx = \frac{x^4}{4}\ln^2 x - \frac{1}{2}\left(\frac{x^4}{4}\ln x - \frac{1}{4}\int x^3 dx\right)$$

$$= \frac{x^4}{4}\ln^2 x - \frac{1}{2}\left(\frac{x^4}{4}\ln x - \frac{x^4}{16}\right) + C$$

$$= \frac{x^4}{32}(8\ln^2 x - 4\ln x + 1) + C.$$

应该注意,虽然初等函数在其定义区间上的原函数是一定存在的,但是有些函数不能用初等函数的形式表示出来. 因此,我们常说这些积分"积不出来",自然在积分表中也查不到,如$\int \frac{dx}{\ln x}$,$\int \frac{\sin x}{x}dx$,$\int e^{-x^2}dx$.

习题 4 - 1

1. 求下列积分.

(1) $\int \sqrt{x\sqrt{x}}\,dx$;

(2) $\int\left(\cos x - a^x + \frac{1}{\cos^2 x}\right)dx$;

(3) $\int (\sqrt{x} - 1)\left(x - \frac{1}{\sqrt{x}}\right)dx$;

(4) $\int \sec x(\sec x - \tan x)\,dx$;

(5) $\int \frac{(1 - x)^2}{\sqrt{x}}dx$;

(6) $\int \frac{x^4 + x^3 - 2x + 1}{x^2}dx$;

(7) $\int \frac{3^x + 2^x}{3^x}dx$;

(8) $\int \frac{e^{2x} - 1}{e^x + 1}dx$;

(9) $\int \frac{x^4 + 1}{x^2 + 1}dx$;

(10) $\int \frac{2x^2 + 1}{x^2(x^2 + 1)}dx$;

(11) $\int \frac{(1 + x)^2}{x(1 + x^2)}dx$;

(12) $\int \frac{3x^4 + 3x^2 + 1}{1 + x^2}dx$;

(13) $\int \tan^2 x\,dx$;

(14) $\int \cos^2 \frac{x}{2}dx$;

(15) $\int \frac{1}{1 + \cos 2x}dx$;

(16) $\int \frac{\cos 2x}{\cos x - \sin x}dx$.

2. 求下列积分.

(1) $\int (2 - 3x)^{10}dx$;

(2) $\int \frac{1}{2 + 3x}dx$;

(3) $\int \frac{\ln x}{x}dx$;

(4) $\int 2xe^{x^2}dx$;

(5) $\int x\sqrt{4 - x^2}\,dx$;

(6) $\int \frac{x^3}{\sqrt{1 - x^4}}dx$;

(7) $\int \frac{1}{x^2}\sin\frac{1}{x}dx$;

(8) $\int \frac{1}{x^2}e^{\frac{1}{x}}dx$;

(9) $\int \frac{1}{\sqrt{x}(\sqrt{x} - 1)}dx$;

(10) $\int \sin\left(2x + \frac{\pi}{3}\right)dx$;

(11) $\int \frac{1}{\cos^2 x(1 + \tan x)}dx$;

(12) $\int \frac{\sin(\sqrt{x} + 1)}{\sqrt{x}}dx$;

(13) $\int \frac{dx}{x(2 + 3\ln x)}$;

(14) $\int \frac{2\ln x + 3}{x}dx$;

(15) $\int \frac{1}{4 + 9x^2}dx$;

(16) $\int \frac{1}{\sqrt{4 - 9x^2}}dx$;

(17) $\int \frac{1}{1 - x^2}dx$;

(18) $\int \frac{1}{x^2 - 3x + 2}dx$;

(19) $\int \frac{\arctan\sqrt{x}}{\sqrt{x}(1+x)}dx$;　　(20) $\int \frac{dx}{\sqrt{e^{2x}-1}}$;

(21) $\int \sin^2(1-2x)dx$;　　(22) $\int \sin^3 x dx$;

(23) $\int \frac{1}{1+\sqrt{x}}dx$;　　(24) $\int \frac{1}{\sqrt{x}+\sqrt[3]{x}}dx$;

(25) $\int \frac{1}{3+\sqrt{x+1}}dx$;　　(26) $\int \frac{\sqrt{x-1}}{x}dx$;

(27) $\int \frac{x^2}{\sqrt{9-x^2}}dx$;　　(28) $\int \frac{\sqrt{x^2-9}}{x}dx$;

(29) $\int \frac{dx}{\sqrt{(x^2+1)^3}}$;　　(30) $\int \frac{dx}{\sqrt{1+e^x}}$(提示:令 $\sqrt{1+e^x}=t$).

3. 求不定积分.

(1) $\int xe^x dx$;　　(2) $\int (x+1)e^x dx$;

(3) $\int xe^{-x}dx$;　　(4) $\int x\sin^2 x dx$;

(5) $\int x^2\cos x dx$;　　(6) $\int x^2\sin(3x+1)dx$;

(7) $\int \ln x dx$;　　(8) $\int \frac{\ln x}{\sqrt{x}}dx$;

(9) $\int x\ln x dx$;　　(10) $\int \arccos x dx$;

(11) $\int x\arctan x dx$;　　(12) $\int e^{-x}\cos x dx$;

(13) $\int \sin(\ln x)dx$.

4 查表求积分.

(1) $\int \frac{1}{x(2+x)^2}dx$;　　(2) $\int \frac{dx}{2+\sin 2x}$;

(3) $\int \frac{dx}{x^2+2x+5}$;　　(4) $\int \sqrt{3x^2+2}dx$;

(5) $\int \sin^4 x dx$;　　(6) $\int e^{2x}\cos x dx$;

(7) $\int (\ln x)^3 dx$.

4.2　定　积　分

本章将讨论积分学的另一个基本问题 —— 定积分问题. 我们先从实际问题出发引进定积分的概念,再讨论它的性质和计算方法.

4.2.1 定积分概念的引入

1. 定积分的概念

引例 曲边梯形的面积

曲边梯形是指由连续曲线 $y = f(x)$ 和三条直线 $x = a, x = b$ 及 x 轴所围成的图形,如图 4 - 1 所示,在 x 轴上的线段 $[a,b]$ 叫作曲边梯形的底,曲线 $y = f(x)$ 叫作曲边梯形的曲边.

为了计算曲边梯形的面积,我们可以先把曲边梯形分成若干小曲边梯形(图 4 - 2),再将每个小曲边梯形近似地看作小矩形,那么所有这些小矩形面积之和就是曲边梯形面积的一个近似值. 因为如果 $y = f(x)$ 在 $[a,b]$ 上连续,那么当这些小曲边梯形很窄,即 x 变化很小时,函数值 $f(x)$ 的变化也很小. 所以可将小曲边梯形近似看作小矩形. 我们还注意到,如果小曲边梯形越窄,即分得越细,那么这个近似值就越接近所求的面积,因而可以用取极限的方法得到所求面积的精确值.

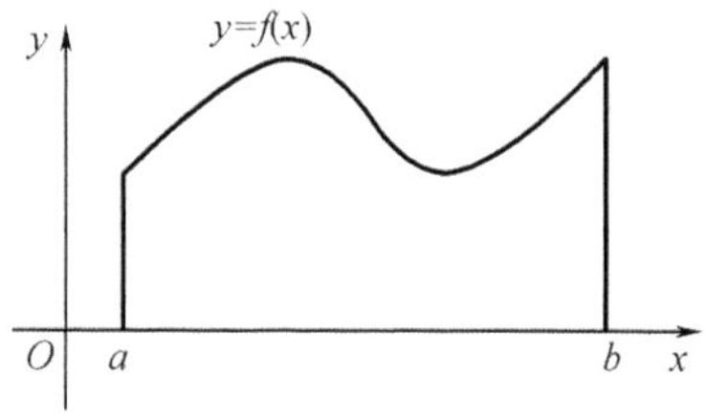

图 4 - 1

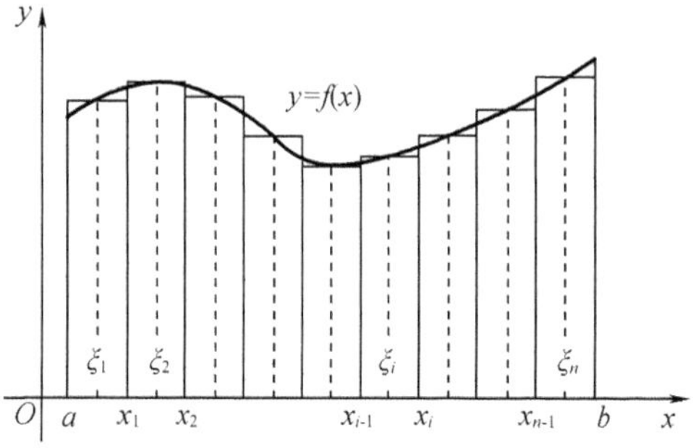

图 4 - 2

根据上面分析,曲边梯形的面积可按下述步骤计算:

(1) 分割 将区间 $[a,b]$ 分成 n 个小区间,其分点 $x_0, x_1, x_2, \cdots, x_{n-1}, x_n$ 满足

$$a = x_0 < x_1 < x_2 < \cdots < x_{n-1} < x_n = b,$$

用 Δx_i 记 $[x_{i-1}, x_i]$ 的区间长度,即

$$\Delta x_i = | x_i - x_{i-1} | \quad (i = 1,2,\cdots,n),$$

过每一分点作与 y 轴平行的直线,这些直线把曲边梯形分成 n 个小曲边梯形.

(2) 求和 在每个小区间 $[x_{i-1}, x_i]$ 上任取一点 ξ_i,那么以小区间长度 Δx_i 为底、$f(\xi_i)$ 为高的小矩形的面积就是 $f(\xi_i)\Delta x_i$,用它来近似代替相应的小曲边梯形的面积 ΔA_i,即

$$\Delta A_i \approx f(\xi_i)\Delta x_i \quad (i = 1,2,\cdots,n).$$

对 n 个小矩形的面积求和,就得到曲边梯形的面积 A 的近似值,即

$$A = \sum_{i=1}^{n} \Delta A_i \approx \sum_{i=1}^{n} f(\xi_i)\Delta x_i.$$

(3) 取极限 记所有小区间长度的最大值为 $\lambda = \max\limits_{1\leqslant i\leqslant n}\{\Delta x_i\}$,当 $\lambda \to 0$ 时,和式 $\sum\limits_{i=1}^{n} f(\xi_i)\Delta x_i$ 的极限存在,即

$$A = \lim_{\lambda \to 0} \sum_{i=1}^{n} f(\xi_i)\Delta x_i,$$

则定义此极限值为曲边梯形的面积.

我们可以从上述数学模型中抽象出定积分的概念.

定义 4-3　设函数 $f(x)$ 在 $[a,b]$ 上有定义,任取分点

$$a = x_0 < x_1 < x_2 < \cdots < x_{i-1} < x_i < \cdots < x_{n-1} < x_n = b$$

将区间 $[a,b]$ 任意分成 n 个小区间 $[x_{i-1},x_i]$,每个小区间的长度为 $\Delta x_i = | x_i - x_{i-1} |$ $(i = 1,2,\cdots,n)$. 在每个小区间 $[x_{i-1},x_i]$ 上任取一点 $\xi_i(x_{i-1} < \xi_i < x_i)$,作乘积 $f(\xi_i)\Delta x_i$ $(i = 1,2,\cdots,n)$ 的和式

$$\sum_{i=1}^{n} f(\xi_i)\Delta x_i.$$

如果不论对区间 $[a,b]$ 采取何种分法,以及 ξ_i 如何选取,当最大小区间的长度 $\lambda = \max\limits_{1\leqslant i\leqslant n}\{\Delta x_i\}$ 趋向于零时,上面和式极限存在,则称此极限为函数在区间 $[a,b]$ 上的定积分,记作 $\int_a^b f(x)\,\mathrm{d}x$,即

$$\int_a^b f(x)\,\mathrm{d}x = \lim_{\lambda \to 0} \sum_{i=1}^{n} f(\xi_i)\Delta x_i,$$

其中 $f(x)$ 称为被积函数,$f(x)\,\mathrm{d}x$ 称为被积表达式,x 称为积分变量,a 与 b 分别称为积分的下限与上限,$[a,b]$ 称为积分区间.

如果函数 $f(x)$ 在区间 $[a,b]$ 上的定积分 $\int_a^b f(x)\,\mathrm{d}x$ 存在,则称 $f(x)$ 在区间 $[a,b]$ 上可积.

关于定积分的概念,还应注意三点:

(1) 定积分 $\int_a^b f(x)\,\mathrm{d}x$ 是一个和式的极限,是一个确定的数值. 定积分值只与被积函数 $f(x)$ 和积分区间 $[a,b]$ 有关,而与积分变量的记号无关,即有

$$\int_a^b f(x)\,\mathrm{d}x = \int_a^b f(t)\,\mathrm{d}t = \int_a^b f(u)\,\mathrm{d}u.$$

(2) 在定积分的定义中,总假定 $a < b$,为了以后计算方便起见,对于 $a > b$ 及 $a = b$ 的情况,给出以下补充定义

$$\int_a^a f(x)\,\mathrm{d}x = 0,\int_b^a f(x)\,\mathrm{d}x = -\int_a^b f(x)\,\mathrm{d}x\,(a < b).$$

(3) 定积分的存在性:闭区间上的连续函数一定是可积的.

2. 定积分的性质

按照定积分的定义,通过和的极限求定积分是十分困难的,必须寻求定积分的有效计算方法,下面介绍的定积分的基本性质有助于定积分的计算,也有助于对定积分的理解.

在下面的讨论中,假定函数 $f(x)$、$g(x)$ 在所讨论的区间上都是可积的,则有

性质 1(数乘的运算性质)　被积函数中的常数因子可以提到积分号外面,即

$$\int_a^b kf(x)\,\mathrm{d}x = k\int_a^b f(x)\,\mathrm{d}x \quad (k\text{ 为常数})$$

性质 2(和、差运算性质)　两个函数的和(差)的定积分等于它们定积分的和(差),即

$$\int_a^b [f(x) \pm g(x)]\,\mathrm{d}x = \int_a^b f(x)\,\mathrm{d}x \pm \int_a^b g(x)\,\mathrm{d}x.$$

说明:该性质可推广到有限个函数的代数和的情形.

性质3 在区间$[a,b]$上,若$f(x)=1$,则$\int_a^b f(x)\,dx=b-a$.

性质4(区间的可加性) 若将积分区间分成两部分,则在整个区间上的定积分等于这两部分区间上定积分之和,即

$$\int_a^b f(x)\,dx=\int_a^c f(x)\,dx+\int_c^b f(x)\,dx \quad (a<b,c\in\mathbf{R}).$$

推论 (1)如果$f(x)$在$[-a,a]$上连续且为奇函数,那么$\int_{-a}^a f(x)\,dx=0$.

(2)如果$f(x)$在$[-a,a]$上连续且为偶函数,那么$\int_{-a}^a f(x)\,dx=2\int_0^a f(x)\,dx$.

性质5(定积分的保号性) 如果函数$f(x)$在区间$[a,b]$上可积,且$f(x)\geqslant 0$,则$\int_a^b f(x)\,dx\geqslant 0$.

推论 如果函数$f(x)$、$g(x)$在区间$[a,b]$上可积,且$f(x)\geqslant g(x)$,则

$$\int_a^b f(x)\,dx\geqslant\int_a^b g(x)\,dx.$$

性质6(估值不等式) 如果函数$f(x)$在区间$[a,b]$上的最大值与最小值分别为M与m,则

$$m(b-a)\leqslant\int_a^b f(x)\,dx\leqslant M(b-a).$$

4.2.2 牛顿-莱布尼茨公式

由定积分的定义来计算定积分的困难很大,为方便定积分的计算,我们将建立定积分与不定积分之间的联系,导出一种计算定积分的简便而有效的方法.

定理4-1(牛顿-莱布尼茨公式) 设$f(x)$在$[a,b]$上连续,$F(x)$是$f(x)$在$[a,b]$上的一个原函数,则

$$\int_a^b f(x)\,dx=F(x)\Big|_a^b=F(b)-F(a).$$

【例4-29】 计算定积分:

(1)$\int_{-1}^{\sqrt{3}}\frac{1}{1+x^2}dx$; (2)$\int_0^{2\pi}|\sin x|\,dx$; (3)$\int_0^2\max\{x,x^3\}\,dx$.

解 (1)因为$\arctan x$是$\frac{1}{1+x^2}$的一个原函数,所以

$$\int_{-1}^{\sqrt{3}}\frac{1}{1+x^2}dx=\arctan x\Big|_{-1}^{\sqrt{3}}=\arctan\sqrt{3}-\arctan(-1)=\frac{\pi}{3}+\frac{\pi}{4}=\frac{7\pi}{12}.$$

(2)由区间的可加性,得

$$\int_0^{2\pi}|\sin x|\,dx=\int_0^{\pi}\sin x\,dx+\int_{\pi}^{2\pi}(-\sin x)\,dx=-\cos x\Big|_0^{\pi}+\cos x\Big|_{\pi}^{2\pi}=4.$$

(3)$\int_0^2\max\{x,x^3\}\,dx=\int_0^1 x\,dx+\int_1^2 x^3\,dx=\frac{1}{2}+\frac{1}{3}x^4\Big|_1^2=\frac{1}{2}+5=\frac{11}{2}$.

4.2.3　定积分的换元积分法和分部积分法

1. 定积分的换元法

定理 4 - 2　设函数 $f(x)$ 在 $[a,b]$ 上连续,而 $x = \varphi(t)$ 满足:

(1) 函数 $x = \varphi(t)$ 在区间 $[\alpha,\beta]$ 上单调且有连续导数;

(2) 当 t 在区间 $[\alpha,\beta]$ 上变化时,对应的函数 $x = \varphi(t)$ 在 $[a,b]$ 上变化,且 $\varphi(\alpha) = a$, $\varphi(\beta) = b$,则

$$\int_a^b f(x)\,\mathrm{d}x \xlongequal[\mathrm{d}x = \varphi'(t)\mathrm{d}t]{x = \varphi(t)} \int_\beta^\alpha f[\varphi(t)]\varphi'(t)\,\mathrm{d}t.$$

上式称为定积分的换元公式.

说明:(1) 换元必须换限,且 $\dfrac{x = \varphi(t) \mid a \to b}{t \quad \mid \alpha \to \beta}$;

(2) 求出原函数 $\Phi(t)$ 后,不必回代,可直接计算;

(3) 定积分的换元积分法有"从左到右"及"从右到左"两种途径,关键是看在换元公式中利用哪一端计算比较容易.

【例 4 - 30】　计算下列定积分:

(1) $\displaystyle\int_0^4 \frac{1}{1+\sqrt{x}}\mathrm{d}x$;　　　　(2) $\displaystyle\int_0^2 \sqrt{4-x^2}\,\mathrm{d}x$.

解　(1) 令 $\sqrt{x} = t$,则 $x = t^2$, $\mathrm{d}x = 2t\mathrm{d}x$,且 $\dfrac{x \mid 0 \to 4}{t \mid 0 \to 2}$,则

$$\int_0^4 \frac{1}{1+\sqrt{x}}\mathrm{d}x = \int_0^2 \frac{2t\mathrm{d}t}{1+t} = 2\int_0^2\left(1 - \frac{1}{1+t}\right)\mathrm{d}t = 2(t - \ln|1+t|)\Big|_0^2 = 4 - 2\ln 3.$$

(2) 令 $x = 2\sin t$,则 $\sqrt{4 - 4\sin^2 t} = 2\cos t$, $\mathrm{d}x = 2\cos t\mathrm{d}t$,则

$$\int_0^2 \sqrt{4-x^2}\,\mathrm{d}x = 4\int_0^{\frac{\pi}{2}} \cos^2 t\mathrm{d}t = 2\int_0^{\frac{\pi}{2}}(1+\cos 2t)\mathrm{d}t$$

$$= 2\left(t + \frac{1}{2}\sin 2t\right)\Big|_0^{\frac{\pi}{2}} = 2 \cdot \frac{\pi}{2} = \pi.$$

2. 定积分的分部积分法

定理 4 - 3　设函数 $u(x)$ 与 $v(x)$ 在区间 $[a,b]$ 上有连续的导数,则

$$\int_a^b u\mathrm{d}v = uv\Big|_a^b - \int_a^b v\mathrm{d}u.$$

【例 4 - 31】　计算定积分:

(1) $\displaystyle\int_0^\pi x\cos x\mathrm{d}x$;　　　　(2) $\displaystyle\int_0^1 \arctan x\mathrm{d}x$.

解　(1) $\displaystyle\int_0^\pi x\cos x\mathrm{d}x = \int_0^\pi x\mathrm{d}\sin x = x\sin x\Big|_0^\pi - \int_0^\pi \sin x\mathrm{d}x$

$$= \pi\sin\pi - 0\sin 0 + \cos x\Big|_0^\pi = 0 - 1 - 1 = -2.$$

(2) $\displaystyle\int_0^1 \arctan x\mathrm{d}x = x\arctan x\Big|_0^1 - \int_0^1 \frac{x}{1+x^2}\mathrm{d}x = \mathrm{arcan}\, 1 - \frac{1}{2}\int_0^1 \frac{\mathrm{d}(1+x^2)}{1+x^2}$

$$= \frac{\pi}{4} - \frac{1}{2}(\ln|1+x^2|)\Big|_0^1 = \frac{\pi}{4} - \frac{1}{2}\ln 2.$$

习题 4 - 2

1. 计算下列定积分.

(1) $\int_1^3 x^3 \mathrm{d}x$;　　(2) $\int_1^{\sqrt{3}} \frac{1}{x^2(x^2+1)}\mathrm{d}x$;

(3) $\int_{-2}^{-1} \frac{1}{x}\mathrm{d}x$;　　(4) $\int_1^3 |2-x| \mathrm{d}x$.

2. 计算下列定积分.

(1) $\int_1^3 \frac{\mathrm{d}x}{\sqrt{5x-1}}$;　　(2) $\int_{\frac{1}{\pi}}^{\frac{2}{\pi}} \frac{1}{y^2}\sin\frac{1}{y}\mathrm{d}y$;

(3) $\int_{-\frac{\pi}{2}}^{\frac{\pi}{2}} \cos^2 x\mathrm{d}x$;　　(4) $\int_1^{e^2} \frac{1}{x\sqrt{1+\ln x}}\mathrm{d}x$;

(5) $\int_0^3 \frac{x}{1+\sqrt{x+1}}\mathrm{d}x$;　　(6) $\int_4^9 \frac{\sqrt{x}}{\sqrt{x}-1}\mathrm{d}x$;

(7) $\int_{\sqrt{2}}^2 \frac{\mathrm{d}x}{\sqrt{x^2-1}}$;　　(8) $\int_{-1}^1 \sqrt{4-x^2}\mathrm{d}x$.

3. 计算下列定积分.

(1) $\int_0^{\frac{\pi}{2}} x\sin x\mathrm{d}x$;　　(2) $\int_1^e \sqrt{x}\ln x\mathrm{d}x$;

(3) $\int_0^1 t^2 e^t \mathrm{d}t$;　　(4) $\int_{\frac{1}{e}}^e |\ln x| \mathrm{d}x$;

(5) $\int_{-1}^1 x\arctan x\mathrm{d}x$;　　(6) $\int_0^1 e^{\sqrt{x}}\mathrm{d}x$.

4.3　定积分的几何应用

4.3.1　定积分的几何意义

由定积分的定义及曲边梯形面积的讨论可知,定积分有如下几何意义:

(1) 如果函数 $f(x)$ 在区间 $[a,b]$ 上连续,且 $f(x)\geqslant 0$,则定积分 $\int_a^b f(x)\mathrm{d}x$ 在几何上表示由曲线 $y=f(x)$ 和三条直线 $x=a$, $x=b$ 及 x 轴所围成的曲边梯形的面积,即 $\int_a^b f(x)\mathrm{d}x = A$,见图 4 - 3.

(2) 如果函数 $f(x)$ 在区间 $[a,b]$ 上连续,且 $f(x)\leqslant 0$,则定积分 $\int_a^b f(x)\mathrm{d}x$ 在几何上表示曲边梯形的面积的相反数,即 $\int_a^b f(x)\mathrm{d}x = -A$,见图 4 - 4.

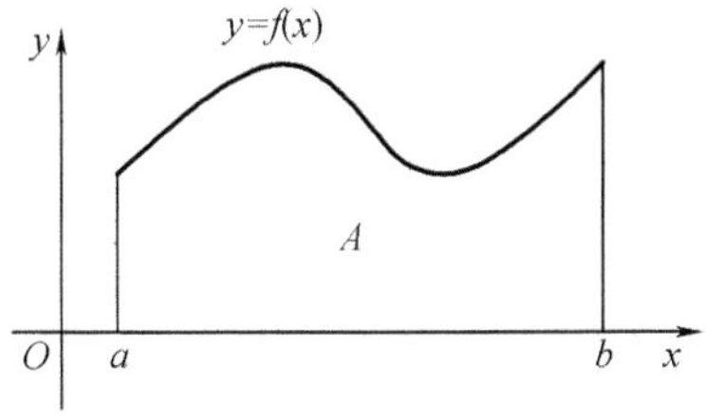

图 4 - 3

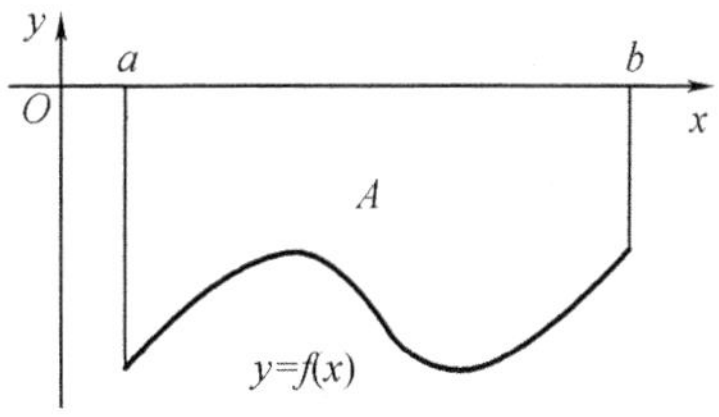

图 4 - 4

(3) 如果函数 $f(x)$ 在区间 $[a,b]$ 上连续，且有时取正值，有时取负值，则 $\int_a^b f(x)\,dx$ 为各部分面积的代数和，即 $\int_a^b f(x)\,dx = A_1 - A_2 + A_3$，见图 4 - 5.

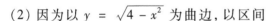

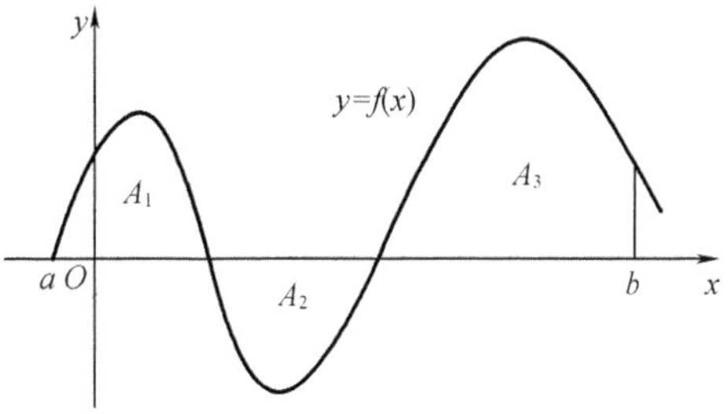

图 4 - 5

【例 4 - 32】 利用定积分的几何意义求定积分：

(1) $\int_0^1 (1-x)\,dx$；　(2) $\int_0^2 \sqrt{4-x^2}\,dx$.

解　(1) 因为以 $y = 1-x$ 为曲边，以区间 $[0,1]$ 为底的曲边梯形是一直角三角形，其底边长及高均为 1，所以

$$\int_0^1 (1-x)\,dx = \frac{1}{2} \times 1 \times 1 = \frac{1}{2}.$$

(2) 因为以 $y = \sqrt{4-x^2}$ 为曲边，以区间 $[0,2]$ 为底的曲边梯形是 $\frac{1}{4}$ 个半径为 2 的圆，所以

$$\int_0^2 \sqrt{4-x^2}\,dx = \frac{1}{4}\pi \cdot 2^2 = \pi.$$

4.3.2　定积分的微元分析法

定积分的思想和方法常应用于求总量的实际问题，我们在第一节求曲边梯形的面积时，采用了“分割 — 近似 — 求和 — 取极限”四个步骤，其结果是

$$\lim_{\lambda \to 0} \sum_{i=1}^{n} f(\xi_i)\Delta x_i = \int_a^b f(x)\,dx.$$

在以上四个步骤中，第二步确定 $\Delta A_i \approx f(\xi_i)\Delta x_i$ 是关键. 在实用上，为方便起见，省略下标 i 用 $[x, x+dx]$ 表示任何一个小区间，并取 $x = \xi$，这样 $\Delta A \approx f(x)\,dx$. 其中 $f(x)\,dx$ 称为面积元素，记为 dA，即

$$dA = f(x)\,dx,$$

则所求面积

$$A = \int_a^b dA = \int_a^b f(x)\,dx.$$

上述方法称为微元分析法或微元法，这是一种实用性很强的数学方法和变量分析法，在工程实践和科学技术中有着广泛的应用.

4.3.3 利用定积分计算面积与体积

1. 平面图形的面积

【例 4-33】 求由两条抛物线 $y = x^2$ 与 $x = y^2$ 所围成的图形的面积.

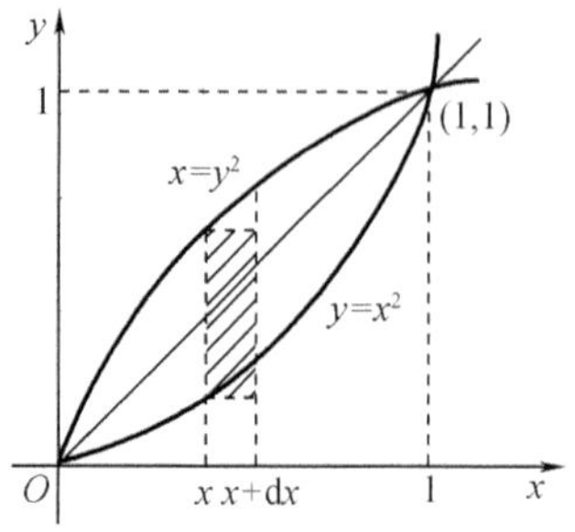

图 4-6

解 先作图:取 x 为积分变量. 解方程组 $\begin{cases} y = x^2 \\ x = y^2 \end{cases}$,得两条抛物线的交点坐标(0,0) 与(1,1)(图 4-6),从而得积分区间[0,1].

在[0,1] 上,任取一小区间$[x,x + \mathrm{d}x]$,得到面积微元为

$$\mathrm{d}A = (\sqrt{x} - x^2)\,\mathrm{d}x,$$

所求图形的面积为

$$A = \int_0^1 (\sqrt{x} - x^2)\,\mathrm{d}x = \left(\frac{2}{3}x^{\frac{3}{2}} - \frac{1}{3}x^3\right)\Bigg|_0^1 = \frac{1}{3}(\text{平方单位}).$$

一般地,在区间$[a,b]$上,$f(x) \geqslant g(x)$,由曲线 $y = f(x)$,$y = g(x)$ 与直线 $x = a$,$x = b$ 所围成的平面图形的面积为

$$A = \int_a^b [f(x) - g(x)]\,\mathrm{d}x.$$

【例 4-34】 求椭圆$\dfrac{x^2}{a^2} + \dfrac{y^2}{b^2} = 1$ 的面积.

解 由$\dfrac{x^2}{a^2} + \dfrac{y^2}{b^2} = 1$ 得

$$y = \pm \frac{b}{a}\sqrt{a^2 - x^2}.$$

由椭圆的对称性,椭圆面积是它在第一象限部分的面积的 4 倍,即

$$A = 4\int_0^a \frac{b}{a}\sqrt{a^2 - x^2}\,\mathrm{d}x = \frac{4b}{a}\int_0^a \sqrt{a^2 - x^2}\,\mathrm{d}x = \frac{4b}{a}\cdot\frac{\pi a^2}{4} = \pi ab.$$

2. 旋转体的体积

旋转体就是一平面图形绕平面内的一条直线 l 旋转一周而成的几何体,其中直线 l 叫作旋转轴.

求由曲线 $y = f(x)$ 与直线 $x = a$,$x = b$ 及 x 轴所围成的曲边梯形绕 x 轴旋转而成的旋转体的体积(图 4-7).

取 x 为积分变量,积分区间为$[a,b]$,在$[a,b]$上任取小区间$[x,x + \mathrm{d}x]$,将其对应的薄片当作底面半径为$f(x)$、高为 $\mathrm{d}x$ 的圆柱,它的体积就是体积元素,即

$$\mathrm{d}V = \pi[f(x)]^2\,\mathrm{d}x.$$

因此,所求旋转体的体积为

$$V = \int_a^b \pi[f(x)]^2\,\mathrm{d}x.$$

类似地,可以得由曲线 $x = \varphi(y)$ 与直线 $y = c$,$y = d$ 及 y 轴所围成的曲边梯形绕 y 轴旋转一周而成的旋转体的体积(图 4-8)

$$V = \int_c^d \pi[\varphi(y)]^2\,\mathrm{d}y$$

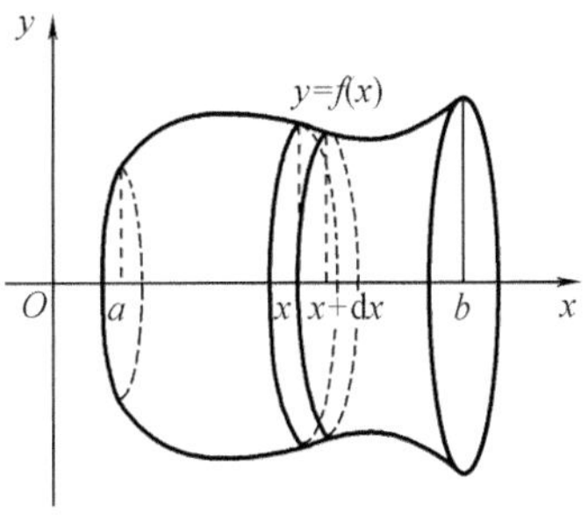

图 4-7

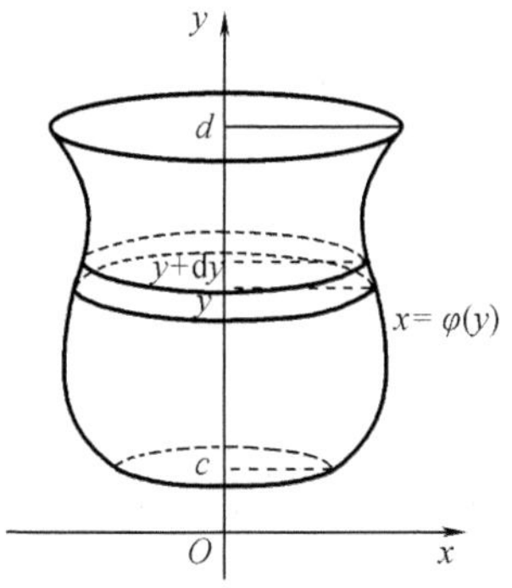

图 4-8

【例 4-35】　求由抛物线 $y = \sqrt{x}$,直线 $x = 0$,$x = 1$ 和 x 轴所围成的曲边梯形绕 x 轴旋转而成的旋转体的体积.

解　由以上公式得

$$V = \int_0^1 \pi[\sqrt{x}]^2 \mathrm{d}x = \pi\int_0^1 x\mathrm{d}x = \frac{\pi}{2}.$$

习题 4-3

1. 利用定积分的几何意义,说明下列等式:

(1) $\int_{-\frac{\pi}{2}}^{\frac{\pi}{2}} \cos x\mathrm{d}x = 2\int_0^{\frac{\pi}{2}} \cos x\mathrm{d}x$;　　(2) $\int_{-\pi}^{\pi} \sin x\mathrm{d}x = 0$.

2. 求由抛物线 $y = 2 - x^2$ 与直线 $y = -x$ 所围成的图形的面积.

3. 求由曲线 $y = \mathrm{e}^x$ 与 $y = \mathrm{e}^{-x}$ 及直线 $x = 1$ 所围成的图形的面积.

4. 求由抛物线 $y = x^2$ 与直线 $y = x$ 及 $y = 2x$ 所围成的图形的面积.

5. 求由曲线 $2x - y + 4 = 0$ 与 $x = 0$ 及 $y = 0$ 所围成的图形绕 x 轴旋转而成的旋转体的体积.

6. 求由曲线 $y^2 = x$ 与 $x^2 = y$ 所围成的图形绕 x 轴旋转而成的旋转体的体积.

4.4　均值计算

在实际问题中,常常用一组数据的算术平均值来反映这组数据的概况. 例如,用全班学生的平均成绩来反映这个班的成绩状况. 又如,把对一零件长度的多次测量值的算术平均值作为这个零件长度的近似值.

有时,我们不仅要计算一组数据的平均值,而且还要计算一个连续函数 $y = f(x)$ 在区间 $[a,b]$ 上一切值的平均值. 例如求平均速度、平均电流强度,那么应取什么样的值作为连续函数 $y = f(x)$ 在区间 $[a,b]$ 上的平均值呢?

【例 4-36】　设一物体以速度 $v = v(t)$ 作直线运动,求这一物体在时间 $[t_1,t_2]$ 内的平均速度$\bar{v}$.

解 取t为积分变量,积分区间为$[t_1,t_2]$,在$[t_1,t_2]$上任取小区间$[t,t+\mathrm{d}t]$,则经过小区间$[t,t+\mathrm{d}t]$的路程元素为

$$\mathrm{d}s=v(t)\mathrm{d}t,$$

于是从时刻t_1到t_2这段时间的路程为

$$s=\int_{t_1}^{t_2}v(t)\mathrm{d}t,$$

则这一物体在这段时间内的平均速度

$$\bar{v}=\frac{s}{t_2-t_1}=\frac{1}{t_2-t_1}\int_{t_1}^{t_2}v(t)\mathrm{d}t.$$

一般地,称

$$\frac{1}{b-a}\int_a^b f(x)\mathrm{d}x$$

为函数$f(x)$在区间$[a,b]$上的一切值的平均值,记为$\bar{y}$,即

$$\bar{y}=\frac{1}{b-a}\int_a^b f(x)\mathrm{d}x.$$

如果函数$f(x)$在区间$[a,b]$上连续,则由定积分的性质6知,其平均值介于函数$y=f(x)$在区间$[a,b]$上的最大值与最小值之间.因此,由连续函数的介值定理,至少存在一点$\xi\in[a,b]$,使

$$f(\xi)=\frac{1}{b-a}\int_a^b f(x)\mathrm{d}x,$$

即

$$\int_a^b f(x)\mathrm{d}x=f(\xi)(b-a)\quad(a\leqslant\xi\leqslant b).$$

这就是积分中值定理,其几何意义是:一条连续曲线$y=f(x)$在区间$[a,b]$上的曲边梯形的面积等于一个高为$f(\xi)$,宽为$(b-a)$的矩形的面积,见图4-9.

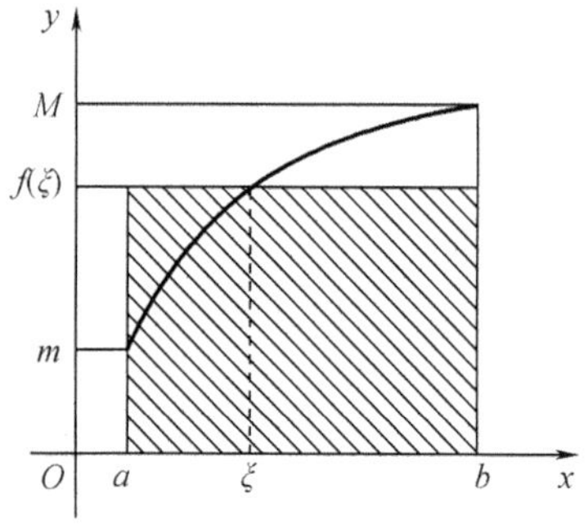

图4-9

【例4-37】 求函数$y=3x^2+x-1$在区间$[1,3]$上的平均值.

解
$$\bar{y}=\frac{1}{3-1}\int_1^3(3x^2+x-1)\mathrm{d}x$$
$$=\frac{1}{2}\left(x^3-\frac{1}{2}x^2-x\right)\Bigg|_1^3$$
$$=\frac{1}{2}(28.5-0.5)=14.$$

习题4-4

1. 求函数$y=\sin x$在区间$[0,\pi]$上的平均值.

2. 一物体以速度$v=3t^2+2t$ (m/s) 作直线运动,求它在$t=0$到$t=3$ s一段时间内的

平均速度.

3. 交流电路中,已知电动势 E 是时间 t 函数,即 $E = E_0\sin\frac{2\pi}{T}t$,求它在半个周期 $\left[0,\frac{T}{2}\right]$上的平均电动势.

4.5　微分方程

函数是研究客观事物变化的一个重要工具,我们常通过建立变量之间的函数关系来解决实际问题. 在许多问题中,并不能直接找到所需的函数关系,但是根据问题所提供的情况,可以列出含有未知函数及其导数(或微分)的关系式,这样的关系式就是微分方程. 对其进行研究,找寻未知函数,称为解微分方程. 本章主要介绍微分方程的一些基本概念和几种常用解法.

4.5.1　微分方程的概念

【例4-38】　已知一曲线过点(1,1),且在该曲线上任一点 $M(x,y)$ 处切线的斜率等于 $3x^2$,求该曲线的方程.

解　设所求曲线的方程为 $y = f(x)$,根据导数的几何意义有

$$\frac{dy}{dx} = 3x^2. \tag{1}$$

对式(1)两边积分,得 $y = \int 3x^2 dx$,即

$$y = x^3 + C, \tag{2}$$

由于曲线过点(1,1),即

$$y\Big|_{x=1} = 1. \tag{3}$$

将式(3)代入式(2)得 $C = 0$,于是所求曲线方程为

$$y = x^3. \tag{4}$$

【例4-39】　列车在沿直线的铁路上以60 m/s(相当于216 km/h)的速度行驶,制动后列车的加速度为 $-0.4\ \text{m/s}^2$,求开始制动后列车继续向前行驶的路程 s 关于时间 t 的函数.

解　设列车制动后 t s 内行驶 s m,根据题意有

$$\frac{d^2s}{dx^2} = -0.4. \tag{5}$$

对式(5)积分一次,得

$$v = -0.4t + C_1, \tag{6}$$

对式(6)再积分一次,得

$$s = -0.2t^2 + C_1 t + C_2, \tag{7}$$

其中 C_1、C_2 都是任意常数. 由题意:$t = 0, v = 60, s = 0$,即

$$s\big|_{t=0} = 0, v\big|_{t=0} = 60, \tag{8}$$

代入式(6)(7)得

$$C_1 = 60, C_2 = 0.$$

于是有

$$s = -0.2t^2 + 60t. \tag{9}$$

上述两例中的式(1)(5)都是含有未知函数的导数的方程，一般地，有如下定义：

定义4－4 含有未知函数及未知函数的导数或微分的方程，称为微分方程. 未知函数是一元函数的微分方程称为常微分方程. 未知函数为多元函数的微分方程称为偏微分方程. 本章只讨论常微分方程，并简称微分方程.

微分方程中未知函数的最高阶导数的阶数，称为微分方程的阶. 例如式(1)为一阶微分方程，式(5)为二阶微分方程. 二阶及二阶以上的微分方程称为高阶微分方程. 高阶微分方程的一般形式为

$$F(x, y, y', y'', \cdots, y^{(n)}) = 0.$$

凡是代入微分方程，使方程成为恒等式的函数称为微分方程的解. 例如式(2)(4)都是微分方程(1)的解，式(7)(9)都是微分方程(5)的解.

如果微分方程的解含有相互独立的任意常数，且个数与微分方程的阶数相同，则称为微分方程的通解. 如例1中的式(2)、例2中的式(7)分别是微分方程(1)和(5)的通解.

确定微分方程通解中的任意常数的值的条件称为初始条件. 如例1中的式(3)、例2中的式(8)便是初始条件. 一般地，一阶微分方程的初始条件写成

$$y\big|_{x=x_0} = y_0 \text{（或 } y(x_0) = y_0\text{）}.$$

二阶微分方程的初始条件写成

$$\begin{cases} y\big|_{x=x_0} = y_0 \\ y'\big|_{x=x_0} = y_1 \end{cases} \left(\text{或} \begin{cases} y(x_0) = y_0 \\ y'(x_0) = y_1 \end{cases} \right),$$

式中 x_0, y_0, y_1 都是已知数.

由初始条件确定了通解中任意常数的值后所得到的解称为特解. 如例1中的式(4)，例2中的式(9)分别是微分方程(1)和(5)的特解.

求微分方程满足初始条件的特解问题称为初值问题.

【例4－40】 验证 $y = c_1 e^{2x} + c_2 e^{-2x}$ 是微分方程 $y'' - 4y = 0$ 的通解，并求满足 $y\big|_{x=0} = 0, y'\big|_{x=0} = 1$ 的特解.

解 求 $y = c_1 e^{2x} + c_2 e^{-2x}$ 的导数得

$$y' = 2c_1 e^{2x} - 2c_2 e^{-2x}, y'' = 4c_1 e^{2x} + 4c_2 e^{-2x}.$$

代入原方程，得

$$(4c_1 e^{2x} + 4c_2 e^{-2x}) - 4(c_1 e^{2x} + c_2 e^{-2x}) = 0.$$

所以 $y = c_1 e^{2x} + c_2 e^{-2x}$ 是微分方程 $y'' - 4y = 0$ 的通解.

因为 $y\big|_{x=0} = 0, y'\big|_{x=0} = 1$，即 $\begin{cases} c_1 + c_2 = 0 \\ 2c_1 - 2c_2 = 1 \end{cases}$，解得

$$\begin{cases} c_1 = \dfrac{1}{4} \\ c_2 = -\dfrac{1}{4} \end{cases},$$

所以特解为

$$y = \frac{1}{4}e^{2x} - \frac{1}{4}e^{-2x}.$$

4.5.2　微分方程的积分解法与代数解法

本节主要介绍几种常见的微分方程及其解法.

1. 可分离变量的一阶微分方程

形如 $F(x,y,y')=0$ 的微分方程称为一阶微分方程.

而形如
$$\frac{dy}{dx}=f(x)\cdot g(y) \tag{10}$$
的微分方程,称为可分离变量的微分方程.

解法如下:

(1) 分离变量: $\dfrac{dy}{g(y)}=f(x)dx$;

(2) 两边积分(假设 $f(x)$, $g(y)$ 连续,且 $g(y)\neq 0$) 得 $\displaystyle\int\frac{dy}{g(y)}=\int f(x)dx$;

(3) 求积分,得通解 $G(y)=F(x)+C$,

其中 $G(y)$, $F(x)$ 分别是 $g(y)$、$f(x)$ 的一个原函数.

【例 4 – 41】　求微分方程 $\dfrac{dy}{dx}=2xy$ 的通解.

解　分离变量
$$\frac{dy}{y}=2xdx,$$
两边积分,得
$$\int\frac{dy}{y}=\int 2xdx,$$
求积分,得
$$\ln|y|=x^2+C_1,$$
即　$y=\pm e^{x^2+C_1}=\pm e^{x^2}\cdot e^{C_1}=Ce^{x^2}$(其中 C_1、C 均为任意常数).

故原方程的通解为 $y=Ce^{x^2}$.

说明:在解微分方程中,上述积分过程可化为
$$\int\frac{dy}{y}=\int 2xdx$$
得
$$\ln y=x^2+\ln C,$$
整理得
$$y=Ce^{x^2}.$$

【例 4 – 42】　求微分方程 $(1+e^x)yy'=e^x$ 满足初始条件 $y|_{x=0}=1$ 的特解.

解　分离变量
$$ydy=\frac{e^x}{1+e^x}dx,$$
积分得
$$\int ydy=\int\frac{e^x}{1+e^x}dx,$$
即
$$\frac{1}{2}y^2=\ln(1+e^x)+C.$$
因为 $y|_{x=0}=1$,所以 $\dfrac{1}{2}=\ln 2+C\Rightarrow C=\dfrac{1}{2}-\ln 2$,

所以满足初始条件的特解为 $y^2=2\ln(1+e^x)+1-2\ln 2$.

2. 可化为可分离变量的微分方程

有的不是可分离变量的微分方程,但通过适当的变量代换后,得到可分离变量的微分

方程,然后通过以上方法求解这些微分方程.

形如$\frac{dy}{dx}=f\left(\frac{y}{x}\right)$的微分方程称为齐次微分方程. 其解法是

令$\frac{y}{x}=u(x)$,则$y=ux$,$\frac{dy}{dx}=u+x\frac{du}{dx}$(或$dy=udx+xdu$),

原方程变形为
$$u+x\frac{du}{dx}=f(u),$$

分离变量,得
$$\frac{du}{f(u)-u}=\frac{dx}{x},$$

两边积分,得
$$\int\frac{du}{f(u)-u}=\int\frac{dx}{x}.$$

求出积分后,再用$\frac{y}{x}$代替u,即可得原方程的通解.

【例 4-43】 求微分方程$xy'=y(1+\ln y-\ln x)$的通解.

解 将原方程变形得
$$\frac{dy}{dx}=\frac{y}{x}\left(1+\ln\frac{y}{x}\right).$$

令$u=\frac{y}{x}$,则得
$$\frac{dy}{dx}=u+x\frac{du}{dx},$$

所以
$$u+x\frac{du}{dx}=u(1+\ln u),$$

分离变量,得
$$\frac{du}{u\ln u}=\frac{dx}{x},$$

两边积分,得
$$\ln(\ln u)=\ln x+\ln C=\ln Cx,$$

即
$$\ln u=Cx,u=e^{Cx}.$$

将$\frac{y}{x}$代替u得
$$\frac{y}{x}=e^{Cx},$$

得原方程的通解
$$y=xe^{Cx}.$$

3. 可降阶的二阶微分方程

(1)$y''=f(x)$型的微分方程

微分方程$y''=f(x)$的特点为方程右端只含x的函数,因此只要通过2次对两边积分就可以得到微分方程的通解.

【例 4-44】 求微分方程$y''=\sin x+x$的通解.

解 两边积分,得
$$y'=-\cos x+\frac{1}{2}x^2+C_1,$$

再两边积分,得通解
$$y=-\sin x+\frac{1}{6}x^3+C_1x+C_2.$$

(2)$y''=f(x,y')$型的微分方程

微分方程$y''=f(x,y')$的特点是不显含未知数y,其解法是

令$y'=p(x)$,则$y''=p'(x)$,将$y'=p(x)$,$y''=p'(x)$代入$y''=f(x,y')$,得
$$p'(x)=f(x,p(x)).\tag{1}$$

显然式(1)为一个关于变量x与p的一阶微分方程,设它的通解为
$$p(x)=\varphi(x,C_1),$$

然后由 $y'=p(x)$ 积分可得原方程的通解：$y=\int\varphi(x,C_1)\mathrm{d}x$.

【例 4-45】　求微分方程 $(1+x^2)y''=2xy'$, $y(0)=1, y'(0)=3$.

解　令 $y'=p(x)$，则 $y''=p'(x)$，将 $y'=p(x)$，$y''=p'(x)$ 代入原方程，得

$$(1+x^2)p'(x)=2xp(x).$$

分离变量，得

$$\frac{\mathrm{d}p(x)}{p(x)}=\frac{2x}{1+x^2}\mathrm{d}x,$$

两边积分，得

$$\int\frac{\mathrm{d}p(x)}{p(x)}=\int\frac{2x}{1+x^2}\mathrm{d}x,$$

解得

$$\ln p(x)=\ln(1+x^2)+\ln C_1,$$

即

$$p(x)=C_1(1+x^2). \tag{1}$$

将 $y'=p(x)$ 代入式(1)，且分离变量，得 $\mathrm{d}y=C_1(1+x^2)\mathrm{d}x$,

两边积分，得

$$y=C_1\left(x+\frac{1}{3}x^3\right)+C_2. \tag{2}$$

将 $y(0)=1, y'(0)=3$ 代入式(1) 和式(2) 得 $C_1=3, C_2=1$,

故所求微分方程的特解为　$y=3x+x^3+1$.

(3) $y''=f(y,y')$ 型的微分方程

微分方程 $y''=f(y,y')$ 的特点是不明显含有自变量 x 的二阶方程，其解法是

令 $y'=p(y)$，则 $y''=\frac{\mathrm{d}p}{\mathrm{d}x}=\frac{\mathrm{d}p}{\mathrm{d}y}\cdot\frac{\mathrm{d}y}{\mathrm{d}x}=p\frac{\mathrm{d}p}{\mathrm{d}y}$，代入原方程得

$$p\frac{\mathrm{d}p}{\mathrm{d}y}=f(y,y').$$

显然它降阶为 p 与 y 的一阶微分方程，设它的通解为

$$p=\varphi(y,C_1)\text{，即}\frac{\mathrm{d}y}{\mathrm{d}x}=\varphi(y,C_1).$$

分离变量得

$$\frac{\mathrm{d}y}{\varphi(y,C_1)}=\mathrm{d}x.$$

两边积分，得原方程的通解 $\int\frac{\mathrm{d}y}{\varphi(y,C_1)}=x+C_2$.

【例 4-46】　求微分方程 $y''=\frac{3}{2}y^2, y|_{x=3}=1, y'|_{x=3}=1$ 的特解.

解　令 $y'=p(y)$，则 $y''=\frac{\mathrm{d}p}{\mathrm{d}x}=\frac{\mathrm{d}p}{\mathrm{d}y}\cdot\frac{\mathrm{d}y}{\mathrm{d}x}=p\frac{\mathrm{d}p}{\mathrm{d}y}$，代入原方程得

$$p\frac{\mathrm{d}p}{\mathrm{d}y}=\frac{3}{2}y^2\quad\text{即 } p\mathrm{d}p=\frac{3}{2}y^2\mathrm{d}y,$$

两边积分，得

$$\frac{1}{2}p^2=\frac{1}{2}y^3+C_1. \tag{1}$$

将 $y|_{x=3}=1, y'|_{x=3}=1$ 代入式(1)，得 $C_1=0$.

于是有

$$p^2(y)=y^3.$$

即　$p(y)=y'=y^{\frac{3}{2}}$.（因为 $y'|_{x=3}=y|_{x=3}=1>0$，所以取正号.）

分离变量，得

$$y^{-\frac{3}{2}}\mathrm{d}y=\mathrm{d}x,$$

两边积分,得 $$-2y^{-\frac{1}{2}}=x+C_2, \tag{2}$$
把 $y|_{x=3}=1$ 代入式(2),得 $$C_2=-5.$$
所以原方程的特解为 $$y=\frac{4}{(x-5)^2}.$$

习题 4 - 5

1. 指出下列微分方程的阶数.

(1) $x^2\mathrm{d}x+y\mathrm{d}y=0$;　　(2) $(y')^2+y=0$;

(3) $xy''-y'+2y=0$;　　(4) $\frac{\mathrm{d}^2y}{\mathrm{d}x^2}=\cos x$.

2. 验证函数 $y=C\mathrm{e}^{-x}+x-1$ 是微分方程 $y'+y=x$ 的通解,并求满足初始条件 $y(0)=2$ 的特解.

3. 解下列微分方程.

(1) $(1+y)\mathrm{d}x+(x-1)\mathrm{d}y=0$;　　(2) $y'=\frac{x^3}{y^2}$;

(3) $y'+\mathrm{e}^{-x}y=0$;　　(4) $\sin x\mathrm{d}y=2y\cos x\mathrm{d}x$;

(5) $y'=\frac{y}{x}+\tan\frac{y}{x}$;　　(6) $y'=(x+y)^2$.

4. 解下列微分方程.

(1) $y''=x^2$;　　(2) $y''=\mathrm{e}^x+x$;

(3) $y''-3(y')^2=0$;　　(4) $xy''+y'=0$;

(5) $yy''-y'=0$;　　(6) $y''-9y=0$.

5. 求下列满足初始条件的微分方程的特解.

(1) $2y'+y=3, y(0)=10$;

(2) $xy'-y=2, y(1)=3$;

(3) $y''=2yy', y(0)=1, y'(0)=2$;

(4) $2y''=\sin 2y, y(0)=\frac{\pi}{2}, y'(0)=1$.

6. 已知曲线上任意点 $M(x,y)$ 处的切线的斜率为 $\sin x$,求该曲线的方程.

知识拓展

积分上限的函数及其导数　反常积分简介

1. 积分上限函数及其导数

定义 1　设函数 $f(t)$ 在区间 $[a,b]$ 上可积,对于任意 $x\in[a,b]$,则变动的上限积分 $\int_a^x f(t)\mathrm{d}t$ 是 x 的函数,称为积分上限函数,记作 $\Phi(x)$. 即

$$\Phi(x)=\int_a^x f(t)\,dt\,(a\leqslant t\leqslant b).$$

函数 $\Phi(x)$ 的几何意义是下图曲边梯形 $AaxC$ 的面积，它随 x 的变化而变化，且当 x 取定值时，面积也随之而定，如图 4－10 所示.

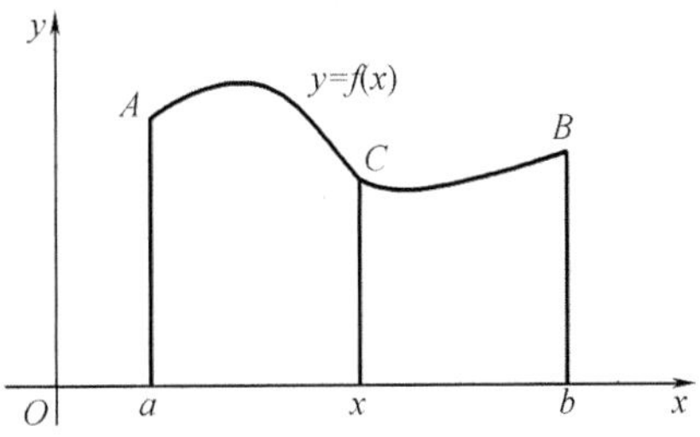

图 4－10

定理(原函数存在定理)　设函数 $f(x)$ 在区间 $[a,b]$ 上连续，则积分上限函数 $\Phi(x)=\int_a^x f(t)\,dt$ 在区间 $[a,b]$ 上可导，且

$$\Phi'(x)=\left(\int_a^x f(t)\,dt\right)'=f(x)\quad(a\leqslant t\leqslant b).$$

证明　设 $x\in[a,b]$，且有增量 Δx，$(x+\Delta x)\in[a,b]$，函数 $\Phi(x)$ 的相应增量为 $\Delta\Phi(x)$，则

$$\Delta\Phi(x)=\Phi(x+\Delta x)-\Phi(x)=\int_a^{x+\Delta x}f(t)\,dt-\int_a^x f(t)\,dt=\int_x^{x+\Delta x}f(t)\,dt.$$

由积分中值定理，得 $\Delta\Phi(x)=f(\xi)\Delta x(\xi\in[x,x+\Delta x])$，于是

$$\frac{\Delta\Phi}{\Delta x}=f(\xi).$$

令 $\Delta x\to 0$，则 $\xi\to x$，由于函数 $f(t)$ 在 x 处连续，故有

$$\lim_{\Delta x\to 0}\frac{\Delta\Phi}{\Delta x}=\lim_{\xi\to x}f(\xi)=f(x)\text{，即 }\Phi'(x)=f(x).$$

即区间 $[a,b]$ 上的连续函数一定有原函数.

【例 4－47】　已知 $\Phi(x)=\int_0^x\sqrt{t^2+1}\,dt$，求 $\Phi'(x)$.

解

$$\Phi'(x)=\left(\int_0^x\sqrt{t^2+1}\,dt\right)'=\sqrt{x^2+1}.$$

【例 4－48】　已知 $\Phi(x)=\int_0^{\frac{1}{x}}3t^2\,dt$，求 $\Phi'(x)$.

解

$$\Phi'(x)=\left(\int_0^{\frac{1}{x}}3t^2\,dt\right)'=3\left(\frac{1}{x}\right)^2\left(\frac{1}{x}\right)'=-\frac{3}{x^4}.$$

【例 4－49】　证明牛顿－莱布尼茨公式. 即：设函数 $f(x)$ 在区间 $[a,b]$ 上连续，$F(x)$ 是 $f(x)$ 在 $[a,b]$ 上的一个原函数，即 $F'(x)=f(x)$，则

$$\int_a^b f(x)\,dx=F(b)-F(a).$$

证明　已知 $F(x)$ 是 $f(x)$ 在 $[a,b]$ 上的一个原函数，根据原函数存在定理，$\int_a^x f(t)\,dt$ 也是 $f(x)$ 在 $[a,b]$ 上的一个原函数，它们之间相差一个常数. 令

$$\int_a^x f(t)\,dt-F(t)=C,$$

将 $x=a$ 代入，因为 $\int_a^a f(t)\,dt=0$，故有 $C=-F(a)$，即

$$\int_a^x f(t)\,dt=F(x)-F(a).$$

当 $x=b$ 时，得

$$\int_a^b f(t)\,\mathrm{d}t = F(b) - F(a).$$

又因定积分的值与积分变量无关，习惯上积分变量用 x 表示，故上式公式可写成

$$\int_a^b f(x)\,\mathrm{d}x = F(b) - F(a).$$

2. 反常积分简介

前面我们讨论的定积分，要求积分区间是有限的，且被积函数在积分区间上是有界的. 但在实际问题中，还会遇到无穷区间或无界函数的定积分的情况，这就是通常说的反常积分.

(1) 无穷区间上的积分

定义 2 设函数 $f(x)$ 在区间 $[a, +\infty)$ 上连续，任取 $b > a$，如果极限 $\lim\limits_{b\to+\infty}\int_a^b f(x)\,\mathrm{d}x$ 存在，则称此极限为函数 $f(x)$ 在区间 $[a, +\infty)$ 上的反常积分，记作 $\int_a^{+\infty} f(x)\,\mathrm{d}x$，即

$$\int_a^{+\infty} f(x)\,\mathrm{d}x = \lim_{b\to+\infty}\int_a^b f(x)\,\mathrm{d}x,$$

这时称反常积分 $\int_a^{+\infty} f(x)\,\mathrm{d}x$ 收敛；如果上述极限不存在，则称反常积分 $\int_a^{+\infty} f(x)\,\mathrm{d}x$ 发散.

类似地，可定义

$$\int_{-\infty}^b f(x)\,\mathrm{d}x = \lim_{a\to-\infty}\int_a^b f(x)\,\mathrm{d}x.$$

设函数 $f(x)$ 在区间 $(-\infty, +\infty)$ 上连续，如果反常积分 $\int_{-\infty}^c f(x)\,\mathrm{d}x$，$\int_c^{+\infty} f(x)\,\mathrm{d}x$（其中 c 为任意实数）都收敛，则它们之和为函数 $f(x)$ 在 $(-\infty, +\infty)$ 上的反常积分，记作 $\int_{-\infty}^{+\infty} f(x)\,\mathrm{d}x$，即

$$\int_{-\infty}^{+\infty} f(x)\,\mathrm{d}x = \int_{-\infty}^c f(x)\,\mathrm{d}x + \int_c^{+\infty} f(x)\,\mathrm{d}x.$$

这时也称反常积分 $\int_{-\infty}^{+\infty} f(x)\,\mathrm{d}x$ 收敛；如果 $\int_{-\infty}^c f(x)\,\mathrm{d}x$ 或 $\int_c^{+\infty} f(x)\,\mathrm{d}x$ 至少有一个发散，则称反常积分 $\int_{-\infty}^{+\infty} f(x)\,\mathrm{d}x$ 发散.

以上三类反常积分统称无穷区间上的积分，计算它们的值，只要先求出有限区间上的定积分，再讨论其极限即可.

【例 4－50】 计算广义积分 $\int_0^{+\infty} \mathrm{e}^{-x}\,\mathrm{d}x$.

解 $\int_0^{+\infty} \mathrm{e}^{-x}\,\mathrm{d}x = \lim\limits_{b\to+\infty}\int_0^b \mathrm{e}^{-x}\,\mathrm{d}x = \lim\limits_{b\to+\infty}(-\mathrm{e}^{-x})\Big|_0^b$

$= \lim\limits_{b\to+\infty}(1 - \mathrm{e}^{-b}) = 1.$

这个反常积分的几何意义是由曲线 $y = \mathrm{e}^{-x}$ 与 x 轴，y 轴所围成的“开口曲边梯形”的面积（图 4－11）.

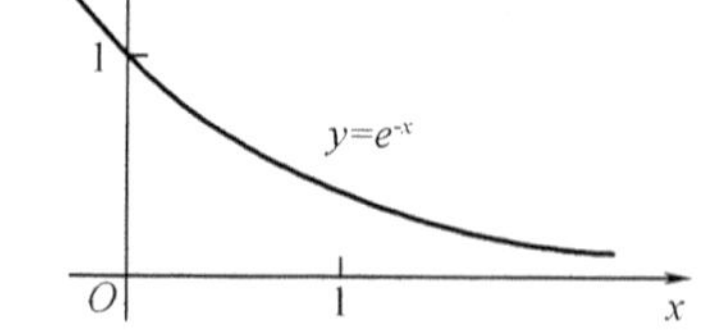

图 4－11

【例 4－51】 判别反常积分 $\int_1^{+\infty} \frac{1}{x^p}\,\mathrm{d}x$ 的收敛性.

解　当 $p \neq 1$ 时,有

$$\int_1^{+\infty} \frac{1}{x^p}dx = \lim_{b \to +\infty} \frac{1}{1-p}x^{1-p}\Big|_1^b = \frac{1}{1-p}\lim_{b \to +\infty}(b^{1-p}-1) = \begin{cases} \frac{1}{p-1}, p > 1 \\ +\infty, p < 1 \end{cases}.$$

当 $p = 1$ 时,有

$$\int_1^{+\infty} \frac{1}{x^p}dx = \lim_{b \to +\infty}\int_1^b \frac{1}{x}dx = \lim_{b \to +\infty}\ln x\Big|_1^b = \lim_{b \to +\infty}\ln b = +\infty.$$

所以,当 $x > 1$ 时,反常积分$\int_1^{+\infty} \frac{1}{x^p}dx$ 收敛,其值为$\frac{1}{p-1}$;当 $x \leqslant 1$ 时,反常积分$\int_1^{+\infty} \frac{1}{x^p}dx$ 发散.

(2) 无界函数的积分

定义 3　设函数$f(x)$ 在区间$(a,b]$ 上连续,且$\lim\limits_{x \to a^+}|f(x)| = +\infty$,取 $\varepsilon > 0$,如果极限 $\lim\limits_{\varepsilon \to 0}\int_{a+\varepsilon}^b f(x)dx$ 存在,则称此极限为函数$f(x)$ 在区间$(a,b]$ 上的反常积分,记作$\int_{a^+}^b f(x)dx$,即

$$\int_{a^+}^b f(x)dx = \lim_{\varepsilon \to 0}\int_{a+\varepsilon}^b f(x)dx.$$

此时称反常积分$\int_{a^+}^b f(x)dx$ 收敛;如果极限不存在,则称反常积分$\int_{a^+}^b f(x)dx$ 发散.

类似地,若$\lim\limits_{x \to b^-}|f(x)| = +\infty$,则可定义

$$\int_a^{b^-} f(x)dx = \lim_{\varepsilon \to 0}\int_a^{b-\varepsilon} f(x)dx.$$

若$\lim\limits_{\varepsilon \to 0}|f(x)| = +\infty$,$c \in (a,b)$,且$\int_a^{c^-} f(x)dx$ 与$\int_{c^+}^b f(x)dx$ 都收敛,则可定义

$$\int_a^b f(x)dx = \int_a^{c^-} f(x)dx + \int_{c^+}^b f(x)dx$$

收敛,如果$\int_a^{c^-} f(x)dx$ 与$\int_{c^+}^b f(x)dx$ 中有一个发散,则反常积分$\int_a^b f(x)dx$ 发散.

【例 4-52】　计算反常积分$\int_0^{1^-} \frac{1}{\sqrt{1-x^2}}dx$.

解　因为$\lim\limits_{x \to 1^-} \frac{1}{\sqrt{1-x^2}}dx = \infty$,所以有

$$\int_0^{-1} \frac{1}{\sqrt{1-x^2}}dx = \lim_{\varepsilon \to 0}\int_0^{1-\varepsilon} \frac{1}{\sqrt{1-x^2}}dx = \lim_{\varepsilon \to 0}(\arcsin x)\Big|_0^{1-\varepsilon}$$

$$= \lim_{\varepsilon \to 0}\arcsin(1-\varepsilon) - \arcsin 0 = \frac{\pi}{2}.$$

案 例 分 析

通风问题

很多工厂企业,如化工车间、煤矿、粮库、饭店及家庭都涉及通风问题. 当室内环境受到

污染或湿度不正常时就需要通风来改善环境.

假设注入新鲜空气开始时刻为 $t=0$, $x(t)$ 为 t 时刻车间内 CO_2 的浓度,初始时刻车间内 CO_2 的浓度为 $x(0)=x_0$,在 $[t,t+dt]$ 这段时间,向车间内注入 CO_2 的总量为 $a\times 0.04\%\times dt$,排出的 CO_2 的总量约为 $a\times x(t)\times dt$,那么在时间间隔 dt 里,车间内 CO_2 的改变量为

$$a\times 0.000\,4\times dt-a\times x(t)\times dt.$$

另一方面,在 $[t,t+dt]$ 这段时间,车间内 CO_2 的总量改变量为

$$V\Delta x=V[x(t+dt)-x(t)]\approx Vdx,$$

所以

$$Vdx=a\times 0.000\,4\times dt-a\times x(t)\times dt, \tag{1}$$

即

$$\frac{dx}{x-0.000\,4}=-\frac{a}{V}dt. \tag{2}$$

解微分方程(2)得其特解

$$x(t)=(x_0-0.000\,4)e^{-\frac{a}{V}t}+0.000\,4. \tag{3}$$

从式(3)解出

$$t=-\frac{V}{a}\ln\frac{x-0.000\,4}{x_0-0.000\,4}. \tag{4}$$

当 $a=1\,000, V=12\,000, x=0.000\,6, x_0=0.015$ 时,

$$t=-\frac{12\,000}{1\,000}\ln\frac{0.000\,6-0.000\,4}{0.015-0.000\,4}=51.49.$$

复 习 题 4

1. 填空题

(1) 若 $\int f(x)dx=\cos(\ln x)+C$,则 $f(x)=$ ________.

(2) $\int \sec x(\sec x-\tan x)dx=$ ________.

(3) (1) $xe^{-2x^2}=$ ________ $d(e^{-2x^2})$; (2) $\frac{dx}{1+9x^2}=$ ________ $d(\arctan 3x)$.

(4) 设 $f(x)$ 在 $[-a,a]$ 上连续,若 $f(x)$ 为偶函数,则 $\int_{-a}^{a}f(x)dx=$ ________;若 $f(x)$ 为奇函数,则 $\int_{-a}^{a}f(x)dx=$ ________.

(5) $\int_2^2 e^x dx=$ ________; $\int_0^1 e^x dx=$ ________.

(6) $\int_1^2\frac{dx}{\sqrt{x}+\sqrt{x^3}}$ 经过 $t=\sqrt{x}$ 代换后,变量 t 的积分上限为________,下限为________.

(7) 微分方程 $y''=\cos x+x$ 的通解为________.

(8) 微分方程 $y'+2xy=0$ 的通解为________.

(9) $xy'+y=3$ 满足初始条件 $y(1)=0$ 的特解________.

2. 选择题

(1) 若 $F'(x)=f(x)$,则 $\int dF(x)=$ (　　).

A. $f(x)$　　B. $F(x)$　　C. $f(x)+C$　　D. $F(x)+C$

(2) 在区间 (a,b) 内,若 $f'(x)=g'(x)$,则必定有(　　).

A. $f(x)=g(x)$　　B. $f(x)=g(x)+C$

C. $\int df(x)=g(x)$　　D. $f(x)=\int dg(x)$

(3) $\int \frac{dx}{(4x-1)^{10}}=$ (　　).

A. $\frac{1}{9(4x-1)^9}+C$　　B. $\frac{1}{36(4x-1)^9}+C$

C. $-\frac{1}{36(4x-1)^2}+C$　　D. $-\frac{1}{36(4x-1)^{11}}+C$

(4) $\int_1^0 f'(3x)dx=$ (　　).

A. $\frac{1}{3}[f(0)-f(3)]$　　B. $f(0)-f(3)$

C. $f(3)-f(0)$　　D. $\frac{1}{3}[f(3)-f(0)]$

(5) 定积分 $\int_a^b f(x)dx$ 的值取决于(　　).

A. 积分区间 $[a,b]$ 与积分变量 x　　B. 被积函数 $f(x)$ 与积分区间 $[a,b]$

C. 被积函数 $f(x)$　　D. 积分区间 $[a,b]$

(6) 设函数 $f(x)=x^3+x$,则 $\int_{-2}^2 f(x)dx=$ (　　).

A. 0　　B. 8　　C. $\int_0^2 f(x)dx$　　D. $2\int_0^2 f(x)dx$

(7) 下列方程中是二阶微分方程的是(　　).

A. $(y')^2+3\sin xy=0$　　B. $(y'')^2+(x^2+1)y'=0$

C. $\left(\frac{ds}{dt}\right)^2+mts+f=0$　　D. $e^{x+y}dy+e^{x-y}dx+ydx=0$

(8) 下列方程中可分离变量的微分方程是(　　).

A. $xdy+ydx+xy=0$　　B. $(xy^2+x)dx+(x^2y-y)dy=0$

C. $\frac{dy}{dx}=x^3+y^3$　　D. $(y')^2+xy=1$

3. 计算题

(1) 求下列不定积分.

①$\int (x-3)^2dx$;　　②$\int \frac{x^2}{1+x^2}dx$;

③$\int \frac{\cos x}{3+4\sin x}dx$;　　④$\int \frac{1}{x^2-x-6}dx$;

⑤$\int \cos^2 x\sin x dx$;　　⑥$\int \frac{(\ln x)^2}{x}dx$;

⑦$\int \frac{1}{1+\sqrt{1+x}}dx$；　　⑧$\int \frac{1}{x^2\sqrt{x^2+1}}dx$；

⑨$\int x\cos^2 x dx$；　　⑩$\int \ln(1+x^2)dx$.

(2) 求下列定积分.

①$\int_3^4 \frac{x^2+x-6}{x-2}dx$；　　②$\int_1^e \frac{1+\ln x}{x}dx$；

③$\int_0^1 x\sqrt{1+x^2}dx$；　　④$\int_0^1 \frac{1}{1+e^x}dx$；

⑤$\int_0^{\pi} x^2\cos x dx$；　　⑥$\int_1^e x^3\ln x dx$；

⑦$\int_1^2 \frac{x}{\sqrt{x-1}}dx$；　　⑧$\int_0^1 x^2\sqrt{1-x^2}dx$.

(3) 解微分方程.

①$\frac{dy}{dx}=\frac{xy}{1+x^2}$；　　②$\sec^2 x\tan y dx+\sec^2 y\tan x dy=0$；

③$y''=e^{2x}-\cos x$；　　④$\cos y\sin x dx-\cos x\sin y dy=0, y(0)=\frac{\pi}{4}$；

⑤$y''=(y')^3+y', y(0)=0, y'(0)=1$.

(4) 求由曲线 $y=3-x^2$ 与直线 $y=2x$ 所围成的图形的面积.

(5) 求由曲线 $y=e^x$ 与直线 $y=e$ 及 y 轴所围成的图形的面积.

(6) 求由曲线 $y=\frac{1}{x}$,直线 $y=x, x=2$ 所围成的图形的面积.

(7) 求曲线 $y^2=4x$ 及 $x=2$ 所围成的图形绕 x 轴旋转而成的旋转体体积.

(8) 求由曲线 $y=\frac{3}{x}$ 及 $y=4-x$ 所围成的图形分别绕 x 轴和 y 轴旋转而成的旋转体的体积.

(9) 求椭圆 $\frac{x^2}{a^2}+\frac{y^2}{b^2}=1$ 绕 x 轴旋转而成的旋转体的体积.

第 5 章　矩阵化建模技术

随着互联网和计算机技术的迅速发展，线性代数在计算机技术中的基础性地位日益突出. 矩阵是线性代数的主要研究对象之一，它已被广泛地应用到现代管理科学、自然科学、工程技术等各个领域. 本章主要介绍矩阵的概念及运算，矩阵的初等变换及逆矩阵，矩阵化建模技术的应用.

5.1 矩　阵

5.1.1 矩阵的概念

我们平时常用列表的方法表示一些数据及其关系. 如学生成绩表、工资表、物资调运表. 为了处理方便可以将它们按照一定的顺序组成一个矩形数表，先看三个实际例子.

【例 5－1】 假设我们记录 4 名学生 3 门课程的考试成绩，4 名学生分别用 A，B，C，D 表示；课程分别用 Ⅰ、Ⅱ、Ⅲ 表示. 每个学生每门课程有 3 个成绩，第 1 个为平时作业成绩，第 2 个为平时小测验成绩，第 3 个为期末考试成绩. 每次成绩按 10 分记录. 我们得到平时、测验、考试三张成绩表.

表 5.1　平时成绩表

	Ⅰ	Ⅱ	Ⅲ
A	6	8	9
B	8	5	8
C	8	7	8
D	4	6	6

表 5.2　测验成绩表

	Ⅰ	Ⅱ	Ⅲ
A	5	9	8
B	6	7	9
C	7	8	8
D	5	6	7

表 5 - 3　考试成绩表

	Ⅰ	Ⅱ	Ⅲ
A	6	7	9
B	8	6	9
C	8	7	8
D	6	5	6

如果只抽取表格中的分数,分别得到学生成绩的三个矩形数表(1)(2)(3):

$$\begin{bmatrix}6&8&9\\8&5&8\\8&7&8\\4&6&6\end{bmatrix}\qquad\begin{bmatrix}5&9&8\\6&7&9\\7&8&8\\5&6&7\end{bmatrix}\qquad\begin{bmatrix}6&7&9\\8&6&9\\8&7&8\\6&5&6\end{bmatrix}$$

(1)　(2)　(3)

同时,我们也可以得到每个学生每门课程总成绩矩形数表(4)(不考虑加权):

$$\begin{bmatrix}17&24&26\\22&18&26\\23&22&24\\15&17&19\end{bmatrix}$$

(4)

【例 5 - 2】　某航空公司在 A、B、C、D 四城市之间开辟了若干航线,图 5 - 1 表示了四城市间的航班图,如果从 A 到 B 有航班,则用带箭头的线连接 A 与 B.

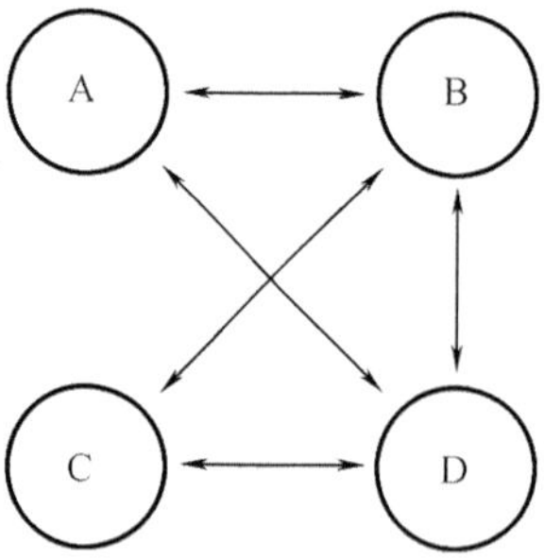

图 5 - 1

四城市间的航班图情况也可用表格来表示:其中 1 表示有航班,0 表示没有航班.

表 5 - 4

	A	B	C	D
A	0	1	1	0
B	1	0	1	0
C	1	0	0	1
D	0	1	0	0

四城市间的航班图情况也可用矩形数表简明地表示为

$$\begin{bmatrix} 0 & 1 & 1 & 0 \\ 1 & 0 & 1 & 0 \\ 1 & 0 & 0 & 1 \\ 0 & 1 & 0 & 0 \end{bmatrix}$$

【例 5 - 3】 含有 n 个未知量、m 个方程的线性方程组：

$$\begin{cases} a_{11}x_1 + a_{12}x_2 + \cdots + a_{1n}x_n = b_1, \\ a_{21}x_1 + a_{22}x_2 + \cdots + a_{2n}x_n = b_2, \\ \cdots\cdots\cdots\cdots \\ a_{m1}x_1 + a_{m2}x_2 + \cdots + a_{mn}x_n = b_m. \end{cases}$$

如果把它的系数 $a_{ij}(i = 1,2,\cdots,m;j = 1,2,\cdots,n)$ 和常数项 $b_i(i = 1,2,\cdots,m)$ 按原来顺序写出就可以得到一个 m 行、$n + 1$ 列的数表

$$\begin{bmatrix} a_{11} & a_{12} & \cdots & a_{1n} & b_1 \\ a_{21} & a_{22} & \cdots & a_{2n} & b_2 \\ \vdots & \vdots & & \vdots & \vdots \\ a_{m1} & a_{m2} & \cdots & a_{mn} & b_m \end{bmatrix},$$

那么，这个数表就可以清晰地表达这一线性方程.

显然上述这些矩形数表中每个位置上的数都具有其固定的含义，不能随意调换，这种数表在数学上称为矩阵.

1. 矩阵的定义

定义 5 - 1 有 $m \times n$ 个数 $a_{ij}(i = 1,2,\cdots,m;j = 1,2,\cdots,n)$ 排列成一个 m 行 n 列，并括以方括弧(或圆括弧)的数表

$$\begin{bmatrix} a_{11} & a_{12} & \cdots & a_{1n} \\ a_{21} & a_{22} & \cdots & a_{2n} \\ \vdots & \vdots & & \vdots \\ a_{m1} & a_{m2} & \cdots & a_{mn} \end{bmatrix},$$

称为 m 行 n 列矩阵，简称 $m \times n$ 矩阵. 通常用大写字母 $\boldsymbol{A},\boldsymbol{B},\boldsymbol{C},\cdots$ 表示，例如上述矩阵可以记作 $\boldsymbol{A}$ 或 $\boldsymbol{A}_{m\times n}$，有时也记作

$$\boldsymbol{A} = (a_{ij})_{m\times n},$$

其中 a_{ij} 称为矩阵 $\boldsymbol{A}$ 的第 i 行第 j 列元素.

特别地，当 $m = n$ 时，$\boldsymbol{A}$ 为 $\boldsymbol{n}$ 阶矩阵，或 $\boldsymbol{n}$ 阶方阵.

当 $m = 1$ 或 $n = 1$ 时，矩阵只有一行或只有一列，即

$$\boldsymbol{A} = [a_{11} \quad a_{12} \quad \cdots \quad a_{1n}] \text{ 或 } \boldsymbol{A} = \begin{bmatrix} a_{11} \\ a_{21} \\ \vdots \\ a_{m1} \end{bmatrix},$$

分别称为行矩阵和列矩阵.

在 n 阶矩阵中，从左上角到右下角的对角线称为主对角线，从右上角到左下角的对角线称为次对角线.

上述例 5 - 1 中的 4 个矩形数表可以称为 4×3 矩阵,其中第一个矩阵中 $a_{13} = 9, a_{42} = 6$,例 5 - 2 中的矩形数表可以称为 4 阶矩阵或 4 阶方阵,例 5 - 3 中的矩形数表可以称为 $m \times (n+1)$ 矩阵.

定义 5 - 2 如果 $\boldsymbol{A}$ 是 $m \times n$ 矩阵,$\boldsymbol{B}$ 是 $s \times t$ 矩阵,当 $m = s, n = t$ 时称矩阵 $\boldsymbol{A}$ 和矩阵 $\boldsymbol{B}$ 是同型矩阵.

例如,例 5 - 1 中的 4 个矩阵均为 4×3 的同型矩阵.

2. 矩阵的应用举例

【例 5 - 4】 假设要将某种物资从甲、乙、丙三个产地运往 A、B、C、D 四个销地,调运计划(单位:t) 如表 5 - 5 所示

表 5 - 5 单位:t

调运量 / 销地 / 产地	A	B	C	D
甲	1 200	400	0	600
乙	300	700	800	500
丙	0	0	2 000	450

物资调运表可表现为如下矩阵:

$$\begin{bmatrix} 1\,200 & 400 & 0 & 600 \\ 300 & 700 & 800 & 500 \\ 0 & 0 & 2\,000 & 450 \end{bmatrix}.$$

此矩阵为调运矩阵.

【例 5 - 5】 由例 5 - 2 四城市间的航班图,得出航班路线矩阵 $\boldsymbol{A} = \begin{bmatrix} 0 & 1 & 1 & 0 \\ 1 & 0 & 1 & 0 \\ 1 & 0 & 0 & 1 \\ 0 & 1 & 0 & 0 \end{bmatrix}$,此矩阵又称为邻接矩阵(详见第 8 章).

【例 5 - 6】 设集合 $M = \{1,2,3,4\}$,则集合 M 上的大于关系"$>$"的集合为$\{\langle 2,1\rangle, \langle 3,1\rangle, \langle 3,2\rangle, \langle 4,1\rangle, \langle 4,2\rangle, \langle 4,3\rangle\}$,用矩阵可表示为 $\boldsymbol{A} = \begin{bmatrix} 0 & 0 & 0 & 0 \\ 1 & 0 & 0 & 0 \\ 1 & 1 & 0 & 0 \\ 1 & 1 & 1 & 0 \end{bmatrix}$,此矩阵又称为关系矩阵(详见第 8 章).

【例 5 - 7】 设有线性方程组

$$\begin{cases} a_{11}x_1 + a_{12}x_2 + \cdots + a_{1n}x_n = b_1, \\ a_{21}x_1 + a_{22}x_2 + \cdots + a_{2n}x_n = b_2, \\ \cdots\cdots\cdots\cdots \\ a_{m1}x_1 + a_{m2}x_2 + \cdots + a_{mn}x_n = b_m, \end{cases}$$

方程组中未知量的系数按原来的次序可以排成矩阵

$$\boldsymbol{A}=\begin{bmatrix} a_{11} & a_{12} & \cdots & a_{1n} \\ a_{21} & a_{22} & \cdots & a_{2n} \\ \vdots & \vdots & & \vdots \\ a_{m1} & a_{m2} & \cdots & a_{mn} \end{bmatrix},$$

矩阵 $\boldsymbol{A}$ 称为方程组的系数矩阵. 如果将常数项系数添加到矩阵 $\boldsymbol{A}$,得到矩阵

$$\widetilde{\boldsymbol{A}}=\begin{bmatrix} a_{11} & a_{12} & \cdots & a_{1n} & b_1 \\ a_{21} & a_{22} & \cdots & a_{2n} & b_2 \\ \vdots & \vdots & & \vdots & \vdots \\ a_{m1} & a_{m2} & \cdots & a_{mn} & b_m \end{bmatrix},$$

称为方程组(1) 的增广矩阵.

5.1.2　几种特殊矩阵

1. 零矩阵

所有元素全为零的 $m \times n$ 矩阵,称为零矩阵,记作 $\boldsymbol{O}_{m\times n}$ 或 $\boldsymbol{O}$. 如

$$\boldsymbol{O}_{2\times 2}=\begin{bmatrix} 0 & 0 \\ 0 & 0 \end{bmatrix},\boldsymbol{O}_{3\times 5}=\begin{bmatrix} 0 & 0 & 0 & 0 & 0 \\ 0 & 0 & 0 & 0 & 0 \\ 0 & 0 & 0 & 0 & 0 \end{bmatrix}$$

分别为 2 阶零矩阵和 3×5 零矩阵.

2. 负矩阵

在矩阵 $\boldsymbol{A}=(a_{ij})_{m\times n}$ 中各个元素的前面都添加负号(即取相反数) 得到的矩阵,称为 $\boldsymbol{A}$ 的负矩阵,记作 $-\boldsymbol{A}$,即 $-\boldsymbol{A}=(-a_{ij})_{m\times n}$. 如

$$\boldsymbol{A}=\begin{bmatrix} 6 & -2 & 0 \\ -1 & 3 & 8 \\ 5 & 0 & -7 \end{bmatrix},\ -\boldsymbol{A}=\begin{bmatrix} -6 & 2 & 0 \\ 1 & -3 & -8 \\ -5 & 0 & 7 \end{bmatrix}.$$

那么 $-\boldsymbol{A}$ 是 $\boldsymbol{A}$ 的负矩阵.

3. 行矩阵

只有一行的矩阵称为行矩阵,如

$$\text{行矩阵}:\boldsymbol{A}=[1 \quad 2 \quad 3].$$

4. 列矩阵

只有一列的矩阵称为列矩阵,如

$$\text{列矩阵}:\boldsymbol{B}=\begin{bmatrix} 4 \\ 5 \\ 6 \end{bmatrix}.$$

5. n 阶方阵

当 $m=n$ 时称 $\boldsymbol{A}=(a_{ij})_{n\times m}$ 为 n 阶方阵.

6. 上(下) 三角形矩阵

设 n 阶方阵 $\boldsymbol{A}=(a_{ij})_{n\times m}$,若 $i>j$ 时,$a_{ij}=0$,则称 $\boldsymbol{A}$ 为上三角形矩阵;若 $i<j$ 时,$a_{ij}=0$,则称 $\boldsymbol{A}$ 为下三角形矩阵,如

$$A=\begin{bmatrix}-2&4&0\\0&1&-3\\0&0&5\end{bmatrix},B=\begin{bmatrix}1&0&0&0\\5&3&0&0\\0&4&0&0\\7&0&2&6\end{bmatrix}$$

分别是一个三阶上三角形矩阵和一个四阶下三角形矩阵. 值得注意的是,上(或下)三角形矩阵的主对角线下(或上)方的元素一定是零,而其他元素可以是零也可以不是零.

7. 对角矩阵

如果一个矩阵 $\boldsymbol{A}$ 既是上三角形矩阵,又是下三角形矩阵,则称其为 n 阶对角矩阵,亦即对角矩阵是非零元素只能在主对角线上出现的方阵. 如

$$A=\begin{bmatrix}2&0&0\\0&-1&0\\0&0&5\end{bmatrix}$$

是三阶对角矩阵.

显然,有主对角线的元素就可以确定对角矩阵了. 因此,经常将对角矩阵记作

$$\operatorname{diag}(a_1,a_2,\cdots,a_n).$$

当然允许 $a_1,a_2,\cdots,a_n$ 中某些为零.

8. 数量矩阵

主对角线上元素都是非零常数 a,其余元素全部是零的 n 阶矩阵,称为 n 阶数量矩阵,如当 $n=2,3$ 时,

$$A=\begin{bmatrix}a&0\\0&a\end{bmatrix},B=\begin{bmatrix}b&0&0\\0&b&0\\0&0&b\end{bmatrix}\quad(a,b\neq 0)$$

就是二阶、三阶数量矩阵.

9. 单位矩阵

主对角线上元素是 1,其余元素全部是零的 n 阶矩阵,称为 n 阶单位矩阵,记作 $\boldsymbol{E}_n$ 或 $\boldsymbol{E}$,如当 $n=2,3$ 时,

$$E_2=\begin{bmatrix}1&0\\0&1\end{bmatrix},E_3=\begin{bmatrix}1&0&0\\0&1&0\\0&0&1\end{bmatrix}$$

就是二阶、三阶单位矩阵.

注意:对角阵、数量阵和单位阵三者之间的区别.

5.1.3 矩阵的运算

对从实际问题中抽象出来的矩阵,我们经常将几个矩阵联系起来,讨论它们是否相等,它们在什么条件下可以进行何种运算,这些运算具有什么性质等问题,就是本节所要讨论的主要内容.

1. 矩阵相等

定义 5-3 如果两个矩阵 $\boldsymbol{A}=(a_{ij})$,$\boldsymbol{B}=(b_{ij})$ 的行数和列数分别相同,而且各对应元素相等,则称矩阵 $\boldsymbol{A}$ 与矩阵 $\boldsymbol{B}$ 相等,记作 $\boldsymbol{A}=\boldsymbol{B}$. 即如果 $\boldsymbol{A}=(a_{ij})_{m\times n}$ 和 $\boldsymbol{B}=(b_{ij})_{m\times n}$,且 $a_{ij}=b_{ij}(i=1,2,\cdots,m;j=1,2,\cdots,n)$,那么 $\boldsymbol{A}=\boldsymbol{B}$.

由定义 5－3 可知,用 $m \times n$ 个等式表示两个 $m \times n$ 矩阵相等. 例如,矩阵

$$\boldsymbol{A} = \begin{bmatrix} a_{11} & a_{12} & a_{13} \\ a_{21} & a_{22} & a_{23} \end{bmatrix}, \boldsymbol{B} = \begin{bmatrix} 3 & 0 & -5 \\ -2 & 1 & 4 \end{bmatrix},$$

那么,$\boldsymbol{A} = \boldsymbol{B}$,当且仅当

$$a_{11} = 3, a_{12} = 0, a_{13} = -5, a_{21} = -2, a_{22} = 1, a_{23} = 4.$$

【例 5－8】 设矩阵

$$\boldsymbol{A} = \begin{bmatrix} a & -1 & 3 \\ 0 & b & -4 \\ -5 & 8 & 7 \end{bmatrix}, \boldsymbol{B} = \begin{bmatrix} -2 & -1 & c \\ 0 & 1 & -4 \\ d & 8 & 7 \end{bmatrix},$$

且 $\boldsymbol{A} = \boldsymbol{B}$,求 a、b、c、d.

解　根据定义 5－3,由 $\boldsymbol{A} = B$,即

$$\begin{bmatrix} a & -1 & 3 \\ 0 & b & -4 \\ -5 & 8 & 7 \end{bmatrix} = \begin{bmatrix} -2 & -1 & c \\ 0 & 1 & -4 \\ d & 8 & 7 \end{bmatrix},$$

得 $a = -2, b = 1, c = 3, d = -5$.

2. 矩阵的加法

定义 5－4　设 $\boldsymbol{A} = (a_{ij}), \boldsymbol{B} = (b_{ij})$ 是两个 $m \times n$ 矩阵,规定

$$\boldsymbol{A} + \boldsymbol{B} = (a_{ij} + b_{ij}) = \begin{bmatrix} a_{11} + b_{11} & a_{12} + b_{12} & \cdots & a_{1n} + b_{1n} \\ a_{21} + b_{21} & a_{22} + b_{22} & \cdots & a_{2n} + b_{2n} \\ \vdots & \vdots & & \vdots \\ a_{m1} + b_{m1} & a_{m2} + b_{m2} & \cdots & a_{mn} + b_{mn} \end{bmatrix},$$

称矩阵 $\boldsymbol{A} + \boldsymbol{B}$ 为 $\boldsymbol{A}$ 与 $\boldsymbol{B}$ 的和.

由定义 5－4 可知,只有行数、列数分别相同的两个矩阵,才能作加法运算.

【例 5－9】 设矩阵 $\boldsymbol{A} = \begin{bmatrix} 3 & 0 & -4 \\ -2 & 5 & -1 \end{bmatrix}, \boldsymbol{B} = \begin{bmatrix} -2 & 3 & 4 \\ 0 & -3 & 1 \end{bmatrix}$,求 $\boldsymbol{A} + \boldsymbol{B}, \boldsymbol{A} - \boldsymbol{B}$.

解

$$\boldsymbol{A} + \boldsymbol{B} = \begin{bmatrix} 3 & 0 & -4 \\ -2 & 5 & -1 \end{bmatrix} + \begin{bmatrix} -2 & 3 & 4 \\ 0 & -3 & 1 \end{bmatrix} = \begin{bmatrix} 1 & 3 & 0 \\ -2 & 2 & 0 \end{bmatrix},$$

$$\boldsymbol{A} - \boldsymbol{B} = \begin{bmatrix} 3 & 0 & -4 \\ -2 & 5 & -1 \end{bmatrix} - \begin{bmatrix} -2 & 3 & 4 \\ 0 & -3 & 1 \end{bmatrix} = \begin{bmatrix} 5 & -3 & -8 \\ -2 & 8 & -2 \end{bmatrix}.$$

设 $\boldsymbol{A}, \boldsymbol{B}, \boldsymbol{C}, \boldsymbol{D}$ 都是 $\boldsymbol{m} \times \boldsymbol{n}$ 矩阵,根据定义 5－4 和负矩阵的概念,不难验证矩阵的加法满足以下运算规则:

(1) 加法交换律:$\boldsymbol{A} + \boldsymbol{B} = \boldsymbol{B} + \boldsymbol{A}$;

(2) 加法结合律:$(\boldsymbol{A} + \boldsymbol{B}) + \boldsymbol{C} = \boldsymbol{A} + (\boldsymbol{B} + \boldsymbol{C})$;

(3) 零矩阵满足:$\boldsymbol{A} + \boldsymbol{O} = \boldsymbol{A}$;

(4) 存在矩阵 $-\boldsymbol{A}$,满足 $\boldsymbol{A} - \boldsymbol{A} = \boldsymbol{A} + (-\boldsymbol{A}) = O$.

3. 数乘矩阵

定义 5－5　设 k 是任意一个实数,$\boldsymbol{A} = (a_{ij})_{m \times n}$ 是一个 $m \times n$ 矩阵,规定:

$$kA=(a_{ij})_{m\times n}=\begin{bmatrix} ka_{11} & ka_{12} & \cdots & ka_{1n} \\ ka_{21} & ka_{22} & \cdots & ka_{2n} \\ \vdots & \vdots & & \vdots \\ ka_{m1} & ka_{m2} & \cdots & ka_{mn} \end{bmatrix},$$

称该矩阵为数 k 与矩阵 $\boldsymbol{A}$ 的数量乘积,或称为矩阵的数乘.

由定义5－5可知,数 k 乘一个矩阵 $\boldsymbol{A}$,需要用数 k 去乘矩阵 $\boldsymbol{A}$ 的每一个元素.特别地,当 $k=-1$ 时,$k\boldsymbol{A}=-\boldsymbol{A}$,得到 $\boldsymbol{A}$ 的负矩阵.

【例5－10】 已知 $\boldsymbol{B}=\begin{bmatrix} 40 & 60 & 105 \\ 175 & 130 & 190 \\ 120 & 70 & 135 \\ 80 & 55 & 100 \end{bmatrix}$,求 $2.4\times\boldsymbol{B}$.

解

$$2.4\times\boldsymbol{B}=\begin{bmatrix} 2.4\times 40 & 2.4\times 60 & 2.4\times 105 \\ 2.4\times 175 & 2.4\times 130 & 2.4\times 190 \\ 2.4\times 120 & 2.4\times 70 & 2.4\times 135 \\ 2.4\times 80 & 2.4\times 55 & 2.4\times 100 \end{bmatrix}=\begin{bmatrix} 96 & 144 & 252 \\ 420 & 312 & 456 \\ 288 & 168 & 324 \\ 192 & 132 & 240 \end{bmatrix}.$$

由定义5－4、定义5－5容易验证,数 k,m 和矩阵 $\boldsymbol{A}=(a_{ij})_{m\times n},\boldsymbol{B}=(b_{ij})_{m\times n}$ 满足以下运算规则:

(1) 数对矩阵的分配律:$k(\boldsymbol{A}+\boldsymbol{B})=k\boldsymbol{A}+k\boldsymbol{B}$;

(2) 矩阵对数的分配律:$(k+m)\boldsymbol{A}=k\boldsymbol{A}+m\boldsymbol{A}$;

(3) 数与矩阵的结合律:$(km)\boldsymbol{A}=k(m\boldsymbol{A})=m(k\boldsymbol{A})$;

(4) 数1与矩阵满足律:$1\boldsymbol{A}=\boldsymbol{A}$.

【例5－11】 设两个 3×2 矩阵 $\boldsymbol{A}=\begin{bmatrix} 3 & -2 \\ 5 & 0 \\ 1 & 6 \end{bmatrix},\boldsymbol{B}=\begin{bmatrix} 4 & -3 \\ 8 & 2 \\ -1 & 7 \end{bmatrix}$,求 $3\boldsymbol{A}-2\boldsymbol{B}$.

解 先做矩阵的数乘运算 $3\boldsymbol{A}$ 和 $2\boldsymbol{B}$,然后求矩阵 $3\boldsymbol{A}$ 与 $2\boldsymbol{B}$ 的差.

因为

$$3\boldsymbol{A}=\begin{bmatrix} 3\times 3 & 3\times(-2) \\ 3\times 5 & 3\times 0 \\ 3\times 1 & 3\times 6 \end{bmatrix}=\begin{bmatrix} 9 & -6 \\ 15 & 0 \\ 3 & 18 \end{bmatrix},$$

$$2\boldsymbol{B}=\begin{bmatrix} 2\times 4 & 2\times(-3) \\ 2\times 8 & 2\times 2 \\ 2\times(-1) & 2\times 7 \end{bmatrix}=\begin{bmatrix} 8 & -6 \\ 16 & 4 \\ -2 & 14 \end{bmatrix},$$

所以

$$3\boldsymbol{A}-2\boldsymbol{B}=\begin{bmatrix} 9 & -6 \\ 15 & 0 \\ 3 & 18 \end{bmatrix}-\begin{bmatrix} 8 & -6 \\ 16 & 4 \\ -2 & 14 \end{bmatrix}=\begin{bmatrix} 1 & 0 \\ -1 & -4 \\ 5 & 4 \end{bmatrix}.$$

【例5－12】 已知矩阵

$$\boldsymbol{A}=\begin{bmatrix} 1 & 2 & -3 & 1 \\ 4 & 0 & 5 & -2 \end{bmatrix},\boldsymbol{B}=\begin{bmatrix} 7 & 0 & 5 & -1 \\ 6 & 4 & 1 & 0 \end{bmatrix},$$

若矩阵 $\boldsymbol{X}$ 满足关系式 $2\boldsymbol{X}-\boldsymbol{A}=\boldsymbol{B}$,求 $\boldsymbol{X}$.

解 从关系式 $2\boldsymbol{X}-\boldsymbol{A}=\boldsymbol{B}$ 得到

$$X=\frac{1}{2}(A+B)=\frac{1}{2}\left[\begin{bmatrix}1&2&-3&1\\4&0&5&-2\end{bmatrix}+\begin{bmatrix}7&0&5&-1\\6&4&1&0\end{bmatrix}\right]$$
$$=\frac{1}{2}\begin{bmatrix}8&2&2&0\\10&4&6&-2\end{bmatrix}=\begin{bmatrix}4&1&1&0\\5&2&3&-1\end{bmatrix}.$$

4. 矩阵的乘法

在计算机图形学中，经常需要对给定的图形进行拉伸、旋转等变换. 例如，考察平面直角坐标系中的旋转变换，设点 M 的坐标为 (x,y)，现将坐标系按逆时针方向旋转 θ_1 角，设点 M 在新坐标系下的坐标为 (x',y')，则有

$$\begin{cases}x'=x\cos\theta_1+y\sin\theta_1\\y'=-x\sin\theta_1+y\cos\theta_1\end{cases}. \tag{5-1}$$

若将坐标系再按逆时针方向旋转 θ_2 角，设点 M 的坐标变为 (x'',y'')，又有

$$\begin{cases}x''=x'\cos\theta_2+y'\sin\theta_2,\\y''=-x'\sin\theta_2+y'\cos\theta_2.\end{cases} \tag{5-2}$$

将式(5-1)代入式(5-2)中，得到

$$\begin{cases}x''=x(\cos\theta_1\cos\theta_2-\sin\theta_1\sin\theta_2)+y(\cos\theta_1\sin\theta_2+\sin\theta_1\cos\theta_2),\\y''=-x(\sin\theta_1\cos\theta_2+\cos\theta_1\sin\theta_2)+y(-\sin\theta_1\sin\theta_2+\cos\theta_1\cos\theta_2).\end{cases} \tag{5-3}$$

即

$$\begin{cases}x''=x\cos(\theta_1+\theta_2)+y\sin(\theta_1+\theta_2),\\y''=-\sin x(\theta_1+\theta_2)+y\cos(\theta_1+\theta_2).\end{cases} \tag{5-4}$$

这也就是原来的坐标系按逆时针方向旋转 $\theta_1+\theta_2$ 角的坐标变换式. 称式(5-4)或式(5-3)是变换式(5-1)和式(5-2)的乘积. 我们来考察它们系数矩阵之间的关系. 式(5-1)，式(5-2)和式(5-3)的系数矩阵分别是

$$A=\begin{bmatrix}\cos\theta_1&\sin\theta_1\\-\sin\theta_1&\cos\theta_1\end{bmatrix},B=\begin{bmatrix}\cos\theta_2&\sin\theta_1\\-\sin\theta_2&\cos\theta_2\end{bmatrix}$$

和

$$C=\begin{bmatrix}\cos\theta_1\cos\theta_2-\sin\theta_1\sin\theta_2&\cos\theta_1\sin\theta_2+\sin\theta_1\cos\theta_2\\-\sin\theta_1\cos\theta_2-\cos\theta_1\sin\theta_2&-\sin\theta_1\sin\theta_2+\cos\theta_1\cos\theta_2\end{bmatrix}.$$

不难看出，C 中位于第 1 行第 1 列的元素正好是 A 的第 1 行与 B 的第 1 列的对应元素乘积之和；C 中位于第 1 行第 2 列的元素正好是 A 的第 1 行与 B 的第 2 列的对应元素乘积之和；C 中的另外两个元素也都有类似的情形，我们把这样的矩阵 C 称为矩阵 A 与矩阵 B 的乘积. 其中，矩阵 C 中的第 i 行第 j 列的元素是矩阵 A 第 i 行元素与矩阵 B 第 j 列对应元素的乘积之和.

类似于上述矩阵 A、B、C 之间的关系，下面给出矩阵的乘法定义.

定义 5-6　设 A 是一个 $m\times s$ 矩阵，B 是一个 $s\times n$ 矩阵，

$$A=\begin{bmatrix}a_{11}&a_{12}&\cdots&a_{1s}\\a_{21}&a_{22}&\cdots&a_{2s}\\\vdots&\vdots&&\vdots\\a_{m1}&a_{m2}&\cdots&a_{ms}\end{bmatrix},B=\begin{bmatrix}b_{11}&b_{12}&\cdots&b_{1n}\\b_{21}&b_{22}&\cdots&b_{2n}\\\vdots&\vdots&&\vdots\\b_{s1}&b_{s2}&\cdots&b_{sn}\end{bmatrix},$$

则称 $m\times n$ 矩阵 $C=(c_{ij})$ 为矩阵 A 与 B 的乘积，其中

$$c_{ij}=a_{i1}b_{1j}+a_{i2}b_{2j}+\cdots+a_{is}b_{sj}=\sum_{k=1}^{s}a_{ik}b_{kj}$$
$$(i=1,2,\cdots,m;j=1,2,\cdots,n).$$

记作
$$\boldsymbol{C}=\boldsymbol{AB}.$$

由定义 5－6 可知:

(1) 只有当左矩阵 $\boldsymbol{A}$ 的列数等于右矩阵 $\boldsymbol{B}$ 的行数时,$\boldsymbol{A}$、$\boldsymbol{B}$ 才能作乘法运算 $\boldsymbol{C}=\boldsymbol{AB}$;

(2) 两个矩阵的乘积 $\boldsymbol{C}=\boldsymbol{AB}$ 亦是矩阵,它的行数等于左矩阵 $\boldsymbol{A}$ 的行数,它的列数等于右矩阵 $\boldsymbol{B}$ 的列数;

(3) 乘积矩阵 $\boldsymbol{C}=\boldsymbol{AB}$ 中的第 i 行第 j 列的元素等于 $\boldsymbol{A}$ 的第 i 行元素与 $\boldsymbol{B}$ 的第 j 列对应元素的乘积之和,故简称行乘列法则.

【例 5－13】 设矩阵

$$\boldsymbol{A}=\begin{bmatrix}2&-1\\-4&0\\3&5\end{bmatrix},\boldsymbol{B}=\begin{bmatrix}9&-8\\-7&10\end{bmatrix},$$

求 $\boldsymbol{AB}$.

解

$$\begin{aligned}\boldsymbol{AB}&=\begin{bmatrix}2&-1\\-4&0\\3&5\end{bmatrix}\begin{bmatrix}9&-8\\-7&10\end{bmatrix}\\&=\begin{bmatrix}2\times9+(-1)\times(-7)&2\times(-8)+(-1)\times10\\-4\times9+0\times(-7)&-4\times(-8)+0\times10\\3\times9+5\times(-7)&3\times(-8)+5\times10\end{bmatrix}\\&=\begin{bmatrix}25&-26\\-36&32\\-8&26\end{bmatrix}.\end{aligned}$$

说明:由于矩阵 $\boldsymbol{B}$ 有 2 列,矩阵 $\boldsymbol{A}$ 有 3 列,$\boldsymbol{B}$ 的列数 $\neq$ $\boldsymbol{A}$ 的行数,所以 $\boldsymbol{BA}$ 无意义.

【例 5－14】 设 $\boldsymbol{A}$ 是一个 $1\times n$ 行矩阵,$\boldsymbol{B}$ 是一个 $n\times1$ 列矩阵,且

$$\boldsymbol{A}=[a_1\quad a_2\quad\cdots\quad a_n],\boldsymbol{B}=\begin{bmatrix}b_1\\b_2\\\vdots\\b_n\end{bmatrix}.$$

求 $\boldsymbol{AB}$ 和 $\boldsymbol{BA}$.

解

$$\boldsymbol{AB}=[a_1\quad a_2\quad\cdots\quad a_n]\begin{bmatrix}b_1\\b_2\\\vdots\\b_n\end{bmatrix}=a_1b_1+a_2b_2+\cdots+a_nb_n,$$

$$\boldsymbol{BA}=\begin{bmatrix}b_1\\b_2\\\vdots\\b_n\end{bmatrix}[a_1a_2\cdots a_n]=\begin{bmatrix}a_1b_1&a_2b_1&\cdots&a_nb_1\\a_1b_2&a_2b_2&\cdots&a_nb_2\\\vdots&\vdots&&\vdots\\a_1b_n&a_2b_n&\cdots&a_nb_n\end{bmatrix}.$$

例 5－14 的计算结果表明，乘积矩阵 $\boldsymbol{AB}$ 是一个 1 阶矩阵，$\boldsymbol{BA}$ 是一个 n 阶矩阵. 一般情况下，运算的最后结果是一个 1 阶矩阵时，可以把它作为一个数看待，可以不加矩阵符号 [　　]，但在运算过程中，不能把 1 阶矩阵看成一个数.

【例 5－15】　设矩阵

$$\boldsymbol{A}=\begin{bmatrix}2&4\\1&2\end{bmatrix},\boldsymbol{B}=\begin{bmatrix}2&-2\\-1&1\end{bmatrix}.$$

求 $\boldsymbol{AB}$ 和 $\boldsymbol{BA}$.

解

$$\begin{aligned}\boldsymbol{AB}&=\begin{bmatrix}2&4\\1&2\end{bmatrix}\begin{bmatrix}2&-2\\-1&1\end{bmatrix}\\&=\begin{bmatrix}2\times2+4\times(-1)&2\times(-2)+4\times1\\1\times2+2\times(-1)&1\times(-2)+2\times1\end{bmatrix}\\&=\begin{bmatrix}0&0\\0&0\end{bmatrix},\end{aligned}$$

$$\boldsymbol{BA}=\begin{bmatrix}2&-2\\-1&1\end{bmatrix}\begin{bmatrix}2&4\\1&2\end{bmatrix}=\begin{bmatrix}2&4\\-1&-2\end{bmatrix}.$$

由例 5－13、例 5－14、例 5－15 可知，当乘积矩阵 $\boldsymbol{AB}$ 有意义时，$\boldsymbol{BA}$ 不一定有意义；即使乘积矩阵 $\boldsymbol{AB}$ 和 $\boldsymbol{BA}$ 有意义时，$\boldsymbol{AB}$ 和 $\boldsymbol{BA}$ 也不一定相等. 因此，矩阵乘法不满足交换律，在以后进行矩阵乘法时，一定要注意乘法的次序，不能随意改变.

矩阵乘法满足下列运算规则：

(1) 结合律：$(\boldsymbol{AB})\boldsymbol{C}=\boldsymbol{A}(\boldsymbol{BC})$；

(2) 数乘结合律：$k(\boldsymbol{AB})=(k\boldsymbol{A})\boldsymbol{B}=\boldsymbol{A}(k\boldsymbol{B})$；

(3) 分配律：$(\boldsymbol{A}+\boldsymbol{B})\boldsymbol{C}=\boldsymbol{AC}+\boldsymbol{BC}$ 及 $\boldsymbol{C}(\boldsymbol{A}+\boldsymbol{B})=\boldsymbol{CA}+\boldsymbol{CB}$.

矩阵乘法不满足交换律是对一般情况而言的. 但是，若两个矩阵 $\boldsymbol{A}$ 和 $\boldsymbol{B}$ 满足

$$\boldsymbol{AB}=\boldsymbol{BA},$$

则称矩阵 $\boldsymbol{A}$ 和 $\boldsymbol{B}$ 是可交换的.

n 阶数量矩阵与所有 n 阶矩阵可交换；反之，能够与所有 n 阶矩阵可交换的矩阵一定是 n 阶数量矩阵.

单位矩阵在矩阵乘法中，将起着类似于数 1 在数的乘法中的作用. 容易验证，在可以相乘的前提下，对任意矩阵 $\boldsymbol{A}$ 总有

$$\boldsymbol{EA}=\boldsymbol{A},\boldsymbol{AE}=\boldsymbol{A}.$$

【例 5－16】　设矩阵

$$\boldsymbol{A}=\begin{bmatrix}-1&4\\1&2\end{bmatrix},\boldsymbol{B}=\begin{bmatrix}0&4\\1&3\end{bmatrix}.$$

试问矩阵 $\boldsymbol{A}$ 和 $\boldsymbol{B}$ 是否可以交换？

解　因为

$$AB=\begin{bmatrix}-1&4\\1&2\end{bmatrix}\begin{bmatrix}0&4\\1&3\end{bmatrix}=\begin{bmatrix}4&8\\2&10\end{bmatrix},$$

$$BA=\begin{bmatrix}0&4\\1&3\end{bmatrix}\begin{bmatrix}-1&4\\1&2\end{bmatrix}=\begin{bmatrix}4&8\\2&10\end{bmatrix}.$$

即 $AB=BA$. 所以矩阵 A 和 B 是可交换的.

【例 5 - 17】 设矩阵

$$A=\begin{bmatrix}3&0&5\\-2&4&1\end{bmatrix},B=\begin{bmatrix}-1&1&4&0\\3&-2&5&-3\\2&0&-6&4\end{bmatrix},C=\begin{bmatrix}1\\1\\1\\1\end{bmatrix},$$

则

$$AB=\begin{bmatrix}3&0&5\\-2&4&1\end{bmatrix}\begin{bmatrix}-1&1&4&0\\3&-2&5&-3\\2&0&-6&4\end{bmatrix}=\begin{bmatrix}7&3&-18&20\\16&-10&6&-8\end{bmatrix},$$

$$(AB)C=\begin{bmatrix}7&3&-18&20\\16&-10&6&-8\end{bmatrix}\begin{bmatrix}1\\1\\1\\1\end{bmatrix}=\begin{bmatrix}12\\4\end{bmatrix},$$

而

$$BC=\begin{bmatrix}-1&1&4&0\\3&-2&5&-3\\2&0&-6&4\end{bmatrix}\begin{bmatrix}1\\1\\1\\1\end{bmatrix}=\begin{bmatrix}4\\3\\0\end{bmatrix},$$

$$A(BC)=\begin{bmatrix}3&0&5\\-2&4&1\end{bmatrix}\begin{bmatrix}4\\3\\0\end{bmatrix}=\begin{bmatrix}12\\4\end{bmatrix},$$

所以 $(AB)C=A(BC)$.

对 m 个矩阵的乘法运算可做类似讨论. 特别地,当 A 是 n 阶矩阵时,我们规定

$$A^m=\underbrace{AA\cdots A}_{m个},$$

称 A^m 为矩阵 A 的 m 次幂,其中 m 是正整数.

当 $m=0$ 时,规定 $A^0=E$. 显然有

$$A^kA^l=A^{k+l},(A^k)l=A^{kl},$$

其中 k、l 是任意正整数. 由于矩阵乘法不满足交换律,因此,一般地

$$(AB)^k\neq A^kB^k.$$

【例 5 - 18】 设矩阵

$$A=\begin{bmatrix}1&2\\0&1\end{bmatrix},$$

求幂矩阵 A^m,其中 m 是正整数.

解 因为,当 $m=2$ 时,

$$A^2=\begin{bmatrix}1&2\\0&1\end{bmatrix}\begin{bmatrix}1&2\\0&1\end{bmatrix}=\begin{bmatrix}1&2\times2\\0&1\end{bmatrix};$$

设 $m=k$ 时，$A^k=\begin{bmatrix}1&2\times k\\0&1\end{bmatrix}$；则当 $m=k+1$ 时，

$$A^{k+1}=A^kA=\begin{bmatrix}1&2\times k\\0&1\end{bmatrix}\begin{bmatrix}1&2\\0&1\end{bmatrix}$$

$$=\begin{bmatrix}1&2+2\times k\\0&1\end{bmatrix}=\begin{bmatrix}1&2(k+1)\\0&1\end{bmatrix},$$

所以由归纳法原理可知 $A^m=\begin{bmatrix}1&2m\\0&1\end{bmatrix}$.

5. 矩阵的转置

定义 5－7　将一个 $m\times n$ 矩阵

$$A=\begin{bmatrix}a_{11}&a_{12}&\cdots&a_{1n}\\a_{21}&a_{22}&\cdots&a_{2n}\\\vdots&\vdots&&\vdots\\a_{m1}&a_{m2}&\cdots&a_{mn}\end{bmatrix}$$

的行和列按顺序互换得到的 $n\times m$ 矩阵，称为 A 的转置矩阵，记作 A^{T}，即

$$A^{T}=\begin{bmatrix}a_{11}&a_{12}&\cdots&a_{m1}\\a_{12}&a_{22}&\cdots&a_{m2}\\\vdots&\vdots&&\vdots\\a_{1n}&a_{2n}&\cdots&a_{mn}\end{bmatrix}$$

由定义 5－7 可知，转置矩阵 A^{T} 的第 i 行第 j 列元素等于矩阵 A 的第 j 行第 i 列的元素，简记为

$$A^{T}\text{ 的}(i,j)\text{ 元}=A\text{ 的}(j,i)\text{ 元}.$$

【例 5－19】　设矩阵

$$A=[a_1\quad a_2\quad\cdots\quad a_n],B=\begin{bmatrix}2&-1&0\\-3&4&1\end{bmatrix},$$

写出它们的转置矩阵，并求 $A^{T}A$、AA^{T} 和 $B^{T}B$.

解　因为 $A=(a_1\quad a_2\quad\cdots\quad a_n)$，所以

$$A^{T}=[a_1\quad a_2\quad\cdots\quad a_n]^{T}=\begin{bmatrix}a_1\\a_2\\\vdots\\a_n\end{bmatrix},$$

即行矩阵 A 的转置矩阵是一个列矩阵，且

$$A^{T}A=\begin{bmatrix}a_1\\a_2\\\vdots\\a_n\end{bmatrix}[a_1\quad a_2\quad\cdots\quad a_n]=\begin{bmatrix}a_1^2&a_1a_2&\cdots&a_1a_n\\a_2a_1&a_2^2&\cdots&a_2a_n\\\vdots&\vdots&&\vdots\\a_na_1&a_na_2&\cdots&a_n^2\end{bmatrix}$$

$$AA^{\mathrm{T}}=[a_1\quad a_2\cdots a_n]=\begin{bmatrix}a_1\\a_2\\\vdots\\a_n\end{bmatrix}=a_1^2+a_2^2+\cdots+a_n^2$$

又因为 $\boldsymbol{B}=\begin{bmatrix}2&-1&0\\-3&4&1\end{bmatrix}$,所以 $\boldsymbol{B}^{\mathrm{T}}=\begin{bmatrix}2&-1&0\\-3&4&1\end{bmatrix}^{\mathrm{T}}=\begin{bmatrix}2&-3\\-1&4\\0&1\end{bmatrix}$,

$$\boldsymbol{B}^{\mathrm{T}}\boldsymbol{B}=\begin{bmatrix}2&-3\\-1&4\\0&1\end{bmatrix}\begin{bmatrix}2&-1&0\\-3&4&1\end{bmatrix}=\begin{bmatrix}13&-14&-3\\-14&17&4\\-3&4&1\end{bmatrix}$$

矩阵的转置满足下列运算规则:

(1) $(\boldsymbol{A}^{\mathrm{T}})^{\mathrm{T}}=\boldsymbol{A}$;

(2) $(\boldsymbol{A}+\boldsymbol{B})^{\mathrm{T}}=\boldsymbol{A}^{\mathrm{T}}+\boldsymbol{B}^{\mathrm{T}}$;

(3) $(k\boldsymbol{A})^{\mathrm{T}}=k\boldsymbol{A}^{\mathrm{T}}$($k$ 为实数);

(4) $(\boldsymbol{AB})^{\mathrm{T}}=\boldsymbol{B}^{\mathrm{T}}\boldsymbol{A}^{\mathrm{T}}$.

【例 5－20】 设矩阵 $\boldsymbol{A}=\begin{bmatrix}4&-1\\0&2\\-3&2\end{bmatrix}$,$\boldsymbol{B}=\begin{bmatrix}2&1\\3&4\end{bmatrix}$,求 $(\boldsymbol{AB})^{\mathrm{T}}$ 和 $\boldsymbol{B}^{\mathrm{T}}\boldsymbol{A}^{\mathrm{T}}$.

解 因为 $\boldsymbol{AB}=\begin{bmatrix}4&-1\\0&2\\-3&2\end{bmatrix}\begin{bmatrix}2&1\\3&4\end{bmatrix}=\begin{bmatrix}5&0\\6&8\\0&5\end{bmatrix}$,所以

$$(\boldsymbol{AB})^{\mathrm{T}}=\begin{bmatrix}5&0\\6&8\\0&5\end{bmatrix}^{\mathrm{T}}=\begin{bmatrix}5&6&0\\0&8&5\end{bmatrix};$$

又因为

$$\boldsymbol{A}^{\mathrm{T}}=\begin{bmatrix}4&-1\\0&2\\-3&2\end{bmatrix}^{\mathrm{T}}=\begin{bmatrix}4&0&-3\\-1&2&2\end{bmatrix},$$

$$\boldsymbol{B}^{\mathrm{T}}=\begin{bmatrix}2&1\\3&4\end{bmatrix}^{\mathrm{T}}=\begin{bmatrix}2&3\\1&4\end{bmatrix},$$

所以

$$\boldsymbol{B}^{\mathrm{T}}\boldsymbol{A}^{\mathrm{T}}=\begin{bmatrix}2&3\\1&4\end{bmatrix}\begin{bmatrix}4&0&-3\\-1&2&2\end{bmatrix}=\begin{bmatrix}5&6&0\\0&8&5\end{bmatrix},$$

即

$$(\boldsymbol{AB})^{\mathrm{T}}=\boldsymbol{B}^{\mathrm{T}}\boldsymbol{A}^{\mathrm{T}}.$$

【例 5－21】 证明:$(\boldsymbol{ABC})^{\mathrm{T}}=\boldsymbol{C}^{\mathrm{T}}\boldsymbol{B}^{\mathrm{T}}\boldsymbol{A}^{\mathrm{T}}$.

证明 $(\boldsymbol{ABC})^{\mathrm{T}}=[(\boldsymbol{AB})\boldsymbol{C}]^{\mathrm{T}}=\boldsymbol{C}^{\mathrm{T}}(\boldsymbol{AB})^{\mathrm{T}}=\boldsymbol{C}^{\mathrm{T}}\boldsymbol{B}^{\mathrm{T}}\boldsymbol{A}^{\mathrm{T}}$.

由例 5－21 可知,矩阵转置的运算规则(4) 还可以推广到多个矩阵相乘的情况,即

$$(\boldsymbol{A}_1\boldsymbol{A}_2\cdots\cdots\boldsymbol{A}_k)^{\mathrm{T}}=\boldsymbol{A}_K^{\mathrm{T}}\cdots\cdots\boldsymbol{A}_2^{\mathrm{T}}\boldsymbol{A}_1^{\mathrm{T}}.$$

6. 分块矩阵

为了计算简捷和理论研究,有时我们可以把一个行数、列数都比较多的矩阵分成若干个小矩阵. 这种做法称为把矩阵分块,它是矩阵计算中的一种重要技巧.

定义 5－8 把矩阵的行、列分成若干组,使矩阵分成若干块,每一块都称为矩阵的一个

子块或子矩阵,以子块为元素的矩阵称为分块矩阵.

例如

$$\boldsymbol{A}=\begin{bmatrix}1&2&6&0&0&0\\3&4&7&0&0&0\\4&1&2&0&0&0\\0&0&0&5&0&0\\0&0&0&0&2&4\\0&0&0&0&10&8\end{bmatrix},$$

适当分块后,可看为"对角阵"

$$\boldsymbol{A}=\begin{bmatrix}\boldsymbol{A}_{11}&\boldsymbol{O}&\boldsymbol{O}\\\boldsymbol{O}&\boldsymbol{A}_{22}&\boldsymbol{O}\\\boldsymbol{O}&\boldsymbol{O}&\boldsymbol{A}_{33}\end{bmatrix},$$

其中

$$\boldsymbol{A}_{11}=\begin{bmatrix}1&2&6\\3&4&7\\4&1&2\end{bmatrix},\boldsymbol{A}_{22}=5,\boldsymbol{A}_{33}=\begin{bmatrix}2&4\\10&8\end{bmatrix}.$$

5.1.4　矩阵与逆矩阵

在 5.1.3 中,我们定义了矩阵的加法、减法和乘法运算,那么矩阵是否可以定义除法运算呢?为了弄清这个问题,先看数的除法与乘法的关系.

设 a、b 为两个数,当 $a\neq 0$ 时,a 的倒数存在,且 $b\div a=b\times\frac{1}{a}$. 但是,当 $a=0$ 时,a 的倒数不存在,上述除法就不成立. 因此,除法的关键是除数 a 必须有倒数$\frac{1}{a}$,a 的倒数也称为 a 的逆,即$\frac{1}{a}=a^{-1}$. 显然,只要 $a\neq 0$,a 就可逆,并且满足

$$a\times a^{-1}=a^{-1}\times a=1.$$

类似地,是否存在一个矩阵 $\boldsymbol{B}$,使得 $\boldsymbol{AB}=\boldsymbol{BA}=\boldsymbol{E}$?

定义 5－9　对于 n 阶矩阵 $\boldsymbol{A}$,若存在 n 阶矩阵 $\boldsymbol{B}$,使 $\boldsymbol{AB}=\boldsymbol{BA}=\boldsymbol{E}$ 成立,则称矩阵 $\boldsymbol{A}$ 是可逆的,并把矩阵 $\boldsymbol{B}$ 称为 $\boldsymbol{A}$ 的逆矩阵,记做 $\boldsymbol{A}^{-1}=\boldsymbol{B}$. 可逆矩阵又称非退化矩阵或非奇矩阵.

注:(1) 逆矩阵的作用类似于在实数范围内,非零实数 a 的倒数的作用.

(2) 由以上定义 5－9 可以看出:

① 如果 $\boldsymbol{A}$ 为可逆矩阵,则 $\boldsymbol{A}$ 与其逆矩阵 $\boldsymbol{B}$ 都必须是同型方阵;

② 零矩阵 $\boldsymbol{O}$ 一定不可逆;

③$\boldsymbol{A}$ 与其逆矩阵 $\boldsymbol{B}$ 的地位是对称的,所以 $\boldsymbol{B}$ 也是可逆矩阵,且 $\boldsymbol{A}$ 与 $\boldsymbol{B}$ 互为逆矩阵,即 $\boldsymbol{B}=\boldsymbol{A}^{-1}$,$\boldsymbol{A}=\boldsymbol{B}^{-1}$.

【例 5－22】　验证矩阵 $\boldsymbol{A}=\begin{bmatrix}1&2&3\\2&1&2\\1&3&4\end{bmatrix}$的逆矩阵为 $\boldsymbol{A}^{-1}=\begin{bmatrix}-2&1&1\\-6&1&4\\5&-1&-3\end{bmatrix}$.

证明　因为

$$\begin{bmatrix}1&2&3\\2&1&2\\1&3&4\end{bmatrix}\begin{bmatrix}-2&1&1\\-6&1&4\\5&-1&-3\end{bmatrix}=\begin{bmatrix}-2&1&1\\-6&1&4\\5&-1&-3\end{bmatrix}\begin{bmatrix}1&2&3\\2&1&2\\1&3&4\end{bmatrix}=\begin{bmatrix}1&0&0\\0&1&0\\0&0&1\end{bmatrix},$$

故

$$\boldsymbol{A}^{-1}=\begin{bmatrix}-2&1&1\\-6&1&4\\5&-1&-3\end{bmatrix}.$$

由定义 5 - 9 可知,满足定义的矩阵 $\boldsymbol{A}$,$\boldsymbol{B}$ 一定是同型方阵.

【例 5 - 23】 设矩阵

$$\boldsymbol{A}=\begin{bmatrix}0&1&1\\1&1&2\\2&-1&0\end{bmatrix},\boldsymbol{B}=\begin{bmatrix}2&-1&1\\4&-2&1\\-3&2&-1\end{bmatrix},$$

因为

$$\boldsymbol{AB}=\begin{bmatrix}0&1&1\\1&1&2\\2&-1&0\end{bmatrix}\begin{bmatrix}2&-1&1\\4&-2&1\\-3&2&-1\end{bmatrix}=\begin{bmatrix}1&0&0\\0&1&0\\0&0&1\end{bmatrix},$$

$$\boldsymbol{BA}=\begin{bmatrix}2&-1&1\\4&-2&1\\-3&2&-1\end{bmatrix}\begin{bmatrix}0&1&1\\1&1&2\\2&-1&0\end{bmatrix}=\begin{bmatrix}1&0&0\\0&1&0\\0&0&1\end{bmatrix},$$

即 $\boldsymbol{A}$、$\boldsymbol{B}$ 满足 $\boldsymbol{AB}=\boldsymbol{BA}=\boldsymbol{E}$. 所以矩阵 $\boldsymbol{A}$ 可逆,其逆矩阵 $\boldsymbol{A}^{-1}=\boldsymbol{B}$.

【例 5 - 24】 单位矩阵 $\boldsymbol{E}$ 是可逆矩阵.

证明 因为单位矩阵 $\boldsymbol{E}$ 满足

$$\boldsymbol{EE}=\boldsymbol{E},$$

所以 E 是可逆矩阵,且 $\boldsymbol{E}^{-1}=\boldsymbol{E}$.

【例 5 - 25】 零矩阵是不可逆的.

证明 设 $\boldsymbol{O}$ 为 n 阶零矩阵,因为对任意 n 阶矩阵 $\boldsymbol{B}$,都有

$$\boldsymbol{OB}=\boldsymbol{BO}=\boldsymbol{O}\neq\boldsymbol{E},$$

所以零矩阵不是可逆矩阵.

由定义 5 - 9 可以直接证明可逆矩阵具有以下性质:

性质 1 若矩阵 $\boldsymbol{A}$ 可逆,则 $\boldsymbol{A}$ 的逆矩阵是唯一的.

证明 设矩阵 $\boldsymbol{B}_1$、$\boldsymbol{B}_2$ 都是 $\boldsymbol{A}$ 的逆矩阵,则 $\boldsymbol{B}_1\boldsymbol{A}=\boldsymbol{E}$,$\boldsymbol{AB}_2=\boldsymbol{E}$,那么

$$\boldsymbol{B}_1=\boldsymbol{B}_1\boldsymbol{E}=\boldsymbol{B}_1(\boldsymbol{AB}_2)=(\boldsymbol{B}_1\boldsymbol{A})\boldsymbol{B}_2=\boldsymbol{EB}_2=\boldsymbol{B}_2.$$

性质 2 若矩阵 $\boldsymbol{A}$ 可逆,则 $\boldsymbol{A}^{-1}$ 也可逆,且 $(\boldsymbol{A}^{-1})^{-1}=\boldsymbol{A}$.

性质 3 若矩阵 $\boldsymbol{A}$ 可逆,数 $k\neq0$,则 $k\boldsymbol{A}$ 也可逆,且 $(k\boldsymbol{A})^{-1}=k^{-1}\boldsymbol{A}^{-1}$.

性质 4 若 n 阶矩阵 $\boldsymbol{A}$ 和 $\boldsymbol{B}$ 都可逆,则 $\boldsymbol{AB}$ 也可逆,$(\boldsymbol{AB})^{-1}=\boldsymbol{B}^{-1}\boldsymbol{A}^{-1}$.

证明 因为 $\boldsymbol{A}$ 与 $\boldsymbol{B}$ 都可逆,即逆矩阵 $\boldsymbol{A}^{-1}$ 和 $\boldsymbol{B}^{-1}$ 存在,且

$$(\boldsymbol{AB})(\boldsymbol{B}^{-1}\boldsymbol{A}^{-1})=\boldsymbol{A}(\boldsymbol{BB}^{-1})\boldsymbol{A}^{-1}=\boldsymbol{AEA}^{-1}=\boldsymbol{AA}^{-1}=\boldsymbol{E},$$

$$(\boldsymbol{B}^{-1}\boldsymbol{A}^{-1})(\boldsymbol{AB})=\boldsymbol{B}^{-1}(\boldsymbol{A}^{-1}\boldsymbol{A})\boldsymbol{B}=\boldsymbol{B}^{-1}\boldsymbol{EB}=\boldsymbol{B}^{-1}\boldsymbol{B}=\boldsymbol{E}.$$

根据定义 5 - 9,可知 $\boldsymbol{AB}$ 可逆,且 $(\boldsymbol{AB})^{-1}=\boldsymbol{B}^{-1}\boldsymbol{A}^{-1}$.

性质 4 可以推广到多个 n 阶矩阵相乘的情形,即当 n 阶矩阵 $\boldsymbol{A}_1,\boldsymbol{A}_2,\cdots,\boldsymbol{A}_m$ 都是可逆时,乘积矩阵 $\boldsymbol{A}_1\boldsymbol{A}_2\cdots\boldsymbol{A}_m$ 也可逆,且

$$(A_1A_2\cdots A_m)^{-1} = A_m^{-1}\cdots A_2^{-1}A_1^{-1}.$$

特别地,当 $m = 3$ 时,有 $(A_1A_2A_3)^{-1} = A_3^{-1}A_2^{-1}A_1^{-1}$.

性质 5　如果矩阵 A 可逆,则 A^T 也可逆,且 $(A^T)^{-1} = (A^{-1})^T$.

注意:尽管 n 阶矩阵 A 和 B 都可逆,但是 $A+B$ 也不一定可逆;即使当 $A+B$ 可逆时,不一定有 $(A+B)^{-1} = A^{-1}+B^{-1}$.

5.1.5　矩阵与行列式

在初等代数中,用加减消元法求二元一次方程组

$$\begin{cases} a_{11}x_1 + a_{12}x_2 = b_1 \\ a_{21}x_1 + a_{22}x_2 = b_2 \end{cases} \tag{5-5}$$

的解可得

$$\begin{cases} (a_{11}a_{22} - a_{12}a_{21})x_1 = b_1a_{22} - b_2a_{12}, \\ (a_{11}a_{21} - a_{12}a_{21})x_2 = b_2a_{11} - b_1a_{21}. \end{cases}$$

如果 $a_{11}a_{22} - a_{12}a_{21} \neq 0$,那么方程组(5 - 5) 的解为

$$\begin{cases} x_1 = \dfrac{b_1a_{22} - b_2a_{12}}{a_{11}a_{22} - a_{12}a_{21}}, \\ x_2 = \dfrac{b_2a_{11} - b_1a_{21}}{a_{11}a_{22} - a_{12}a_{21}}. \end{cases} \tag{5-6}$$

为了便于表示上述结果,规定记号

$$\begin{vmatrix} a & b \\ c & d \end{vmatrix} = ad - bc,$$

并称为二阶行列式,利用二阶行列式的概念,把方程组(5 - 5) 中未知量 x_1,x_2 的系数用二阶行列式表示:

$$D = \begin{vmatrix} a_{11} & a_{12} \\ a_{21} & a_{22} \end{vmatrix} = a_{11}a_{22} - a_{12}a_{21},$$

式中 a_{11}、a_{12}、a_{21}、a_{22} 称为这个二阶行列式的元素;横排称为行,竖排称为列;从左上角到右下角的对角线称为行列式的主对角线,从右上角到左下角的对角线称为行列式的次对角线.

利用二阶行列式的概念,式(5 - 6) 中的分子可以分别记为

$$D_1 = \begin{vmatrix} b_1 & a_{12} \\ b_2 & a_{22} \end{vmatrix}, D_2 = \begin{vmatrix} a_{11} & b_1 \\ a_{21} & b_2 \end{vmatrix}.$$

因此,当二元一次方程组(5 - 5) 的系数组成的行列式 $D \neq 0$ 时,它的解就可以简洁地表示为

$$x_1 = \frac{D_1}{D}, x_2 = \frac{D_2}{D}. \tag{5-7}$$

【例 5 - 26】　解二元一次方程组 $\begin{cases} 2x_1 + x_2 = 5 \\ x_1 - 3x_2 = -1 \end{cases}$.

解　因为系数行列式

$$D = \begin{vmatrix} 2 & 1 \\ 1 & -3 \end{vmatrix} = 2 \times (-3) - 1 \times 1 = -7 \neq 0,$$

所以方程组有解,且

$$D_1 = \begin{vmatrix} 5 & 1 \\ -1 & -3 \end{vmatrix} = -14, D_2 = \begin{vmatrix} 2 & 5 \\ 1 & -1 \end{vmatrix} = -7.$$

由式(5-7)知方程组的解为

$$x_1 = \frac{D_1}{D} = \frac{-14}{-7} = 2, x_2 = \frac{D_2}{D} = \frac{-7}{-7} = 1.$$

定义 5-10 一个 n 阶方阵 $\boldsymbol{A} = (a_{ij})$ 的行列式是赋予矩阵 $\boldsymbol{A}$ 的一个确定的数. $\boldsymbol{A}$ 的行列式用 $\det(\boldsymbol{A})$ 或 $|\boldsymbol{A}|$ 或

$$\begin{vmatrix} a_{11} & a_{12} & \cdots & a_{1n} \\ a_{21} & a_{22} & \cdots & a_{2n} \\ \vdots & \vdots & & \vdots \\ a_{n1} & a_{n2} & \cdots & a_{nn} \end{vmatrix}$$

表示. 数 n 称为该行列式的阶. 其中,一、二和三阶行列式定义如下:

$$|a_{11}| = a_{11},$$

$$\begin{vmatrix} a_{11} & a_{12} \\ a_{21} & a_{22} \end{vmatrix} = a_{11}a_{22} - a_{12}a_{21},$$

$$\begin{vmatrix} a_{11} & a_{12} & a_{13} \\ a_{21} & a_{22} & a_{23} \\ a_{31} & a_{32} & a_{33} \end{vmatrix} = a_{11}a_{22}a_{33} + a_{12}a_{23}a_{31} + a_{13}a_{21}a_{32} - a_{13}a_{22}a_{31} - a_{12}a_{21}a_{33} - a_{11}a_{23}a_{32}.$$

定理 5-1 对于任意的两个 n 阶方阵 $\boldsymbol{A}$ 和 $\boldsymbol{B}$,有

$$\det(\boldsymbol{AB}) = \det(\boldsymbol{A}) \cdot \det(\boldsymbol{B}).$$

【例 5-27】 设矩阵

$$\boldsymbol{A} = \begin{bmatrix} 1 & 2 & -1 \\ -1 & 15 & 16 \\ 3 & 1 & -2 \end{bmatrix},$$

求 $\det \boldsymbol{A}$.

解

$$\begin{aligned} \det \boldsymbol{A} &= \begin{vmatrix} 1 & 2 & -1 \\ -1 & 15 & 16 \\ 3 & 1 & -2 \end{vmatrix} \\ &= 1 \times 15 \times (-2) + 2 \times 16 \times 3 + (-1) \times (-1) \times 1 - \\ &\quad 1 \times 16 \times 1 - 2 \times (-1) \times (-2) - (-1) \times 15 \times 3 \\ &= -30 + 96 + 1 - 16 - 4 + 45 \\ &= 92. \end{aligned}$$

由二阶、三阶行列式的定义可以看出,二阶、三阶矩阵仅是排成正方形的数表,而它们的行列式是按一定规则计算得到的一个数.

注意:矩阵与行列式是有本质区别的. 行列式是一个算式,一个数字行列式通过计算可求得其值,而矩阵仅仅是一个数表,它的行数和列数可以不同. 对于 n 阶方阵,虽然有时也要算它的行列式(记作 $\det \boldsymbol{A}$),但是方阵 $\boldsymbol{A}$ 和方阵行列式 $\det \boldsymbol{A}$ 是不同的概念.

习题 5 - 1

1. 选择题

(1) 若$\begin{bmatrix}1 & 0 & a\\2 & -1 & 0\\0 & 1 & 1\end{bmatrix}\begin{bmatrix}1\\0\\-1\end{bmatrix}=\begin{bmatrix}a\\2\\-1\end{bmatrix}$,则 a = (　　).

A. $\frac{1}{4}$　　B. $\frac{1}{3}$　　C. $\frac{1}{2}$　　D. 1

(2) 设 $\boldsymbol{A}$、$\boldsymbol{B}$ 均为 n 阶矩阵,$\boldsymbol{A}\neq\boldsymbol{O}$ 且 $\boldsymbol{AB}=\boldsymbol{O}$,则下列结论中必成立的是(　　).

A. $\boldsymbol{BA}=O$　　B. $\boldsymbol{B}=0$

C. $(\boldsymbol{A}+\boldsymbol{B})(\boldsymbol{A}-\boldsymbol{B})=\boldsymbol{A}^2-\boldsymbol{B}^2$　　D. $(\boldsymbol{A}-\boldsymbol{B})^2=\boldsymbol{A}^2-\boldsymbol{BA}+\boldsymbol{B}^2$

(3) $\begin{vmatrix}\sin\alpha & \cos\alpha\\\sin\beta & \cos\beta\end{vmatrix}\begin{vmatrix}\cos\alpha & \sin\beta\\-\sin\alpha & \cos\beta\end{vmatrix}$ = (　　).

A. $\sin 2(\alpha-\beta)$　　B. $\sin 2(\alpha+\beta)$　　C. $\frac{1}{2}\sin 2(\alpha-\beta)$　　D. $\sin^2(\alpha-\beta)$

(4) 下列为单位矩阵的是(　　).

A. $\begin{bmatrix}0 & 0 & 1\\0 & 1 & 0\\1 & 0 & 0\end{bmatrix}$　　B. $\begin{bmatrix}1 & 0 & 0\\0 & 1 & 0\\0 & 0 & 0\end{bmatrix}$　　C. $\begin{bmatrix}1 & 0 & 0 & 0\\0 & 1 & 0 & 0\\0 & 0 & 1 & 0\end{bmatrix}$　　D. $\begin{bmatrix}1 & 0 & 0\\0 & 1 & 0\\0 & 0 & 1\end{bmatrix}$

(5) 下列为对角矩阵的是(　　).

A. $\begin{bmatrix}1 & 0 & 0\\0 & 0 & 0\\0 & 0 & 2\end{bmatrix}$　　B. $\begin{bmatrix}0 & 0 & 1\\0 & 2 & 0\\3 & 0 & 0\end{bmatrix}$　　C. $\begin{bmatrix}1 & 0 & 0 & 0\\0 & 2 & 0 & 0\\0 & 0 & 3 & 0\end{bmatrix}$　　D. $\begin{bmatrix}1 & 0 & 0\\0 & 2 & 0\\1 & 0 & 3\end{bmatrix}$

(6) 下列为上三角形矩阵的是(　　).

A. $\begin{bmatrix}1 & 2 & 3 & 4\\0 & 1 & 2 & 3\\0 & 0 & 1 & 2\end{bmatrix}$　　B. $\begin{bmatrix}3 & 2 & 1\\2 & 1 & 0\\1 & 0 & 0\end{bmatrix}$　　C. $\begin{bmatrix}1 & 0 & 0\\2 & 1 & 0\\3 & 2 & 1\end{bmatrix}$　　D. $\begin{bmatrix}1 & 2 & 3\\0 & 1 & 2\\0 & 0 & 1\end{bmatrix}$

(7) 设矩阵 $\boldsymbol{A}=(1,2,3)$,$\boldsymbol{B}^{\mathrm{T}}=(1,0,-1)$,则下列运算有意义的是(　　).

A. $\boldsymbol{A}+\boldsymbol{B}$　　B. $\boldsymbol{AB}^{\mathrm{T}}$　　C. $\boldsymbol{AB}$　　D. $\boldsymbol{AB}+\boldsymbol{BA}$

(8) 设 $\boldsymbol{A}$ 是 3×4 矩阵,$\boldsymbol{B}$ 是 2×3 矩阵,则下列矩阵运算有意义的是(　　).

A. $\boldsymbol{AB}$　　B. $\boldsymbol{A}^{\mathrm{T}}\boldsymbol{B}$　　C. $\boldsymbol{BA}$　　D. $\boldsymbol{AB}^{\mathrm{T}}$

(9) 若 $\boldsymbol{AB}=O$,则(　　).

A. 必有 $\boldsymbol{A}=O$　　B. 必有 $\boldsymbol{B}=O$

C. $\boldsymbol{A}$、$\boldsymbol{B}$ 至少有一个零矩阵　　D. $\boldsymbol{A}$、$\boldsymbol{B}$ 都可能不是零矩阵

2. 填空题

(1) 单位矩阵 $\boldsymbol{E}_2$ = (　　),$\boldsymbol{E}_4$ = (　　).

(2) 零矩阵 $\boldsymbol{O}_{3\times1}$ = (　　),$\boldsymbol{O}_{1\times3}$ = (　　).

(3) 设矩阵$\boldsymbol{A}=\begin{bmatrix}1 & a\\2-b & 3\end{bmatrix}$,$\boldsymbol{B}=\begin{bmatrix}c+1 & -4\\0 & 3d\end{bmatrix}$,若$\boldsymbol{A}=\boldsymbol{B}$,则 a = (　　),b = (　　),

$c=(\quad)$,$d=(\quad)$.

(4) 若矩阵 $\boldsymbol{A}$ 与 $\boldsymbol{B}$ 的乘积 $\boldsymbol{AB}$ 是 2×4 矩阵,则矩阵 $\boldsymbol{B}$ 的列数是(　　).

(5) 设矩阵 $\boldsymbol{A}=\begin{bmatrix}0 & 1\\ 1 & 0\end{bmatrix}$,$\boldsymbol{B}=\begin{bmatrix}1 & 2\\ 4 & 3\end{bmatrix}$,则 $\boldsymbol{AB}=(\quad)$,$\boldsymbol{BA}=(\quad)$.

3. 计算题

(1) 设

$$\boldsymbol{A}=\begin{bmatrix}3 & -2 & 1\\ 0 & 1 & 4\end{bmatrix},\boldsymbol{B}=\begin{bmatrix}4 & 2 & 3\\ 5 & -3 & 0\end{bmatrix},$$

求:①$A+B$;②$A-B$;③$2A+3B$.

(2) 写出一个四阶单位矩阵.

(3) 已知矩阵 $\boldsymbol{A}=\begin{bmatrix}a+2b & 3a-c\\ b-3d & a-b\end{bmatrix}$,如果 $\boldsymbol{A}=\boldsymbol{E}$,求 a、b、c、d 的值.

(4) 求下列未知矩阵 $\boldsymbol{X}$.

①$\begin{bmatrix}2 & -1\\ 1 & 5\\ 2 & -4\end{bmatrix}+\boldsymbol{X}=\begin{bmatrix}0 & 2\\ 0 & 1\\ -3 & 6\end{bmatrix}$;

② 设

$$\boldsymbol{A}=\begin{bmatrix}2 & 1 & 2 & 1\\ 0 & 1 & 0 & -1\\ -2 & -1 & 1 & 2\end{bmatrix},\boldsymbol{B}=\begin{bmatrix}4 & 3 & 2 & 1\\ -2 & 1 & -2 & 1\\ 0 & -1 & 0 & -1\end{bmatrix}.$$

$\boldsymbol{X}$ 满足 $2\boldsymbol{A}-\boldsymbol{X}=\boldsymbol{B}$.

(5) 计算下列矩阵的乘积.

①$\begin{bmatrix}0 & 1\\ 1 & 0\end{bmatrix}\begin{bmatrix}1 & 2\\ 4 & 3\end{bmatrix}$;　②$\begin{bmatrix}5 & -1\\ -2 & 0\\ 3 & 2\end{bmatrix}\begin{bmatrix}1 & 2\\ -7 & 4\end{bmatrix}$;　③$(-1\quad 3\quad 2)\begin{bmatrix}3\\ 0\\ 4\end{bmatrix}$;

④$\begin{bmatrix}2\\ 1\\ 3\end{bmatrix}(-1\quad 2)$;　⑤$\begin{bmatrix}-1 & 1 & 2\\ 2 & 0 & 1\\ 4 & 3 & 0\end{bmatrix}\begin{bmatrix}-1\\ 2\\ 5\end{bmatrix}$.

(6) 已知矩阵

$$\boldsymbol{A}=\begin{bmatrix}1 & -4 & 2\\ -1 & 4 & -2\end{bmatrix},\boldsymbol{B}=\begin{bmatrix}1 & 2\\ -1 & 3\\ 5 & -2\end{bmatrix},\boldsymbol{C}=\begin{bmatrix}2 & 2\\ 1 & -1\\ 1 & -3\end{bmatrix},$$

求 ①$2\boldsymbol{B}-3\boldsymbol{C}$;②$\boldsymbol{A}(2\boldsymbol{B}-3\boldsymbol{C})$.

(7) 计算下列二阶矩阵的行列式.

①$\boldsymbol{A}=\begin{bmatrix}-1 & -2\\ 2 & 3\end{bmatrix}$;　②$\boldsymbol{A}=\begin{bmatrix}x & x+y\\ x-y & x\end{bmatrix}$;

③$\boldsymbol{A}=\begin{bmatrix}\log_a b & 1\\ 1 & \log_b a\end{bmatrix}$;　④$\boldsymbol{A}=\begin{bmatrix}t+1 & 1\\ 1 & t^2-t+1\end{bmatrix}$.

(8) 设矩阵

$$A=\begin{bmatrix}1 & -4 & 2\\ -1 & 1 & -2\end{bmatrix},B=\begin{bmatrix}1 & -1 & 5\\ 2 & 3 & -2\end{bmatrix},C=\begin{bmatrix}1 & -1\\ 1 & -3\end{bmatrix},$$

试求:①AB^{T};②$2C$;③$AB^{T}-2C$.

(9) 设矩阵

$$A=\begin{bmatrix}x & 0\\ 7 & y\end{bmatrix},B=\begin{bmatrix}u & v\\ y & 2\end{bmatrix},C=\begin{bmatrix}3 & -4\\ x & v\end{bmatrix},$$

且 $A+2B-C=O$,求 x、y、u、v 的值.

(10) 设矩阵

$$A=\begin{bmatrix}1 & -2 & 0\\ 3 & 1 & 2\\ -1 & 4 & 5\end{bmatrix},B=\begin{bmatrix}2 & 4 & 1\\ -1 & 2 & 3\\ 0 & -1 & 2\end{bmatrix},C=\begin{bmatrix}1 & 2 & -1\\ -1 & 0 & 3\end{bmatrix},$$

计算 $2AB-2A$,$(A+B)C^{T}$,$AB-BA$.

(11) 计算下列矩阵的行列式:

$$①A=\begin{bmatrix}-1 & -2\\ 2 & 3\end{bmatrix};\quad ②A=\begin{bmatrix}2 & 2 & 3\\ 1 & -1 & 0\\ -1 & 2 & 1\end{bmatrix};\quad ③A=\begin{bmatrix}0 & -4 & -3\\ 1 & -5 & -3\\ -1 & 6 & 4\end{bmatrix}.$$

5.2　矩阵的初等变换

矩阵的初等变换是矩阵十分重要的运算,它在解线性方程组、求逆矩阵及矩阵理论的探讨中都起到重要作用. 为引进矩阵的初等变换,先来分析用消元法解线性方程组的步骤. 消元法是线性代数中解 n 元线性方程组的最直接、最有效的方法. 下面通过一个例子来说明消元法的具体做法.

【例 5 – 28】　用消元法解线性方程组

$$\begin{cases}x_1+2x_2-3x_3=-9,\\ 3x_1+8x_2-12x_3=-38,\\ -2x_1-5x_2+3x_3=10.\end{cases}\qquad(5-8)$$

解　为了叙述问题方便,我们采用以下几种记号:

(1) 用 $r_i\to r_j$ 表示交换第 i 个方程与第 j 个方程的位置;

(2) 用 kr_i 表示用数 k 乘以第 i 个方程;

(3) 用 $r_i\times k+r_j$ 表示把第 i 个方程乘以数 k 加到第 j 个方程上.

解题过程如下:

第 1 步,保留方程组(5 – 8)中第一个方程,消去第二个和第三个方程的 x_1,即实施 $r_1\times(-3)+r_2$,$r_1\times 2+r_3$,得到

$$\begin{cases}x_1+2x_2-3x_3=-9,\\ \quad 2x_2-3x_3=-11,\\ \quad -x_2-3x_3=-8.\end{cases}\qquad(5-9)$$

第 2 步,作变换 $r_2\leftrightarrow r_3$,得到

$$\begin{cases} x_1 + 2x_2 - 3x_3 = -9, \\ -x_2 - 3x_3 = -8, \\ 2x_2 - 3x_3 = -11. \end{cases} \quad (5-10)$$

第 3 步,作变换$(-1)r_2$,得到

$$\begin{cases} x_1 + 2x_2 - 3x_3 = -9, \\ x_2 + 3x_3 = 8, \\ 2x_2 - 3x_3 = -11. \end{cases} \quad (5-11)$$

第 4 步,消去第三个方程中的 x_2,即作变换 $r_2 \times (-2) + r_3$,得到

$$\begin{cases} x_1 + 2x_2 - 3x_3 = -9 \\ x_2 + 3x_3 = 8, \\ -9x_3 = -27 \end{cases} \quad (5-12)$$

第 5 步,作变换$\left(-\frac{1}{9}\right)r_3$,得到

$$\begin{cases} x_1+2x_2-3x_3=-9, \\ x_2+3x_3=8, \\ x_3=3. \end{cases} \quad (5-13)$$

最后只要把式(5 - 13) 的第三个方程依次代入第二个和第一个方程,即可求出方程组的一个解,即

$$x_1 = 2, x_2 = -1, x_3 = 3.$$

还可以对式(5 - 13) 进一步作变换,得到更简化的方程组.

第 6 步,作变换$(-2)r_2 + r_1$,得到

$$\begin{cases} x_1+0x_2-9x_3=-25, \\ x_2+3x_3=8, \\ x_3=3. \end{cases} \quad (5-14)$$

第 7 步,作变换$(-3)r_3 + r_2$,得到

$$\begin{cases} x_1+0x_2-9x_3=-25, \\ x_2+0x_3=-1, \\ x_3=3. \end{cases} \quad (5-15)$$

第 8 步,作变换 $9r_3 + r_1$,得到

$$\begin{array}{l} x_1+0x_2-0x_3=2, \\ x_2+0x_3=-1, \\ x_3=3. \end{array} \quad (5-16)$$

由式(5 - 16) 直接可得到解 $x_1 = 2, x_2 = -1, x_3 = 3$.

式(5 - 13) 这样的方程组称为阶梯形方程组,而式(5 - 16) 这样的方程组称为最简阶梯形方程组. 显然方程组(5 - 9) 到方程组(5 - 16) 都是和原方程组(5 - 8) 同解的方程组. 从上述解题过程中可以看出,只需把原方程组变换为阶梯形方程组,就可以得到方程组的

解;或者把原方程组变换为最简阶梯形方程组,就可以直接得到方程组的解.

因此,用消元法解线性方程组的具体做法是:对方程组反复进行如下三种转换:

(1) 互换两个方程的位置;

(2) 用一个非零数乘某一个方程;

(3) 把一个方程的倍数加到另一个方程上.

由消元法可以看出,求解线性方程组的一般规律就是首先把方程组变换为阶梯形方程组或最简阶梯形方程组,然后从阶梯形方程组或最简阶梯形方程组中看出原方程组是否有唯一解、无穷多解、无解. 这种方法称为高斯(Gauss) 消元法.

5.2.1　初等变换的形式

从上面的解题过程不难看出,用消元法对方程组施行初等变换时,只是对方程组的系数和常数项进行了运算,而未知量并没有参加运算,因此在用消元法解方程组时,可以把方程组(5 - 8) 的全部系数和常数项表示为如下矩阵(称为增广矩阵):

$$\begin{bmatrix} 1 & 2 & -3 & -9 \\ 3 & 8 & -12 & -38 \\ -2 & -5 & 3 & 10 \end{bmatrix},$$

那么对方程组施行初等变换,也可以看作对矩阵进行相应的变换,即

$$\begin{bmatrix} 1 & 2 & -3 & -9 \\ 3 & 8 & -12 & -38 \\ -2 & -5 & 3 & 10 \end{bmatrix} \xrightarrow[r_1 \times 2 + r_3]{r_1 \times (-3) + r_2} \begin{bmatrix} 1 & 2 & -3 & -9 \\ 0 & 2 & -3 & -11 \\ 0 & -1 & -3 & -8 \end{bmatrix} \xrightarrow{r_2 \leftrightarrow r_3} \begin{bmatrix} 1 & 2 & -3 & -9 \\ 0 & -1 & -3 & -8 \\ 0 & 2 & -3 & -11 \end{bmatrix}$$

$$\xrightarrow{(-1)r_2} \begin{bmatrix} 1 & 2 & -3 & -9 \\ 0 & 1 & 3 & 8 \\ 0 & 2 & -3 & -11 \end{bmatrix} \xrightarrow{r_2 \times (-2) + r_3} \begin{bmatrix} 1 & 2 & -3 & -9 \\ 0 & 1 & 3 & 8 \\ 0 & 0 & -9 & -27 \end{bmatrix}$$

$$\xrightarrow{\left(-\frac{1}{9}\right)r_3} \begin{bmatrix} 1 & 2 & -3 & -9 \\ 0 & 1 & 3 & 8 \\ 0 & 0 & 1 & 3 \end{bmatrix} \xrightarrow{r_2 \times (-2) + r_1} \begin{bmatrix} 1 & 0 & -9 & -25 \\ 0 & 1 & 3 & 8 \\ 0 & 0 & 1 & 3 \end{bmatrix}$$

$$\xrightarrow{r_3 \times (-3) + r_2} \begin{bmatrix} 1 & 0 & -9 & -25 \\ 0 & 1 & 0 & -1 \\ 0 & 0 & 1 & 3 \end{bmatrix} \xrightarrow{r_3 \times 9 + r_1} \begin{bmatrix} 1 & 0 & 0 & 2 \\ 0 & 1 & 0 & -1 \\ 0 & 0 & 1 & 3 \end{bmatrix}.$$

显然上面每个矩阵都对应于式(5 - 8) 至式(5 - 16) 中的一个方程组,其中第 6 个矩阵为行阶梯形矩阵,对应的线性方程组就是阶梯形方程组,最后的矩阵为行最简阶梯形矩阵(即每行的第一个非零元素为 1,且其所在列的其他元素均为 0 的矩阵),对应的线性方程组就是最简阶梯形方程组. 这种变换过程称为矩阵的初等行变换.

定义 5 - 11　下面的三种变换称为矩阵的初等行变换:

(1) 对调两行(对调第 i、j 行,记作 $r_i \leftrightarrow r_j$);

(2) 以数 $k(k \neq 0)$ 乘以某一行中所有元素(第 i 行乘 k,记作 kr_i);

(3) 把某一行所有元素的 k 倍加到另一行对应的元素上(第 i 行的 k 倍加到第 j 行上,记为 $r_i \times k + r_j$).

把定义中的“行”换成“列”,即得到矩阵的初等列变换(所有记号是把“r”换成“c”). 矩阵的初等行变换和矩阵的初等列变换统称为矩阵的初等变换.

同消元法把方程组化为阶梯形方程组类似,任一矩阵都可以用一系列初等行变换化为行阶梯形矩阵进而再化为行最简阶梯形矩阵. 若矩阵 $\boldsymbol{A}$ 经过一系列初等变换化为矩阵 $\boldsymbol{B}$,则称矩阵 $\boldsymbol{A}$ 和矩阵 $\boldsymbol{B}$ 是等价的.

解线性方程组的消元法等价于对方程组的增广矩阵(由系数矩阵和右端项向量构成)进行相应的初等行变换(即只是对行进行初等变换),直至化为行最简阶梯形矩阵为止. 因此,从这个意义上说,解线性方程组的消元法也可以称为初等行变换法.

【例 5 - 29】 利用初等行变换法求解线性方程组

$$\begin{cases} 2x_1 - x_2 - x_3 + x_4 = 2, \\ x_1 + x_2 - 2x_3 + x_4 = 4, \\ 4x_1 - 6x_2 + 2x_3 - 2x_4 = 4, \\ 3x_1 + 6x_2 - 9x_3 + 7x_4 = 9. \end{cases} \tag{5 - 17}$$

解 式(5 - 17) 的增广矩阵为

$$\widetilde{\boldsymbol{A}} = \begin{bmatrix} 2 & -1 & -1 & 1 & 2 \\ 1 & 1 & -2 & 1 & 4 \\ 4 & -6 & 2 & -2 & 4 \\ 3 & 6 & -9 & 7 & 9 \end{bmatrix}.$$

现对该增广矩阵进行初等行变换直至得到行最简阶梯形矩阵,有

$$\begin{bmatrix} 2 & -1 & -1 & 1 & 2 \\ 1 & 1 & -2 & 1 & 4 \\ 4 & -6 & 2 & -2 & 4 \\ 3 & 6 & -9 & 7 & 9 \end{bmatrix} \xrightarrow[r_3/2]{r_1 \leftrightarrow r_2} \begin{bmatrix} 1 & 1 & -2 & 1 & 4 \\ 2 & -1 & -1 & 1 & 2 \\ 2 & -3 & 1 & -1 & 2 \\ 3 & 6 & -9 & 7 & 9 \end{bmatrix}$$

$$\xrightarrow[-3r_1 + r_4]{-r_3 + r_2,\ -2r_1 + r_3} \begin{bmatrix} 1 & 1 & -2 & 1 & 4 \\ 0 & 2 & -2 & 2 & 0 \\ 0 & -5 & 5 & -3 & -6 \\ 0 & 3 & -3 & 4 & -3 \end{bmatrix} \xrightarrow[-3r_2 + r_4]{r_2/2,\ 5r_2 + r_3} \begin{bmatrix} 1 & 1 & -2 & 1 & 4 \\ 0 & 1 & -1 & 1 & 0 \\ 0 & 0 & 0 & 2 & -6 \\ 0 & 0 & 0 & 1 & -3 \end{bmatrix}$$

$$\xrightarrow[-2r_3 + r_4]{r_3 \leftrightarrow r_4} \begin{bmatrix} 1 & 1 & -2 & 1 & 4 \\ 0 & 1 & -1 & 1 & 0 \\ 0 & 0 & 0 & 1 & -3 \\ 0 & 0 & 0 & 0 & 0 \end{bmatrix} (\text{行阶梯形}) \xrightarrow[-r_3 + r_2]{-r_2 + r_1} \begin{bmatrix} 1 & 0 & -1 & 0 & 4 \\ 0 & 1 & -1 & 0 & 3 \\ 0 & 0 & 0 & 1 & -3 \\ 0 & 0 & 0 & 0 & 0 \end{bmatrix} (\text{行最简阶梯形}).$$

行最简阶梯形矩阵对应的方程组为

$$\begin{cases} x_1 - x_3 = 4, \\ x_2 - x_3 = 3, \\ x_4 = -3, \\ 0 = 0, \end{cases} \tag{5 - 18}$$

或等价地有方程组的解为

$$\begin{cases} x_1 = x_3 + 4, \\ x_2 = x_3 + 3, \\ x_4 = -3. \end{cases} \tag{5 - 19}$$

可见,方程组有无穷多个解,其中 x_3 取为自由量. 如果令 $x_3 = c$, c 为任意常数,则可以进

一步将解写成

$$\boldsymbol{x}=\begin{bmatrix}x_1\\x_2\\x_3\\x_4\end{bmatrix}=\begin{bmatrix}c+4\\c+3\\c\\-3\end{bmatrix}=c\begin{bmatrix}1\\1\\1\\0\end{bmatrix}+\begin{bmatrix}4\\3\\0\\-3\end{bmatrix}.$$

定义 5－12　若矩阵 $\boldsymbol{A}$ 经过有限次初等变换变成矩阵 $\boldsymbol{B}$，则称矩阵 $\boldsymbol{A}$ 与矩阵 $\boldsymbol{B}$ 等价，记为 $\boldsymbol{A}\rightarrow\boldsymbol{B}$ 或 $\boldsymbol{A}\sim\boldsymbol{B}$.

【例 5－30】　将下列矩阵用初等行变换化为行阶梯形矩阵和行最简形矩阵.

$$\boldsymbol{A}=\begin{bmatrix}0&1&-2&6&7\\1&1&2&-1&2\\2&3&2&4&3\\-3&-4&-4&-3&-5\end{bmatrix}.$$

解

$$\boldsymbol{A}\xrightarrow{r_1\leftrightarrow r_2}\begin{bmatrix}1&1&2&-1&2\\0&1&-2&6&7\\2&3&2&4&3\\-3&-4&-4&-3&-5\end{bmatrix}\xrightarrow[r_4+3r_1]{r_3-2r_1}\begin{bmatrix}1&1&2&-1&2\\0&1&-2&6&7\\0&1&-2&6&-1\\0&-1&2&-6&1\end{bmatrix}$$

$$\xrightarrow[r_4+r_2]{r_3-r_2}\begin{bmatrix}1&1&2&-1&2\\0&1&-2&6&7\\0&0&0&0&-8\\0&0&0&0&8\end{bmatrix}\xrightarrow{r_4+r_3}\begin{bmatrix}1&1&2&-1&2\\0&1&-2&6&7\\0&0&0&0&-8\\0&0&0&0&0\end{bmatrix}.$$

上面最后一个矩阵即为行阶梯形矩阵. 对它继续进行初等行变换，有

$$\begin{bmatrix}1&1&2&-1&2\\0&1&-2&6&7\\0&0&0&0&-8\\0&0&0&0&0\end{bmatrix}\xrightarrow[r_2+\frac{7}{8}r_3]{r_1+\frac{2}{8}r_3}\begin{bmatrix}1&1&2&-1&0\\0&1&-2&6&0\\0&0&0&0&-8\\0&0&0&0&0\end{bmatrix}$$

$$\xrightarrow{r_1-r_2}\begin{bmatrix}1&0&4&-7&0\\0&1&-2&6&0\\0&0&0&0&-8\\0&0&0&0&0\end{bmatrix}\xrightarrow{-r_3/8}\begin{bmatrix}1&0&4&-7&0\\0&1&-2&6&0\\0&0&0&0&1\\0&0&0&0&0\end{bmatrix}$$

以上矩阵为行最简形.

行阶梯形矩阵不具备唯一性. 一个矩阵经过不同的初等行变换可以得到不同的行阶梯形矩阵（上面三个矩阵都是行阶梯形矩阵），但它的行最简形是唯一的.

5.2.2　初等矩阵

上面进行了矩阵的初等变换的讨论，本书只讨论矩阵的初等行变换.

例如，设矩阵 $\boldsymbol{A}=\begin{bmatrix}a_1&a_2&a_3\\b_1&b_2&b_3\\c_1&c_2&c_3\end{bmatrix}$，其初等行变换如下：

（1）对换矩阵 $\boldsymbol{A}$ 的第一行和第二行的位置

$$\begin{bmatrix} a_1 & a_2 & a_3 \\ b_1 & b_2 & b_3 \\ c_1 & c_2 & c_3 \end{bmatrix} \xrightarrow{r_1 \leftrightarrow r_2} \begin{bmatrix} b_1 & b_2 & b_3 \\ a_1 & a_2 & a_3 \\ c_1 & c_2 & c_3 \end{bmatrix};$$

（2）用一个非零数 k 遍乘矩阵 $\boldsymbol{A}$ 的第三行

$$\begin{bmatrix} a_1 & a_2 & a_3 \\ b_1 & b_2 & b_3 \\ c_1 & c_2 & c_3 \end{bmatrix} \xrightarrow{kr_3} \begin{bmatrix} b_1 & b_2 & b_3 \\ a_1 & a_2 & a_3 \\ kc_1 & kc_2 & kc_3 \end{bmatrix};$$

（3）用一个数 k 乘矩阵 $\boldsymbol{A}$ 的第一行加到第二行

$$\begin{bmatrix} a_1 & a_2 & a_3 \\ b_1 & b_2 & b_3 \\ c_1 & c_2 & c_3 \end{bmatrix} \xrightarrow{r_2 + kr_1} \begin{bmatrix} a_1 & a_2 & a_3 \\ b_1 + ka_1 & b_2 + ka_2 & b_3 + ka_3 \\ c_1 & c_2 & c_3 \end{bmatrix};$$

矩阵经过初等行变换后，其元素可以发生很大变化，但是其本身所具有的许多特性是保持不变的.

下面再把矩阵的初等行变换表示为矩阵的乘法运算.

又如，设矩阵

$$\boldsymbol{A} = \begin{bmatrix} 1 & 2 & 3 & 4 \\ 5 & 6 & 7 & 8 \\ 9 & 10 & 11 & 12 \end{bmatrix},$$

则

$$\begin{bmatrix} 0 & 1 & 0 \\ 1 & 0 & 0 \\ 0 & 0 & 1 \end{bmatrix}\begin{bmatrix} 1 & 2 & 3 & 4 \\ 5 & 6 & 7 & 8 \\ 9 & 10 & 11 & 12 \end{bmatrix} = \begin{bmatrix} 5 & 6 & 7 & 8 \\ 1 & 2 & 3 & 4 \\ 9 & 10 & 11 & 12 \end{bmatrix};$$

$$\begin{bmatrix} 1 & 0 & 0 \\ 0 & 1 & 0 \\ 0 & 0 & k \end{bmatrix}\begin{bmatrix} 1 & 2 & 3 & 4 \\ 5 & 6 & 7 & 8 \\ 9 & 10 & 11 & 12 \end{bmatrix} = \begin{bmatrix} 1 & 2 & 3 & 4 \\ 5 & 6 & 7 & 8 \\ 9k & 10k & 11k & 12k \end{bmatrix};$$

$$\begin{bmatrix} 1 & 0 & 0 \\ k & 1 & 0 \\ 0 & 0 & 1 \end{bmatrix}\begin{bmatrix} 1 & 2 & 3 & 4 \\ 5 & 6 & 7 & 8 \\ 9 & 10 & 11 & 12 \end{bmatrix} = \begin{bmatrix} 1 & 2 & 3 & 4 \\ 5 + k & 6 + 2k & 7 + 3k & 8 + 4k \\ 9 & 10 & 11 & 12 \end{bmatrix}.$$

由此可见，矩阵 $\boldsymbol{A}$ 左乘以上三种矩阵，等于分别使 $\boldsymbol{A}$ 作了第一、二行互换，第三行遍乘数 k，第一行乘数 k 加到第二行上这三种初等行变换. 而左边所乘的三个三阶矩阵恰好是对单位矩阵作同样的初等行变换（即对 $\boldsymbol{A}$ 作的三种行变换）得到的，它们称为初等矩阵. 下面给出初等矩阵的定义.

定义 5 － 13　由单位矩阵 $\boldsymbol{E}$ 经过一次初等变换得到的矩阵称为初等矩阵.

对应于初等行变换有三种类型的初等矩阵：

（1）初等对换矩阵 $\boldsymbol{E}(i,j)$ 是由单位矩阵的第 i 行和第 j 行对换位置得到的；

（2）初等倍乘矩阵 $\boldsymbol{E}(i(k))$ 是由单位矩阵的第 i 行乘 k 得到的，其中 $k \neq 0$；

（3）初等倍加矩阵 $\boldsymbol{E}(i,j(k))$ 是由单位矩阵的第 j 行乘 k 加至第 i 行上得到的.

例如，三阶单位矩阵 $\boldsymbol{E}$.

（1）互换单位矩阵 $\boldsymbol{E}$ 的第一、二行

$$\begin{bmatrix}1&0&0\\0&1&0\\0&0&1\end{bmatrix}\xrightarrow{r_1\leftrightarrow r_2}\begin{bmatrix}0&1&0\\1&0&0\\0&0&1\end{bmatrix}=\boldsymbol{E}(1,2);$$

(2) 用一个非零数 k 遍乘单位矩阵 $\boldsymbol{E}$ 的第三行

$$\begin{bmatrix}1&0&0\\0&1&0\\0&0&1\end{bmatrix}\xrightarrow{kr_3}\begin{bmatrix}1&0&0\\0&1&0\\0&0&k\end{bmatrix}=\boldsymbol{E}(3(k));$$

(3) 用一个数 k 乘单位矩阵 $\boldsymbol{E}$ 的第一行加到第二行上

$$\begin{bmatrix}1&0&0\\0&1&0\\0&0&1\end{bmatrix}\xrightarrow{r_2+kr_1}\begin{bmatrix}1&0&0\\k&1&0\\0&0&1\end{bmatrix}=\boldsymbol{E}(2,1(k)).$$

可以证明,初等矩阵的转置仍为初等矩阵.

定理 5－2　对 $m\times n$ 矩阵 $\boldsymbol{A}$ 进行一次初等行变换相当于在 $\boldsymbol{A}$ 的左边乘上一个相应的 m 阶的初等矩阵.

证明　设 $\boldsymbol{A}_i(i=1,2,\cdots,m)$ 是由 $m\times n$ 矩阵 $\boldsymbol{A}$ 第 i 行的元素组成的行矩阵,则对 $\boldsymbol{A}$ 进行一次初等行变换为

$$\boldsymbol{A}=\begin{bmatrix}\boldsymbol{A}_1\\\vdots\\\boldsymbol{A}_i\\\vdots\\\boldsymbol{A}_j\\\vdots\\\boldsymbol{A}_m\end{bmatrix}\xrightarrow{r_i+r_jk}\begin{bmatrix}\boldsymbol{A}_1\\\vdots\\\boldsymbol{A}_i+k\boldsymbol{A}_j\\\vdots\\\boldsymbol{A}_j\\\vdots\\\boldsymbol{A}_m\end{bmatrix}$$

而在 $\boldsymbol{A}$ 的左边乘上一个 m 阶的初等矩阵 $\boldsymbol{E}(i,j(k))$,得

$$\boldsymbol{E}(i,j(k))\boldsymbol{A}=\begin{bmatrix}1&&&&&\\&\ddots&&&&\\&&1&\cdots&k&&\\&&\vdots&\ddots&\vdots&&\\&&0&\cdots&1&&\\&&&&&\ddots&\\&&&&&&1\end{bmatrix}\begin{bmatrix}\boldsymbol{A}_1\\\vdots\\\boldsymbol{A}_i\\\vdots\\\boldsymbol{A}_j\\\vdots\\\boldsymbol{A}_m\end{bmatrix}=\begin{bmatrix}\boldsymbol{A}_1\\\vdots\\\boldsymbol{A}_i+k\boldsymbol{A}_j\\\vdots\\\boldsymbol{A}_j\\\vdots\\\boldsymbol{A}_m\end{bmatrix}$$

这说明把矩阵 $\boldsymbol{A}$ 的第 j 行的 k 倍加至第 i 行上就相当于在 $\boldsymbol{A}$ 的左边乘上一个相应的初等矩阵 $\boldsymbol{E}(i,j(k))$.

其他两种初等行变换可以类似证明. 定理 5－2 说明:矩阵 $\boldsymbol{A}$ 的第 i 行和第 j 行的互换相当于矩阵乘法运算 $\boldsymbol{E}(i,j)\boldsymbol{A}$;矩阵 $\boldsymbol{A}$ 的第 i 行遍乘 k 倍相当于矩阵乘法运算 $\boldsymbol{E}(i(k))\boldsymbol{A}$;矩阵 $\boldsymbol{A}$ 的第 j 行乘 k 加至第 i 行上相当于矩阵乘法运算 $\boldsymbol{E}(i,j(k))\boldsymbol{A}$.

5.2.3　矩阵的秩

矩阵的秩是线性代数中非常有用的一个概念,它不仅与讨论可逆矩阵的问题有密切关

系，而且在讨论线性方程组的解的情况中也有重要应用.

定理 5 - 3 矩阵的初等行变换不改变矩阵的秩.

定义 5 - 14 矩阵 $\boldsymbol{A}$ 的阶梯形矩阵非 0 行的行数称为矩阵 $\boldsymbol{A}$ 的秩，记为秩($\boldsymbol{A}$) 或 $r(\boldsymbol{A})$.

例如，在例 5 - 30 中，矩阵 $\boldsymbol{A}$ 的阶梯形矩阵中非零行有 3 行，那么 $r(\boldsymbol{A}) = 3$.

又例如，

$$\begin{bmatrix} 2 & -1 & 3 & 5 \\ 0 & 4 & 0 & 1 \\ 0 & 0 & 0 & -3 \\ 0 & 0 & 0 & 0 \\ 0 & 0 & 0 & \end{bmatrix},\begin{bmatrix} 2 & 0 & -1 & 3 & 5 \\ 0 & 0 & 4 & 0 & 1 \\ 0 & 0 & 0 & 0 & 0 \end{bmatrix},\begin{bmatrix} -1 & 3 & 5 \\ 0 & 4 & -1 \\ 0 & 0 & 2 \end{bmatrix}$$

都是阶梯形矩阵，而阶梯形矩阵非零行的行数就是矩阵 $\boldsymbol{A}$ 的秩，因此第一个矩阵的秩为 3，第二个矩阵的秩为 2，第三个矩阵的秩为 3.

把上述结论归纳为如下定理.

定理 5 - 4 设 $\boldsymbol{A}$ 是 $m \times n$ 矩阵，则 $r(\boldsymbol{A}) = k$ 的充分必要条件是通过初等行变换能把 $\boldsymbol{A}$ 化成具有 k 个非零行的阶梯形矩阵.

证明略.

【例 5 - 31】 设矩阵

$$\boldsymbol{A} = \begin{bmatrix} 2 & 0 & 5 & 2 \\ -2 & 4 & 1 & 0 \end{bmatrix},\boldsymbol{B} = \begin{bmatrix} -1 & 1 & 4 & 0 \\ 3 & -2 & 5 & -3 \\ 2 & 0 & -6 & 4 \\ 0 & 1 & 1 & 2 \end{bmatrix}.$$

求 $r(\boldsymbol{A})$，$r(\boldsymbol{B})$.

解 因为

$$\boldsymbol{A} = \begin{bmatrix} 2 & 0 & 5 & 2 \\ -2 & 4 & 1 & 0 \end{bmatrix} \to \begin{bmatrix} 2 & 0 & 5 & 2 \\ 0 & 4 & 6 & 2 \end{bmatrix},$$

所以 $r(\boldsymbol{A}) = 2$.

因为

$$\boldsymbol{B} = \begin{bmatrix} -1 & 1 & 4 & 0 \\ 3 & -2 & 5 & -3 \\ 2 & 0 & -6 & 4 \\ 0 & 1 & 1 & 2 \end{bmatrix} \to \begin{bmatrix} -1 & 1 & 4 & 0 \\ 0 & 1 & 17 & -3 \\ 0 & 2 & 2 & 4 \\ 0 & 1 & 1 & 2 \end{bmatrix}$$

$$\to \begin{bmatrix} -1 & 1 & 4 & 0 \\ 0 & 1 & 17 & -3 \\ 0 & 0 & -32 & 10 \\ 0 & 0 & -16 & 5 \end{bmatrix} \to \begin{bmatrix} -1 & 1 & 4 & 0 \\ 0 & 1 & 17 & -3 \\ 0 & 0 & -32 & 10 \\ 0 & 0 & 0 & 0 \end{bmatrix},$$

所以 $r(\boldsymbol{B}) = 3$.

定义 5 - 15 设 $\boldsymbol{A}$ 是 n 阶矩阵，若 $r(\boldsymbol{A}) = n$，则称 $\boldsymbol{A}$ 为满秩矩阵，或称 $\boldsymbol{A}$ 为非奇异的，或称 $\boldsymbol{A}$ 为非退化的.

例如,矩阵

$$A=\begin{bmatrix}-1&3&5\\0&4&-1\\0&0&2\end{bmatrix},$$

$$E_n=\begin{bmatrix}1&0&\cdots&0\\0&1&\cdots&0\\\vdots&\vdots&&\vdots\\0&0&\cdots&1\end{bmatrix}.$$

因为A是三阶矩阵,E_n是n阶单位矩阵,且$r(A)=3$,$r(E_n)=n$,所以它们都是满秩矩阵.

【例 5 - 32】　判断下列矩阵是否为满秩矩阵.

$$A=\begin{bmatrix}1&-1&1\\1&1&3\\2&3&2\end{bmatrix};B=\begin{bmatrix}-1&2&0&1\\0&-3&0&2\\-2&1&1&-3\\3&-9&1&-8\end{bmatrix}.$$

解　因为

$$A=\begin{bmatrix}1&-1&1\\1&1&3\\2&3&2\end{bmatrix}\to\begin{bmatrix}1&-1&1\\0&2&2\\0&5&0\end{bmatrix}\to\begin{bmatrix}1&-1&1\\0&2&2\\0&0&-5\end{bmatrix},$$

即 $r(A)=3$. 所以三阶矩阵 A 是满秩矩阵.

因为

$$B=\begin{bmatrix}-1&2&0&1\\0&-3&0&2\\-2&1&1&-3\\3&-9&1&-8\end{bmatrix}\to\begin{bmatrix}-1&2&0&1\\0&-3&0&2\\0&-3&1&-5\\0&-3&1&-5\end{bmatrix}$$

$$\to\begin{bmatrix}-1&2&0&1\\0&-3&0&2\\0&0&1&-7\\0&0&1&-7\end{bmatrix}\to\begin{bmatrix}-1&2&0&1\\0&-3&0&2\\0&0&1&-7\\0&0&0&0\end{bmatrix}$$

即 $r(B)=3$. 所以四阶矩阵 B 不是满秩矩阵.

定理 5 - 5　n 阶矩阵 A 可逆的充分必要条件是 A 为满秩矩阵,即 $r(A)=n$.

证明略.

【例 5 - 33】　判断下列矩阵是否可逆?

$$A=\begin{bmatrix}1&1&-1\\2&-1&0\\1&0&1\end{bmatrix};B=\begin{bmatrix}2&2&-1\\3&4&1\\-2&0&6\end{bmatrix}.$$

解　因为

$$A=\begin{bmatrix}1&1&-1\\2&-1&0\\1&0&1\end{bmatrix}\to\begin{bmatrix}1&1&-1\\0&-3&2\\0&-1&2\end{bmatrix}\to\begin{bmatrix}1&1&-1\\0&-1&2\\0&-3&2\end{bmatrix}\to\begin{bmatrix}1&1&-1\\0&-1&2\\0&0&-4\end{bmatrix},$$

所以 $r(A)=3$,即 A 是满秩矩阵. 所以 A 是可逆的.

因为

$$B=\begin{bmatrix}2&2&-1\\3&4&1\\-2&0&6\end{bmatrix}\to\begin{bmatrix}2&2&-1\\0&1&\frac{5}{2}\\0&2&5\end{bmatrix}\to\begin{bmatrix}2&2&-1\\0&1&\frac{5}{2}\\0&0&0\end{bmatrix},$$

所以 $r(\boldsymbol{B})=2$,即 $\boldsymbol{B}$ 不是满秩矩阵. 所以 $\boldsymbol{B}$ 不是可逆矩阵.

定理 5 - 6 任何满秩矩阵都能经过有限次初等变换化为单位矩阵.

证明(略).

【例 5 - 34】 已知 $A=\begin{bmatrix}1&1&-1\\2&-1&0\\1&0&1\end{bmatrix}$,用初等变换将其化为单位矩阵.

解 由例 5 - 33 知 $\boldsymbol{A}$ 是满秩矩阵,

$$A=\begin{bmatrix}1&1&-1\\2&-1&0\\1&0&1\end{bmatrix}\to\begin{bmatrix}1&1&-1\\0&-3&2\\0&-1&2\end{bmatrix}\to\begin{bmatrix}1&1&-1\\0&-1&2\\0&-3&2\end{bmatrix}\to\begin{bmatrix}1&1&-1\\0&-1&2\\0&0&-4\end{bmatrix}$$

$$\to\begin{bmatrix}1&1&-1\\0&1&-2\\0&0&1\end{bmatrix}\to\begin{bmatrix}1&0&0\\0&1&0\\0&0&1\end{bmatrix}.$$

5.2.4 初等变换求逆矩阵

在 5.1 节中,已经介绍了逆矩阵的定义和性质,但一个矩阵是否存在逆矩阵,如何求逆矩阵?下面介绍求逆矩阵的一种方法 —— 初等行变换法.

定理 5 - 7 若 n 阶矩阵 $\boldsymbol{A}$ 经过若干次初等变换后得到 n 阶矩阵 $\boldsymbol{B}$,则当 $\det \boldsymbol{A}\neq 0$ 时,必有 $\det \boldsymbol{B}\neq 0$,反之亦然.

由定理5 -7,对于任意一个 n 阶可逆矩阵 $\boldsymbol{A}$,一定存在一组初等矩阵 $\boldsymbol{P}_1,\boldsymbol{P}_2,\cdots,\boldsymbol{P}_k$,使得 $\boldsymbol{P}_k\cdots\boldsymbol{P}_2\boldsymbol{P}_1\boldsymbol{A}=\boldsymbol{E}$,对上式两边右乘 $\boldsymbol{A}^{-1}$,得

$$\boldsymbol{P}_k\cdots\boldsymbol{P}_2\boldsymbol{P}_1\boldsymbol{A}\boldsymbol{A}^{-1}=\boldsymbol{E}\boldsymbol{A}^{-1}=\boldsymbol{A}^{-1},\boldsymbol{A}^{-1}=\boldsymbol{P}_k\cdots\boldsymbol{P}_2\boldsymbol{P}_1\boldsymbol{E}.$$

由此可知,经过一系列的初等行变换可以把可逆矩阵 $\boldsymbol{A}$ 化成单位矩阵 $\boldsymbol{E}$,那么用一系列同样的初等行变换作用到 $\boldsymbol{E}$ 上,就可以把 $\boldsymbol{E}$ 化成 $\boldsymbol{A}^{-1}$,即

$$[\boldsymbol{A}\quad\boldsymbol{E}]\xrightarrow{\text{初等行变换}}[\boldsymbol{E}\quad\boldsymbol{A}^{-1}].$$

【例 5 - 35】 利用初等变换求矩阵 $A=\begin{bmatrix}2&5\\1&3\end{bmatrix}$的逆矩阵.

解 因为

$$[\boldsymbol{A}\quad\boldsymbol{E}]=\begin{bmatrix}2&5&1&0\\1&3&0&1\end{bmatrix}\xrightarrow{r_1\leftrightarrow r_2}\begin{bmatrix}1&3&0&1\\2&5&1&0\end{bmatrix}\xrightarrow{-2r_1+r_2}\begin{bmatrix}1&3&0&1\\0&-1&1&-2\end{bmatrix}$$

$$\xrightarrow{-r_2}\begin{bmatrix}1&3&0&1\\0&1&-1&2\end{bmatrix}\xrightarrow{-3r_2+r_1}\begin{bmatrix}1&0&3&-5\\0&1&-1&2\end{bmatrix},$$

所以

$$\boldsymbol{A}^{-1}=\begin{bmatrix}3&-5\\-1&2\end{bmatrix}.$$

【例 5 - 36】　利用初等变换求矩阵 $A=\begin{bmatrix}2&2&3\\1&-1&0\\-1&2&1\end{bmatrix}$ 的逆矩阵.

解　因为

$$[A\quad E]=\begin{bmatrix}2&2&3&1&0&0\\1&-1&0&0&1&0\\-1&2&1&0&0&1\end{bmatrix}\xrightarrow{r_1\leftrightarrow r_2}\begin{bmatrix}1&-1&0&0&1&0\\2&2&3&1&0&0\\-1&2&1&0&0&1\end{bmatrix}$$

$$\xrightarrow[r_1+r_3]{-2r_1+r_2}\begin{bmatrix}1&-1&0&0&1&0\\0&4&3&1&-2&0\\0&1&1&0&1&1\end{bmatrix}\xrightarrow{r_2\leftrightarrow r_3}\begin{bmatrix}1&-1&0&0&1&0\\0&1&1&0&1&1\\0&4&3&1&-2&0\end{bmatrix}$$

$$\xrightarrow{-4r_2+r_3}\begin{bmatrix}1&-1&0&0&1&0\\0&1&1&0&1&1\\0&0&-1&1&-6&-4\end{bmatrix}\xrightarrow{-r_3}\begin{bmatrix}1&-1&0&0&1&0\\0&1&1&0&1&1\\0&0&1&-1&6&4\end{bmatrix}$$

$$\xrightarrow{-r_3+r_2}\begin{bmatrix}1&-1&0&0&1&0\\0&1&0&1&-5&-3\\0&0&1&-1&6&4\end{bmatrix}\xrightarrow{r_2+r_1}\begin{bmatrix}1&0&0&1&-4&-3\\0&1&0&1&-5&-3\\0&0&1&-1&6&4\end{bmatrix},$$

所以

$$A^{-1}=\begin{bmatrix}1&-4&-3\\1&-5&-3\\-1&6&4\end{bmatrix}.$$

利用初等行变换求矩阵 A 的逆矩阵时，不必先检验逆矩阵是否存在，如果 A 不能化为单位矩阵 E，则 A 的逆矩阵就不存在，即矩阵 A 是不可逆的.

【例 5 - 37】　设矩阵

$$A=\begin{bmatrix}-2&-1&6\\4&0&5\\-6&-1&1\end{bmatrix},$$

问 A 是否可逆?若可逆，求逆矩阵 A^{-1}.

解　因为

$$[A\quad E]=\begin{bmatrix}-2&-1&6&1&0&0\\4&0&5&0&1&0\\-6&-1&1&0&0&1\end{bmatrix}\to\begin{bmatrix}-2&-1&6&1&0&0\\0&-2&17&2&1&0\\0&2&-17&-3&0&1\end{bmatrix}$$

$$\to\begin{bmatrix}-2&-1&6&1&0&0\\0&-2&17&2&1&0\\0&0&0&-1&1&1\end{bmatrix}.$$

$[A\quad E]$ 中的左边的矩阵 A 经过初等行变换后出现零行，所以矩阵 A 不可逆.

【例 5 - 38】　求矩阵 A 的逆矩阵，其中

$$A=\begin{bmatrix}1&2&0&0\\2&1&0&0\\0&0&2&1\\0&0&1&3\end{bmatrix}.$$

解　将矩阵 $\boldsymbol{A}$ 分块为 $\boldsymbol{A}=\begin{bmatrix}\boldsymbol{A}_{11} & \boldsymbol{O}\\ \boldsymbol{O} & \boldsymbol{A}_{22}\end{bmatrix}$，其中

$$\boldsymbol{A}_{11}=\begin{bmatrix}1 & 2\\ 2 & 1\end{bmatrix},\boldsymbol{A}_{22}=\begin{bmatrix}2 & 1\\ 1 & 3\end{bmatrix}$$

求出

$$\boldsymbol{A}_{11}^{-1}=\begin{bmatrix}-\frac{1}{3} & \frac{2}{3}\\ \frac{2}{3} & -\frac{1}{3}\end{bmatrix},\boldsymbol{A}_{22}^{-1}=\begin{bmatrix}\frac{3}{5} & -\frac{1}{5}\\ -\frac{1}{5} & \frac{2}{5}\end{bmatrix},$$

得出

$$\boldsymbol{A}^{-1}=\begin{bmatrix}\boldsymbol{A}_{11}^{-1} & \boldsymbol{O}\\ \boldsymbol{O} & \boldsymbol{A}_{22}^{-1}\end{bmatrix}=\begin{bmatrix}-\frac{1}{3} & \frac{2}{3} & 0 & 0\\ \frac{2}{3} & -\frac{1}{3} & 0 & 0\\ 0 & 0 & \frac{3}{5} & -\frac{1}{5}\\ 0 & 0 & -\frac{1}{5} & \frac{2}{5}\end{bmatrix}.$$

5.2.5　线性方程组的矩阵形式

设含有 n 个未知量、m 个方程式的方程组

$$\begin{cases}a_{11}x_1+a_{12}x_2+\cdots+a_{1n}x_n=b_1,\\ a_{21}x_1+a_{22}x_2+\cdots+a_{2n}x_n=b_2,\\ \cdots\cdots\cdots\cdots\\ a_{m1}x_1+a_{m2}x_2+\cdots+a_{mn}x_n=b_n,\end{cases}\tag{5-20}$$

式中系数 a_{ij}；常数 b_i 都是已知数；x_j 是未知量(也称未知数).

从上节解线性方程组的过程中不难看出，用消元法对方程组施行初等变换时，只是对方程组的系数和常数项进行了运算，而未知量并没有参加运算，所以在用消元法解方程组时，可以把方程组(5－20)的全部系数和常数项表示为矩阵，利用矩阵来讨论线性方程组的解的情况或求线性方程组的解是很方便的，因此我们先给出线性方程组的矩阵表示形式.

线性方程组(5－20)的矩阵表示形式为

$$\boldsymbol{AX}=\boldsymbol{B}$$

其中

$$\boldsymbol{A}=\begin{bmatrix}a_{11} & a_{12} & \cdots & a_{1n}\\ a_{21} & a_{22} & \cdots & a_{2n}\\ \vdots & \vdots & & \vdots\\ a_{m1} & a_{m2} & \cdots & a_{mn}\end{bmatrix},\boldsymbol{X}=\begin{bmatrix}x_1\\ x_2\\ \vdots\\ x_n\end{bmatrix},\boldsymbol{B}=\begin{bmatrix}b_1\\ b_2\\ \vdots\\ b_m\end{bmatrix},$$

称 $\boldsymbol{A}$ 为方程组(5－20)的系数矩阵，$\boldsymbol{X}$ 为未知数矩阵，$\boldsymbol{B}$ 为常数矩阵. 将系数矩阵 $\boldsymbol{A}$ 和常数矩阵 B 放在一起构成的矩阵

$$[\boldsymbol{A}\quad \boldsymbol{B}]=\begin{bmatrix} a_{11} & a_{12} & \cdots & a_{1n} & b_1 \\ a_{21} & a_{22} & \cdots & a_{2n} & b_2 \\ \vdots & \vdots & & \vdots & \vdots \\ a_{m1} & a_{m2} & \cdots & a_{mn} & b_m \end{bmatrix}$$

称为方程组(5 - 20) 的增广矩阵,因此用增广矩阵$[\boldsymbol{A}\quad \boldsymbol{B}]$可以清楚地表示一个线性方程组.

【例 5 - 38】　写出线性方程组

$$\begin{cases} x_1+2x_2-2x_3-x_4=1, \\ 2x_1+x_2+2x_3-5x_4=2, \\ -x_1+3x_2+7x_3-4x_4=0 \end{cases}$$

的增广矩阵$[\boldsymbol{A}\quad \boldsymbol{B}]$和矩阵形式.

解　只要将方程组中的未知量和等号去掉,再添上矩阵符号,就可得到方程组的增广矩阵$[\boldsymbol{A}\quad \boldsymbol{B}]$,即

$$[\boldsymbol{A}\quad \boldsymbol{B}]=\begin{bmatrix} 1 & 2 & -2 & -1 & 1 \\ 2 & 1 & 2 & -5 & 2 \\ -1 & 3 & 7 & -4 & 0 \end{bmatrix}.$$

方程组的矩阵形式是$\boldsymbol{AX}=\boldsymbol{B}$,即

$$\begin{bmatrix} 1 & 2 & -2 & -1 \\ 2 & 1 & 2 & -5 \\ -1 & 3 & 7 & -4 \end{bmatrix}\begin{bmatrix} x_1 \\ x_2 \\ x_3 \end{bmatrix}=\begin{bmatrix} 1 \\ 2 \\ 0 \end{bmatrix}.$$

由例 5 - 38 可知,矩阵形式$\boldsymbol{AX}=\boldsymbol{B}$作为矩阵方程,求解未知矩阵$\boldsymbol{X}$.

【例 5 - 39】　解矩阵方程$\boldsymbol{AX}=\boldsymbol{B}$,其中

$$\boldsymbol{A}=\begin{bmatrix} 1 & -1 & 2 \\ 2 & -3 & 5 \\ 3 & -2 & 4 \end{bmatrix},\boldsymbol{B}=\begin{bmatrix} 1 & -1 \\ -2 & 3 \\ 5 & -4 \end{bmatrix}.$$

解　由矩阵方程$\boldsymbol{AX}=\boldsymbol{B}$可知,如果矩阵$\boldsymbol{A}$可逆,则在方程等号的两边同时左乘$\boldsymbol{A}^{-1}$,可得

$$\boldsymbol{A}^{-1}\boldsymbol{AX}=\boldsymbol{A}^{-1}\boldsymbol{B},\boldsymbol{X}=\boldsymbol{A}^{-1}\boldsymbol{B}$$

因此,先用初等行变换法判别$\boldsymbol{A}$是否可逆,若可逆,则求出$\boldsymbol{A}^{-1}$,然后计算$\boldsymbol{A}^{-1}\boldsymbol{B}$,求出$\boldsymbol{X}$,因为

$$[\boldsymbol{A}\quad \boldsymbol{E}]=\begin{bmatrix} 1 & -1 & 2 & 1 & 0 & 0 \\ 2 & -3 & 5 & 0 & 1 & 0 \\ 3 & -2 & 4 & 0 & 0 & 1 \end{bmatrix}\to\begin{bmatrix} 1 & -1 & 2 & 1 & 0 & 0 \\ 0 & -1 & 1 & -2 & 1 & 0 \\ 0 & 1 & -2 & -3 & 0 & 1 \end{bmatrix}$$

$$\to\begin{bmatrix} 1 & -1 & 2 & 1 & 0 & 0 \\ 0 & -1 & 1 & -2 & 1 & 0 \\ 0 & 0 & -1 & -5 & 1 & 1 \end{bmatrix}\to\begin{bmatrix} 1 & -1 & 0 & -9 & 2 & 2 \\ 0 & -1 & 0 & -7 & 2 & 1 \\ 0 & 0 & -1 & -5 & 1 & 1 \end{bmatrix}$$

$$\to\begin{bmatrix} 1 & 0 & 0 & -2 & 0 & 1 \\ 0 & -1 & 0 & -7 & 2 & 1 \\ 0 & 0 & -1 & -5 & 1 & 1 \end{bmatrix}\to\begin{bmatrix} 1 & 0 & 0 & -2 & 0 & 1 \\ 0 & 1 & 0 & 7 & -2 & -1 \\ 0 & 0 & 1 & 5 & -1 & -1 \end{bmatrix}.$$

所以 $\boldsymbol{A}$ 可逆,且

$$\boldsymbol{A}^{-1}=\begin{bmatrix}-2&0&1\\7&-2&-1\\5&-1&-1\end{bmatrix},$$

则

$$\boldsymbol{X}=\boldsymbol{A}^{-1}\boldsymbol{B}=\begin{bmatrix}-2&0&1\\7&-2&-1\\5&-1&-1\end{bmatrix}\begin{bmatrix}1&-1\\-2&3\\5&-4\end{bmatrix}=\begin{bmatrix}3&-2\\6&-9\\2&-4\end{bmatrix}.$$

【例 5 - 40】 解矩阵方程 $\boldsymbol{X}-\boldsymbol{X}\boldsymbol{A}=\boldsymbol{B}$,其中

$$\boldsymbol{A}=\begin{bmatrix}1&0&1\\2&1&0\\-3&2&-3\end{bmatrix},\boldsymbol{B}=\begin{bmatrix}1&-2&1\\-3&4&1\end{bmatrix}$$

解 由矩阵方程 $\boldsymbol{X}-\boldsymbol{X}\boldsymbol{A}=\boldsymbol{B}$,得 $\boldsymbol{X}(\boldsymbol{E}-\boldsymbol{A})=\boldsymbol{B}$. 因为

$$[\boldsymbol{E}-\boldsymbol{A}\quad \boldsymbol{E}]=\begin{bmatrix}0&0&-1&1&0&0\\-2&0&0&0&1&0\\3&-2&4&0&0&1\end{bmatrix}\to\begin{bmatrix}-2&0&0&0&1&0\\3&-2&4&0&0&1\\0&0&-1&1&0&0\end{bmatrix}$$

$$\to\begin{bmatrix}1&0&0&0&-\frac{1}{2}&0\\3&-2&4&0&0&1\\0&0&1&-1&0&0\end{bmatrix}\to\begin{bmatrix}1&0&0&0&-\frac{1}{2}&0\\0&-2&0&4&\frac{3}{2}&1\\0&0&1&-1&0&0\end{bmatrix}.$$

$$\to\begin{bmatrix}1&0&0&0&-\frac{1}{2}&0\\0&1&0&-2&-\frac{3}{4}&-\frac{1}{2}\\0&0&1&-1&0&0\end{bmatrix}.$$

所以矩阵 $\boldsymbol{E}-\boldsymbol{A}$ 可逆,得出

$$[\boldsymbol{E}-\boldsymbol{A}]^{-1}=\begin{bmatrix}0&-\frac{1}{2}&0\\-2&-\frac{3}{4}&-\frac{1}{2}\\-1&0&0\end{bmatrix},$$

则

$$\boldsymbol{X}=\boldsymbol{B}[\boldsymbol{E}-\boldsymbol{A}]^{-1}=\begin{bmatrix}1&-2&1\\-3&4&1\end{bmatrix}\begin{bmatrix}0&-\frac{1}{2}&0\\-2&-\frac{3}{4}&-\frac{1}{2}\\-1&0&0\end{bmatrix}$$

$$=\begin{bmatrix}3&1&1\\-9&-\frac{3}{2}&-2\end{bmatrix}.$$

习题 5 - 2

1. 选择题

(1) 下列矩阵中,(　　) 是初等矩阵.

A. $\begin{bmatrix}1&0&1\\0&1&0\\1&0&0\end{bmatrix}$　B. $\begin{bmatrix}0&0&1\\0&1&1\\1&-1&0\end{bmatrix}$　C. $\begin{bmatrix}0&0&1\\0&-1&0\\1&0&0\end{bmatrix}$　D. $\begin{bmatrix}1&0&0\\0&1&-5\\0&0&1\end{bmatrix}$

(2) 设 $\boldsymbol{A}$ 为 n 阶矩阵,则下列结论中不正确的是(　　).

A. $(k\boldsymbol{A})^{\mathrm{T}} = k\boldsymbol{A}^{\mathrm{T}}$($k$ 为常数)　B. $(k\boldsymbol{A})^{-1} = \dfrac{1}{k}\boldsymbol{A}^{-1}$($k$ 为非零常数)

C. $[(\boldsymbol{A}^{-1})^{-1}]^{\mathrm{T}} = [(\boldsymbol{A}^{\mathrm{T}})^{-1}]^{-1}$　D. $[(\boldsymbol{A}^{\mathrm{T}})^{\mathrm{T}}]^{-1} = [(\boldsymbol{A}^{-1})^{-1}]^{\mathrm{T}}$

(3) 下列为初等行变换的是(　　).

A. $\begin{bmatrix}2&-1&3&4\\4&2&5&9\\2&0&5&11\end{bmatrix}\xrightarrow{0\times r_2}\begin{bmatrix}2&-1&3&4\\0&0&0&0\\2&0&5&11\end{bmatrix}$

B. $\begin{bmatrix}2&-1&3&4\\4&2&5&9\\3&0&5&11\end{bmatrix}\xrightarrow{-3r_1+2r_3}\begin{bmatrix}2&-1&3&4\\0&0&0&0\\0&3&1&10\end{bmatrix}$

C. $\begin{bmatrix}2&-1&3&4\\4&2&5&9\\2&0&5&11\end{bmatrix}\xrightarrow{r_1-r_3}\begin{bmatrix}2&-1&3&4\\4&2&5&9\\0&-1&-2&-7\end{bmatrix}$

D. $\begin{bmatrix}2&-1&3&4\\4&2&5&9\\2&0&5&11\end{bmatrix}\xrightarrow{-r_1+r_3}\begin{bmatrix}2&-1&3&4\\4&2&5&9\\0&1&2&7\end{bmatrix}$

(4) 下列为阶梯形矩阵的是(　　).

A. $\begin{bmatrix}1&2&3&4\\0&0&0&0\\0&5&6&7\end{bmatrix}$　B. $\begin{bmatrix}1&2&3&4\\0&0&6&7\\0&5&0&0\end{bmatrix}$　C. $\begin{bmatrix}1&2&3&4\\0&8&9&9\\0&5&6&7\end{bmatrix}$　D. $\begin{bmatrix}1&2&3&4\\0&5&6&7\\0&0&8&0\end{bmatrix}$

(5) 下列为行简化阶梯形矩阵的是(　　).

A. $\begin{bmatrix}1&3&2&4\\0&0&0&1\\0&0&0&0\end{bmatrix}$　B. $\begin{bmatrix}1&3&4&0\\0&0&0&0\\0&0&0&1\end{bmatrix}$　C. $\begin{bmatrix}1&3&4&0\\0&0&3&1\\0&0&0&0\end{bmatrix}$　D. $\begin{bmatrix}1&3&4&0\\0&0&0&1\\0&0&0&0\end{bmatrix}$

(6) 设 $\boldsymbol{A}$、$\boldsymbol{B}$、$\boldsymbol{C}$ 均为同阶方阵,且 $\boldsymbol{ABC} = \boldsymbol{E}$,则下列等式成立的是(　　).

A. $\boldsymbol{ABC} = \boldsymbol{E}$　B. $\boldsymbol{BCA} = \boldsymbol{E}$　C. $\boldsymbol{CBA} = \boldsymbol{E}$　D. $\boldsymbol{BAC} = \boldsymbol{E}$

(7) 设 $\boldsymbol{A}$ 是可逆矩阵,k 是不为 0 的常数,则$(k\boldsymbol{A})^{-1} =$(　　).

A. $k\boldsymbol{A}^{-1}$　B. $\dfrac{1}{k}\boldsymbol{A}^{-1}$　C. $-k\boldsymbol{A}^{-1}$　D. $\dfrac{1}{k^n}\boldsymbol{A}^{-1}$

(8) 下列方阵中,不是初等矩阵的是(　　).

A. $\begin{bmatrix}0&0&1\\0&1&0\\1&0&0\end{bmatrix}$　B. $\begin{bmatrix}1&0&0\\0&1&0\\0&2&1\end{bmatrix}$　C. $\begin{bmatrix}2&0&0\\0&2&0\\0&0&1\end{bmatrix}$　D. $\begin{bmatrix}1&0&0\\0&1&2\\0&0&1\end{bmatrix}$

(9) 设 $\boldsymbol{A}$ 是 4×3 矩阵,则它的秩(　　).

A. $r(\boldsymbol{A})=4$　B. $r(\boldsymbol{A})=3$　C. $r(\boldsymbol{A})\leqslant 4$　D. $r(\boldsymbol{A})\leqslant 3$

2. 填空题

(1) 设矩阵 $\boldsymbol{A}=\begin{bmatrix}2&-2\\7&3\end{bmatrix}$,则其逆矩阵 $\boldsymbol{A}^{-1}=$(　　).

(2) 矩阵 $\begin{bmatrix}1&0&0\\1&1&1\\0&0&-1\end{bmatrix}^{-1}=$(　　),$\begin{bmatrix}3&0&0\\0&2&0\\0&0&4\end{bmatrix}^{-1}=$(　　).

(3) 若 $(\boldsymbol{ABC})^{-1}$ 有意义,则 $(\boldsymbol{ABC})^{-1}=$(　　).

(4) 已知 n 阶方阵 $\boldsymbol{A}$ 是可逆矩阵,则 $\boldsymbol{A}$ 的秩 $r(\boldsymbol{A})=$(　　).

(5) 设 $\boldsymbol{A}$ 为三阶方阵,且 $\det \boldsymbol{A}\neq 0$,则 $\boldsymbol{A}$ 的秩 $r(\boldsymbol{A})=$(　　).

3. 计算题

(1) 用初等行变换把下列矩阵化为阶梯形矩阵:

① $\begin{bmatrix}-2&1&1\\1&-2&1\\1&1&-2\end{bmatrix}$;　② $\begin{bmatrix}2&2&-1&6\\1&-2&4&3\\5&8&1&18\end{bmatrix}$;

③ $\begin{bmatrix}2&-4&1&3\\0&-1&3&2\\-4&5&7&0\end{bmatrix}$;　④ $\begin{bmatrix}1&3&-1&-2\\2&-1&2&3\\3&2&1&1\\1&-4&3&5\end{bmatrix}$.

(2) 用初等行变换把下列矩阵化为简化的阶梯形矩阵:

① $\begin{bmatrix}1&-2&1&1\\-1&1&2&1\\3&-1&1&6\end{bmatrix}$;　② $\begin{bmatrix}0&2&-4\\-1&-4&5\\3&1&7\\0&5&-10\\2&3&0\end{bmatrix}$.

(3) 求下列矩阵的秩:

① $\boldsymbol{A}=\begin{bmatrix}1&2&-3\\-1&-1&1\\2&-3&1\end{bmatrix}$;　② $\boldsymbol{A}=\begin{bmatrix}1&3&-1&-1\\3&-1&5&-3\\2&1&2&-2\\-1&2&-3&1\end{bmatrix}$;

③ $\boldsymbol{A}=\begin{bmatrix}3&-7&6&1&5\\1&2&4&-1&3\\-1&1&-10&5&-7\\4&-11&-2&8&0\end{bmatrix}$.

(4) 用初等变换求下列矩阵的逆矩阵:

①$\boldsymbol{A}=\begin{bmatrix}4 & -3\\1 & -2\end{bmatrix}$;　②$\boldsymbol{A}=\begin{bmatrix}1 & 2 & 3\\2 & 2 & 1\\3 & 4 & 3\end{bmatrix}$;　③$\boldsymbol{A}=\begin{bmatrix}1 & 1 & 0 & 0\\1 & 2 & 0 & 0\\3 & 7 & 2 & 3\\2 & 5 & 1 & 2\end{bmatrix}$;

④$\boldsymbol{A}=\begin{bmatrix}2 & 2 & 3\\1 & -1 & 0\\-1 & 2 & 1\end{bmatrix}$;　⑤$\boldsymbol{A}=\begin{bmatrix}1 & 1 & 1 & 1\\1 & 1 & -1 & -1\\1 & -1 & 1 & -1\\1 & -1 & -1 & 1\end{bmatrix}$;　⑥$\boldsymbol{A}=\begin{bmatrix}1 & 0 & 2\\2 & 1 & 0\\3 & 0 & 1\end{bmatrix}$.

(5) 利用分块矩阵的性质,求矩阵

$$\boldsymbol{A}=\begin{bmatrix}1 & 2 & 0 & 0\\1 & 3 & 0 & 0\\0 & 0 & 2 & 3\\0 & 0 & 1 & 2\end{bmatrix}$$

的逆矩阵.

(6) 设 $\boldsymbol{A}=\begin{bmatrix}5 & -2\\-3 & 1\end{bmatrix}$,求 $(\boldsymbol{A}^{-1})^{\mathrm{T}}$,$(\boldsymbol{A}^{\mathrm{T}})^{-1}$.

(7) 设

$$\boldsymbol{A}=\begin{bmatrix}-1 & 3 & -1\\0 & 2 & 1\\0 & 0 & 3\end{bmatrix},\boldsymbol{P}=\begin{bmatrix}1 & 1 & 1\\0 & 1 & 2\\0 & 0 & 2\end{bmatrix},$$

求:①$\boldsymbol{P}^{-1}$;②$\boldsymbol{P}^{-1}\boldsymbol{A}\boldsymbol{P}$.

(8) 解矩阵方程.

①$\begin{bmatrix}1 & 1 & -1\\0 & 2 & 2\\1 & -1 & 0\end{bmatrix}\boldsymbol{X}=\begin{bmatrix}3 & 2\\1 & 0\\-2 & 1\end{bmatrix}$;　②$\boldsymbol{X}\begin{bmatrix}-2 & 1 & 0\\1 & -2 & 1\\0 & 1 & -2\end{bmatrix}=\begin{bmatrix}1 & 2 & 3\\0 & 1 & 2\end{bmatrix}$;

③ 已知

$$\boldsymbol{A}=\begin{bmatrix}1 & 2 & 3\\2 & 1 & 1\\3 & 4 & 3\end{bmatrix},\boldsymbol{B}=\begin{bmatrix}2 & 1\\5 & 3\end{bmatrix},\boldsymbol{C}=\begin{bmatrix}1 & 3\\2 & 0\\3 & 1\end{bmatrix},$$

且 $\boldsymbol{AXB}=\boldsymbol{C}$,求 $\boldsymbol{X}$;

④ 已知

$$\boldsymbol{A}=\begin{bmatrix}3 & 0 & 0\\0 & 1 & -1\\0 & 1 & 4\end{bmatrix},\boldsymbol{B}=\begin{bmatrix}3 & 6\\1 & 1\\2 & 3\end{bmatrix},$$

$\boldsymbol{X}$ 满足:$\boldsymbol{AX}=2\boldsymbol{X}+\boldsymbol{B}$,求 $\boldsymbol{X}$.

(9) 利用逆矩阵解下列线性方程组.

①$\begin{cases}2x_1+2x_2+3x_3=1,\\x_1-x_2=2,\\-x_1+2x_2+x_3=-1;\end{cases}$　②$\begin{cases}x_1+3x_2-2x_3=4,\\3x_1+2x_2-5x_3=11,\\2x_1+x_2+x_3=3.\end{cases}$

(10) 若 n 阶方阵 $\boldsymbol{A}$ 满足 $\boldsymbol{A}^2-3\boldsymbol{A}-5\boldsymbol{E}=0$,证明 $\boldsymbol{A}+\boldsymbol{E}$ 可逆,并求 $(\boldsymbol{A}+\boldsymbol{E})^{-1}$.

5.3 矩阵化技术的应用

在计算机广泛应用的今天,计算机图形学、计算机辅助设计、密码学、虚拟现实等技术无不以线性代数为其理论和算法基础的一部分,本节提出矩阵化技术的一些应用.

5.3.1 线性方程组的解法

设含有 n 个未知量、m 个方程组成的方程组

$$\begin{cases} a_{11}x_1+a_{12}x_2+\cdots+a_{1n}x_n=b_1, \\ a_{21}x_1+a_{22}x_2+\cdots+a_{2n}x_n=b_2, \\ \cdots\cdots\cdots\cdots \\ a_{m1}x_1+a_{m2}x_2+\cdots+a_{mn}x_n=b_m, \end{cases} \tag{5-21}$$

其中系数 a_{ij},常数 b_i 都是已知数,x_j 是未知量(也称为未知数).当右端常数项 $b_1,b_2,\cdots,b_m$ 不全为0时,称方程组(5-21)为非齐次线性方程组;当 $b_1=b_2=\cdots=b_m=0$ 时,即

$$\begin{cases} a_{11}x_1+a_{12}x_2+\cdots+a_{1n}x_n=0, \\ a_{21}x_1+a_{22}x_2+\cdots+a_{2n}x_n=0, \\ \cdots\cdots\cdots\cdots \\ a_{m1}x_1+a_{m2}x_2+\cdots+a_{mn}x_n=0 \end{cases} \tag{5-22}$$

称为齐次线性方程组.

定理5-8 如果用初等行变换将增广矩阵 $[\boldsymbol{A}\quad \boldsymbol{B}]$ 化成 $[\boldsymbol{C}\quad \boldsymbol{D}]$,则方程组 $\boldsymbol{AX}=\boldsymbol{B}$ 与 $\boldsymbol{CX}=\boldsymbol{D}$ 是同解方程组.

下面举例说明用消元法求一般线性方程组的方法和步骤.

【例5-41】 解线性方程组

$$\begin{cases} x_1+x_2-2x_3-x_4=-1, \\ x_1+5x_2-3x_3-2x_4=0, \\ 3x_1-x_2+x_3+4x_4=2, \\ -2x_1+2x_2+x_3-x_4=1. \end{cases} \tag{5-23}$$

解 先写出增广矩阵 $[\boldsymbol{A}\quad \boldsymbol{B}]$,再用初等行变换将其逐步化成阶梯形矩阵,即

$$[\boldsymbol{A}\quad \boldsymbol{B}]=\begin{bmatrix} 1 & 1 & -2 & -1 & -1 \\ 1 & 5 & -3 & -2 & 0 \\ 3 & -1 & 1 & 4 & 2 \\ -2 & 2 & 1 & -1 & 1 \end{bmatrix} \xrightarrow[\substack{r_3+(-3)r_1 \\ r_4+2r_1}]{r_2+(-1)r_1} \begin{bmatrix} 1 & 1 & -2 & -1 & -1 \\ 0 & 4 & -1 & -1 & 1 \\ 0 & -4 & 7 & 7 & 5 \\ 0 & 4 & -3 & -3 & -1 \end{bmatrix}$$

$$\xrightarrow[r_4+(-1)r_2]{r_3+r_2} \begin{bmatrix} 1 & 1 & -2 & -1 & -1 \\ 0 & 4 & -1 & -1 & 1 \\ 0 & 0 & 6 & 6 & 6 \\ 0 & 0 & -2 & -2 & -2 \end{bmatrix} \xrightarrow{r_4+\left(\frac{1}{3}\right)r_3} \begin{bmatrix} 1 & 1 & -2 & -1 & -1 \\ 0 & 4 & -1 & -1 & 1 \\ 0 & 0 & 6 & 6 & 6 \\ 0 & 0 & 0 & 0 & 0 \end{bmatrix}$$

上述四个增广矩阵所表示的四个线性方程组是同解方程组,最后一个增广矩阵表示的

线性方程组为

$$\begin{cases}x_1+x_2-2x_3-x_4=-1,\\ \quad 4x_2-x_3-x_4=1,\\ \quad\quad 6x_3+6x_4=6.\end{cases}$$

将最后一个方程乘$\frac{1}{6}$,再将 x_4 项移至等号的右端,得

$$x_3=-x_4+1,$$

将其代入第二个方程,解得

$$x_2=0.5,$$

再将 x_2、x_3 代入第一个方程,解得

$$x_1=-x_4+0.5.$$

因此,方程组(5 - 23) 的解为

$$\begin{cases}x_1=-x_4+0.5,\\ x_2=0.5,\\ x_3=-x_4+1,\end{cases}\quad \text{其中 } x_4 \text{ 可以任意取值.} \tag{5-24}$$

显然,只要未知量 x_4 任意取定一个值,如 $x_4=1$,代入表示式(5 - 24),可以得到一组相应的值:$x_1=-0.5$,$x_2=0.5$,$x_3=0$,从而得到方程组(5 - 23) 的一个解

$$\begin{cases}x_1=-0.5,\\ x_2=0.5,\\ x_3=0,\\ x_4=1.\end{cases}$$

由于未知量 x_4 的取值是任意实数,故方程组(5 - 23) 的解有无穷多个. 由此可知,表示式(5 - 24) 表示了方程组(5 - 23) 的所有解. 表示式(5 - 24) 中等号右端的未知量 x_4 称为自由量,用自由量表示其他未知量的表示式(5 - 24) 称为方程组(5 - 23) 的一般解,当表示式(5 - 24) 中的未知量 x_4 取定一个值(如 $x_4=1$),得到方程组(5 - 23) 的一个解(如 $x_1=-0.5$,$x_2=0.5$,$x_3=0$,$x_4=1$),称之为方程组(5 - 23) 的特解.

注意: 自由量的选取不是唯一的. 如例 5 - 41 也可以将 x_3 取作自由量. 即在

$$\begin{cases}x_1+x_2-2x_3-x_4=-1,\\ \quad 4x_2-x_3-x_4=1,\\ \quad\quad 6x_3+6x_4=6\end{cases}$$

中将最后一个方程乘$\frac{1}{6}$,再将 x_3 项移至等号的右端,得

$$x_4=-x_3+1,$$

将其代入第二个方程,解出 x_2 后,再将 x_2,x_3 代入第一个方程,解出 x_1. 最后可得方程组(5 - 23) 的一般解为

$$\begin{cases}x_1=-x_3-0.5,\\ x_2=0.5,\\ x_4=-x_3+1\end{cases}\quad \text{其中 } x_3 \text{ 是自由量.} \tag{5-25}$$

表示式(5 - 24) 和式(5 - 25) 虽然形式上不一样,但是它们本质上是一样的,它们都表

示了方程组(5 - 23) 的所有解.

如果将表示式(5 - 24) 中的自由量 x_4 取一任意常数 k,即令 $x_4 = k$,那么方程组(5 - 23)的一般解为

$$\begin{cases} x_1 = -k + 0.5, \\ x_2 = 0.5, \\ x_3 = -k + 1, \\ x_4 = k, \end{cases} \text{其中 } k \text{ 为任意常数.}$$

用矩阵形式表示为

$$\begin{bmatrix} x_1 \\ x_2 \\ x_3 \\ x_4 \end{bmatrix} = \begin{bmatrix} -k + 0.5 \\ 0.5 \\ -k + 1 \\ k \end{bmatrix} = k\begin{bmatrix} -1 \\ 0 \\ -1 \\ 1 \end{bmatrix} + \begin{bmatrix} 0.5 \\ 0.5 \\ 1 \\ 0 \end{bmatrix}, \text{其中 } k \text{ 为任意常数.} \tag{5 - 26}$$

称表示式(5 - 26) 为方程组(5 - 23) 的全部解.

用消元法解线性方程组的过程中,将增广矩阵经过初等行变换化成阶梯形矩阵后,再用回代的方法求出解. 如果用矩阵将回代的过程表示出来,我们可以发现,这个过程实际上就是对阶梯形矩阵进一步简化,使其最终化成一个特殊的矩阵,从这个特殊矩阵中,就可以直接解出或"读出" 方程组的解. 例如,对例 5 - 41 中的阶梯形矩阵进一步化简,即

$$\begin{bmatrix} 1 & 1 & -2 & -1 & -1 \\ 0 & 4 & -1 & -1 & 1 \\ 0 & 0 & 6 & 6 & 6 \\ 0 & 0 & 0 & 0 & 0 \end{bmatrix} \xrightarrow[\substack{r_1 + 2r_3 \\ r_2 + r_3}]{\frac{1}{6}r_3} \begin{bmatrix} 1 & 1 & 0 & 1 & 1 \\ 0 & 4 & 0 & 0 & 2 \\ 0 & 0 & 1 & 1 & 1 \\ 0 & 0 & 0 & 0 & 0 \end{bmatrix} \xrightarrow[r_1 + (-1)r_2]{\frac{1}{4}r_2} \begin{bmatrix} 1 & 0 & 0 & 1 & 0.5 \\ 0 & 1 & 0 & 0 & 0.5 \\ 0 & 0 & 1 & 1 & 1 \\ 0 & 0 & 0 & 0 & 0 \end{bmatrix}$$

上述矩阵对应的方程组为

$$\begin{cases} x_1 = -x_4 + 0.5, \\ x_2 = 0.5, \\ x_3 = -x_4 + 1, \end{cases} \quad \text{其中 } x_4 \text{ 是自由量.}$$

在上述最后一个矩阵中,前三个是未知变量 x_1,x_2,x_3 的系数,第 4 列是自由量 x_4 的系数,最后列是常数项. 写方程组的一般解时,x_4 项要移到等号右端,因此,x_4 项系数的符号要改变. 常数项不用移项,它的符号不变,掌握上述规律后,从上述最后一个矩阵中就可以直接"读出" 方程组的一般解.

【例 5 - 42】 解线性方程组

$$\begin{cases} x_1 + 2x_2 - 3x_3 = 4, \\ 2x_1 + 3x_2 - 5x_3 = 7, \\ 4x_1 + 3x_2 - 9x_3 = 9, \\ 2x_1 + 5x_2 - 8x_3 = 8. \end{cases}$$

解 利用初等行变换,将方程组的增广矩阵[$\boldsymbol{A}$ $\boldsymbol{B}$] 化成行简化阶梯形矩阵,再求解. 即

$$[\boldsymbol{A}\quad\boldsymbol{B}]=\begin{bmatrix}1&2&-3&4\\2&3&-5&7\\4&3&-9&9\\2&5&-8&8\end{bmatrix}\to\begin{bmatrix}1&2&-3&4\\0&-1&1&-1\\0&-5&3&-7\\0&1&-2&0\end{bmatrix}$$

$$\to\begin{bmatrix}1&2&-3&4\\0&-1&1&-1\\0&0&-2&-2\\0&0&-1&-1\end{bmatrix}\to\begin{bmatrix}1&2&-3&4\\0&1&-1&1\\0&0&1&1\\0&0&0&0\end{bmatrix}$$

$$\to\begin{bmatrix}1&2&0&7\\0&1&0&2\\0&0&1&1\\0&0&0&0\end{bmatrix}\to\begin{bmatrix}1&0&0&3\\0&1&0&2\\0&0&1&1\\0&0&0&0\end{bmatrix},$$

所以,方程组的一般解为

$$\begin{cases}x_1=3,\\x_2=2,\\x_3=1.\end{cases}$$

例 5 – 42 的解中没有自由量,因此,它只有唯一解.

【例 5 – 43】　解线性方程组

$$\begin{cases}x_1+x_2+x_3=1,\\-x_1+2x_2-4x_3=2,\\2x_1+5x_2-x_3=3.\end{cases}$$

解　因为

$$[\boldsymbol{A}\quad\boldsymbol{B}]=\begin{bmatrix}1&1&1&1\\-1&2&-4&2\\2&5&-1&3\end{bmatrix}\to\begin{bmatrix}1&1&1&1\\0&3&-3&3\\0&3&-3&1\end{bmatrix}$$

$$\to\begin{bmatrix}1&1&1&1\\0&3&-3&3\\0&0&0&-2\end{bmatrix},$$

阶梯形矩阵的第三行“0,0,0, – 2” 所表示的方程为:$0x_1+0x_2+0x_3=-2$,无论 x_1,x_2,x_3 取何值,都不满足这个方程. 所以,原方程组无解.

【例 5 – 43】　解线性方程组

$$\begin{cases}x_1-3x_2+2x_3+x_4=0,\\2x_1+4x_2-x_3-3x_4=0,\\-x_1-7x_2+3x_3+4x_4=0,\\3x_1+x_2+x_3-2x_4=0.\end{cases}$$

解　因为

$$[\boldsymbol{A}\quad\boldsymbol{B}]=\begin{bmatrix}1&-3&2&1&0\\2&4&-1&-3&0\\-1&-7&3&4&0\\3&1&1&-2&0\end{bmatrix}\to\begin{bmatrix}1&-3&2&1&0\\0&10&-5&-5&0\\0&-10&5&5&0\\0&10&-5&-5&0\end{bmatrix}$$

$$\rightarrow\begin{bmatrix}1 & -3 & 2 & 1 & 0\\0 & 10 & -5 & -5 & 0\\0 & 0 & 0 & 0 & 0\\0 & 0 & 0 & 0 & 0\end{bmatrix}\rightarrow\begin{bmatrix}1 & 0 & 0.5 & -0.5 & 0\\0 & 1 & -0.5 & -0.5 & 0\\0 & 0 & 0 & 0 & 0\\0 & 0 & 0 & 0 & 0\end{bmatrix},$$

所以,方程组的一般解为$\begin{cases}x_1 = -0.5x_3 + 0.5x_4,\\x_2 = 0.5x_3 + 0.5x_4,\end{cases}$其中 x_3,x_4 是自由量.

由例 5 - 43 可知,齐次线性方程组 $\boldsymbol{AX} = \boldsymbol{O}$ 的增广矩阵中,最后一列元素全部是 0,即 $[\boldsymbol{A} \quad \boldsymbol{B}] = [\boldsymbol{A} \quad \boldsymbol{O}]$. 利用初等行变换将$[\boldsymbol{A} \quad \boldsymbol{O}]$化成行简化阶梯形矩阵所得一般解,与利用初等行变换将系数矩阵 $\boldsymbol{A}$ 化成阶梯形矩阵所得一般解,结果一样. 因此,解齐次线性方程组时,只要将系数矩阵 $\boldsymbol{A}$ 化成行简化阶梯形矩阵,即可得到一般解.

综上所述,用消元法解线性方程组 $\boldsymbol{AX} = \boldsymbol{B}$(或 $\boldsymbol{AX} = \boldsymbol{O}$)的具体步骤如下:

首先写出增广矩阵$[\boldsymbol{A} \quad \boldsymbol{B}]$(或系数矩阵 $\boldsymbol{A}$),并用初等行变换将其化成阶梯形矩阵;然后判断方程组是否有解;在有解的情况下,继续用初等行变换将阶梯形矩阵化成简化阶梯形矩阵,再写出方程组的一般解.

前面介绍了用消元法解线性方程组的方法,通过例题可知,线性方程组解的情况有三种:无穷多解、唯一解和无解. 归纳求解过程,实际上就是对方程组(5 - 21)的增广矩阵

$$[\boldsymbol{A} \quad \boldsymbol{B}] = \begin{bmatrix}a_{11} & a_{12} & \cdots & a_{1n} & b_1\\a_{21} & a_{22} & \cdots & a_{2n} & b_2\\\vdots & \vdots & & \vdots & \vdots\\a_{m1} & a_{m2} & \cdots & a_{mn} & b_m\end{bmatrix}$$

进行初等变换,将其化成如下形式的阶梯形矩阵:

$$\begin{bmatrix}c_{11} & c_{12} & \cdots & c_{1r} & \cdots & c_{1n} & d_1\\0 & c_{22} & \cdots & c_{2r} & \cdots & c_{2n} & d_2\\\vdots & \vdots & & \vdots & & \vdots & \vdots\\0 & 0 & \cdots & c_{rr} & \cdots & c_{rn} & d_r\\0 & 0 & \cdots & 0 & \cdots & 0 & d_{r+1}\\\vdots & \vdots & & \vdots & & \vdots & \vdots\\0 & 0 & \cdots & 0 & \cdots & 0 & 0\end{bmatrix}, \tag{5-27}$$

其中 $c_{ii} \neq 0(i = 1,2,\cdots,r)$,或

$$\begin{bmatrix}c_{11} & \cdots & * & * & \cdots & * & c_{1s} & \cdots & c_{1n} & d_1\\0 & \cdots & 0 & c_{2k} & \cdots & * & c_{2s} & \cdots & c_{2n} & d_2\\\vdots & & \vdots & \vdots & & \vdots & \vdots & & \vdots & \vdots\\0 & \cdots & 0 & 0 & \cdots & 0 & c_{rs} & \cdots & c_{rn} & d_r\\0 & \cdots & 0 & 0 & \cdots & 0 & 0 & \cdots & 0 & d_{r+1}\\\vdots & & \vdots & \vdots & & \vdots & \vdots & & \vdots & \vdots\\0 & \cdots & 0 & 0 & \cdots & 0 & 0 & \cdots & 0 & 0\end{bmatrix} \tag{5-28}$$

由定理 5 - 8 可知,阶梯形矩阵(5 - 27)和(5 - 28)所表示的方程组与方程组(5 - 21)是同解方程组,于是由矩阵(5 - 27)和(5 - 28)可得方程组(5 - 21)的解的结论:

1. 当 $d_{r+1} \neq 0$ 时,阶梯形矩阵(5 - 27)和(5 - 28)所表示的方程组中的第 $r+1$ 个方程

“$0 = d_{r+1}$”是一个矛盾方程，因此，方程组(5 - 21)无解.

2. 当 $d_{r+1} = 0$ 时，方程组(5 - 21)有解，并且解有两种情况：

(1) 如果 $r = n$，则阶梯形矩阵(5 - 27)表示的方程组为

$$\begin{cases} c_{11}x_1 + c_{12}x_2 + \cdots + c_{1n}x_n = d_1, \\ \qquad c_{22}x_2 + \cdots + c_{2n}x_n = d_2, \\ \qquad \cdots\cdots\cdots\cdots \\ \qquad\qquad c_{nn}x_n = d_n. \end{cases}$$

用回代的方法，自下而上依次求出 $x_n, x_{n-1}, \cdots, x_1$ 的值. 因此，方程组(5 - 21)有唯一解.

(2) 如果 $r < n$，则阶梯形矩阵(5 - 27)表示的方程组为

$$\begin{cases} c_{11}x_1 + c_{12}x_2 + \cdots + c_{1r}x_r + \cdots + c_{1n}x_n = d_1 \\ \qquad c_{22}x_2 + \cdots + c_{2r}x_r + \cdots + c_{2n}x_n = d_2 \\ \qquad \cdots\cdots\cdots\cdots \\ \qquad\qquad c_{rr}x_r + \cdots + c_{rn}x_n = d_r \end{cases}$$

将后 $n - r$ 个未知量项移至等号的右端，得

$$\begin{cases} c_{11}x_1 + c_{12}x_2 + \cdots + c_{1r}x_r = d_1 - c_{1,r+1}x_{r+1} - \cdots - c_{1n}x_n \\ \qquad c_{22}x_2 + \cdots + c_{2r}x_r = d_2 - c_{2,r+1}x_{r+1} - \cdots - c_{2n}x_n \\ \qquad \cdots\cdots\cdots\cdots \\ \qquad\qquad c_{rr}x_r = d_r - c_{r,r+1}x_{r+1} - \cdots - c_{rn}x_n \end{cases}$$

其中 $x_{r+1}, \cdots, x_n$ 为自由未知量. 由于自由未知量 $x_{r+1}, \cdots, x_n$ 可以任意取值，因此，方程组(5 - 21)有无穷多解.

综上所述，方程组(5 - 21)是否有解，关键在于增广矩阵 $[\boldsymbol{A} \quad \boldsymbol{B}]$ 化成阶梯形矩阵后非零行的行数与系数矩阵 $\boldsymbol{A}$ 化成阶梯形矩阵后非零行的行数是否相等. 由矩阵的秩的定义可知，一个矩阵经过初等行变换化成阶梯形矩阵后，其非零行的行数就是该矩阵的秩. 因此，线性方程组是否有解，就可以用其系数矩阵和增广矩阵的秩来描述了.

定理 5 - 9(线性方程组有解判别定理)　线性方程组(5 - 21)有解的充分必要条件是其系数矩阵与增广矩阵的秩相等. 即

$$r(\boldsymbol{A}) = r[\boldsymbol{A} \quad \boldsymbol{B}].$$

推论 1　线性方程组(5 - 21)有唯一解的充分必要条件是 $r(\boldsymbol{A}) = r[\boldsymbol{A} \quad \boldsymbol{B}] = n$.

推论 2　线性方程组(5 - 21)有无穷多解的充分必要条件是 $r(\boldsymbol{A}) = r[\boldsymbol{A} \quad \boldsymbol{B}] < n$.

将上述结论应用到齐次线性方程组(5 - 22)上，则总有 $r(\boldsymbol{A}) = r[\boldsymbol{A} \quad \boldsymbol{B}]$. 因此齐次线性方程组一定有解.

推论 3　齐次线性方程组(5 - 22)只有零解的充分必要条件是 $r(\boldsymbol{A}) = n$.

推论 4　齐次线性方程组(5 - 22)有非零解的充分必要条件是 $r(\boldsymbol{A}) < n$.

特别地，当齐次线性方程组(5 - 22)中，方程个数少于未知量个数($m < n$)时，必有 $r(\boldsymbol{A}) < n$. 这时方程组(5 - 22)一定有非零解.

【例 5 - 44】　判别下列方程组是否有解?若有解，是有唯一解还是有无穷多解?

(1)$\begin{cases} x_1+2x_2-3x_3=-11, \\ -x_1-x_2+x_3=7, \\ 2x_1-3x_2+x_3=6, \\ -3x_1+x_2+2x_3=4; \end{cases}$ (2)$\begin{cases} x_1+2x_2-3x_3=-11, \\ -x_1-x_2+2x_3=7, \\ 2x_1-3x_2+x_3=6, \\ -3x_1+x_2+2x_3=5. \end{cases}$

解 (1)用初等行变换将增广矩阵化成阶梯形矩阵,即

$$[\boldsymbol{A}\quad \boldsymbol{B}]=\begin{bmatrix} 1 & 2 & -3 & -11 \\ -1 & -1 & 1 & 7 \\ 2 & -3 & 1 & 6 \\ -3 & 1 & 2 & 4 \end{bmatrix}\to\begin{bmatrix} 1 & 2 & -3 & -11 \\ 0 & 1 & -2 & -4 \\ 0 & -7 & 7 & 28 \\ 0 & 7 & -7 & -29 \end{bmatrix}$$

$$\to\begin{bmatrix} 1 & 2 & -3 & -11 \\ 0 & 1 & -2 & -4 \\ 0 & 0 & -7 & 0 \\ 0 & 0 & 0 & -1 \end{bmatrix}.$$

因为$r[\boldsymbol{A}\quad \boldsymbol{B}]=4$,$r(\boldsymbol{A})=3$,两者不等,所以方程组无解.

(2)用初等行变换将增广矩阵化成阶梯形矩阵,即

$$[\boldsymbol{A}\quad \boldsymbol{B}]=\begin{bmatrix} 1 & 2 & -3 & -11 \\ -1 & -1 & 2 & 7 \\ 2 & -3 & 1 & 6 \\ -3 & 1 & 2 & 5 \end{bmatrix}\to\cdots\to\begin{bmatrix} 1 & 2 & -3 & -11 \\ 0 & 1 & -1 & -4 \\ 0 & 0 & 0 & 0 \\ 0 & 0 & 0 & 0 \end{bmatrix}.$$

因为$r[\boldsymbol{A}\quad \boldsymbol{B}]=r(\boldsymbol{A})=2<n(=3)$,所以方程组有无穷多解.

【例 5 - 45】 判别下列齐次方程组是否有非零解?

$$\begin{cases} x_1+3x_2-7x_3-8x_4=0, \\ 2x_1+5x_2+4x_3+4x_4=0, \\ -3x_1-7x_2-2x_3-3x_4=0, \\ x_1+4x_2-12x_3-16x_4=0. \end{cases}$$

解 用初等行变换将系数矩阵化成阶梯形矩阵,即

$$\boldsymbol{A}=\begin{bmatrix} 1 & 3 & -7 & -8 \\ 2 & 5 & 4 & 4 \\ -3 & -7 & -2 & -3 \\ 1 & 4 & -12 & -16 \end{bmatrix}\to\begin{bmatrix} 1 & 3 & -7 & -8 \\ 0 & -1 & 18 & 20 \\ 0 & 2 & -23 & -27 \\ 0 & 1 & -5 & -8 \end{bmatrix}$$

$$\to\begin{bmatrix} 1 & 3 & -7 & -8 \\ 0 & -1 & 18 & 20 \\ 0 & 0 & 13 & 13 \\ 0 & 0 & 3 & 12 \end{bmatrix}\to\begin{bmatrix} 1 & 3 & -7 & -8 \\ 0 & -1 & 18 & 20 \\ 0 & 0 & 13 & 13 \\ 0 & 0 & 0 & -1 \end{bmatrix}$$

因为$r(\boldsymbol{A})=4=n$,所以齐次方程组只有零解.

【例 5 - 46】 问 a、b 取何值时,下列方程组无解,有唯一解,有无穷多解?

$$\begin{cases} x_1 + \quad 2x_3 = -1, \\ -x_1 + x_2 - 3x_3 = 2, \\ 2x_1 - x_2 + ax_3 = b. \end{cases}$$

解　由

$$[\boldsymbol{A}\quad \boldsymbol{B}] = \begin{bmatrix} 1 & 0 & 2 & -1 \\ -1 & 1 & -3 & 2 \\ 2 & -1 & a & b \end{bmatrix} \to \begin{bmatrix} 1 & 0 & 2 & -1 \\ 0 & 1 & -1 & 1 \\ 0 & -1 & a-4 & b+2 \end{bmatrix}$$

$$\to \begin{bmatrix} 1 & 0 & 2 & -1 \\ 0 & 1 & -1 & 1 \\ 0 & 0 & a-5 & b+3 \end{bmatrix}$$

可知，当 $a = 5$，而 $b \neq -3$ 时，$r(\boldsymbol{A}) = 2$，$r[\boldsymbol{A}\quad \boldsymbol{B}] = 3$，方程组无解；

当 $a \neq 5$ 时，$r(\boldsymbol{A}) = r[\boldsymbol{A}\quad \boldsymbol{B}] = 3$，方程组有唯一解；

当 $a = 5$ 而 $b = -3$ 时，$r(\boldsymbol{A}) = r[\boldsymbol{A}\quad \boldsymbol{B}] = 2$，方程组有无穷多解.

5.3.2　计算机技术中的应用

矩阵化技术在现代管理科学、自然科学、工程技术等各个领域都得到了广泛的应用. 随着互联网和计算机技术的迅速发展，矩阵化技术在计算机技术中的基础性地位日益突出. 下面举几例矩阵化技术在计算机技术中的应用.

【例 5 - 47】　用逆阵进行保密编译码

在英文中有一种对消息进行保密的措施，就是把消息中的英文字母用一个整数来表示，然后传送这组整数. 例如；“SEND MONEY” 这 9 个字母就用下面 9 个数来表示：

5,8,10,21,7,2,10,8,3

5 代表 S，8 代表 E，… 这种方法是很容易被破译的. 在一个很长的消息中，根据数字出现的频率，往往可以大体估计出它所代表的字母. 例如出现频率特别高的数字，很可能对应出现频率最高的字母 E.

可以用矩阵乘法来对这个消息进一步加密. 假如 $\boldsymbol{A}$ 是一个行列式等于 ± 1 的整数矩阵，则 A^{-1} 的元素也必定是整数. 可以用这样一个矩阵来对消息进行交换. 而经过这样变换过的消息就较难破泽. 为了说明问题，设

$$\boldsymbol{A} = \begin{bmatrix} 1 & 2 & 1 \\ 2 & 5 & 3 \\ 2 & 3 & 2 \end{bmatrix}, \text{可得 } \boldsymbol{A}^{-1} = \begin{bmatrix} 1 & -1 & 1 \\ 2 & 0 & -1 \\ -4 & 1 & 1 \end{bmatrix}.$$

把编了码的消息也组成一个矩阵

$$\boldsymbol{B} = \begin{bmatrix} 5 & 21 & 10 \\ 8 & 7 & 8 \\ 10 & 2 & 3 \end{bmatrix},$$

则乘积

$$\boldsymbol{AB}=\begin{bmatrix}1&2&1\\2&5&3\\2&3&2\end{bmatrix}\begin{bmatrix}5&21&10\\8&7&8\\10&2&3\end{bmatrix}=\begin{bmatrix}31&37&29\\80&83&69\\54&67&50\end{bmatrix}.$$

所以发出的消息为:31,80,54,37,83,67,29,69,50. 注意原来的两个 8 和两个 10,在变换后成为不同的数字,所以就难于按其出现的频率来破译了. 而接受方只要将这个消息乘以 $\boldsymbol{A}^{-1}$ 就可以恢复原来的消息.

$$\begin{bmatrix}1&-1&1\\2&0&-1\\-4&1&1\end{bmatrix}\begin{bmatrix}31&37&29\\80&83&69\\54&67&50\end{bmatrix}=\begin{bmatrix}5&21&10\\8&7&8\\10&2&3\end{bmatrix}.$$

【例 5 - 48】 图像的处理技术

假设有一幅灰度图像,其中的一个图像块用矩阵表示为

$$\boldsymbol{A}=\begin{bmatrix}64&2&3&61&60&6&7&57\\9&55&54&12&13&51&50&16\\17&47&46&20&21&43&42&24\\40&26&27&37&36&30&31&33\\32&34&35&29&28&38&39&25\\41&23&22&44&45&19&18&48\\49&15&14&52&53&11&10&56\\8&58&59&5&4&62&63&1\end{bmatrix}$$

一个图像块是一个二维的数据阵列,可以先对阵列的每一行进行一维小波变换(即矩阵的一种初等变换),然后对行变换之后的阵列的每一列进行一维小波变换,最后对经过变换之后的图像数据阵列进行编码.

(1) 求均值与差值

利用一维的非规范化哈尔小波变换对图像矩阵的每一行进行变换,即求均值与差值. 在图像块矩阵 $\boldsymbol{A}$ 中,第一行的像素值为

$$\text{R0}:[6\quad 2\quad 3\quad 61\quad 60\quad 6\quad 7\quad 57].$$

步骤 1:在 R0 行上取每一对像素的平均值,并将结果放到新一行 N0 的前 4 个位置,其余的 4 个数是 R0 行每一对像素的差值的一半(细节系数):

$$\text{R0}:[64\quad 2\quad 3\quad 61\quad 60\quad 6\quad 7\quad 57],$$
$$\text{N0}:[33\quad 32\quad 33\quad 32\quad 31\quad -29\quad 27\quad -25].$$

步骤 2:对行 N0 的前 4 个数使用与第一步相同的方法,得到两个平均值和两个细节系数,并放在新一行 N1 的前 4 个位置,其余的 4 个细节系数直接从行 N0 复制到 N1 的相应位置上:

$$\text{N1}:[32.5\quad 32.5\quad 0.5\quad 0.5\quad 31\quad -29\quad 27\quad -25].$$

步骤 3:用与步骤 1 和 2 相同的方法,对剩余的一对平均值求平均值和差值,

$$\text{N2}:[32.5\quad 0\quad 0.5\quad 0.5\quad 31\quad -29\quad 27\quad -25],$$

其中,第一个元素是该行像素值的平均值,其余的是这行的细节系数.

(2) 计算图像矩阵

使用(1) 中求均值和差值的方法,对矩阵的每一行进行计算,得到行变换后的矩阵:

$$
\boldsymbol{A}_R=\begin{bmatrix}
32.5 & 0 & 0.5 & 0.5 & 31 & -29 & 27 & -25\\
32.5 & 0 & -0.5 & -0.5 & -23 & 21 & -19 & 17\\
32.5 & 0 & -0.5 & -0.5 & -15 & 13 & -11 & 9\\
32.5 & 0 & 0.5 & 0.5 & 7 & -5 & 3 & -1\\
32.5 & 0 & 0.5 & 0.5 & -1 & 3 & -5 & -7\\
32.5 & 0 & -0.5 & -0.5 & 9 & -11 & 13 & -15\\
32.5 & 0 & -0.5 & -0.5 & 17 & -19 & 21 & -23\\
32.5 & 0 & 0.5 & 0.5 & -25 & 27 & -29 & 31
\end{bmatrix},
$$

其中,每一行的第一个元素是该行像素值的平均值,其余的是这行的细节系数. 使用同样的方法,再对每一列进行计算,得到:

$$
\boldsymbol{A}_{RC}=\begin{bmatrix}
32.5 & 0 & 0 & 0 & 0 & 0 & 0 & 0\\
0 & 0 & 0 & 0 & 0 & 0 & 0 & 0\\
0 & 0 & 0 & 0 & 4 & -4 & 4 & -4\\
0 & 0 & 0 & 0 & 4 & -4 & 4 & -4\\
0 & 0 & 0.5 & 0.5 & 27 & -25 & 23 & -21\\
0 & 0 & -0.5 & -0.5 & -11 & 9 & -7 & 5\\
0 & 0 & 0.5 & 0.5 & -5 & 7 & -9 & 11\\
0 & 0 & -0.5 & -0.5 & 21 & -23 & 25 & -27
\end{bmatrix},
$$

其中,左上角的元素表示整个图像块的像素值的平均值,其余是该图像块的细节系数.

如果从矩阵中去掉表示图像的某些细节系数,事实证明重构的图像质量仍然可以接受. 具体做法是设置一个阈值(即限值),例如设置一个阈值为"5",则细节系数$\delta \leqslant 5$就把它当作"0" 看待,这样经过变换之后的上面的矩阵就变成

$$
\boldsymbol{A}_\delta=\begin{bmatrix}
32.5 & 0 & 0 & 0 & 0 & 0 & 0 & 0\\
0 & 0 & 0 & 0 & 0 & 0 & 0 & 0\\
0 & 0 & 0 & 0 & 0 & 0 & 0 & 0\\
0 & 0 & 0 & 0 & 0 & 0 & 0 & 0\\
0 & 0 & 0 & 0 & 27 & -25 & 23 & -21\\
0 & 0 & 0 & 0 & -11 & 9 & -7 & 0\\
0 & 0 & 0 & 0 & 0 & 7 & -9 & 11\\
0 & 0 & 0 & 0 & 21 & -23 & 25 & -27
\end{bmatrix}
$$

与 $\boldsymbol{A}_{RC}$ 相比,$\boldsymbol{A}_\delta$ 中"0" 的数目增加了 18 个,也就是去掉了 18 个细节系数. 这样做的好处是可提高小波图像编码的效率. 对矩阵进行逆变换,得到了重构的近似矩阵

$$\widetilde{A}=\begin{bmatrix}59.5&5.5&7.5&57.5&55.5&9.5&11.5&53.5\\5.5&59.5&57.5&7.5&9.5&55.5&53.5&11.5\\21.5&43.5&41.5&23.5&25.5&39.5&32.5&32.5\\43.5&21.5&23.5&41.5&39.5&25.5&32.5&32.5\\32.5&32.5&39.5&25.5&23.5&41.5&43.5&21.5\\32.5&32.5&25.5&39.5&41.5&23.5&21.5&43.5\\53.5&11.5&9.5&55.5&57.5&7.5&5.5&59.5\\11.5&53.5&55.5&9.5&7.5&57.5&59.5&5.5\end{bmatrix}$$

将原图像块矩阵和重构的数据用彩色图表示如图 5 －2. 对比两图后可见,经过变换并且去掉某些细节系数之后重构的图,其图像质量的损失还是能够接受的.

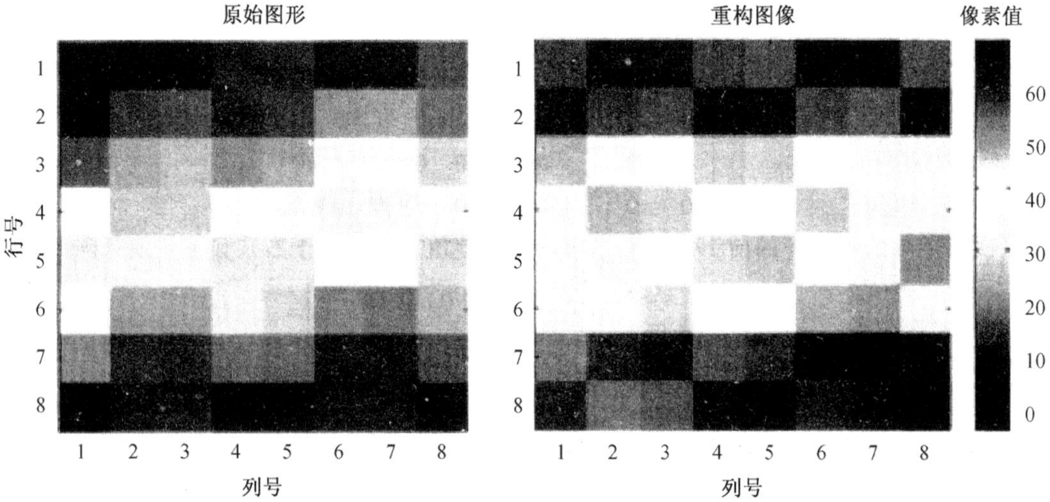

图 5 －2　原图与重构图像的比较

(3) 使用矩阵化技术

由于图像可用矩阵表示,而对图像的变换就是求平均值和求差值这样的线性变换,可以使用变换矩阵 $\boldsymbol{M}_i$ 与矩阵 $\boldsymbol{A}$ 相乘来代替. 如第一次对矩阵的每一行求均值和差值,对应于右乘如下变换矩阵:

$$M_1=\begin{bmatrix}\frac{1}{2}&0&0&0&\frac{1}{2}&0&0&0\\ \frac{1}{2}&0&0&0&-\frac{1}{2}&0&0&0\\ 0&\frac{1}{2}&0&0&0&\frac{1}{2}&0&0\\ 0&\frac{1}{2}&0&0&0&-\frac{1}{2}&0&0\\ 0&0&\frac{1}{2}&0&0&0&\frac{1}{2}&0\\ 0&0&\frac{1}{2}&0&0&0&-\frac{1}{2}&0\\ 0&0&0&\frac{1}{2}&0&0&0&\frac{1}{2}\\ 0&0&0&\frac{1}{2}&0&0&0&-\frac{1}{2}\end{bmatrix}.$$

类似地，第二次对矩阵的每一行的前一半元素求均值和差值，则对应于右乘如下变换矩阵

$$M_2=\begin{bmatrix}\frac{1}{2}&0&\frac{1}{2}&0&0&0&0&0\\ \frac{1}{2}&0&-\frac{1}{2}&0&0&0&0&0\\ 0&\frac{1}{2}&0&\frac{1}{2}&0&0&0&0\\ 0&\frac{1}{2}&0&-\frac{1}{2}&0&0&0&0\\ 0&0&0&0&1&0&0&0\\ 0&0&0&0&0&1&0&0\\ 0&0&0&0&0&0&1&0\\ 0&0&0&0&0&0&0&1\end{bmatrix},$$

而第三次对矩阵的每一行的前$\frac{1}{4}$的元素求均值和差值，则对应于右乘如下变换矩阵

$$M_3=\begin{bmatrix}\frac{1}{2}&\frac{1}{2}&0&0&0&0&0&0\\ \frac{1}{2}&-\frac{1}{2}&0&0&0&0&0&0\\ 0&0&1&0&0&0&0&0\\ 0&0&0&1&0&0&0&0\\ 0&0&0&0&1&0&0&0\\ 0&0&0&0&0&1&0&0\\ 0&0&0&0&0&0&1&0\\ 0&0&0&0&0&0&0&1\end{bmatrix},$$

即：$\boldsymbol{A}_R=\boldsymbol{A}\boldsymbol{M}_1\boldsymbol{M}_2\boldsymbol{M}_3$. 若设

$$W = M_1M_2M_3 = \begin{bmatrix} \frac{1}{8} & \frac{1}{8} & \frac{1}{4} & 0 & \frac{1}{2} & 0 & 0 & 0 \\ \frac{1}{8} & \frac{1}{8} & \frac{1}{4} & 0 & -\frac{1}{2} & 0 & 0 & 0 \\ \frac{1}{8} & \frac{1}{8} & -\frac{1}{4} & 0 & 0 & \frac{1}{2} & 0 & 0 \\ \frac{1}{8} & \frac{1}{8} & -\frac{1}{4} & 0 & 0 & -\frac{1}{2} & 0 & 0 \\ \frac{1}{8} & -\frac{1}{8} & 0 & \frac{1}{4} & 0 & 0 & \frac{1}{2} & 0 \\ \frac{1}{8} & -\frac{1}{8} & 0 & \frac{1}{4} & 0 & 0 & -\frac{1}{2} & 0 \\ \frac{1}{8} & -\frac{1}{8} & 0 & -\frac{1}{4} & 0 & 0 & 0 & \frac{1}{2} \\ \frac{1}{8} & -\frac{1}{8} & 0 & -\frac{1}{4} & 0 & 0 & 0 & -\frac{1}{2} \end{bmatrix}$$

则 $\boldsymbol{A}_R = \boldsymbol{A}\boldsymbol{W}$,再对其进行列变换得

$$\boldsymbol{T} = \boldsymbol{A}_{RC} = \boldsymbol{W}^{\mathrm{T}}\boldsymbol{A}_{\mathrm{R}} = \boldsymbol{W}^{\mathrm{T}}\boldsymbol{A}\boldsymbol{W},$$

由此可得哈尔小波的逆变换为

$$\boldsymbol{A} = \boldsymbol{W}^{\mathrm{T}-1}\boldsymbol{T}\boldsymbol{W}^{-1} = (W^{-1})^{\mathrm{T}}\boldsymbol{T}\boldsymbol{W}^{-1}.$$

上述变换的图像如图 5 - 3 所示.

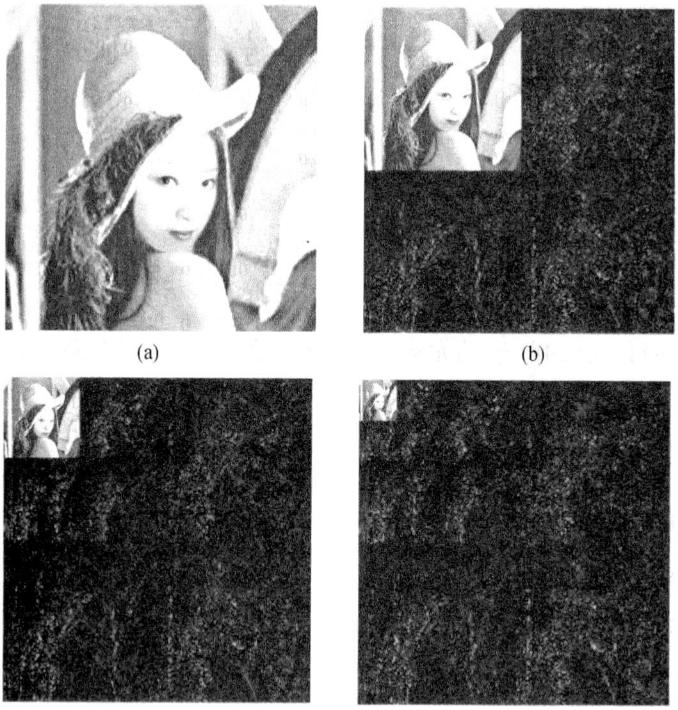

(a) (b) (c) (b)

图 5 - 3

(a) 原始图像;(b)1/4 分辨率图像;(c)1/8 分辨率图像;(d)1/16 分辨率图像

5.3.3　矩阵形式的模型建立

在实际问题中,有大量需要利用矩阵的形式来建立数学模型的例子.

【例 5 - 49】　用矩阵的形式创建情报检索模型.

因特网上数字图书馆的发展对情报的存储和检索提出了更高的要求,现代情报检索技术就构筑在矩阵理论的基础上. 通常,数据库中收集了大量的文件(书籍),我们希望从中搜索出那些能与特定关键词相匹配的文件. 文件的类型可以是杂志中的研究报告,因特网上的网页,图书馆中的书或胶片库中的电影等.

假如数据库中包含了 n 个文件,而搜索所用的关键词有 m 个,如果关键词按字母顺序排列,我们就可以把数据库表示为 $m \times n$ 的矩阵 $\boldsymbol{A}$. 其中每个关键词占矩阵的一行,每个文件用矩阵的列表示. $\boldsymbol{A}$ 的第 j 列的第一个元素是一个数,它表示第一个关键词出现的频率;第二个元素表示第二个关键词出现的频率;…,依此类推. 用于搜索的关键词清单 $\mathbf{R}^m$ 空间的列向量 x 表示. 如果关键词清单中第 i 个关键词在搜索列中出现,则 x 的第 i 个元素就赋值1,否则就赋值 0. 为了进行搜索,只要把 $\boldsymbol{A}^{\mathrm{T}}$ 乘以 x.

假如,数据库包含有以下书名:

B1:应用线性代数,B2:初等线性代数,B3:初等线性代数及其应用,B4:线性代数及其应用,B5:线性代数及应用,B6:矩阵代数及应用,B7:矩阵理论. 而搜索的六个关键词组成的集按以下的拼音字母次序排列:

初等,代数,矩阵,理论,线性,应用

因为这些关键词在书名中最多只出现一次,所以其相对频率数不是0就是1. 当第 i 个关键词出现在第 j 本书名上时,元素 $\boldsymbol{A}(i,j)$ 就等于1,否则就等于0. 这样我们的数据库矩阵可以用表 5 - 1 表示.

表 5 - 1

关键词	书						
	B1	B2	B3	B4	B5	B6	B7
初等	0	1	1	0	0	0	0
代数	1	1	1	1	1	1	0
矩阵	0	0	0	0	0	1	1
理论	0	0	0	0	0	0	1
线性	1	1	1	1	1	0	0
应用	1	0	1	1	1	1	0

假如读者输入的关键词是“应用,线性,代数”,则数据库矩阵和搜索向量为

$$A=\begin{bmatrix}0&1&1&0&0&0&0\\1&1&1&1&1&1&0\\0&0&0&0&0&1&1\\0&0&0&0&0&0&1\\1&1&1&1&1&0&0\\1&0&1&1&1&1&0\end{bmatrix},x=\begin{bmatrix}0\\1\\0\\0\\1\\1\end{bmatrix}$$

搜索结果可以表示为两者的乘积:$y=A^{\mathrm{T}}x$,于是可得

$$y=A^{\mathrm{T}}x=\begin{bmatrix}0&1&0&0&1&1\\1&1&0&0&1&0\\1&1&0&0&1&1\\0&1&0&0&1&1\\0&1&0&0&1&1\\0&1&1&0&0&1\\0&0&1&1&0&0\end{bmatrix}\begin{bmatrix}0\\1\\0\\0\\1\\1\end{bmatrix}=\begin{bmatrix}3\\2\\3\\3\\3\\2\\0\end{bmatrix}.$$

y 的各个分量就表示各书与搜索向量匹配的程度. 因为 $y_1=y_3=y_4=y_5=3$,说明四本书 B1,B3,B4,B5 必然包含所有三个关键词. 这四本书就被认为具有最高的匹配度,因而在搜索的结果中会把这几本书排在最前面.

【例 5 - 50】 用矩阵的形式创建罪犯捉拿归案模型.

公安干警在掌握了全部信息后,决定把全部罪犯捉拿归案. 为了防止罪犯之间互相串供,干警在第一次行动时至少要捉拿哪些罪犯为好,这就需要制定一个捉拿方案.

先考虑下面这种简化了的七个人的情况:

用顶点 $v_1,v_2,\cdots,v_7$ 表示案件中的七个人,图中的边 (v_i,v_j) 表示 v_i 可能与 v_j 会串供. 因为公安干警掌握了这一案件的全部信息,于是可以建立如图 5 - 4 所示的模型.

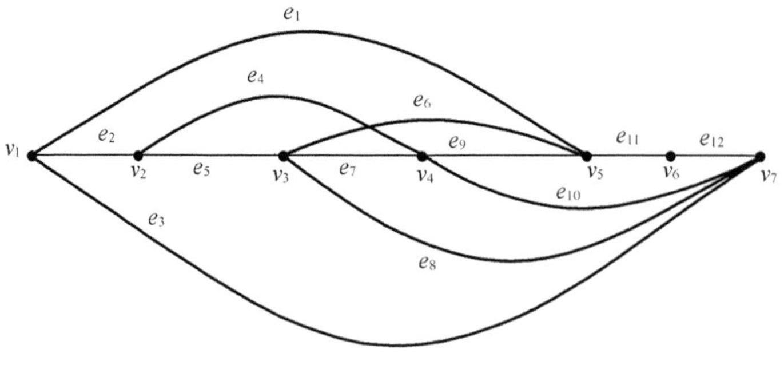

图 5 - 4

图 5 - 4 表示的是一个图的概念(详见第 8 章),图可以用矩阵表示,矩阵的化简可以借助计算机进行,即把图先变换成矩阵,然后用计算机处理,最后再把处理的结果还原为图.

图 5 - 4 的关联矩阵为

$$R = \begin{bmatrix} 1 & 1 & 1 & 0 & 0 & 0 & 0 & 0 & 0 & 0 & 0 & 0 \\ 0 & 1 & 0 & 1 & 1 & 0 & 0 & 0 & 0 & 0 & 0 & 0 \\ 0 & 0 & 0 & 0 & 1 & 1 & 1 & 1 & 0 & 0 & 0 & 0 \\ 0 & 0 & 0 & 1 & 0 & 0 & 1 & 0 & 1 & 1 & 0 & 0 \\ 1 & 0 & 0 & 0 & 0 & 1 & 0 & 0 & 1 & 0 & 1 & 0 \\ 0 & 0 & 0 & 0 & 0 & 0 & 0 & 0 & 0 & 0 & 1 & 1 \\ 0 & 0 & 1 & 0 & 0 & 0 & 0 & 1 & 0 & 1 & 0 & 1 \end{bmatrix} \begin{matrix} v_1 \\ v_2 \\ v_3 \\ v_4 \\ v_5 \\ v_6 \\ v_7 \end{matrix}$$

$$\begin{matrix} e_1 & e_2 & e_3 & e_4 & e_5 & e_6 & e_7 & e_8 & e_9 & e_{10} & e_{11} & e_{12} \end{matrix}$$

现在来考虑第一次行动至少要捉拿几个罪犯这一问题，我们考虑捉拿 v_1,v_2,v_3,v_4,v_5,v_6 是可以的，如果捉拿 v_1,v_3,v_4,v_5,v_6 也可防止 v_2 和 v_7 串供，捉拿 v_1,v_3,v_4,v_6 也是可以的. 分析过程是从图的顶点和边的关系考虑的，即用点控制所有的边.

事实上，需要从关联矩阵中找出捉拿的一个最佳方案.

从上到下观察图5－4的关联矩阵 $\boldsymbol{R}$ 的每一行，取出现1最多的排位靠前的一行. 如取 $\boldsymbol{v}_3$ 行，然后划去 v_3 行及 v_3 行中元素 1 所对应的列 e_5,e_6,e_7,e_8 得

$$R_1 = \begin{bmatrix} 1 & 1 & 1 & 0 & 0 & 0 & 0 & 0 \\ 0 & 1 & 0 & 1 & 0 & 0 & 0 & 0 \\ 0 & 0 & 0 & 1 & 1 & 1 & 0 & 0 \\ 1 & 0 & 0 & 0 & 1 & 0 & 1 & 0 \\ 0 & 0 & 0 & 0 & 0 & 0 & 1 & 1 \\ 0 & 0 & 1 & 0 & 0 & 1 & 0 & 1 \end{bmatrix} \begin{matrix} v_1 \\ v_2 \\ v_4 \\ v_5 \\ v_6 \\ v_7 \end{matrix}$$

$$\begin{matrix} e_1 & e_2 & e_3 & e_4 & e_9 & e_{10} & e_{11} & e_{12} \end{matrix}$$

对 $\boldsymbol{R}_1$ 继续上面的过程，取 v_1 行，划去 v_1 行及 v_1 行中元素 1 所对应的列 e_1,e_2,e_3 得

$$R_2 = \begin{bmatrix} 1 & 0 & 0 & 0 & 0 \\ 1 & 1 & 1 & 0 & 0 \\ 0 & 1 & 0 & 1 & 0 \\ 0 & 0 & 0 & 1 & 1 \\ 0 & 0 & 1 & 0 & 1 \end{bmatrix} \begin{matrix} v_2 \\ v_4 \\ v_5 \\ v_6 \\ v_7 \end{matrix}$$

$$\begin{matrix} e_4 & e_9 & e_{10} & e_{11} & e_{12} \end{matrix}$$

继续上述方法，取 v_4 行，得 $\boldsymbol{R}_3$.

$$R_3 = \begin{bmatrix} 0 & 0 \\ 1 & 0 \\ 1 & 1 \\ 0 & 1 \end{bmatrix} \begin{matrix} v_2 \\ v_5 \\ v_6 \\ v_7 \end{matrix}$$

$$\begin{matrix} e_{11} & e_{12} \end{matrix}$$

取 v_6 行，得 $\boldsymbol{R}_4 = 0$，过程结束.

因此对图 5 － 4 所示的七个人情况，第一次至少应将 v_1、v_3、v_4、v_6 四人抓获.

类似的，我们可以用同样的方法解决复杂一些的问题.

习题5－3

1. 选择题.

(1) 已知线性方程组

$$\begin{cases} x_1 + 2x_2 + x_3 = 1 \\ 2x_1 + 3x_2 + (a+2)x_3 = 3 \\ x_1 + ax_2 - 2x_3 = 0 \end{cases}$$

无解，则 $a=$（　　）.

A. 1　　B. 0　　C. -1　　D. -2

(2) 设 $\boldsymbol{A}$ 为 $m\times n$ 矩阵，线性方程组 $\boldsymbol{AX}=\boldsymbol{b}$ 对应的齐次线性方程组为 $\boldsymbol{AX}=\boldsymbol{O}$，则下述结论中正确的是（　　）.

A. 若 $\boldsymbol{AX}=\boldsymbol{O}$ 仅有零解. 则 $\boldsymbol{AX}=\boldsymbol{b}$ 有唯一解

B. 若 $\boldsymbol{AX}=\boldsymbol{O}$ 有非零鲫，则 $\boldsymbol{AX}=\boldsymbol{b}$ 有无穷多解

C. 若 $\boldsymbol{AX}=\boldsymbol{b}$ 有无穷多解，则 $\boldsymbol{AX}=\boldsymbol{O}$ 有非零解

D. 若 $\boldsymbol{AX}=\boldsymbol{b}$ 有无穷多解，则 $\boldsymbol{AX}=\boldsymbol{O}$ 仅有零解

(3) 若线性方程组 $\begin{cases} x_1 + (2-\lambda)x_2 = 1 \\ \lambda x_1 + x_2 = 2 \end{cases}$ 无解，则（　　）.

A. $\lambda=1$　　B. $\lambda\neq 1$　　C. $\lambda\neq 2$　　D. $\lambda=2$

(4) 已知 n 元线性方程组 $\boldsymbol{AX}=\boldsymbol{B}$，其增广矩阵为 $\overline{\boldsymbol{A}}$，则当（　　）时，方程组有无穷多解.

A. $r(\boldsymbol{A})=r(\overline{\boldsymbol{A}})$　　B. $r(\boldsymbol{A})<n$

C. $r(\overline{\boldsymbol{A}})<n$　　D. $r(\boldsymbol{A})=r(\overline{\boldsymbol{A}})<n$

(5) 下列线性方程组当 $a=$（　　）时有解：

$$\begin{cases} x_1 - x_2 = -1, \\ x_2 - x_3 = 2, \\ x_3 - x_4 = 1, \\ -x_1 + x_4 = a. \end{cases}$$

A. -1　　B. 1　　C. -2　　D. 2

(6) 设齐次线性方程组 $\boldsymbol{AX}=\boldsymbol{O}$ 含有 m 个方程，n 个未知量，则在下面（　　）的情况下，其仅有零解.

A. $m<n$　　B. $m=n$　　C. $m>n$　　D. $r(\boldsymbol{A})=n$

(7) 设齐次线性方程组 $AX=O$ 的系数矩阵为 $A=\begin{bmatrix} 1 & 3 & -2 & 1 \\ 0 & 0 & 0 & 1 \\ 0 & 0 & 0 & 0 \end{bmatrix}$，则（　　）

A. 此方程组无解

B. 此方程组有非零解，且可取 x_3,x_4 作为自由未知量

C. 此方程组仅有零解

D. 此方程组有非零解，且可取 x_1,x_2 作为自由未知量

2. **填空题.**

(1) 已知线性方程组 $\boldsymbol{AX}=\boldsymbol{B}$ 有解. 若系数矩阵 $\boldsymbol{A}$ 的秩 $r(\boldsymbol{A})=3$，则增广矩阵 $\overline{\boldsymbol{A}}$ 的秩 $r(\overline{\boldsymbol{A}})=(\quad)$.

(2) 若线性方程组 $\boldsymbol{AX}=\boldsymbol{B}$ 的增广矩阵 $\overline{\boldsymbol{A}}$ 经过初等行变换化为

$$\overline{\boldsymbol{A}}\to\begin{bmatrix}3 & 2 & 0 & 0\\0 & 0 & a+1 & 1\end{bmatrix},$$

则当 $a(\quad)$ 时，此线性方程组无解.

(3) 若五元齐次线性方程组 $\boldsymbol{AX}=\boldsymbol{O}$ 仅有零解，则 $r(\boldsymbol{A})=(\quad)$.

3. **计算题.**

(1) 用消元法解下列线性方程组.

① $\begin{cases}x_1+x_2-2x_3=-3,\\5x_1-2x_2+7x_3=22,\\2x_1-5x_2+4x_3=4;\end{cases}$　　② $\begin{cases}2x_1+x_2+3x_3=6,\\3x_1+2x_2+3x_3=1,\\5x_1+3x_2+4x_3=27;\end{cases}$

③ $\begin{cases}2x_1+5x_2+x_3+15x_4=7,\\x_1+2x_2-x_3+4x_4=2,\\x_1+3x_2+2x_3+11x_4=5.\end{cases}$

(2) 当 a 取何值时，线性方程组

$$\begin{cases}x_1+x_2-x_3=1,\\2x_1+3x_2+ax_3=3,\\x_1+ax_2+3x_3=2\end{cases}$$

无解？有唯一解？有无穷多解？当方程组有无穷多解时，求出其全部解.

(3) 用初等行变换法求下列齐次线性方程组：

① $\begin{cases}x_1-x_2+3x_3=0,\\x_1+2x_2+5x_3=0,\\x_1+5x_3=0;\end{cases}$　　② $\begin{cases}2x_1-4x_2+5x_3+3x_4=0,\\3x_1-6x_2+4x_3+2x_4=0,\\4x_1-8x_2+17x_3+11x_4=0;\end{cases}$

③ $\begin{cases}x_1-x_2+x_3=0,\\3x_1-2x_2-x_3=0,\\3x_1-x_2+5x_3=0,\\-2x_1+x_2+3x_3=0;\end{cases}$　　④ $\begin{cases}x_1+x_2-3x_4-x_5=0,\\x_1-x_2+2x_3-x_4+x_5=0,\\4x_1-2x_2+6x_3-6x_4-x_5=0,\\2x_1+4x_2-2x_3-8x_4-3x_5=0.\end{cases}$

(4) 当 λ 为何值时，线性方程组

$$\begin{cases}\lambda x_1+x_2+x_3=0,\\x_1+\lambda x_2+x_3=0,\\x_1+x_2+\lambda x_3=0\end{cases}$$

有非零解？并求出它的全部解.

知 识 拓 展

向量、特征值和特征向量

在中学解析几何中，通过建立直角坐标系，平面上的点与有序实数(a,b)一一对应，为研究几何问题提供了有力的工具和手段. 这样的有序数组(a,b)也称为二维向量. 在研究线性方程组解的结构时，我们需研究由更多实数组成的有序数组. 在科学技术，经济管理的许多问题中，这样的有序数组也起着重要作用. 因此，我们有必要推广二维向量的概念.

1. 向量的概念

n元线性方程$a_1x_1+a_2x_2+\cdots+a_nx_n=b$，可以用一个$n+1$元有序数组$(a_1,a_2,\cdots,a_n,b)$表示，$n$元线性方程组的一个解也可以用$n$元有序数组表示.

定义 1　由n个数$a_1,a_2,\cdots,a_n$组成的n元有序数组

$$\boldsymbol{\alpha}=\begin{bmatrix}a_1\\a_2\\\vdots\\a_n\end{bmatrix}$$

称为一个n维向量，记作$\boldsymbol{\alpha}$. 其中$a_i(i=1,2,\cdots,n)$称为n维向量$\boldsymbol{\alpha}$的第i个分量.

向量一般用小写希腊字母$\boldsymbol{\alpha}$、$\boldsymbol{\beta}$、$\boldsymbol{\gamma}$，$\cdots$表示.

向量有时也以下面的形式给出：

$$\boldsymbol{\alpha}^{\mathrm{T}}=(a_1a_2\cdots a_n).$$

一般的，称$\boldsymbol{\alpha}$为列向量，$\boldsymbol{\alpha}^{\mathrm{T}}$为行向量.

一个3×4矩阵

$$\boldsymbol{A}=\begin{bmatrix}1&2&1&3\\1&3&-4&4\\2&5&-3&7\end{bmatrix}$$

中的每一列都是由三个有序数组成的，因此都可以看作三维向量. 我们把这四个三维向量

$$\begin{bmatrix}1\\1\\2\end{bmatrix},\begin{bmatrix}2\\3\\5\end{bmatrix},\begin{bmatrix}1\\-4\\-3\end{bmatrix},\begin{bmatrix}3\\4\\7\end{bmatrix}$$

称为矩阵$\boldsymbol{A}$的列向量. 同样$\boldsymbol{A}$中每一行都是由四个有序数组成的，因此都可以看作四维向量. 我们把这三个四维向量

$$[1\quad2\quad1\quad3],[1\quad3\quad-4\quad4],[2\quad5\quad-3\quad7]$$

称为矩阵$\boldsymbol{A}$的行向量.

由此可知，n维向量和$n\times1$矩阵（即列矩阵）是本质相同的两个概念. 所以，在n维向量之间，我们规定n维向量相等、相加、数乘与列矩阵之间的相等、相加、数乘都是对应相同的.

【例 5 - 51】　在线性方程组(5 - 21)中，系数矩阵

$$A=\begin{bmatrix}a_{11} & a_{12} & \cdots & a_{1n}\\ a_{21} & a_{22} & \cdots & a_{2n}\\ \vdots & \vdots & & \vdots\\ a_{m1} & a_{m2} & \cdots & a_{mn}\end{bmatrix},$$

$\boldsymbol{A}$ 的每一行$(a_{i1},a_{i2},\cdots,a_{in})(i=1,2,\cdots,m)$ 都是 n 维行向量;$\boldsymbol{A}$ 的每一列$(a_{j1},a_{j2},\cdots,a_{jn})^{\mathrm{T}}(j=1,2,\cdots,m)$ 部是 m 维列向量. 方程组的常数项可组成 m 维列向量$(b_1,b_2,\cdots,b_m)^{\mathrm{T}}$;方程组的未知量可组成 n 维向量 $X=(x_1,x_2,\cdots,x_n)^{\mathrm{T}}$.

【例 5-52】　在计算机成像技术中,像的区域被分成许多小区域,这些小区域被称为像素. 对每个像素需要利用向量将其数字化,如彩色图像,像素向量(x,y,r,g,b) 是一个五维向量,其中用(x,y) 表示像素的位置,用(r,g,b) 表示三种基本颜色的强度. 计算机对于这样的向量才能进行处理.

【例 5-53】　投入产出分析是研究国民经济各部门之间“投入”与“产出”关系的重要方法,在全世界 90 多个国家和地区都应用这一方法对经济系统进行分析,而矩阵和向量的有关理论是这一方法的理论基础之一.

2. 特征值和特征向量

矩阵的特征值和特征向量是矩阵理论的一个重要组成部分. 在矩阵理论中,为了研究矩阵的性质我们希望通过某种变换把矩阵尽可能简化,同时又保持原矩阵许多固有的性质. 这就需要讨论相似矩阵,而矩阵的特征值和特征向量的概念和性质在研究相似矩阵时具有重要作用.

矩阵的特征值和特征向量在数学的其他分支,如微分方程和差分方程理论中有一定的应用. 在经济管理、工程技术、计算机技术中的许多动态模型和控制问题中,矩阵的特征值和特征向量也是重要的分析工具之一.

定义 2　设 $\boldsymbol{A}$ 是 n 阶方阵. 若存在数 λ 和 n 维非零列向量 $\boldsymbol{\alpha}$,使得

$$\boldsymbol{A\alpha}=\lambda\boldsymbol{\alpha}$$

成立,则称数 λ 是矩阵 $\boldsymbol{A}$ 的特征值,称非零列向量 $\boldsymbol{\alpha}$ 为矩阵 A 的对应于特征值 λ 的特征向量.

例如,设 $\boldsymbol{A}=\begin{bmatrix}1 & -1\\ 2 & 4\end{bmatrix}$, $\lambda=2$, $\boldsymbol{\alpha}=\begin{bmatrix}1\\ -1\end{bmatrix}$. 因为

$$\boldsymbol{A\alpha}=\begin{bmatrix}1 & -1\\ 2 & 4\end{bmatrix}\begin{bmatrix}1\\ -1\end{bmatrix}=\begin{bmatrix}2\\ -2\end{bmatrix},\lambda\boldsymbol{\alpha}=2\begin{bmatrix}1\\ -1\end{bmatrix}=\begin{bmatrix}2\\ -2\end{bmatrix},$$

所以,$\lambda=2$ 是 $\boldsymbol{A}$ 的特征值,$\boldsymbol{\alpha}$ 为矩阵 $\boldsymbol{A}$ 的对应于特征值 2 的特征向量.

如果数 λ 是 n 阶方阵 $\boldsymbol{A}$ 的特征值,非零列向量 $\boldsymbol{\alpha}$ 为矩阵 $\boldsymbol{A}$ 的对应于特征值 λ 的特征向量,则有

$$\boldsymbol{A\alpha}=\lambda\boldsymbol{\alpha},\text{即}\ \boldsymbol{A\alpha}-\lambda\boldsymbol{\alpha}=0$$

因此

$$\boldsymbol{A\alpha}-\lambda\boldsymbol{E\alpha}=0,\text{即}(\boldsymbol{A}-\lambda\boldsymbol{E})\boldsymbol{\alpha}=0$$

这说明 $\boldsymbol{\alpha}$ 是齐次线性方程组

$$(\boldsymbol{A}-\lambda\boldsymbol{E})x=0$$

的非零解,则齐次线性方程组的系数行列式等于 0,即

$$\det(\boldsymbol{A}-\lambda\boldsymbol{E})=0$$

行列式 $\det(\boldsymbol{A}-\lambda\boldsymbol{E})$ 展开得到关于 λ 的 n 次多项式，于是引入关于 $\boldsymbol{A}$ 的特征多项式的定义.

定义 3 设 $\boldsymbol{A}$ 是 n 阶方阵，数 λ 是 n 阶方阵 $\boldsymbol{A}$ 的特征值，矩阵 $\boldsymbol{A}-\lambda\boldsymbol{E}$ 称为 $\boldsymbol{A}$ 的特征矩阵，它的行列式 $\det(\boldsymbol{A}-\lambda\boldsymbol{E})$ 是 λ 的一个多项式，称为 $\boldsymbol{A}$ 关于 λ 的特征多项式，并将 $\det(\boldsymbol{A}-\lambda\boldsymbol{E})=0$ 称为 $\boldsymbol{A}$ 关于 λ 的特征方程，$\boldsymbol{A}$ 的特征值就是特征方程的根，又称为 $\boldsymbol{A}$ 的特征根.

求 n 阶方阵 $\boldsymbol{A}$ 的特征值及对应特征向量的步骤如下：

第一步，写出特征多项式 $\det(\boldsymbol{A}-\lambda\boldsymbol{E})$，得特征方程 $\det(\boldsymbol{A}-\lambda\boldsymbol{E})=0$，再求出特征方程的全部根，即为 A 的全部特征值；

第二步，对每一个特征值 λ_i，求出对应的特征向量，即解出齐次线性方程组 $(\boldsymbol{A}-\lambda\boldsymbol{E})\alpha=0$ 的一个基础解系 $\boldsymbol{\xi}_1,\boldsymbol{\xi}_2,\cdots,\boldsymbol{\xi}_t$，则对应 λ_i 的全部特征向量为

$$\boldsymbol{\alpha}=c_1\boldsymbol{\xi}_1+c_2\boldsymbol{\xi}_2+\cdots+c_t\boldsymbol{\xi}_t \quad (c_1,c_2,\cdots,c_t\text{ 是不全为零的任意常数}).$$

【例 5－54】 求矩阵 $\boldsymbol{A}=\begin{bmatrix}3 & 2\\ -3 & -4\end{bmatrix}$ 的特征值和特征向量.

解 矩阵 $\boldsymbol{A}$ 的特征多项式

$$\det(\lambda\boldsymbol{E}-\boldsymbol{A})=\begin{bmatrix}\lambda-3 & -2\\ 3 & \lambda+4\end{bmatrix}=\lambda^2+\lambda-6=(\lambda+3)(\lambda-2)$$

所以，$\boldsymbol{A}$ 的特征值 $\lambda_1=-3,\lambda_2=2$.

对于特征值 $\lambda_1=-3$，解齐次线性方程组 $(-3\boldsymbol{E}-\boldsymbol{A})\boldsymbol{X}=0$，即

$$\begin{bmatrix}-6 & -2\\ 3 & 1\end{bmatrix}\begin{bmatrix}x_1\\ x_2\end{bmatrix}=0$$

可得其基础解系 $\boldsymbol{\alpha}_1=\begin{bmatrix}1\\ -3\end{bmatrix}$，所以 $\boldsymbol{A}$ 的对应于 $\lambda_1=-3$ 的全部特征向量为 $c_1\boldsymbol{\alpha}_1$（$c_1\neq0$ 为任意常数）.

对于特征值 $\lambda_2=2$，解齐次线性方程组 $(2\boldsymbol{E}-\boldsymbol{A})\boldsymbol{X}=0$，即

$$\begin{bmatrix}-1 & -2\\ 3 & 6\end{bmatrix}\begin{bmatrix}x_1\\ x_2\end{bmatrix}=0$$

可得其基础解系 $\boldsymbol{\alpha}_2=\begin{bmatrix}-2\\ 1\end{bmatrix}$，所以 $\boldsymbol{A}$ 的对应于 $\lambda_2=2$ 的全部特征向量为 $c_2\boldsymbol{\alpha}_2$（$c_2\neq0$ 为任意常数）.

【例 5－55】 设矩阵 $\boldsymbol{A}=\begin{bmatrix}-1 & 0 & 2\\ 1 & 2 & -1\\ 1 & 3 & 0\end{bmatrix}$，求 $\boldsymbol{A}$ 的特征值和特征向量.

解 矩阵 $\boldsymbol{A}$ 的特征多项式

$$\det(\lambda\boldsymbol{E}-\boldsymbol{A})=\begin{bmatrix}\lambda+1 & 0 & -2\\ -1 & \lambda-2 & 1\\ -1 & -3 & \lambda\end{bmatrix}=\begin{bmatrix}\lambda-1 & 0 & -2\\ 0 & \lambda-2 & 1\\ \lambda-1 & -3 & \lambda\end{bmatrix}$$

$$=(\lambda-1)\begin{bmatrix}1 & 0 & -2\\ 0 & \lambda-2 & 1\\ 1 & -3 & \lambda\end{bmatrix}=(\lambda-1)^2(\lambda+1)$$

所以,$\boldsymbol{A}$ 的特征值 $\lambda_1=\lambda_2=1,\lambda_3=-1$.

对于特征值 $\lambda_1=\lambda_2=1$,解齐次线性方程组 $(\boldsymbol{E}-\boldsymbol{A})\boldsymbol{X}=0$,即

$$\begin{bmatrix}2 & 0 & -2\\ -1 & -1 & 1\\ -1 & -3 & 1\end{bmatrix}\begin{bmatrix}x_1\\ x_2\\ x_3\end{bmatrix}=0,$$

对系数矩阵施以初等行变换

$$\begin{bmatrix}2 & 0 & -2\\ -1 & -1 & 1\\ -1 & -3 & 1\end{bmatrix}\to\begin{bmatrix}1 & 0 & -1\\ 0 & -1 & 0\\ 0 & -3 & 0\end{bmatrix}\to\begin{bmatrix}1 & 0 & -1\\ 0 & -1 & 0\\ 0 & 0 & 0\end{bmatrix}$$

可得其基础解系 $\boldsymbol{\alpha}_1=(1,0,1)^{\mathrm{T}}$,所以对应于 $\lambda_1=\lambda_2=1$ 的全部特征向量为 $c_1\boldsymbol{\alpha}_1$($c_1\neq 0$ 为任意常数).

对于特征值 $\lambda_3=-1$,解齐次线性方程组 $(-\boldsymbol{E}-\boldsymbol{A})\boldsymbol{X}=0$,即

$$\begin{bmatrix}0 & 0 & -2\\ -1 & -3 & 1\\ -1 & -3 & -1\end{bmatrix}\begin{bmatrix}x_1\\ x_2\\ x_3\end{bmatrix}=0,$$

可得其基础解系 $\boldsymbol{\alpha}_2=(3,-1,0)^{\mathrm{T}}$,所以对应于 $\lambda_3=-1$ 的全部特征向量为 $c_2\boldsymbol{\alpha}_2$($c_2\neq 0$ 为任意常数).

案 例 分 析

基因模型问题

某农场的植物园中,某种植物的基因型为 AA,Aa,aa,其中基因 AA 型为红花、基因 Aa 型为白花、基因 aa 型为绿花. 农场计划采用 AA 型植物与每种基因型植物相结合的方案培育植物后代,已知双亲体基因型与其后代基因型的概率如下表:

		父体 - 母体基因型		
		AA - AA	AA - Aa	AA - aa
后代基因型	AA	1	1/2	0
	Aa	0	1/2	1
	aa	0	0	0

问:经过若干年后此植物将发生如何变化?

解　用 a_n,b_n,c_n 分别表示第 n 代植物中,基因型 AA,Aa,aa 的植物占植物总数的百分率,令 $\boldsymbol{x}^{(n)}$ 为第 n 代植物基因型分布:$\boldsymbol{x}^{(n)}=(a_n,b_n,c_n)^{\mathrm{T}}$,当 $n=0$ 时 $\boldsymbol{x}^{(0)}=(a_0,b_0,c_0)^{\mathrm{T}}$,显然,初始分布有 $a_0+b_0+c_0=1$,

由上表可得关系式:

$$a_n = 1a_{n-1} + \frac{1}{2}b_{n-1} + 0c_{n-1},$$

$$b_n = 0a_{n-1} + \frac{1}{2}b_{n-1} + 1c_{n-1}, (n = 1,2,\cdots),$$

$$c_n = 0a_{n-1} + 0b_{n-1} + 0c_{n-1}$$

即
$$\boldsymbol{x}^{(n)} = \boldsymbol{M}\boldsymbol{x}^{(n-1)},$$

其中
$$\boldsymbol{M} = \begin{bmatrix} 1 & \frac{1}{2} & 0 \\ 0 & \frac{1}{2} & 1 \\ 0 & 0 & 0 \end{bmatrix},$$

从而,$\boldsymbol{x}^{(n)} = \boldsymbol{M}\boldsymbol{x}^{(n-1)} = \boldsymbol{M}^2\boldsymbol{x}^{(n-2)} = \cdots = \boldsymbol{M}^n\boldsymbol{x}^{(0)}$.

为计算 $\boldsymbol{M}^n$ 将 $\boldsymbol{M}$ 对角化,即可求逆阵 $\boldsymbol{P}$,使 $\boldsymbol{P}^{-1}\boldsymbol{M}\boldsymbol{P} = \boldsymbol{D}$,即 $\boldsymbol{M} = \boldsymbol{P}\boldsymbol{D}\boldsymbol{P}^{-1}$,$\boldsymbol{D}$ 为对角阵.

由于

$$\det(\lambda\boldsymbol{E} - \boldsymbol{A}) = \begin{bmatrix} \lambda - 1 & -\frac{1}{2} & 0 \\ 0 & \lambda - \frac{1}{2} & -1 \\ 0 & 0 & \lambda \end{bmatrix} = (\lambda - 1)\left(\lambda - \frac{1}{2}\right)\lambda$$

所以 $\boldsymbol{M}$ 的特征值为 $\lambda_1 = 1, \lambda_2 = \frac{1}{2}, \lambda_3 = 0$,对于 $\lambda_1,\lambda_2,\lambda_3$ 特征向量分别可取

$$e_1 = \begin{bmatrix} 1 \\ 0 \\ 0 \end{bmatrix}, e_2 = \begin{bmatrix} 1 \\ -1 \\ 0 \end{bmatrix}, e_3 = \begin{bmatrix} 1 \\ -2 \\ 1 \end{bmatrix}.$$

令
$$\boldsymbol{P} = (e_1, e_2, e_3) = \begin{bmatrix} 1 & 1 & 1 \\ 0 & -1 & -2 \\ 0 & 0 & 1 \end{bmatrix},$$

可计算:$\boldsymbol{P}^{-1} = \boldsymbol{P}$ 从而 $\boldsymbol{P}^{-1}\boldsymbol{M}\boldsymbol{P} = \boldsymbol{D}$,$\boldsymbol{D} = \begin{bmatrix} 1 & 0 & 0 \\ 0 & \frac{1}{2} & 0 \\ 0 & 0 & 0 \end{bmatrix}$,$\boldsymbol{M} = \boldsymbol{P}\boldsymbol{D}\boldsymbol{P}^{-1}$. 于是,

$$\boldsymbol{M}^n = \boldsymbol{P}\boldsymbol{D}^n\boldsymbol{P}^{-1},$$

$$\boldsymbol{x}^{(n)} = \cdots = \boldsymbol{P}\boldsymbol{D}^{(n)}\boldsymbol{P}^{-1}\boldsymbol{x}^{(0)}$$

$$= \begin{bmatrix} 1 & 1 & 1 \\ 0 & -1 & -2 \\ 0 & 0 & 1 \end{bmatrix} \begin{bmatrix} 1 & 0 & 0 \\ 0 & \left(\frac{1}{2}\right)^n & 0 \\ 0 & 0 & 0 \end{bmatrix} \begin{bmatrix} 1 & 1 & 1 \\ 0 & -1 & -2 \\ 0 & 0 & 1 \end{bmatrix} \begin{bmatrix} a_0 \\ b_0 \\ c_0 \end{bmatrix}$$

$$= \begin{bmatrix} 1 & 1-\left(\frac{1}{2}\right)^n & 1-\left(\frac{1}{2}\right)^{n-1} \\ 0 & \left(\frac{1}{2}\right)^n & \left(\frac{1}{2}\right)^{n-1} \\ 0 & 0 & 0 \end{bmatrix} \begin{bmatrix} a_0 \\ b_0 \\ c_0 \end{bmatrix},$$

即

$$\begin{cases} a_n = a_0 + b_0 + c_0 - \left(\frac{1}{2}\right)^n b_0 - \left(\frac{1}{2}\right)^{n-1} c_0, \\ b_n = \left(\frac{1}{2}\right)^n b_0 + \left(\frac{1}{2}\right)^{n-1} c_0, \\ c_n = 0. \end{cases}$$

当 $n \to \infty$ 时，$a_n \to 1, b_n \to 0, c_n \to 0$. 故在极限情况下，培育的植物都是 AA 型，即若干年后此植物都开红花.

复习题 5

1. 选择题.

(1) 设矩阵

$$\boldsymbol{A} = \begin{bmatrix} 2a+3b & 2a-c-1 \\ 2b+c-1 & -a+b+c \end{bmatrix},$$

且 $\boldsymbol{A} = \boldsymbol{O}$，求 a、b、c 的值为(　　).

A. $a = 3, b = 2, c = 1$　　B. $a = -3, b = -2, c = -7$

C. $a = 3, b = -2, c = 5$　　D. $a = -3, b = 2, c = 7$

(2) 设矩阵 $\boldsymbol{B} = \begin{bmatrix} 1 & 2 & 3 \\ 4 & 5 & 6 \end{bmatrix}$，则下列运算有意义的是(　　).

A. $\boldsymbol{B} + \boldsymbol{B}^{\mathrm{T}}$　　B. $\boldsymbol{B}^2$　　C. $2 + \boldsymbol{B}$　　D. $2\boldsymbol{B}$

(3) 已知矩阵 $\boldsymbol{A}$ 与 $\boldsymbol{B}$ 的乘积 $\boldsymbol{AB}$ 是 3×4 矩阵. 若 $\boldsymbol{A}$ 的列数为 2，则矩阵 $\boldsymbol{A}$ 的行数，$\boldsymbol{B}$ 的行数与 $\boldsymbol{B}$ 的列数分别为(　　).

A. 3,4,2　　B. 4,2,3　　C. 3,2,4　　D. 2,3,4

(4) 已知矩阵 $\boldsymbol{A},\boldsymbol{B},\boldsymbol{C}$ 满足关系 $\boldsymbol{AC} = \boldsymbol{CB}$，其中 $\boldsymbol{C}$ 为 $s \times n$ 矩阵，则(　　).

A. $\boldsymbol{A},\boldsymbol{B}$ 都是 $s \times n$ 矩阵　　B. $\boldsymbol{A},\boldsymbol{B}$ 都是 $n \times s$ 矩阵

C. $\boldsymbol{A}$ 是 $s \times n$ 矩阵，$\boldsymbol{B}$ 是 $n \times s$ 矩阵　　D. $\boldsymbol{A}$ 是 $s \times s$ 矩阵，$\boldsymbol{B}$ 是 $n \times n$ 矩阵

(5) 设矩阵

$$\boldsymbol{A} = \begin{bmatrix} a_{11} & a_{12} & a_{13} \\ a_{21} & a_{22} & a_{23} \\ a_{31} & a_{32} & a_{33} \end{bmatrix}, \boldsymbol{B} = \begin{bmatrix} a_{21} & a_{22} & a_{23} \\ a_{11} & a_{12} & a_{13} \\ a_{31}+a_{11} & a_{32}+a_{12} & a_{33}+a_{13} \end{bmatrix},$$

则(　　).

A. $\boldsymbol{AE}(1,2)\boldsymbol{E}(3,1(1)) = \boldsymbol{B}$　　B. $\boldsymbol{AE}(1,3)\boldsymbol{E}(1,2) = \boldsymbol{B}$

C. $\boldsymbol{E}(1,2)\boldsymbol{E}(3,1(1))\boldsymbol{A} = \boldsymbol{B}$　　D. $\boldsymbol{E}(3,1(1))\boldsymbol{E}(1,2)\boldsymbol{A} = \boldsymbol{B}$

(6) 设 $\boldsymbol{AP}=\boldsymbol{PB}$,其中

$$\boldsymbol{B}=\begin{bmatrix}1&0&0\\0&-1&0\\0&0&1\end{bmatrix},\boldsymbol{P}=\begin{bmatrix}1&0&0\\0&2&0\\0&0&3\end{bmatrix},$$

则 $\boldsymbol{A}=($　　$)$.

A. $\begin{bmatrix}1&0&0\\0&-1&0\\0&0&1\end{bmatrix}$　B. $\begin{bmatrix}1&0&0\\0&-2&0\\0&0&3\end{bmatrix}$　C. $\begin{bmatrix}-1&0&0\\0&1&0\\0&0&-1\end{bmatrix}$　D. $\begin{bmatrix}-1&0&0\\0&2&0\\0&0&3\end{bmatrix}$

(7) 设 $\boldsymbol{A}$ 是可逆矩阵,则下列不等式不成立的是(　　).

A. $(\boldsymbol{A}^{\mathrm{T}})^{\mathrm{T}}=\boldsymbol{A}$　B. $(\boldsymbol{A}^{-1})^{-1}=\boldsymbol{A}$　C. $\boldsymbol{A}=\boldsymbol{A}^{\mathrm{T}}$　D. $\boldsymbol{E}^{-1}=\boldsymbol{E}$

(8) 线性方程组 $\begin{cases}x_1+x_2+x_3=5\\x_1-3x_3=4\\-2x_2+2x_3=3\end{cases}$ (　　).

A. 无解　B. 有唯一解　C. 仅有零解　D. 有无穷多解

(9) 若线性方程组 $\begin{cases}x_1+2x_2-x_3-2x_4=0\\2x_1-x_2-x_3+x_4=1\\3x_1+x_2-2x_3-x_4=\lambda\end{cases}$ 有解,则(　　).

A. $\lambda=2$　B. $\lambda=-1$　C. $\lambda=1$　D. $\lambda=-2$

(10) 已知矩阵 $\begin{bmatrix}1&-3&5&-2&1\\-2&1&-3&1&-4\\-1&-7&9&-4&-5\end{bmatrix}$,则 $\boldsymbol{AX}=0$ 的自由未知量的个数为(　　).

A. 2　B. 3　C. 4　D. 1

(11) 设矩阵 $\boldsymbol{A}=\begin{bmatrix}2&-1&2\\4&0&2\\0&-3&3\end{bmatrix}$,则 $r(\boldsymbol{A})=($　　$)$.

A. 1　B. 2　C. 3　D. 0

2. 填空题.

(1) 设矩阵 $\boldsymbol{A}=\begin{bmatrix}1&2\\3&4\end{bmatrix}$,则 $\boldsymbol{A}-2\boldsymbol{E}=($　　$)$.

(2) 已知关系式 $\begin{bmatrix}a&2b\\c&-8\end{bmatrix}=\begin{bmatrix}0&1\\1&0\end{bmatrix}\begin{bmatrix}-1&2a\\-2d&d\end{bmatrix}$,则 $a=($　　$)$,$b=($　　$)$,$c=($　　$)$,$d=($　　$)$.

(3) 设矩阵 $\boldsymbol{A}^{\mathrm{T}}=(2,1,3)$,$\boldsymbol{B}=(-1,2)$,则 $\boldsymbol{AB}=($　　$)$,$\boldsymbol{BA}=($　　$)$.

(4) 若行列式 $\begin{vmatrix}k&3&4\\0&k&1\\-1&k&0\end{vmatrix}=0$,则 $k=($　　$)$.

(5) 矩阵$\begin{bmatrix}1&4&2\\0&2&3\\0&0&1\end{bmatrix}^{-1}=$(　　).

(6) 设四阶方阵 $\boldsymbol{A}$ 的秩 $r(\boldsymbol{A})=3$,则 $\det\boldsymbol{A}=$(　　).

(7) 设四阶方阵 $\boldsymbol{A}$ 的秩 $r(\boldsymbol{A})=4$,则 $\boldsymbol{A}$ 经过初等行变换,必可化为(　　).

(8) 非齐次线性方程组 $\boldsymbol{AX}=\boldsymbol{B}$ 有解的充分必要条件是(　　).

(9) n 元齐次线性方程组 $\boldsymbol{AX}=0$ 有非零解的充分必要条件是(　　).

3. 计算题.

(1) 计算下列矩阵乘积.

①$\begin{bmatrix}4&3&1\\1&-2&3\\5&7&0\end{bmatrix}\begin{bmatrix}7\\2\\1\end{bmatrix}$;　②$(1,2,3)\begin{bmatrix}3\\2\\1\end{bmatrix}$;　③$\begin{bmatrix}2\\1\\3\end{bmatrix}(-1,2)$;

④$\begin{bmatrix}2&1&4&0\\1&-1&3&4\end{bmatrix}\begin{bmatrix}1&3&1\\0&-1&2\\1&-3&1\\4&0&-2\end{bmatrix}$.

(2) 设 $\boldsymbol{A}=\begin{bmatrix}2&1\\3&4\end{bmatrix}$,$\boldsymbol{B}=\begin{bmatrix}-2&-3\\1&2\end{bmatrix}$,用两种方法求$(\boldsymbol{AB})^{\mathrm{T}}$.

(3) 计算.

①$\begin{bmatrix}a&0&0\\0&b&0\\0&0&c\end{bmatrix}^3$;　②$\begin{bmatrix}2&-1\\3&-2\end{bmatrix}^n$;　③$\begin{bmatrix}2&1&2\\3&0&1\\-1&-1&1\end{bmatrix}$;　④$\begin{bmatrix}1&1&0\\0&1&0\\0&0&1\end{bmatrix}^n$.

(4) 设矩阵$\boldsymbol{A}=\begin{bmatrix}3&-2\\0&1\end{bmatrix}$,$\boldsymbol{B}=\begin{bmatrix}5&0\\3&-2\end{bmatrix}$,且矩阵 $\boldsymbol{X}$ 满足矩阵方程 $2\boldsymbol{A}-6\boldsymbol{X}=3\boldsymbol{B}$,求 $\boldsymbol{X}$.

(5) 计算下列三阶矩阵的行列式.

①$\boldsymbol{A}=\begin{bmatrix}1&1&-1\\1&0&1\\-1&1&-2\end{bmatrix}$;　②$\boldsymbol{A}=\begin{bmatrix}\lambda&1&1\\1&\lambda&1\\1&1&\lambda\end{bmatrix}$;

③$\boldsymbol{A}=\begin{bmatrix}0&-a&b\\a&0&-c\\-b&c&0\end{bmatrix}$;　④$\boldsymbol{A}=\begin{bmatrix}b&-a&0\\0&2c&3b\\c&0&a\end{bmatrix}$.

(6) 解方程

$$\begin{vmatrix}1&x&y\\x&1&0\\y&0&1\end{vmatrix}=1.$$

(7) 用初等行变换把下列矩阵化为行简化阶梯形矩阵.

① $\begin{bmatrix} 1 & -2 & 4 \\ 2 & 2 & 2 \\ 5 & 8 & 2 \end{bmatrix}$；　② $\begin{bmatrix} -2 & 1 & 1 \\ 1 & -2 & 1 \\ 1 & 1 & -2 \end{bmatrix}$；

③ $\begin{bmatrix} 1 & -1 & 2 & 1 & 0 \\ 2 & -2 & 4 & -2 & 0 \\ 3 & 0 & 6 & -1 & 1 \\ 0 & 3 & 0 & 0 & 1 \end{bmatrix}$；　④ $\begin{bmatrix} 1 & 2 & 3 & 4 & 5 \\ -1 & -2 & -3 & -3 & -4 \\ 1 & 3 & 3 & 3 & 4 \\ 2 & 2 & 7 & 9 & 11 \end{bmatrix}$.

(8) 利用初等行变换求下列矩阵的秩.

① $\begin{bmatrix} 1 & 2 & -3 \\ -1 & -1 & 1 \\ 2 & -3 & 1 \end{bmatrix}$；　② $\begin{bmatrix} 1 & 3 & -1 & -1 \\ 3 & -1 & 5 & -3 \\ 2 & 1 & 2 & -2 \\ -1 & 2 & -3 & 1 \end{bmatrix}$；　③ $\begin{bmatrix} 2 & 3 & 1 \\ 1 & 1 & 2 \\ 4 & 7 & -1 \\ 1 & 3 & -4 \end{bmatrix}$.

(9) 设矩阵

$$\boldsymbol{A} = \begin{bmatrix} 1 & 1 & 1 & 1 \\ 1 & 0 & 2 & 2 \\ -1 & 0 & a-3 & -2 \\ 2 & 3 & 1 & a \end{bmatrix},$$

当 a 为何值时，矩阵 $\boldsymbol{A}$ 满秩？当 a 为何值是，$r(\boldsymbol{A}) = 2$？

(10) 用初等行变换法求下列矩阵的逆矩阵.

① $\begin{bmatrix} 0 & -2 \\ 4 & 6 \end{bmatrix}$；　② $\begin{bmatrix} 1 & 1 & 2 \\ 0 & 1 & 1 \\ 0 & 0 & 1 \end{bmatrix}$；　② $\boldsymbol{A} = \begin{bmatrix} 1 & -2 & -1 \\ 0 & -1 & 0 \\ 0 & 2 & 0 \end{bmatrix}$；

④ $\boldsymbol{A} = \begin{bmatrix} 1 & 0 & -1 \\ -1 & 2 & 2 \\ -1 & 0 & 3 \end{bmatrix}$；　⑤ $\boldsymbol{A} = \begin{bmatrix} 2 & 0 & 1 \\ 0 & -2 & -1 \\ -1 & 3 & 2 \end{bmatrix}$；

⑥ $\boldsymbol{A} = \begin{bmatrix} 1 & 1 & 1 & 1 \\ 1 & 2 & 2 & 2 \\ 1 & 1 & 2 & 2 \\ 1 & 1 & 1 & 2 \end{bmatrix}$；　⑦ $\boldsymbol{A} = \begin{bmatrix} 1 & 1 & 0 & 0 \\ 1 & 2 & 0 & 0 \\ 3 & 7 & 2 & 3 \\ 2 & 5 & 1 & 2 \end{bmatrix}$.

(11) 证明矩阵 $\begin{bmatrix} \boldsymbol{O} & \boldsymbol{B}^{-1} \\ \boldsymbol{A}^{-1} & \boldsymbol{O} \end{bmatrix}$ 为分块矩阵 $\begin{bmatrix} \boldsymbol{O} & \boldsymbol{A} \\ \boldsymbol{B} & \boldsymbol{O} \end{bmatrix}$ 的逆矩阵，并利用此结论求矩阵

$$\begin{bmatrix} 0 & 0 & 3 & 1 \\ 0 & 0 & 0 & 2 \\ 5 & 7 & 0 & 0 \\ 8 & 11 & 0 & 0 \end{bmatrix}$$

的逆矩阵.

(12) 设 $\boldsymbol{A}$ 为 n 阶矩阵，满足 $\boldsymbol{A}^k = \boldsymbol{O}$，证明 $\boldsymbol{E} - \boldsymbol{A}$ 可逆，并且

$$(\boldsymbol{E}-\boldsymbol{A})^{-1}=\boldsymbol{E}+\boldsymbol{A}+\boldsymbol{A}^2+\cdots+\boldsymbol{A}^{k-1}.$$

提示：计算$(\boldsymbol{E}-\boldsymbol{A})(\boldsymbol{E}+\boldsymbol{A}+\boldsymbol{A}^2+\cdots+\boldsymbol{A}^{k-1})$.

(13) 解下列矩阵方程.

① $\begin{bmatrix}2&5\\1&3\end{bmatrix}\boldsymbol{X}=\begin{bmatrix}4&-6\\2&1\end{bmatrix}$；　② $\begin{bmatrix}1&-2&1\\-3&5&3\\2&-4&-3\end{bmatrix}\boldsymbol{X}\begin{bmatrix}1&1&1\\0&1&1\\1&0&1\end{bmatrix}=\begin{bmatrix}1&0&2\\0&3&0\\4&0&5\end{bmatrix}$.

(14) 解下列矩阵方程.

① $\begin{bmatrix}3&5\\2&4\end{bmatrix}\boldsymbol{X}=\begin{bmatrix}1&2\\0&1\end{bmatrix}$；　② $\boldsymbol{X}\begin{bmatrix}2&3\\4&5\end{bmatrix}=\begin{bmatrix}-2&1\\0&4\\2&0\end{bmatrix}$；

③ $\boldsymbol{AX}=\boldsymbol{A}+2\boldsymbol{X}$，其中 $\boldsymbol{A}=\begin{bmatrix}4&2\\1&1\end{bmatrix}$.

(15) 用消元法解下列线性方程组.

① $\begin{cases}2x_1-3x_2+x_3+5x_4=6,\\3x_1-x_2-2x_3+4x_4=-5,\\x_1+2x_2-3x_3-x_4=-2;\end{cases}$　② $\begin{cases}2x_1-2x_2+x_3-x_4+x_5=2,\\x_1-4x_2+2x_3-2x_4+3x_5=3,\\3x_1-6x_2+x_3-3x_4+4x_5=5,\\x_1+x_2-x_3+x_4-2x_5=-1;\end{cases}$

③ $\begin{cases}x_1-x_2+5x_3-x_4=0,\\x_1+3x_2-9x_3+7x_4=0,\\2x_1-2x_2+10x_3-2x_4=0,\\3x_1-x_2+8x_3+x_4=0.\end{cases}$

(16) 当 a 取何值时，线性方程组

$$\begin{cases}x_1+x_2-x_3=1,\\2x_1-3x_2+ax_3=3,\\x_1-ax_2+3x_3=2.\end{cases}$$

无解？有唯一解？有无穷多解？当方程有无穷多解时，求出其通解.

(17) 当 a,b 取何值时，线性方程组

$$\begin{cases}x_1+2x_2=-1,\\-x_1+x_2-3x_3=2,\\2x_1-x_2+ax_3=b\end{cases}$$

无解？有唯一解？有无穷多解？当方程组有无穷多解时，求出其通解.

(18) 当 a 取何值时，下列齐次线性方程组只有零解？有无穷多解？并求解.

$$\begin{cases}ax_1+x_3=0,\\2x_1+ax_2+x_3=0,\\ax_1-2x_2+x_3=0.\end{cases}$$

第6章　行列式、矩阵与线性方程组

6.1　二、三阶行列式

6.1.1　二阶行列式

引例 6－1(用消元法求解二元线性方程组)　设二元线性方程组为

$$\begin{cases} a_{11}x_1 + a_{12}x_2 = b_1, \\ a_{21}x_1 + a_{22}x_2 = b_2. \end{cases} \tag{6-1}$$

应用消元法解此方程组. 先用 a_{22} 和 $-a_{12}$ 分别去乘方程组(6－1) 的第一式和第二式的两端,然后再将得到的两式相加,消去 x_2 得

$$(a_{11}a_{22} - a_{12}a_{21})x_1 = a_{22}b_1 - a_{12}b_2.$$

用类似方法,从方程组(6－1) 中消去 x_1,得

$$(a_{11}a_{22} - a_{12}a_{21})x_2 = a_{11}b_2 - a_{21}b_1.$$

当 $a_{11}a_{22} - a_{12}a_{21} \neq 0$ 时,就得到方程组(6－1) 的唯一解为

$$\begin{cases} x_1 = \dfrac{a_{22}b_1 - a_{12}b_2}{a_{11}a_{22} - a_{12}a_{21}}, \\ x_2 = \dfrac{a_{11}b_2 - a_{21}b_1}{a_{11}a_{22} - a_{12}a_{21}}. \end{cases} \tag{6-2}$$

为了便于记忆,现引入二阶行列式概念.

用记号 $D = \begin{vmatrix} a_{11} & a_{12} \\ a_{21} & a_{22} \end{vmatrix}$ 表示代数和 $a_{11}a_{22} - a_{12}a_{21}$,即

$$D = \begin{vmatrix} a_{11} & a_{12} \\ a_{21} & a_{22} \end{vmatrix} = a_{11}a_{22} - a_{12}a_{21} \tag{6-3}$$

定义 6－1　将 2×2 个数排成两行两列(横排称为行,竖排称为列),并在左、右两侧各加一竖线得到如下算式:

$$\begin{vmatrix} a_{11} & a_{12} \\ a_{21} & a_{22} \end{vmatrix} = a_{11}a_{22} - a_{12}a_{21} \tag{6-4}$$

式(6－4) 的左端称为二阶行列式,记为 D,右端称为二阶行列式的展开式,其中 $a_{ij}(i = 1,2; j = 1,2)$ 称为行列式 D 的第 i 行,第 j 列元素. 行列式中从左上角到右下角的连线称为主对角线,右上角到左下角的连线称为副对角线. 二阶行列式的值是主对角线上元素 a_{11}, a_{22} 的乘积减去副对角线上元素 a_{12}, a_{21} 的乘积,按照这个规则,又有

$$D_1 = \begin{vmatrix} b_1 & a_{12} \\ b_2 & a_{22} \end{vmatrix} = a_{22}b_1 - a_{12}b_2, D_2 = \begin{vmatrix} a_{11} & b_1 \\ a_{21} & b_2 \end{vmatrix} = a_{11}b_2 - a_{21}b_1,$$

于是,当 $D \neq 0$ 时,二元线性方程组(1) 的解可用二阶行列式表示成

$$x_1 = \frac{D_1}{D}, x_2 = \frac{D_2}{D}$$

【例 6 - 1】 计算下列行列式:

(1) $\begin{vmatrix} 2 & -8 \\ 5 & 6 \end{vmatrix}$;　　(2) $\begin{vmatrix} \sin\alpha & \cos\alpha \\ -\cos\alpha & \sin\alpha \end{vmatrix}$.

解 (1) $\begin{vmatrix} 2 & -8 \\ 5 & 6 \end{vmatrix} = 2 \times 6 - 5 \times (-8) = 52.$

(2) $\begin{vmatrix} \sin\alpha & \cos\alpha \\ -\cos\alpha & \sin\alpha \end{vmatrix} = \sin^2\alpha - (-\cos^2\alpha) = \sin^2\alpha + \cos^2\alpha = 1.$

【例 6 - 2】 解方程组 $\begin{cases} 3x - 2y - 3 = 0, \\ x + 3y + 1 = 0. \end{cases}$

解 将方程组变形为 $\begin{cases} 3x - 2y = 3, \\ x + 3y = -1, \end{cases}$ 因为

$$D = \begin{vmatrix} 3 & -2 \\ 1 & 3 \end{vmatrix} = 9 + 2 = 11 \neq 0,$$

$$D_1 = \begin{vmatrix} 3 & -2 \\ -1 & 3 \end{vmatrix} = 9 - 2 = 7, D_2 = \begin{vmatrix} 3 & 3 \\ 1 & -1 \end{vmatrix} = -3 - 3 = -6,$$

所以方程组有唯一的解,即

$$x = \frac{D_1}{D} = \frac{7}{11}, y = \frac{D_2}{D} = -\frac{6}{11}.$$

6.1.2 三阶行列式

引例 6 - 2(用消元法求解三元线性方程组) 设三元线性方程组为

$$\begin{cases} a_{11}x_1 + a_{12}x_2 + a_{13}x_3 = b_1, \\ a_{21}x_1 + a_{22}x_2 + a_{23}x_3 = b_2, \\ a_{31}x_1 + a_{32}x_2 + a_{33}x_3 = b_3, \end{cases} \tag{6 - 5}$$

解此三元线性方程组与二元线性方程组类似. 用加减消元法先消去 x_3,得到含 x_1,x_2 的二元线性方程组,然后利用上述求二元线性方程组的结果,即可确定三元线性方程组的解.

在求 x_1 的过程中,有

$$\begin{aligned} &(a_{11}a_{22}a_{33} + a_{12}a_{23}a_{31} + a_{13}a_{21}a_{32} - a_{11}a_{23}a_{32} - a_{12}a_{21}a_{33} - a_{13}a_{32}a_{31})x_1 \\ &= b_1a_{22}a_{33} + a_{12}a_{23}b_3 + a_{13}b_2a_{32} - a_{13}a_{22}b_3 - a_{12}b_2a_{33} - b_1a_{23}a_{32}, \end{aligned}$$

把 x_1 的系数记为

$$D = \begin{vmatrix} a_{11} & a_{12} & a_{13} \\ a_{21} & a_{22} & a_{23} \\ a_{31} & a_{32} & a_{33} \end{vmatrix},$$

即　　$D = a_{11}a_{22}a_{33} + a_{12}a_{23}a_{31} + a_{13}a_{21}a_{32} - a_{11}a_{23}a_{32} - a_{12}a_{21}a_{33} - a_{13}a_{22}a_{31}.$

定义 6 －2 将 3 × 3 个数排成 3 行 3 列，并在左、右两侧各加一条竖线，得到算式

$$D=\begin{vmatrix} a_{11} & a_{12} & a_{13} \\ a_{21} & a_{22} & a_{23} \\ a_{31} & a_{32} & a_{33} \end{vmatrix} \tag{6-6}$$

$$= a_{11}a_{22}a_{33}+a_{12}a_{23}a_{31}+a_{13}a_{21}a_{32}-a_{11}a_{23}a_{32}-a_{12}a_{21}a_{33}-a_{13}a_{22}a_{31}.$$

式(6 －6) 左端称为三阶行列式，右端称为三阶行列式的展开式.

由于 D 中共有 3 行 3 列，故把它称为三阶行列式. 因为它是由方程组(6 －5) 中未知数的系数组成，所以又称其为方程组(6 －5) 的系数行列式，如果 $D \neq 0$，容易算出方程组有唯一解

$$x_1=\frac{D_1}{D}, x_2=\frac{D_2}{D}, x_3=\frac{D_3}{D},$$

其中 $D_j(j=1,2,3)$ 分别是将 D 中第 j 列的元素换成方程组(6 －5) 右端的常数项 b_1, b_2, b_3 得到的.

三阶行列式是 6 项的代数和，其中每一项都是行列式中不同行、不同列的 3 个元素的乘积并冠以正负号. 为了便于记忆，可写成如图 6 －1 所示的形式.

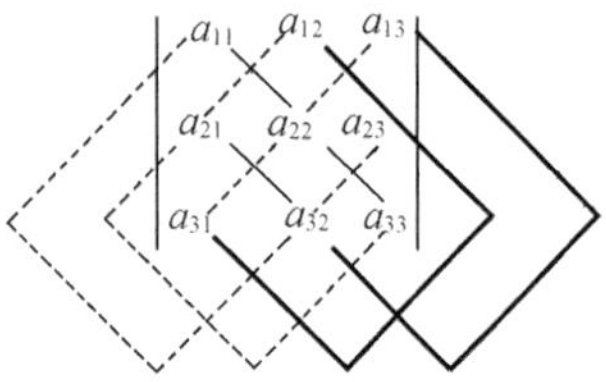

图 6 －1

图 6 －1 中实线上三个元素的乘积项取正号，虚线上三个元素的乘积项取负号. 这种方法称为三阶行列式的对角线法则.

【例 6 －3】 计算 $D=\begin{vmatrix} -3 & 2 & 1 \\ 0 & 3 & 2 \\ -1 & 5 & -2 \end{vmatrix}$.

解 $D=(-3)\times 3\times(-2)+2\times 2\times(-1)+1\times 0\times 5-1\times 3\times(-1)$
$-2\times 5\times(-3)-0\times 2\times(-2)=47.$

【例 6 －4】 解线性方程组 $\begin{cases} 2x+y=3, \\ y-3z=1, \\ x+2z=-1. \end{cases}$

解 因为 $D=\begin{vmatrix} 2 & 1 & 0 \\ 0 & 1 & -3 \\ 1 & 0 & 2 \end{vmatrix}=1\neq 0, D_1=\begin{vmatrix} 3 & 1 & 0 \\ 1 & 1 & -3 \\ -1 & 0 & 2 \end{vmatrix}=7,$

$$D_2=\begin{vmatrix} 2 & 3 & 0 \\ 0 & 1 & -3 \\ 1 & -1 & 2 \end{vmatrix}=-11, D_3=\begin{vmatrix} 2 & 1 & 3 \\ 0 & 1 & 1 \\ 1 & 0 & -1 \end{vmatrix}=-4,$$

所以方程组的解为

$$x=\frac{D_1}{D}=7, y=\frac{D_2}{D}=-11, z=\frac{D_3}{D}=-4.$$

6.1.3 三阶行列式的性质

用对角线法则计算三阶行列式的值，要计算 3! 项的 3 个元素乘积的代数和，计算量比较大. 为此，我们研究三阶行列式的性质来简化其计算.

定义 6 －3 将行列式 D 的行、列互换后，得到的新的行列式 D^T，D^T 称为 D 的转置行列

式,即

$$D=\begin{vmatrix}a_{11}&a_{12}&a_{13}\\a_{21}&a_{22}&a_{23}\\a_{31}&a_{32}&a_{33}\end{vmatrix},D^{\mathrm{T}}=\begin{vmatrix}a_{11}&a_{21}&a_{31}\\a_{12}&a_{22}&a_{32}\\a_{13}&a_{23}&a_{33}\end{vmatrix}.$$

性质 1　行列式与它的转置行列式的值相等,即 $D=D^{\mathrm{T}}$.

性质 1 说明:行列式的性质如果对行成立,则对列也成立.

性质 2　互换三阶行列式的任意两行(或列),三阶行列式仅改变符号.

例如,
$$D=\begin{vmatrix}1&2&3\\4&2&1\\3&5&1\end{vmatrix}=2+6+60-18-5-8=37.$$

若将第 2 行与第 3 行互换得

$$\begin{vmatrix}1&2&3\\3&5&1\\4&2&1\end{vmatrix}=5+8+18-60-2-6=-37.$$

推论 6－1　若三阶行列式中某两行(或列)对应元素相同,则此行列式的值为零.

例如,
$$D=\begin{vmatrix}a_{11}&a_{12}&a_{13}\\a_{11}&a_{12}&a_{13}\\a_{31}&a_{32}&a_{33}\end{vmatrix}=0.$$

因为若交换 D 中第 1,2 行,则有 $D=-D,2D=0$,所以 $D=0$.

推论 6－2　若三阶行列式有两行(或两列)对应元素成比例,则此行列式的值为零.

例如,
$$\begin{vmatrix}a_{11}&a_{12}&a_{13}\\ka_{11}&ka_{12}&ka_{13}\\a_{31}&a_{32}&a_{33}\end{vmatrix}=k\begin{vmatrix}a_{11}&a_{12}&a_{13}\\a_{11}&a_{12}&a_{13}\\a_{31}&a_{32}&a_{33}\end{vmatrix}=0.$$

性质 3　三阶行列式中某行(或列)的各元素有公因子时,可把公因子提到三阶行列式符号前面.

例如,
$$\begin{vmatrix}ka_{11}&ka_{12}&ka_{13}\\a_{21}&a_{22}&a_{23}\\a_{31}&a_{32}&a_{33}\end{vmatrix}=k\begin{vmatrix}a_{11}&a_{12}&a_{13}\\a_{21}&a_{22}&a_{23}\\a_{31}&a_{32}&a_{33}\end{vmatrix}.$$

推论 6－3　若三阶行列式有一行(或列)的各元素都是零,则此行列式的值为零.

例如,
$$\begin{vmatrix}a_{11}&a_{12}&a_{13}\\0&0&0\\a_{31}&a_{32}&a_{33}\end{vmatrix}=0.$$

性质 4　若三阶行列式中某一行(或列)是两项之和,则此行列式等于两个行列式之和.

例如,
$$\begin{vmatrix}a_{11}+b_{11}&a_{12}+b_{12}&a_{13}+b_{13}\\a_{21}&a_{22}&a_{23}\\a_{31}&a_{32}&a_{33}\end{vmatrix}=\begin{vmatrix}a_{11}&a_{12}&a_{13}\\a_{21}&a_{22}&a_{23}\\a_{31}&a_{32}&a_{33}\end{vmatrix}+\begin{vmatrix}b_{11}&b_{12}&b_{13}\\a_{21}&a_{22}&a_{23}\\a_{31}&a_{32}&a_{33}\end{vmatrix}.$$

性质 5　把三阶行列式的某一行(或列)的各元素分别乘以常数 k 后加到另一行(或

列）对应元素上去,则行列式的值不变.

例如, $\begin{vmatrix} a_{11} & a_{12} & a_{13} \\ a_{21} & a_{22} & a_{23} \\ a_{31} & a_{32} & a_{33} \end{vmatrix} = \begin{vmatrix} a_{11} & a_{12} & a_{13} \\ a_{11} & a_{12} & a_{13} \\ a_{31}+ka_{11} & a_{32}+ka_{12} & a_{33}+ka_{13} \end{vmatrix}$.

定义 6－4 在三阶行列式中,划去元素 a_{ij} 所在的第 i 行第 j 列,剩下的元素按原次序构成一个二阶行列式,称为 a_{ij} 的余子式,记为 M_{ij},称 $(-1)^{i+j}M_{ij}$ 为 a_{ij} 的代数余子式,记为 A_{ij},即 $A_{ij}=(-1)^{i+j}M_{ij}$.

例如,在行列式 $D_3=\begin{vmatrix} -1 & 2 & 0 \\ 3 & 1 & 2 \\ 2 & 1 & -3 \end{vmatrix}$ 中,$a_{23}=2$,其余子式为 $M_{23}=\begin{vmatrix} -1 & 2 \\ 2 & 1 \end{vmatrix}=-5$,其代数余子 $A_{23}=(-1)^{2+3}M_{23}=5$.

性质 6 三阶行列式 D_3 等于它的任意一行（列）所有元素与其对应的代数余子式乘积之和,即

$$D_3=a_{i1}A_{i1}+a_{i2}A_{i2}+a_{i3}A_{i3}, \tag{6-7}$$

或

$$D_3=a_{1j}A_{1j}+a_{2j}A_{2j}+a_{3j}A_{3j}(i,j=1,2,3). \tag{6-8}$$

等式 6－7 称为行列式按第 i 行展开,等式 6－8 称为行列式按第 j 列展开.

性质 7 三阶行列式中任一行（列）的元素与另一行（列）相应元素的代数余子式的乘积之和等于零,即

$$a_{i1}A_{k1}+a_{i2}A_{k2}+a_{i3}A_{k3}=0(i\neq k;i,k=1,2,3),$$
$$a_{1j}A_{1s}+a_{2j}A_{2s}+a_{3j}A_{3s}=0(j\neq s;j,s=1,2,3).$$

【例 6－5】 计算行列式 $D=\begin{vmatrix} 6 & 42 & 27 \\ 8 & -28 & 36 \\ 20 & 35 & 135 \end{vmatrix}$.

解 如果直接运用对角线法则计算该行列式,则因数字过大,而造成计算烦琐. 经观察,发现行列式各行、各列都有公因子,先提取各行的公因子,再提取各列的公因子,有

$$D=3\times4\times5\times\begin{vmatrix} 2 & 14 & 9 \\ 2 & -7 & 9 \\ 4 & 7 & 27 \end{vmatrix}=60\times2\times7\times9\times\begin{vmatrix} 1 & 2 & 1 \\ 1 & -1 & 1 \\ 2 & 1 & 3 \end{vmatrix}$$
$$=7\,560\times(-3)=-22\,680.$$

上述计算中,如果记提取公因子后的行列式 $\begin{vmatrix} 1 & 2 & 1 \\ 1 & -1 & 1 \\ 2 & 1 & 3 \end{vmatrix}$ 为 D_1,则计算 D_1 时也可运用性质 5,使其产生更多的零,以简化计算. 如将第 2 行乘以 -1 后加到第 1 行,将第 2 行乘以 -2 后加到第 3 行,得 $D_1=\begin{vmatrix} 0 & 3 & 0 \\ 1 & -1 & 1 \\ 0 & 3 & 1 \end{vmatrix}=-3$.

习题 6 - 1

1. 计算下列行列式.

(1) $\begin{vmatrix} 3 & 6 \\ 5 & 4 \end{vmatrix}$；　(2) $\begin{vmatrix} \cos^2\alpha & \sin^2\alpha \\ \sin^2\alpha & \cos^2\alpha \end{vmatrix}$；　(3) $\begin{vmatrix} 4 & 2 & 3 \\ 7 & 3 & 0 \\ 3 & 0 & 9 \end{vmatrix}$；　(4) $\begin{vmatrix} 0 & x & y \\ -x & 0 & z \\ -y & -z & 0 \end{vmatrix}$.

2. 解三元一次方程组 $\begin{cases} 2x_1 - x_2 + 3x_3 = 0, \\ 3x_1 + x_2 - 5x_3 = 0, \\ 4x_1 - x_2 + x_3 = 3. \end{cases}$

3. 解方程 $\begin{vmatrix} x^2 & 4 & -9 \\ x & 2 & 3 \\ 1 & 1 & 1 \end{vmatrix} = 0.$

4. 利用行列式性质证明下列等式.

(1) $\begin{vmatrix} a^2 & ab & b^2 \\ 2a & a+b & 2b \\ 1 & 1 & 1 \end{vmatrix} = (a-b)^3$；　(2) $\begin{vmatrix} a_1 + ka_2 & a_2 + ma_3 & a_3 \\ b_1 + kb_2 & b_2 + mb_3 & b_3 \\ c_1 + kc_2 & c_2 + mc_3 & c_3 \end{vmatrix} = \begin{vmatrix} a_1 & a_2 & a_3 \\ b_1 & b_2 & b_3 \\ c_1 & c_2 & c_3 \end{vmatrix}$.

6.2　n 阶行列式

前面介绍了二阶、三阶行列式的概念及其性质，并在一定的条件下给出了二元线性方程组和三元线性方程组的公式解. 我们希望用同样的方法在某种条件下给出 n 元线性方程组的公式解，为此引入 n 阶行列式的概念.

6.2.1　n 阶行列式

如果将三阶行列式按第 1 行展开，则一个三阶行列式可以用 3 个二阶行列式来表示：

$$\begin{vmatrix} a_{11} & a_{12} & a_{13} \\ a_{21} & a_{22} & a_{23} \\ a_{31} & a_{32} & a_{33} \end{vmatrix} = a_{11}\begin{vmatrix} a_{22} & a_{23} \\ a_{32} & a_{33} \end{vmatrix} - a_{12}\begin{vmatrix} a_{21} & a_{23} \\ a_{31} & a_{33} \end{vmatrix} + a_{13}\begin{vmatrix} a_{21} & a_{22} \\ a_{31} & a_{32} \end{vmatrix}.$$

按照这种方法，我们可以用 4 个三阶行列式来定义四阶行列式，用 5 个四阶行列式来定义五阶行列式 …… 依此类推，可以用 n 个 $n-1$ 阶行列式来定义 n 阶行列式.

定义 6 - 5　将 $n \times n$ 个数排成 n 行 n 列，并在左、右侧各加一竖线，即

$$D_n = \begin{vmatrix} a_{11} & a_{12} & \cdots & a_{1n} \\ a_{21} & a_{22} & \cdots & a_{2n} \\ \vdots & \vdots & & \vdots \\ a_{n1} & a_{n2} & \cdots & a_{nn} \end{vmatrix}.$$

称 D_n 为 n 阶行列式. 它代表一个由确定的运算关系所得到的数.

当 $n=1$ 时,$D_1=a_{11}$;

当 $n=2$ 时,$D_2=\begin{vmatrix} a_{11} & a_{12} \\ a_{21} & a_{22} \end{vmatrix}=a_{11}a_{22}-a_{12}a_{21}$;

当 $n\geqslant 3$ 时,$D_n=a_{11}A_{11}+a_{12}A_{12}+\cdots+a_{1n}A_{1n}=\sum\limits_{j=1}^{n}a_{1j}A_{1j}$.

在 D_n 的表达式中,a_{ij} 表示第 i 行第 j 列元素,M_{ij} 为由 D_n 中划去第 i 行和第 j 列后余下的元素构成的 $n-1$ 阶行列式,即

$$M_{ij}=\begin{vmatrix} a_{11} & \cdots & a_{1,j-1} & a_{1,j+1} & \cdots & a_{1n} \\ \vdots & & \vdots & \vdots & & \vdots \\ a_{i-11} & \cdots & a_{i-1,j-1} & a_{i-1,j+1} & \cdots & a_{i-1n} \\ a_{i+11} & \cdots & a_{i+1,j-1} & a_{i+1,j+1} & \cdots & a_{i+1n} \\ \vdots & & \vdots & \vdots & & \vdots \\ a_{n1} & \cdots & a_{n,j-1} & a_{n,j+1} & \cdots & a_{nn} \end{vmatrix}.$$

称为 a_{ij} 的余子式,称 $A_{ij}=(-1)^{i+j}M_{ij}$ 为元素 a_{ij} 的代数余子式.

【例 6-6】 写出四阶行列式 $\begin{vmatrix} 4 & 3 & 1 & 2 \\ 0 & -1 & 5 & 3 \\ 2 & 4 & 6 & 7 \\ -3 & 0 & 1 & 0 \end{vmatrix}$ 中元素 a_{34} 的余子式和代数余子式.

解 因为第 3 行、第 4 列元素 $a_{34}=7$,故划去它所在的行和列后的三阶行列式

$$M_{34}=\begin{vmatrix} 4 & 3 & 1 \\ 0 & -1 & 5 \\ -3 & 0 & 1 \end{vmatrix}$$

为元素 7 的余子式.

a_{34} 的代数余子式 $A_{34}=(-1)^{3+4}M_{34}$,即

$$A_{34}=-\begin{vmatrix} 4 & 3 & 1 \\ 0 & -1 & 5 \\ -3 & 0 & 1 \end{vmatrix}.$$

【例 6-7】 用定义 1 计算四阶行列式 $D=\begin{vmatrix} 3 & 0 & -2 & 0 \\ -4 & 1 & 0 & 2 \\ 1 & 5 & 7 & 0 \\ -3 & 0 & 2 & 4 \end{vmatrix}$.

解 由定义 1 知,将行列式按第 1 行展开,即

$$D=3\times(-1)^{1+1}\times\begin{vmatrix} 1 & 0 & 2 \\ 5 & 7 & 0 \\ 0 & 2 & 4 \end{vmatrix}+(-2)\times(-1)^{1+3}\times\begin{vmatrix} -4 & 1 & 2 \\ 1 & 5 & 0 \\ -3 & 0 & 4 \end{vmatrix}$$

$$=3\times(28+20)-2\times(-80+30-4)=144+108=252.$$

此例表明,“对角线展开法”只适用于二阶和三阶行列式,而对高于三阶的行列式失效.

【例6－8】 计算行列式 $D_n=\begin{vmatrix} a_{11} & 0 & \cdots & 0 \\ a_{21} & a_{22} & \ddots & \vdots \\ \vdots & \ddots & \ddots & 0 \\ a_{n1} & \cdots & a_{nn-1} & a_{nn} \end{vmatrix}$ 的值.

解 由定义得

$$D_n=a_{11}\begin{vmatrix} a_{22} & 0 & \cdots & 0 \\ a_{32} & a_{33} & \ddots & \vdots \\ \vdots & \ddots & \ddots & 0 \\ a_{n2} & \cdots & a_{n,n-1} & a_{nn} \end{vmatrix}=a_{11}a_{22}\begin{vmatrix} a_{33} & 0 & \cdots & 0 \\ a_{43} & a_{44} & \ddots & \vdots \\ \vdots & \ddots & \ddots & 0 \\ a_{n3} & \cdots & a_{n,n-1} & a_{nn} \end{vmatrix}=\cdots=a_{11}a_{22}\cdots a_{nn}.$$

例6－8所给的行列式主对角线上方的所有元素都为零,称为下三角行列式. 由此可知,下三角行列式的值等于它的主对角线上元素的乘积. 类似地,主对角线下方所有元素都为零的行列式称为上三角行列式. 上三角行列式的值也等于主对角线上元素的乘积.

值得注意的是,三阶行列式的性质对于 n 阶行列式仍然适用. 因此,在计算行列式时,我们可以利用行列式的性质把行列式化成上(下)三角行列式来计算.

在计算行列式时,为了叙述方便,约定了如下记号:以 r_i 表示行列式的第 i 行(row),以 c_j 表示行列式的第 j 列(column). 交换 i,j 两行,记为 $r_i\leftrightarrow r_j$;第 i 行加上第 j 行的 k 倍记为 r_i+kr_j. 对列也有类似记号.

下面看几个计算行列式的例子.

【例6－9】 计算行列式 $D=\begin{vmatrix} 1 & -9 & 13 & 7 \\ -2 & 5 & -1 & 3 \\ 3 & -1 & 5 & -5 \\ 2 & 8 & -7 & -10 \end{vmatrix}$.

解 把行列式 D 化成上三角行列式,让行列式 D 的第1行不变,则

$$D\xlongequal[r_4-2r_1]{\substack{r_2+2r_1\\ r_3-3r_1}}\begin{vmatrix} 1 & -9 & 13 & 7 \\ 0 & -13 & 25 & 17 \\ 0 & 26 & -34 & -26 \\ 0 & 26 & -33 & -24 \end{vmatrix}\xlongequal[r_4+2r_2]{r_3+2r_2}\begin{vmatrix} 1 & -9 & 13 & 7 \\ 0 & -13 & 25 & 17 \\ 0 & 0 & 16 & 8 \\ 0 & 0 & 17 & 10 \end{vmatrix}$$

$$\xlongequal{r_4-\frac{17}{16}r_3}\begin{vmatrix} 1 & -9 & 13 & 7 \\ 0 & -13 & 25 & 17 \\ 0 & 0 & 16 & 8 \\ 0 & 0 & 0 & \frac{3}{2} \end{vmatrix}=1\times(-13)\times16\times\frac{3}{2}=-312.$$

【例6－10】 计算行列式 $D=\begin{vmatrix} 2 & -1 & 5 & 7 \\ 0 & 1 & -3 & 8 \\ 4 & -2 & 12 & 17 \\ 0 & 0 & -1 & 0 \end{vmatrix}$.

解法1 将行列式化成三角行列式,即

$$D \xlongequal{r_3-2r_1} \begin{vmatrix} 2 & -1 & 5 & 7 \\ 0 & 1 & -3 & 8 \\ 0 & 0 & 2 & 3 \\ 0 & 0 & -1 & 0 \end{vmatrix} \xlongequal{r_3 \leftrightarrow r_4} - \begin{vmatrix} 2 & -1 & 5 & 7 \\ 0 & 1 & -3 & 8 \\ 0 & 0 & -1 & 0 \\ 0 & 0 & 2 & 3 \end{vmatrix}$$

$$\xlongequal{r_4+2r_3} \begin{vmatrix} 2 & -1 & 5 & 7 \\ 0 & 1 & -3 & 8 \\ 0 & 0 & -1 & 0 \\ 0 & 0 & 0 & 3 \end{vmatrix} = -[2\times 1\times(-1)\times 3] = 6.$$

解法 2 由于行列式中第 4 行零元素较多,可按第 4 行展开,得

$$D = (-1)\times(-1)^{4+3}\begin{vmatrix} 2 & -1 & 7 \\ 0 & 1 & 8 \\ 4 & -2 & 17 \end{vmatrix} \xlongequal{r_3-2r_1} \begin{vmatrix} 2 & -1 & 7 \\ 0 & 1 & 8 \\ 0 & 0 & 3 \end{vmatrix} = 6.$$

【例 6-11】 计算行列式 $D = \begin{vmatrix} b & a & a & a \\ a & b & a & a \\ a & a & b & a \\ a & a & a & b \end{vmatrix}$.

解 这个行列式中每一列元素的和都等于 $3a+b$,这时连续运用性质 5. 把第 2,3,4 行逐一加到第 1 行去,得

$$D \xlongequal{r_1+r_2+r_3+r_4} \begin{vmatrix} 3a+b & 3a+b & 3a+b & 3a+b \\ a & b & a & a \\ a & a & b & a \\ a & a & a & b \end{vmatrix} = (3a+b)\begin{vmatrix} 1 & 1 & 1 & 1 \\ a & b & a & a \\ a & a & b & a \\ a & a & a & b \end{vmatrix}$$

$$\xlongequal[\substack{c_3-c_1 \\ c_4-c_1}]{c_2-c_1} (3a+b)\begin{vmatrix} 1 & 0 & 0 & 0 \\ a & b-a & 0 & 0 \\ a & 0 & b-a & 0 \\ a & 0 & 0 & b-a \end{vmatrix} = (3a+b)(b-a)^3.$$

6.2.2 克莱姆法则

与二元、三元线性方程组相似,利用 n 阶行列式可求 n 元线性方程组的解.

定理(克莱姆法则)6-1 如果含有 n 个方程的 n 元线性方程组

$$\begin{cases} a_{11}x_1 + a_{12}x_2 + \cdots + a_{1n}x_n = b_1. \\ a_{21}x_1 + a_{22}x_2 + \cdots + a_{2n}x_n = b_2. \\ \qquad\qquad\vdots \\ a_{n1}x_1 + a_{n2}x_2 + \cdots + a_{nn}x_n = b_n \end{cases} \tag{6-1}$$

的系数行列式

$$D = \begin{vmatrix} a_{11} & a_{12} & \cdots & a_{1n} \\ a_{21} & a_{22} & \cdots & a_{2n} \\ \vdots & \vdots & & \vdots \\ a_{n1} & a_{n2} & \cdots & a_{nn} \end{vmatrix} \neq 0,$$

则方程组(6－1)有唯一解,即

$$\begin{cases} x_1 = \dfrac{D_1}{D}, \\ x_2 = \dfrac{D_2}{D}, \\ \quad\vdots \\ x_n = \dfrac{D_n}{D}, \end{cases}$$

其中 $D_j(j=1,2,\cdots,n)$ 是用方程组(6－1)中常数项 $b_1,b_2,\cdots,b_n$ 替换系数行列式 D 中第 j 列各元素所得到的 n 阶行列式,即

$$D_j = \begin{vmatrix} a_{11} & \cdots & a_{1,j-1} & b_1 & a_{1,j+1} & \cdots & a_{1n} \\ a_{21} & \cdots & a_{2,j-1} & b_2 & a_{2,j+1} & \cdots & a_{2n} \\ \vdots & & \vdots & \vdots & \vdots & & \vdots \\ a_{n1} & \cdots & a_{n,j-1} & b_n & a_{n,j+1} & \cdots & a_{nn} \end{vmatrix}.$$

【例 6－12】 解线性方程组 $\begin{cases} x_1 - x_2 + x_3 - 2x_4 = 2, \\ 2x_1 - x_3 + 4x_4 = 4, \\ 3x_1 + 2x_2 + x_3 = -1, \\ -x_1 + 2x_2 - x_3 + 2x_4 = -4. \end{cases}$

解 因为

$$D = \begin{vmatrix} 1 & -1 & 1 & -2 \\ 2 & 0 & -1 & 4 \\ 3 & 2 & 1 & 0 \\ -1 & 2 & -1 & 2 \end{vmatrix} \xlongequal{r_1 + r_4} \begin{vmatrix} 0 & 1 & 0 & 0 \\ 2 & 0 & -1 & 4 \\ 3 & 2 & 1 & 0 \\ -1 & 2 & -1 & 2 \end{vmatrix} = -\begin{vmatrix} 2 & -1 & 4 \\ 3 & 1 & 0 \\ -1 & -1 & 2 \end{vmatrix} = -2 \neq 0,$$

所以方程组有唯一解,而

$$D_1 = \begin{vmatrix} 2 & -1 & 1 & -2 \\ 4 & 0 & -1 & 4 \\ -1 & 2 & 1 & 0 \\ -4 & 2 & -1 & 2 \end{vmatrix} = -2, D_2 = \begin{vmatrix} 1 & 2 & 1 & -2 \\ 2 & 4 & -1 & 4 \\ 3 & -1 & 1 & 0 \\ -1 & -4 & -1 & 2 \end{vmatrix} = 4,$$

$$D_3 = \begin{vmatrix} 1 & -1 & 2 & -2 \\ 2 & 0 & 4 & 4 \\ 3 & 2 & -1 & 0 \\ -1 & 2 & -4 & 2 \end{vmatrix} = 0, D_4 = \begin{vmatrix} 1 & -1 & 1 & 2 \\ 2 & 0 & -1 & 4 \\ 3 & 2 & 1 & -1 \\ -1 & 2 & -1 & -4 \end{vmatrix} = -1,$$

于是方程组的解为

$$x_1 = \frac{D_1}{D} = 1, x_2 = \frac{D_2}{D} = -2, x_3 = \frac{D_3}{D} = 0, x_4 = \frac{D_4}{D} = \frac{1}{2}.$$

习题 6－2

1. 计算下列行列式.

(1) $\begin{vmatrix} 1 & 1 & 1 \\ 1 & 2 & 3 \\ 1 & 3 & 5 \end{vmatrix}$;　　(2) $\begin{vmatrix} -ab & ac & ae \\ bd & -cd & de \\ bf & cf & -ef \end{vmatrix}$;

(3) $\begin{vmatrix} 0 & 2 & 2 & 2 \\ 2 & 0 & 2 & 2 \\ 2 & 2 & 0 & 2 \\ 2 & 2 & 2 & 0 \end{vmatrix}$;　　(4) $\begin{vmatrix} 1 & 2 & 3 & 4 \\ 2 & 3 & 4 & 1 \\ 3 & 4 & 1 & 2 \\ 4 & 1 & 2 & 3 \end{vmatrix}$.

2. 按第 3 列展开以下各行列式,并计算其值.

(1) $\begin{vmatrix} 1 & 0 & a & 1 \\ 0 & -1 & b & -1 \\ -1 & -1 & c & 1 \\ -1 & 1 & d & 0 \end{vmatrix}$;　　(2) $\begin{vmatrix} 5 & -3 & 0 & 1 \\ -2 & -1 & 0 & 0 \\ 1 & 6 & 4 & 7 \\ 3 & 2 & 0 & 0 \end{vmatrix}$.

3. 用克莱姆法则解下列线性方程组.

(1) $\begin{cases} 2x_1 + 5x_2 = 1, \\ 3x_1 + 7x_2 = 2; \end{cases}$　　(2) $\begin{cases} 2x_1 + x_2 - 5x_3 + x_4 = 8, \\ x_1 - 3x_2 - 6x_4 = 9, \\ 2x_2 - x_3 + 2x_4 = -5, \\ x_1 + 4x_2 - 7x_3 + 6x_4 = 0. \end{cases}$

4. 现有甲、乙两个服装厂联合生产同一种品牌男式西装 1 000 套,根据市场需要,裤子要比上衣多生产 500 件. 甲厂生产上衣和裤子的生产能力是 1:2,乙厂生产上衣和裤子的生产能力是 1:1. 问两厂各应生产多少上衣多少裤子?

6.3　矩阵的概念及其运算

矩阵是线性代数的主要研究对象,也是重要的数学工具,它不仅在数学中的地位十分重要,而且在自然科学、工程技术、经济学和企业管理中也得到了广泛的应用.

6.3.1　矩阵的概念

引例 6 - 3(车间产品产量)　某厂一、二、三车间都生产甲、乙两种产品,上半年的产量(单位:件) 如表 6 - 1 所示.

表 6 - 1

车间 产品	一	二	三
甲	1 025	980	500
乙	700	1 000	2 000

为研究方便起见,我们把表 6 - 1 用矩形数表简明地表示如下:

$$\begin{bmatrix} 1\,025 & 980 & 500 \\ 700 & 1\,000 & 2\,000 \end{bmatrix}.$$

引例 6 - 4（生产 n 种产品的消耗定额）　生产 n 种产品需用 n 种材料，如果以 a_{ij} 表示生产第 $i(i=1,2,\cdots,n)$ 种产品耗用第 $j(j=1,2,\cdots,n)$ 种材料的定额，则消耗定额如表 6 - 2 所示.

表 6 - 2

产品 \ 定额 \ 材料	1	2	$\cdots$	j	$\cdots$	n
1	a_{11}	a_{12}	$\cdots$	a_{1j}	$\cdots$	a_{1n}
2	a_{21}	a_{22}	$\cdots$	a_{2j}	$\cdots$	a_{2n}
$\vdots$	$\vdots$	$\vdots$		$\vdots$		$\vdots$
i	a_{i1}	a_{i2}	$\cdots$	a_{ij}	$\cdots$	a_{in}
$\vdots$	$\vdots$	$\vdots$		$\vdots$		$\vdots$
n	a_{n1}	a_{n2}	$\cdots$	a_{nj}	$\cdots$	a_{nn}

也可以用矩形数表简明地表示如下：

$$\begin{bmatrix} a_{11} & a_{12} & \cdots & a_{1j} & \cdots & a_{1n} \\ a_{21} & a_{22} & \cdots & a_{2j} & \cdots & a_{2n} \\ \vdots & \vdots & & \vdots & & \vdots \\ a_{i1} & a_{i2} & \cdots & a_{ij} & \cdots & a_{in} \\ \vdots & \vdots & & \vdots & & \vdots \\ a_{n1} & a_{n2} & \cdots & a_{nj} & \cdots & a_{nn} \end{bmatrix}$$

一般来说，对于不同的实际问题有不同的矩形数表，数学上把这种具有一定排列规则的矩形数表称为矩阵.

定义 6 - 5　由 $m \times n$ 个数 $a_{ij}(i=1,2,\cdots,m;j=1,2,\cdots,n)$ 排成的 m 行 n 列数表

$$\begin{bmatrix} a_{11} & a_{12} & \cdots & a_{1n} \\ a_{21} & a_{22} & \cdots & a_{2n} \\ \vdots & \vdots & & \vdots \\ a_{m1} & a_{m2} & & a_{mn} \end{bmatrix}$$

称为 m 行 n 列矩阵，a_{ij} 称为矩阵的元素.

矩阵常用大写字母 $\boldsymbol{A},\boldsymbol{B},\boldsymbol{C},\cdots$ 表示，例如

$$\boldsymbol{A} = \begin{bmatrix} a_{11} & a_{12} & \cdots & a_{1n} \\ a_{21} & a_{22} & \cdots & a_{2n} \\ \vdots & \vdots & \cdots & \vdots \\ a_{m1} & a_{m2} & & a_{nm} \end{bmatrix},$$

或简写为　$\boldsymbol{A} = (a_{ij})_{m\times n}$ 或 $\boldsymbol{A} = (a_{ij})$

当 $m=n$ 时，矩阵的行数与列数相等，这时矩阵称为 n 阶方阵.

当 $n=1$ 时，矩阵只有一列，即

$$\boldsymbol{A} = \begin{bmatrix} a_{11} \\ a_{21} \\ \vdots \\ a_{m1} \end{bmatrix}.$$

这个矩阵称为列矩阵.

当 $m=1$ 时,矩阵只有一行,即

$$A=(a_{11},a_{12},\cdots a_{1n}).$$

这个矩阵称为行矩阵.

元素都是零的矩阵,称为零矩阵,$m\times n$ 零矩阵记为 $O_{m\times n}$ 或 O.

除了主对角线上的元素外,其余元素都为零的 n 阶方阵,称为对角矩阵,记为

$$\begin{bmatrix} a_{11} & 0 & \cdots & 0 \\ 0 & a_{22} & \ddots & \vdots \\ \vdots & \ddots & \ddots & 0 \\ 0 & \cdots & 0 & a_{nn} \end{bmatrix}.$$

主对角线上的元素都为 1 的对角矩阵,称为单位矩阵,记为

$$I=\begin{bmatrix} 1 & 0 & \cdots & 0 \\ 0 & 1 & \ddots & \vdots \\ \vdots & \ddots & \ddots & 0 \\ 0 & \cdots & 0 & 1 \end{bmatrix}.$$

类似地,主对角线以下(上)的元素全为零的方阵称为上(下)三角矩阵.

对于方阵 A,把由方阵 A 的元素按原来次序所构成的行列式称为矩阵 A 的行列式,记为 $|A|$.

把矩阵 A 的行与列依次互换所得的矩阵称为 A 的转置矩阵,记为 A^{T},即若

$$A=\begin{bmatrix} a_{11} & a_{12} & \cdots & a_{1n} \\ a_{21} & a_{22} & \cdots & a_{2n} \\ \vdots & \vdots & & \vdots \\ a_{m1} & a_{m2} & \cdots & a_{mn} \end{bmatrix},\text{则 } A^{\mathrm{T}}=\begin{bmatrix} a_{11} & a_{12} & \cdots & a_{m1} \\ a_{12} & a_{22} & \cdots & a_{m2} \\ \vdots & \vdots & & \vdots \\ a_{1n} & a_{2n} & \cdots & a_{mn} \end{bmatrix}$$

由此可知,一个 m 行 n 列矩阵 A 的转置矩阵 A^{T} 是一个 n 行 m 列的矩阵.

不难看出,对于任何一个矩阵 A,都有 $(A^{\mathrm{T}})^{\mathrm{T}}=A$.

如果两个 m 行 n 列的矩阵 $A=(a_{ij})_{m\times n}$ 与 $B=(b_{ij})_{m\times n}$ 的对应元素相等,即 $a_{ij}=b_{ij}(i=1,2,\cdots,m;j=1,2,\cdots,n)$,则称矩阵 A 与矩阵 B 相等,记为 $A=B$.

应当注意以下几点:

(1) 矩阵和行列式是不同的两个概念,行列式是一个数,而矩阵是一个数表;

(2) 行列式的行数和列数相等,而矩阵的行数和列数不一定相等;

(3) 行列式相等表示两个行列式的值相等,而两个矩阵相等是表示两个矩阵所有的对应元素相等.

6.3.2 矩阵的加法与减法、数与矩阵相乘

定义 6-6 设 $A=\begin{bmatrix} a_{11} & a_{12} & \cdots & a_{1n} \\ a_{21} & a_{22} & \cdots & a_{2n} \\ \vdots & \vdots & & \vdots \\ a_{m1} & a_{m2} & \cdots & a_{mn} \end{bmatrix}$,$B=\begin{bmatrix} b_{11} & b_{12} & \cdots & b_{1n} \\ b_{21} & b_{22} & \cdots & b_{2n} \\ \vdots & \vdots & & \vdots \\ b_{m1} & b_{m2} & \cdots & b_{mn} \end{bmatrix}$

是两个 $m\times n$ 矩阵,定义

$$\boldsymbol{A}+\boldsymbol{B}=\begin{bmatrix} a_{11}+b_{11} & a_{12}+b_{12} & \cdots & a_{1n}+b_{1n} \\ a_{21}+b_{21} & a_{22}+b_{22} & \cdots & a_{2n}+b_{2n} \\ \vdots & \vdots & & \vdots \\ a_{m1}+b_{m1} & a_{m2}+b_{m2} & \cdots & a_{mn}+b_{mn} \end{bmatrix},$$

称这个矩阵是 $\boldsymbol{A}$ 与 $\boldsymbol{B}$ 的和.

从定义可知,只有行数相同、列数也相同的矩阵才能相加.

矩阵$\begin{bmatrix} -a_{11} & -a_{12} & \cdots & -a_{1n} \\ -a_{21} & -a_{22} & \cdots & -a_{2n} \\ \vdots & \vdots & & \vdots \\ -a_{m1} & -a_{m2} & \cdots & -a_{mn} \end{bmatrix}$称为矩阵 $\boldsymbol{A}$ 的负矩阵,记为 $-\boldsymbol{A}$. 矩阵的减法定义为 $\boldsymbol{A}-\boldsymbol{B}=\boldsymbol{A}+(-\boldsymbol{B})$.

例如,设
$$\boldsymbol{A}=\begin{bmatrix} 3 & 6 & 2 \\ 2 & -5 & 1 \end{bmatrix},\boldsymbol{B}=\begin{bmatrix} 1 & 0 & 1 \\ 1 & 2 & 4 \end{bmatrix},$$

$$\boldsymbol{A}+\boldsymbol{B}=\begin{bmatrix} 3 & 6 & 2 \\ 2 & -5 & 1 \end{bmatrix}+\begin{bmatrix} 1 & 0 & 1 \\ 1 & 2 & 4 \end{bmatrix}=\begin{bmatrix} 3+1 & 6+0 & 2+1 \\ 2+1 & -5+2 & 1+4 \end{bmatrix}=\begin{bmatrix} 4 & 6 & 3 \\ 3 & -3 & 5 \end{bmatrix},$$

则 $\boldsymbol{A}-\boldsymbol{B}=\begin{bmatrix} 3 & 6 & 2 \\ 2 & -5 & 1 \end{bmatrix}-\begin{bmatrix} 1 & 0 & 1 \\ 1 & 2 & 4 \end{bmatrix}=\begin{bmatrix} 3-1 & 6-0 & 2-1 \\ 2-1 & -5-2 & 1-4 \end{bmatrix}=\begin{bmatrix} 2 & 6 & 1 \\ 1 & -7 & -3 \end{bmatrix}$.

容易验证,矩阵的加法满足交换律与结合律,即

(1) 交换律　$\boldsymbol{A}+\boldsymbol{B}=\boldsymbol{B}+\boldsymbol{A}$;(2) 结合律　$(\boldsymbol{A}+\boldsymbol{B})+\boldsymbol{C}=\boldsymbol{A}+(\boldsymbol{B}+\boldsymbol{C})$,其中 $\boldsymbol{A},\boldsymbol{B},\boldsymbol{C}$ 都是 m 行 n 列矩阵.

【例 6 - 13】　已知 $\boldsymbol{A}=\begin{bmatrix} 0 & 2 & 3 \\ -2 & 0 & 4 \\ -3 & -4 & 0 \end{bmatrix}$,求 $\boldsymbol{A}+\boldsymbol{A}^{\mathrm{T}},\boldsymbol{A}-\boldsymbol{A}^{\mathrm{T}}$.

解　$$\boldsymbol{A}+\boldsymbol{A}^{\mathrm{T}}=\begin{bmatrix} 0 & 2 & 3 \\ -2 & 0 & 4 \\ -3 & -4 & 0 \end{bmatrix}+\begin{bmatrix} 0 & -2 & -3 \\ 2 & 0 & -4 \\ 3 & 4 & 0 \end{bmatrix}=\begin{bmatrix} 0 & 0 & 0 \\ 0 & 0 & 0 \\ 0 & 0 & 0 \end{bmatrix},$$

$$\boldsymbol{A}-\boldsymbol{A}^{\mathrm{T}}=\begin{bmatrix} 0 & 2 & 3 \\ -2 & 0 & 4 \\ -3 & -4 & 0 \end{bmatrix}-\begin{bmatrix} 0 & -2 & -3 \\ 2 & 0 & -4 \\ 3 & 4 & 0 \end{bmatrix}=\begin{bmatrix} 0 & 4 & 6 \\ -4 & 0 & 8 \\ -6 & -8 & 0 \end{bmatrix}.$$

【例 6 - 14】　设 $\boldsymbol{A}=\begin{bmatrix} 3 & 7 & 4 \\ -3 & 4 & 4 \\ -2 & 0 & 3 \end{bmatrix},\boldsymbol{B}=\begin{bmatrix} 3 & x_1 & x_2 \\ x_1 & 4 & x_3 \\ x_2 & x_3 & 3 \end{bmatrix},\boldsymbol{C}=\begin{bmatrix} 0 & y_1 & y_2 \\ -y_1 & 0 & y_3 \\ -y_2 & -y_3 & 0 \end{bmatrix}$,且 $\boldsymbol{A}=\boldsymbol{B}+\boldsymbol{C}$,求矩阵 $\boldsymbol{B}$ 和 $\boldsymbol{C}$.

解　由 $\boldsymbol{A}=\boldsymbol{B}+\boldsymbol{C}$ 得

$$\boldsymbol{A}=\begin{bmatrix} 3 & 7 & 4 \\ -3 & 4 & 4 \\ -2 & 0 & 3 \end{bmatrix}=\begin{bmatrix} 3 & x_1 & x_2 \\ x_1 & 4 & x_3 \\ x_2 & x_2 & 3 \end{bmatrix}+\begin{bmatrix} 0 & y_1 & y_2 \\ -y_1 & 0 & y_3 \\ -y_2 & -y_3 & 0 \end{bmatrix}=\begin{bmatrix} 3 & x_1+y_1 & x_2+y_2 \\ x_1-y_1 & 4 & x_3+y_3 \\ x_2-y_2 & x_3-y_3 & 3 \end{bmatrix}$$

由两个矩阵相等的定义得方程组

$$\begin{cases}x_1+y_1=7,\\x_1-y_1=-3,\end{cases}\begin{cases}x_2+y_2=4,\\x_2-y_2=-2,\end{cases}\begin{cases}x_3+y_3=4,\\x_3-y_3=0\end{cases}$$

解得

$$\begin{cases}x_1=2,\\y_1=5,\end{cases}\begin{cases}x_2=1,\\y_2=3,\end{cases}\begin{cases}x_3=2,\\y_3=2.\end{cases}$$

故所求的矩阵为

$$\boldsymbol{B}=\begin{bmatrix}3&2&1\\2&4&2\\1&2&3\end{bmatrix},\boldsymbol{C}=\begin{bmatrix}0&5&3\\-5&0&2\\-3&-2&0\end{bmatrix}.$$

定义 6－7 数 k 与 m 行 n 列矩阵 $\boldsymbol{A}=(a_{ij})_{m\times n}$ 相乘定义为 $k\boldsymbol{A}=(ka_{ij})_{m\times n}$，即

$$k\boldsymbol{A}=k\begin{bmatrix}a_{11}&a_{12}&\cdots&a_{1n}\\a_{21}&a_{22}&\cdots&a_{2n}\\\vdots&\vdots&&\vdots\\a_{m1}&a_{m2}&\cdots&a_{mn}\end{bmatrix}=\begin{bmatrix}ka_{11}&ka_{12}&\cdots&ka_{1n}\\ka_{21}&ka_{22}&\cdots&ka_{2n}\\\vdots&\vdots&&\vdots\\ka_{m1}&ka_{m2}&\cdots&ka_{mn}\end{bmatrix},$$

并且

$$\boldsymbol{A}k=k\boldsymbol{A}$$

数与矩阵相乘满足以下规律：

(1) 分配律 $k(\boldsymbol{A}+\boldsymbol{B})=k\boldsymbol{A}+k\boldsymbol{B}$，$(k_1+k_2)\boldsymbol{A}=k_1\boldsymbol{A}+k_2\boldsymbol{A}$，

(2) 结合律 $k_1(k_2\boldsymbol{A})=(k_1k_2)\boldsymbol{A}$，

其中 $\boldsymbol{A}$，$\boldsymbol{B}$ 为 m 行 n 列矩阵，k_1，k_2 为任意常数.

【例 6－15】 已知 $\boldsymbol{A}=\begin{bmatrix}3&4&5\\1&5&7\end{bmatrix}$，$\boldsymbol{B}=\begin{bmatrix}5&2&3\\1&-3&-1\end{bmatrix}$，求 $\frac{1}{2}(\boldsymbol{A}+\boldsymbol{B})$.

解 $\frac{1}{2}(\boldsymbol{A}+\boldsymbol{B})=\frac{1}{2}\left(\begin{bmatrix}3&4&5\\1&5&7\end{bmatrix}+\begin{bmatrix}5&2&3\\1&-3&-1\end{bmatrix}\right)=\frac{1}{2}\begin{bmatrix}8&6&8\\2&2&6\end{bmatrix}=\begin{bmatrix}4&3&4\\1&1&3\end{bmatrix}.$

6.3.3 矩阵与矩阵相乘

引例 6－5(建筑材料的耗用量) 某校明后两年计划修建教学楼与宿舍楼，建筑面积、材料的平均耗用量分别如表 6－3 和表 6－4 所示. 求明后两年钢材、水泥、木材三种建筑材料的耗用量.

表 6－3

修建时间	建筑面积 /100 m²	
	教学楼	宿舍楼
明年	20	10
后年	30	20

表 6－4

建筑物	单位建筑面积材料消耗量		
	钢材 /(t/100 m²)	水泥 /(t/100 m²)	木材 /(m²/100 m²)
教学楼	2	18	4
宿舍楼	1.5	15	5

解　将表 6 - 3 和表 6 - 4 分别用矩阵 $\boldsymbol{A}$，$\boldsymbol{B}$ 表示，矩阵 $\boldsymbol{C}$ 表示明年和后年三种建筑材料的总耗用量，即

$$\boldsymbol{A}=\begin{bmatrix}20 & 10\\30 & 20\end{bmatrix},\boldsymbol{B}=\begin{bmatrix}2 & 18 & 4\\1.5 & 15 & 5\end{bmatrix},$$

$$\boldsymbol{C}=\begin{bmatrix}20\times2+10\times1.5 & 20\times18+10\times15 & 20\times4+10\times5\\30\times2+20\times1.5 & 30\times18+20\times15 & 30\times4+20\times5\end{bmatrix}=\begin{bmatrix}55 & 510 & 130\\90 & 840 & 220\end{bmatrix}.$$

矩阵 $\boldsymbol{C}$ 的第 1 行的 3 个元素分别表示明年教学楼与宿舍楼的钢材、水泥和木材的总耗用量；第 2 行的 3 个元素分别表示后年教学楼与宿舍楼的钢材、水泥和木材的总耗用量. 它可看成是矩阵 $\boldsymbol{A}$ 和矩阵 $\boldsymbol{B}$ 相乘的结果.

定义 6 - 8　设 $\boldsymbol{A}$ 是一个 $s\times n$ 矩阵，$\boldsymbol{B}$ 是一个 $n\times m$ 矩阵，即

$$\boldsymbol{A}=\begin{bmatrix}a_{11} & a_{12} & \cdots & a_{1n}\\a_{21} & a_{22} & \cdots & a_{2n}\\\vdots & \vdots & & \vdots\\a_{s1} & a_{s2} & \cdots & a_{sn}\end{bmatrix},\boldsymbol{B}=\begin{bmatrix}b_{11} & b_{12} & \cdots & a_{1m}\\a_{21} & a_{22} & \cdots & a_{2m}\\\vdots & \vdots & & \vdots\\b_{n1} & b_{n2} & \cdots & b_{mn}\end{bmatrix},$$

构造 $s\times m$ 矩阵

$$\boldsymbol{C}=\begin{bmatrix}c_{11} & c_{12} & \cdots & c_{1m}\\c_{21} & c_{22} & \cdots & c_{2m}\\\vdots & \vdots & & \vdots\\c_{s1} & c_{s2} & \cdots & c_{sn}\end{bmatrix},$$

其中 $c_{ij}=a_{i1}b_{1j}+a_{i2}b_{2j}+\cdots+a_{in}b_{nj}\sum_{j=1}^{n}a_{ik}b_{kj}(i=1,2,\cdots,s;j=1,2,\cdots,m)$.

矩阵 $\boldsymbol{C}$ 称为矩阵 $\boldsymbol{A}$ 与 $\boldsymbol{B}$ 的乘积，记为 $\boldsymbol{C}=\boldsymbol{AB}$.

由定义 6 - 8 可知，只有当第一个矩阵 $\boldsymbol{A}$ 的列数与第二个矩阵 $\boldsymbol{B}$ 的行数相等时，两个矩阵才能作乘法运算.

【例 6 - 16】　已知 $\boldsymbol{A}=\begin{bmatrix}1 & 2 & -1\\2 & -3 & 1\end{bmatrix}$，$\boldsymbol{B}=\begin{bmatrix}1 & 3\\-1 & 2\\3 & 1\end{bmatrix}$，求 $\boldsymbol{AB}$，$\boldsymbol{BA}$.

解

$$\boldsymbol{AB}=\begin{bmatrix}1 & 2 & -1\\2 & -3 & 1\end{bmatrix}\begin{bmatrix}1 & 3\\-1 & 2\\3 & 1\end{bmatrix}$$

$$=\begin{bmatrix}1\times1+2\times(-1)+(-1)\times3 & 1\times3+2\times2+(-1)\times1\\2\times1+(-3)\times(-1)+1\times3 & 2\times3+(-3)\times2+1\times1\end{bmatrix}=\begin{bmatrix}-4 & 6\\8 & 1\end{bmatrix},$$

$$\boldsymbol{BA}=\begin{bmatrix}1 & 3\\-1 & 2\\3 & 1\end{bmatrix}\begin{bmatrix}1 & 2 & -1\\2 & -3 & 1\end{bmatrix}$$

$$=\begin{bmatrix}1\times1+3\times2 & 1\times2+3\times(-3) & 1\times(-1)+3\times1\\(-1)\times1+2\times2 & (-1)\times2+2\times(-3) & (-1)\times(-1)+2\times1\\3\times1+1\times2 & 3\times2+1\times(-3) & 3\times(-1)+1\times1\end{bmatrix}$$

$$=\begin{bmatrix}7 & -7 & 2\\3 & -8 & 3\\5 & 3 & -2\end{bmatrix}.$$

由例 6 - 16 可知，矩阵 $\boldsymbol{A}$ 与矩阵 $\boldsymbol{B}$ 相乘，虽然 $\boldsymbol{AB}$ 与 $\boldsymbol{BA}$ 都有意义，但 $\boldsymbol{AB} \neq \boldsymbol{BA}$.

【例 6 - 17】 已知 $\boldsymbol{A} = \begin{bmatrix} a_{11} & a_{12} & a_{13} \\ a_{21} & a_{22} & a_{23} \\ a_{31} & a_{32} & a_{33} \end{bmatrix}$，$\boldsymbol{I} = \begin{bmatrix} 1 & 0 & 0 \\ 0 & 1 & 0 \\ 0 & 0 & 1 \end{bmatrix}$，求 $\boldsymbol{AI}$ 和 $\boldsymbol{IA}$.

解 $$\boldsymbol{AI} = \begin{bmatrix} a_{11} & a_{12} & a_{13} \\ a_{21} & a_{22} & a_{23} \\ a_{31} & a_{32} & a_{33} \end{bmatrix}\begin{bmatrix} 1 & 0 & 0 \\ 0 & 1 & 0 \\ 0 & 0 & 1 \end{bmatrix} = \begin{bmatrix} a_{11} & a_{12} & a_{13} \\ a_{21} & a_{22} & a_{23} \\ a_{31} & a_{32} & a_{33} \end{bmatrix} = \boldsymbol{A}$$

$$\boldsymbol{IA} = \begin{bmatrix} 1 & 0 & 0 \\ 0 & 1 & 0 \\ 0 & 0 & 1 \end{bmatrix}\begin{bmatrix} a_{11} & a_{12} & a_{13} \\ a_{21} & a_{22} & a_{23} \\ a_{31} & a_{32} & a_{33} \end{bmatrix} = \begin{bmatrix} a_{11} & a_{12} & a_{13} \\ a_{21} & a_{22} & a_{23} \\ a_{31} & a_{32} & a_{33} \end{bmatrix} = \boldsymbol{A}$$

由例6 - 17 可知，单位矩阵 $\boldsymbol{I}$ 在矩阵的乘法中起的作用与普通代数中数 1 所起的作用类似.

矩阵乘法满足如下规律：

(1) 分配律 $\boldsymbol{A}(\boldsymbol{B} + \boldsymbol{C}) = \boldsymbol{AB} - \boldsymbol{AC}$，$(\boldsymbol{B} + \boldsymbol{C})\boldsymbol{A} = \boldsymbol{BA} + \boldsymbol{CA}$，

(2) 结合律 $(\boldsymbol{AB})\boldsymbol{C} = \boldsymbol{A}(\boldsymbol{BC})$，$k(\boldsymbol{AB}) = (k\boldsymbol{A})\boldsymbol{B} = \boldsymbol{A}(k\boldsymbol{B})$，

其中 $\boldsymbol{A}$，$\boldsymbol{B}$，$\boldsymbol{C}$ 为矩阵，k 为任意常数.

矩阵的乘法不满足交换律，即在一般情况下，$\boldsymbol{AB} \neq \boldsymbol{BA}$.

应当注意以下几点：

(1) 两个元素不全为零的矩阵，其乘积可能为零矩阵. 例如

$$\boldsymbol{A} = \begin{bmatrix} 1 & 1 \\ -1 & -1 \end{bmatrix}, \boldsymbol{B} = \begin{bmatrix} 1 & -1 \\ -1 & 1 \end{bmatrix},$$

则 $$\boldsymbol{AB} = \begin{bmatrix} 0 & 0 \\ 0 & 0 \end{bmatrix}.$$

(2) 若 $\boldsymbol{AC} = \boldsymbol{BC}$ 且 $\boldsymbol{C} \neq \boldsymbol{O}$，不一定能得出 $\boldsymbol{A} = \boldsymbol{B}$ 的结论. 例如

$$\boldsymbol{A} = \begin{bmatrix} 3 & 1 \\ 4 & 6 \end{bmatrix}, \boldsymbol{B} = \begin{bmatrix} 2 & 1 \\ 4 & 6 \end{bmatrix}, \boldsymbol{C} = \begin{bmatrix} 0 & 0 \\ 1 & 1 \end{bmatrix},$$

$$\boldsymbol{AC} = \begin{bmatrix} 3 & 1 \\ 4 & 6 \end{bmatrix}\begin{bmatrix} 0 & 0 \\ 1 & 1 \end{bmatrix} = \begin{bmatrix} 1 & 1 \\ 6 & 6 \end{bmatrix}, \boldsymbol{BC} = \begin{bmatrix} 2 & 1 \\ 4 & 6 \end{bmatrix}\begin{bmatrix} 0 & 0 \\ 1 & 1 \end{bmatrix} = \begin{bmatrix} 1 & 1 \\ 6 & 6 \end{bmatrix},$$

即 $\boldsymbol{AC} = \boldsymbol{BC}$，但 $\boldsymbol{A} \neq \boldsymbol{B}$. 这说明矩阵的乘法不适合消去律.

习题 6 - 3

1. 已知 $\boldsymbol{A} = \begin{bmatrix} 1 & 4 & 5 \\ 0 & -1 & 2 \end{bmatrix}$，$\boldsymbol{B} = \begin{bmatrix} -3 & 1 & -2 \\ 2 & 1 & -5 \end{bmatrix}$，求：

(1)$2\boldsymbol{A}$ 及 $-\boldsymbol{B}$； (2)$2\boldsymbol{B} - 3\boldsymbol{A}$； (3)$\boldsymbol{A}^{\mathrm{T}} + 2\boldsymbol{B}^{\mathrm{T}}$.

2. 设 $\boldsymbol{A} = \begin{bmatrix} a_{11} & a_{12} & a_{13} \\ a_{21} & a_{22} & a_{23} \end{bmatrix}$，求证：$(-\boldsymbol{A})^{\mathrm{T}} = -\boldsymbol{A}^{\mathrm{T}}$.

3. 计算：

(1) $\begin{bmatrix}1 & 0 & 3\\3 & -2 & 1\end{bmatrix}\begin{bmatrix}2\\0\\1\end{bmatrix}$;　　(2) $\begin{bmatrix}2 & 4 & -5\end{bmatrix}\begin{bmatrix}2\\0\\-1\end{bmatrix}$;

(3) $\begin{bmatrix}3 & 2 & 1\\1 & -2 & 1\\0 & -1 & 2\end{bmatrix}\begin{bmatrix}1 & 2 & 0\\5 & -2 & 1\\0 & 1 & 3\end{bmatrix}-\begin{bmatrix}1 & -5 & 3\\2 & 7 & 1\\3 & 8 & 4\end{bmatrix}$.

4. 设 $\boldsymbol{A}=\begin{bmatrix}1 & 2\\3 & 4\end{bmatrix}$, $\boldsymbol{B}=\begin{bmatrix}-1 & 0\\5 & 2\end{bmatrix}$, $\boldsymbol{C}=\begin{bmatrix}0 & -3\\1 & 4\end{bmatrix}$, 验证:

(1) $(\boldsymbol{AB})\boldsymbol{C}=\boldsymbol{A}(\boldsymbol{BC})$;　(2) $\boldsymbol{A}(\boldsymbol{B}+\boldsymbol{C})=\boldsymbol{AB}+\boldsymbol{AC}$.

5. 宏伟机械厂生产甲、乙、丙三种产品,其中2007、2008两年的销售量如表6 - 5所示,这三种产品的成本和销售价格如表6 - 6所示,请你帮助该厂核实2007年和2008年这两年的总成本和总的销售收入分别是多少?

表 6 - 5

时间	产品销售量 /t		
	甲	乙	丙
2007 年	1 000	4 000	3 000
2008 年	700	3 550	4 000

表 6 - 6

产品	成本 / 万元	价格 / 万元
甲	3	3.5
乙	4	4.4
丙	6	6.8

6.4　逆　矩　阵

6.4.1　逆矩阵的概念

引例 6 - 5(平面直角坐标系旋转问题)　在平面直角坐标系 xOy 中,将两个坐标轴同时绕原点旋转 θ 角(逆时针为正,顺时针为负)就能得到一个新的直角坐标系,将这个新的直角坐标系记为 uOv(图 6 - 2). 平面上任何一点 P 在两个坐标系中的坐标分别记为 (x,y) 与 (u,v).

由图 6 - 2 所示,不难推得

$$\begin{cases}x=|OM|=|OS|-|TQ|=u\cos\theta-v\sin\theta,\\ y=|ON|=|SQ|+|TP|=u\sin\theta+v\cos\theta.\end{cases}$$

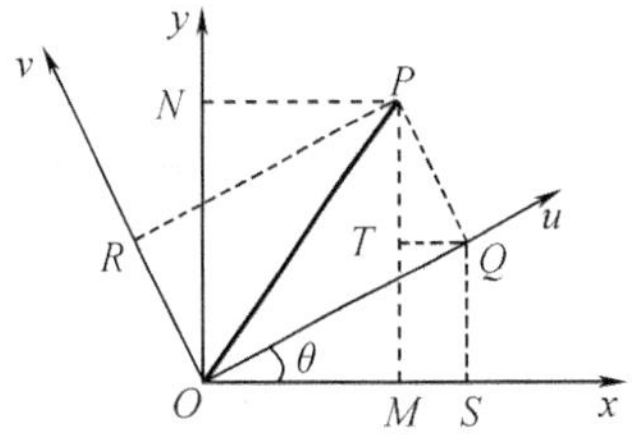

图 6 - 2

利用矩阵乘法可将上述关系表示为

$$\begin{bmatrix}x\\y\end{bmatrix}=\begin{bmatrix}\cos\theta & -\sin\theta\\\sin\theta & \cos\theta\end{bmatrix}\begin{bmatrix}u\\v\end{bmatrix}. \qquad (6-2)$$

将坐标系 uOv 绕原点旋转 $-\theta$,就又回到 xOy 坐标系,因此

$$\begin{bmatrix}u\\v\end{bmatrix}=\begin{bmatrix}\cos(-\theta) & -\sin(-\theta)\\\sin(-\theta) & \cos(-\theta)\end{bmatrix}\begin{bmatrix}x\\y\end{bmatrix}, \qquad (6-3)$$

将式(6 - 2)代入式(6 - 3)得

$$\begin{bmatrix}u\\v\end{bmatrix}=\begin{bmatrix}\cos\theta & \sin\theta\\-\sin\theta & \cos\theta\end{bmatrix}\begin{bmatrix}\cos\theta & -\sin\theta\\\sin\theta & \cos\theta\end{bmatrix}\begin{bmatrix}u\\v\end{bmatrix}=\begin{bmatrix}u\\v\end{bmatrix}. \qquad (6-4)$$

若记 $A=\begin{bmatrix}\cos\theta & -\sin\theta\\ \sin\theta & \cos\theta\end{bmatrix}$，$B=\begin{bmatrix}\cos\theta & \sin\theta\\ -\sin\theta & \cos\theta\end{bmatrix}$，则不难验证矩阵 A、B 有如下性质:

$$AB=BA=I$$

由此引入可逆矩阵的概念.

定义 6-8 对于一个 n 阶方阵 A，如果存在一个 n 阶方阵 B，使得

$$AB=BA=I$$

成立，就称 A 为可逆矩阵，B 为 A 的逆矩阵，简称为 A 的逆，记为 A^{-1}，即 $A^{-1}=B$.

可逆方阵 A 的逆只有一个，事实上，设 B 和 C 都是 A 的逆，则

$$AB=BA=I, AC=CA=I$$

那么

$$B=BI=B(AC)=(BA)C=IC=C.$$

可逆矩阵 A 的逆也可逆，并且

$$(A^{-1})^{-1}=A.$$

事实上，这一结论可由算式 $AA^{-1}=A^{-1}A=I$ 直接推出.

6.4.2 逆矩阵的求法

定义 6-9 设 $A=(a_{ij})_{n\times n}$，A_{ij} 为行列式 $|A|$ 中元素 a_{ij} 的代数余子式，则称

$$A^*=\begin{bmatrix}A_{11} & A_{21} & \cdots & A_{n1}\\ A_{12} & A_{22} & \cdots & A_{n2}\\ \vdots & \vdots & & \vdots\\ A_{1n} & A_{2n} & \cdots & A_{nn}\end{bmatrix}$$

为矩阵 A 的伴随矩阵.

由行列式按一行(或列)展开的公式，立即可得

$$AA^*=\begin{bmatrix}a_{11} & a_{12} & \cdots & a_{1n}\\ a_{21} & a_{22} & \cdots & a_{2n}\\ \vdots & \vdots & & \vdots\\ a_{n1} & a_{n2} & \cdots & a_{nn}\end{bmatrix}\begin{bmatrix}A_{11} & A_{21} & \cdots & A_{n1}\\ A_{12} & A_{22} & \cdots & A_{n2}\\ \vdots & \vdots & & \vdots\\ A_{1n} & A_{2n} & \cdots & A_{nn}\end{bmatrix}=\begin{bmatrix}|A| & 0 & \cdots & 0\\ 0 & |A| & \ddots & \vdots\\ \vdots & \ddots & \ddots & 0\\ 0 & \cdots & 0 & |A|\end{bmatrix}$$

$$=|A|I$$

同理，可得 $A\cdot A=|A|I$，于是得到方阵 A 与它的伴随矩阵 A^* 之间的重要关系

$$AA^*=A^*A=|A|I$$

定理 6-2 n 阶方阵 A 可逆的充分必要条件是 $|A|\neq 0$，且 A 可逆时，有

$$A^{-1}=\frac{1}{|A|}A^*$$

其中 A^* 为 A 的伴随矩阵.

【例 6-18】 设 $A=\begin{bmatrix}1 & 2 & -1\\ 2 & 0 & 1\\ 3 & -2 & 0\end{bmatrix}$，求 A 的逆 A^{-1}.

解 因为 $|A|=\begin{vmatrix}1 & 2 & -1\\ 2 & 0 & 1\\ 3 & -2 & 0\end{vmatrix}=12\neq 0$，所以 A 的逆 A^{-1} 存在.

又因为 $A_{11}=\begin{vmatrix}0&1\\-2&0\end{vmatrix}=2, A_{12}=-\begin{vmatrix}2&1\\3&0\end{vmatrix}=3, A_{13}=\begin{vmatrix}2&0\\3&-2\end{vmatrix}=-4,$

$$A_{21}=-\begin{vmatrix}2&-1\\-2&0\end{vmatrix}=2, A_{22}=-\begin{vmatrix}1&-1\\3&0\end{vmatrix}=3, A_{23}=-\begin{vmatrix}1&2\\3&-2\end{vmatrix}=8,$$

$$A_{31}=\begin{vmatrix}2&-1\\0&1\end{vmatrix}=2, A_{32}=-\begin{vmatrix}1&-1\\2&1\end{vmatrix}=-3, A_{33}=\begin{vmatrix}1&2\\2&0\end{vmatrix}=-4,$$

所以
$$A^*=\begin{bmatrix}2&2&2\\3&3&-3\\-4&8&-4\end{bmatrix},$$

则
$$A^{-1}=\frac{1}{|A|}A^*=\frac{1}{12}\begin{bmatrix}2&2&2\\3&3&-3\\-4&8&-4\end{bmatrix}=\begin{bmatrix}\frac{1}{6}&\frac{1}{6}&\frac{1}{6}\\\frac{1}{4}&\frac{1}{4}&-\frac{1}{4}\\-\frac{1}{3}&\frac{2}{3}&-\frac{1}{3}\end{bmatrix}.$$

6.4.3　用逆矩阵解线性方程组

线性方程组

$$\begin{cases}a_{11}x_1+a_{12}x_2+\cdots+a_{1n}x_n=b_1,\\a_{21}x_1+a_{22}x_2+\cdots+a_{2n}x_n=b_2,\\\cdots\cdots\cdots\cdots\\a_{n1}x_1+a_{n2}x_2+\cdots+a_{nn}x_n=b_n,\end{cases}\tag{6-5}$$

可用矩阵表示为 $AX=b$，其中

$$A=\begin{bmatrix}a_{11}&a_{12}&\cdots&a_{1n}\\a_{21}&a_{22}&\cdots&a_{2n}\\\vdots&\vdots&&\vdots\\a_{n1}&a_{n2}&\cdots&a_{nn}\end{bmatrix}, X=\begin{bmatrix}x_1\\x_2\\\vdots\\x_n\end{bmatrix}, b=\begin{bmatrix}b_1\\b_2\\\vdots\\b_n\end{bmatrix}.$$

A 称为方程组6 - 5 的系数矩阵，X 为未知数矩阵，b 为常数项矩阵. 当 $|A|\neq 0$ 时，矩阵 A 可逆，用 A^{-1} 左乘 $AX=b$ 两端，得 $X=A^{-1}b$.

【例 6 - 19】　解线性方程组 $\begin{cases}x+y+z=2,\\2x+y=-1,\\x+y=1.\end{cases}$

解　方程组的矩阵形式为 $AX=b$，其中

$$A=\begin{bmatrix}1&1&1\\2&1&0\\1&1&0\end{bmatrix}, X=\begin{bmatrix}x\\y\\z\end{bmatrix}, b=\begin{bmatrix}2\\-1\\1\end{bmatrix}.$$

由于 $|A|=\begin{vmatrix}1&1&1\\2&1&0\\1&1&0\end{vmatrix}=1\neq 0$，从而 A 可逆，于是有

$$\begin{bmatrix} x \\ y \\ z \end{bmatrix} = \begin{bmatrix} 1 & 1 & 1 \\ 2 & 1 & 0 \\ 1 & 1 & 0 \end{bmatrix}^{-1} \begin{bmatrix} 2 \\ -1 \\ 1 \end{bmatrix} = \begin{bmatrix} 0 & 1 & -1 \\ 0 & -1 & 2 \\ 1 & 0 & -1 \end{bmatrix} \begin{bmatrix} 2 \\ -1 \\ 1 \end{bmatrix} = \begin{bmatrix} -2 \\ 3 \\ 1 \end{bmatrix},$$

即方程组的解为 $x = -2, y = 3, z = 1$.

习题 6 - 4

1. 求下列矩阵的逆矩阵.

(1) $\begin{bmatrix} 1 & 2 \\ 3 & 4 \end{bmatrix}$;　(2) $\begin{bmatrix} 1 & 2 & 3 \\ 0 & 1 & 2 \\ 0 & 0 & 1 \end{bmatrix}$;　(3) $\begin{bmatrix} 1 & 2 & 1 \\ 2 & 0 & 1 \\ 1 & -1 & 0 \end{bmatrix}$.

2. 用逆矩阵解线性方程组 $\begin{cases} 2x + 2y + z = 5, \\ 3x + y + z = 0, \\ 3x + 2y + 3x = 4. \end{cases}$

3. 解矩阵方程 $2\boldsymbol{X} = \boldsymbol{AX} + \boldsymbol{B}$. 其中 $\boldsymbol{A} = \begin{bmatrix} 1 & 1 & 0 \\ -1 & 2 & 1 \\ -1 & 0 & 0 \end{bmatrix}$, $\boldsymbol{B} = \begin{bmatrix} 1 & -2 \\ -3 & 0 \\ 0 & 3 \end{bmatrix}$.

6.5 矩阵的秩与初等变换

6.5.1 矩阵的秩

矩阵的秩是反映矩阵内在特征的一个重要的概念,它在线性方程组的求解问题中也有着重要的应用.

定义 6 - 10 在 $m \times n$ 矩阵 $\boldsymbol{A}$ 中,任取 r 行 r 列($r \leqslant \min(m,n)$),位于这些行列交叉处的 $r \times r$ 个元素,不改变它们在 $\boldsymbol{A}$ 中所处的位置次序而得到的 r 阶行列式,称为矩阵 $\boldsymbol{A}$ 的 r 阶子式.

例如,在矩阵 $\boldsymbol{A} = \begin{bmatrix} 1 & 2 & 3 & 2 \\ 2 & 1 & 2 & 0 \\ 3 & 1 & 4 & 5 \end{bmatrix}$ 中,取 $\boldsymbol{A}$ 的第 2、第 3 行,第 3、第 4 列交叉处的元素构成的二阶子式和取 $\boldsymbol{A}$ 的第 1、第 2、第 3 行,第 2、第 3、第 4 列交叉处的元素构成的三阶子式,分别为

$$\begin{vmatrix} 2 & 0 \\ 4 & 5 \end{vmatrix}, \begin{vmatrix} 2 & 3 & 2 \\ 1 & 2 & 0 \\ 1 & 4 & 5 \end{vmatrix}.$$

定义 6 - 11 设在矩阵 $\boldsymbol{A}$ 中存在一个 r 阶子式不等于零,而所有 $r + 1$ 阶子式(如果存在的话)全等于零,则称 r 为矩阵 $\boldsymbol{A}$ 的秩,记为 $\mathrm{R}(\boldsymbol{A}) = r$.

【例 6 - 20】 求矩阵 $A=\begin{bmatrix}1&4&1&0\\2&1&-1&-3\\1&0&-3&-1\\0&2&-6&3\end{bmatrix}$ 的秩.

解　因为在矩阵 A 中有三阶子式

$$\begin{vmatrix}1&4&1\\2&1&-1\\1&0&-3\end{vmatrix}=16\neq 0,$$

而唯一的四阶子式 $|A|=0$，所以 $R(A)=3$.

【例 6 - 21】 求矩阵 $A=\begin{bmatrix}1&-2&3&5\\0&1&2&1\\1&-1&5&6\end{bmatrix}$ 的秩.

解　因为在矩阵 A 中有二阶子式

$$\begin{vmatrix}1&5\\0&1\end{vmatrix}=1\neq 0,$$

而 A 的三阶子式共有 $C_4^3=4$ 个，且都等于零，即

$$\begin{vmatrix}1&-2&3\\0&1&2\\1&-1&5\end{vmatrix}=0,\ \begin{vmatrix}1&-2&5\\0&1&1\\1&-1&6\end{vmatrix}=0,$$

$$\begin{vmatrix}-2&3&5\\1&2&1\\-1&5&6\end{vmatrix}=0,\ \begin{vmatrix}1&3&5\\0&2&1\\1&5&6\end{vmatrix}=0,$$

所以 $R(A)=2$.

6.5.2　矩阵的初等变换

定义 6 - 12　矩阵 A 的下列变换称为初等行（或列）变换：

(1) 互换　互换矩阵 A 的第 i 行与第 j 行（或第 i 列与第 j 列）的位置，记为 $r_i\leftrightarrow r_j$（或 $c_i\leftrightarrow c_j$）；

(2) 倍乘　用数 $k\neq 0$ 去乘矩阵 A 的第 i 行（或第 j 列），记为 kr_i（或 kc_j）；

(3) 倍加　将矩阵 A 的第 j 行（或第 j 列）各元素的 k 倍加到第 i 行（或第 i 列）的对应元素上去，记为 r_i+kr_j（或 c_i+kc_j）.

矩阵的初等行变换与初等列变换统称为矩阵的初等变换.

利用矩阵的初等变换，可以把矩阵化为简单的阶梯形矩阵，后者在求矩阵的秩及线性方程组的求解过程中都是非常有用的.

定义 6 - 13　如果矩阵 A 满足下列条件：

(1) 若有零行，则零行全在矩阵 A 的下方；

(2) 矩阵 A 的各非零行的第一个非零元素（简称首非零元）的列序数小于下一行中第一个非零元素的列序数，则称 A 为行阶梯形矩阵或阶梯形矩阵.

如果矩阵 A 除满足上述条件(1)(2)外，还满足非零行的第一个非零元素均为 1，且所在列的其他元素都为零，则称 A 为简化阶梯形矩阵. 例如

$$A=\begin{bmatrix}0&2&-1&4\\0&0&5&7\\0&0&0&0\end{bmatrix},B=\begin{bmatrix}1&2&0&-5&3\\0&0&4&8&3\\0&0&0&3&1\\0&0&0&0&0\end{bmatrix},$$

为阶梯形矩阵,而 $C=\begin{bmatrix}1&-2&0&0&-2\\0&0&1&0&1\\0&0&0&1&3\end{bmatrix}$ 为简化阶梯形矩阵.

定理 6－3　任何非零矩阵都可以通过初等行变换化为阶梯形矩阵.

【例 6－22】　用初等行变换把矩阵

$$A=\begin{bmatrix}0&0&1&2&-1\\1&3&-2&2&-1\\2&6&-4&5&7\\-2&-3&4&0&5\end{bmatrix}$$

化为阶梯形和简化阶梯形矩阵.

解　$A\xrightarrow{r_1\leftrightarrow r_2}\begin{bmatrix}1&3&-2&2&-1\\0&0&1&2&-1\\2&6&-4&5&7\\-1&-3&4&0&5\end{bmatrix}\xrightarrow[r_4+r_1]{r_3+(-2)r_1}\begin{bmatrix}1&3&-2&2&-1\\0&0&1&2&-1\\0&0&0&1&9\\0&0&2&2&4\end{bmatrix}$

$$\xrightarrow{r_3\leftrightarrow r_4}\begin{bmatrix}1&3&-2&2&-1\\0&0&1&2&-1\\0&0&2&2&4\\0&0&0&1&9\end{bmatrix}\xrightarrow{r_3+(-2)r_2}\begin{bmatrix}1&3&-2&2&-1\\0&0&1&2&-1\\0&0&0&-2&6\\0&0&0&1&9\end{bmatrix}$$

$$\xrightarrow{r_4+\frac{r_3}{2}}\begin{bmatrix}1&3&-2&2&-1\\0&0&1&2&-1\\0&0&0&-2&6\\0&0&0&0&12\end{bmatrix}.$$

这就是矩阵 A 的阶梯形矩阵. 再对其进行初等行变换,即

$$A\longrightarrow\begin{bmatrix}1&3&-2&2&-1\\0&0&1&2&-1\\0&0&0&-2&6\\0&0&0&0&12\end{bmatrix}\xrightarrow[r_4/12]{\substack{r_1+2r_2\\(-1/2)r_3}}\begin{bmatrix}1&3&0&6&-3\\0&0&1&2&-1\\0&0&0&1&-3\\0&0&0&0&1\end{bmatrix}$$

$$\xrightarrow[r_2+(-2)r_3]{r_1+(-6)r_3}\begin{bmatrix}1&3&0&0&15\\0&0&1&0&5\\0&0&0&1&-3\\0&0&0&0&1\end{bmatrix}\xrightarrow[r_3+3r_4]{\substack{r_1+(-15)r_4\\r_2+(-5)r_4}}\begin{bmatrix}1&3&0&0&0\\0&0&1&0&0\\0&0&0&1&0\\0&0&0&0&1\end{bmatrix}.$$

于是得到矩阵 A 的简化阶梯形矩阵.

显然,阶梯形矩阵及简化阶梯形矩阵的秩等于它们的非零行的行数.

定理 6－4　矩阵经过初等行(列)变换后,其秩不变.

定理 6－4 提供了一种通过初等行变换来求矩阵的秩的简便方法. 比如例 6－22 中矩阵 A 的秩应等于矩阵 A 的阶梯形矩阵的秩,而矩阵 A 的阶梯形矩阵的非零行的行数为 4,其秩

为 4,因而矩阵 $\boldsymbol{A}$ 的秩也为 4,即 $R(\boldsymbol{A})=4$.

6.5.3　利用初等变换解线性方程组

定义 6－14　设线性方程组

$$\begin{cases} a_{11}x_1+a_{12}x_2+\cdots+a_{1n}x_n=b_1, \\ a_{21}x_1+a_{22}x_2+\cdots+a_{2n}x_n=b_2, \\ \qquad\qquad\vdots \\ a_{m1}x_1+a_{m2}x_2+\cdots+a_{mn}x_n=b_n, \end{cases} \tag{6-6}$$

其矩阵表达式为

$$\boldsymbol{Ax}=\boldsymbol{b},$$

其中,

$$\boldsymbol{A}=\begin{bmatrix} a_{11} & a_{12} & \cdots & a_{1n} \\ a_{21} & a_{22} & \cdots & a_{2n} \\ \vdots & \vdots & & \vdots \\ a_{m1} & a_{m2} & \cdots & a_{mn} \end{bmatrix},\boldsymbol{x}=\begin{bmatrix} x_1 \\ x_2 \\ \vdots \\ x_n \end{bmatrix},\boldsymbol{b}=\begin{bmatrix} b_1 \\ b_2 \\ \vdots \\ b_n \end{bmatrix}$$

分别为系数矩阵、未知数矩阵、常数矩阵.

矩阵 $(\boldsymbol{A}\,\vdots\,\boldsymbol{b})$,即

$$\left[\begin{array}{cccc:c} a_{11} & a_{12} & \cdots & a_{1n} & b_1 \\ a_{21} & a_{22} & \cdots & a_{2n} & b_2 \\ \vdots & \vdots & & \vdots & \vdots \\ a_{m1} & a_{m2} & \cdots & a_{mn} & b_m \end{array}\right]$$

称为线性方程组(6－6)的增广矩阵,记为 $\widetilde{\boldsymbol{A}}$.

下面看一个例子.

【例 6－23】　解线性方程组 $\begin{cases} 2x_1+4x_2-x_4=-3, \\ x_1+2x_2+3x_3+x_4=5, \\ -x_1-2x_2+3x_3+2x_4=8, \\ x_1+2x_2-9x_3-5x_4=-21. \end{cases}$

解　用高斯消元法解这个方程组,将第一个方程与第二个方程互换,方程组变为

$$\begin{cases} x_1+2x_2+3x_3+x_4=5, \\ 2x_1+4x_2-x_4=-3, \\ -x_1-2x_2+3x_3+2x_4=8, \\ x_1+2x_2-9x_3-5x_4=-21. \end{cases}$$

将第一个方程的两端乘以 －2 加上第二个方程,将第一个方程两端加上第三个方程,将第一个方程的两端乘以 －1 加上第四个方程,得

$$\begin{cases} x_1+2x_2+3x_3+x_4=5, \\ -6x_3-3x_4=-13, \\ 6x_3+3x_4=13, \\ -12x_3-6x_4=-26, \end{cases}$$

把第二个方程加到第三个方程上,第二个方程的两端乘以 －2 加上第四个方程,得

$$\begin{cases}x_1+2x_2+3x_3+x_4=5,\\ -6x_3-3x_4=-13,\\ 0=0,\\ 0=0.\end{cases}$$

把第二个方程两端乘以$\frac{1}{2}$加到第一个方程上,再用$-\frac{1}{6}$去乘第二个方程,得

$$\begin{cases}x_1+2x_2-\frac{1}{2}x_4=-\frac{3}{2},\\ x_3+\frac{1}{2}x_4=\frac{13}{6},\\ 0=0,\\ 0=0.\end{cases}$$

具有上述形式的方程组称为阶梯形方程组,由此得到原方程组的同解方程组

$$\begin{cases}x_1+2x_2-\frac{1}{2}x_4=-\frac{3}{2},\\ x_3+\frac{1}{2}x_4=\frac{13}{6}.\end{cases}$$

在这个方程组的第二个方程中,任给x_4的一个值,可唯一得到$x_3=\frac{13}{6}-\frac{1}{2}x_4$;任给$x_2$的一个值,连同$x_4$一起代入第一个方程,可唯一得到$x_1=-\frac{3}{2}-2x_2+\frac{1}{2}x_4$. 这样就得到方程组的一组解

$$\begin{cases}x_1=-\frac{3}{2}-2x_2+\frac{1}{2}x_4,\\ x_2=x_2,\\ x_3=\frac{13}{6}-\frac{1}{2}x_4,\\ x_4=x_4.\end{cases}$$

由于x_2、x_4可以任意给定,所以该方程组有无穷多组解,这时x_2、x_4称为自由未知量.

在解这个方程组的过程中,对方程组的化简反复使用了下面三种运算:

(1) 互换方程组中两个方程的位置;

(2) 用一个非零常数k去乘方程组中某一个方程;

(3) 把一个方程的k倍加到另一个方程上.

一般把以上三种运算称为方程组的初等变换,如果把方程组和它的增广矩阵$\widetilde{A}$联系起来,不难看出,对方程组进行初等变换化为阶梯形方程组的过程,实际上就是把它的增广矩阵$\widetilde{A}$进行初等行变换化为阶梯形矩阵的过程,把例4的解题过程用矩阵的初等变换表示为

$$\widetilde{\boldsymbol{A}}=\left[\begin{array}{cccc:c}2&4&0&-1&-3\\1&2&3&1&5\\-1&-2&3&2&8\\1&2&-9&-5&-21\end{array}\right]\xrightarrow{r_1\leftrightarrow r_2}\left[\begin{array}{cccc:c}1&2&3&1&5\\2&4&0&-1&-3\\-1&-2&3&2&8\\1&2&-9&-5&-21\end{array}\right]$$

$$\xrightarrow[\substack{r_3+r_1\\r_4+(-1)r_1}]{r_2+(-2)r_1}\left[\begin{array}{cccc:c}1&2&3&1&5\\0&0&-6&-3&-13\\0&0&6&3&13\\0&0&-12&-6&-26\end{array}\right]\xrightarrow[r_4+(-2)r_2]{r_3+r_2}\left[\begin{array}{cccc:c}1&2&3&1&5\\0&0&-6&-3&-13\\0&0&0&0&0\\0&0&0&0&0\end{array}\right]$$

$$\xrightarrow[-\frac{1}{6}r_2]{r_1+\frac{1}{2}r_2}\left[\begin{array}{cccc:c}1&2&0&-\dfrac{1}{2}&-\dfrac{3}{2}\\0&0&1&\dfrac{1}{2}&\dfrac{13}{6}\\0&0&0&0&0\\0&0&0&0&0\end{array}\right].$$

由最后的阶梯形矩阵,即可写出方程组的同解方程组,进而得到方程组的解.

【例 6 - 24】　解线性方程组 $\begin{cases}2x_1+x_2-x_3=5,\\x_1-x_2+x_3=-2,\\x_1+2x_2+3x_3=2.\end{cases}$

解　方程组的增广矩阵为 $\widetilde{\boldsymbol{A}}=\left[\begin{array}{ccc:c}2&1&-1&5\\1&-1&1&-2\\1&2&3&2\end{array}\right]$.

对矩阵 $\widetilde{\boldsymbol{A}}$ 进行初等行变换,将其化为简化阶梯形矩阵,即

$$\widetilde{\boldsymbol{A}}=\left[\begin{array}{ccc:c}2&1&-1&5\\1&-1&1&-2\\1&2&3&2\end{array}\right]\xrightarrow{r_1\leftrightarrow r_2}\left[\begin{array}{ccc:c}1&-1&1&-2\\2&1&-1&5\\1&2&3&2\end{array}\right]$$

$$\xrightarrow[r_3+(-1)r_1]{r_2+(-2)r_1}\left[\begin{array}{ccc:c}1&-1&1&-2\\0&3&-3&9\\0&3&2&4\end{array}\right]\xrightarrow{r_3+(-1)r_2}\left[\begin{array}{ccc:c}1&-1&1&-2\\0&3&-3&9\\0&0&5&-5\end{array}\right]$$

$$\xrightarrow[r_3/5]{r_2/3}\left[\begin{array}{ccc:c}1&-1&1&-2\\0&1&-1&3\\0&0&1&-1\end{array}\right]\xrightarrow{r_1+r_2}\left[\begin{array}{ccc:c}1&0&0&1\\0&1&-1&3\\0&0&1&-1\end{array}\right]\xrightarrow{r_2+r_3}\left[\begin{array}{ccc:c}1&0&0&1\\0&1&0&2\\0&0&1&-1\end{array}\right],$$

于是得到方程组的解为 $x_1=1,x_2=2,x_3=-1$.

【例 6 - 25】　解线性方程组

$$\begin{cases}2x_1+x_2+3x_3=6,\\3x_1+2x_2+x_3=1,\\5x_1+3x_2+4x_3=27.\end{cases}$$

解　对增广矩阵 $\widetilde{\boldsymbol{A}}$ 进行初等行变换,有

$$\widetilde{\boldsymbol{A}}=\left[\begin{array}{ccc:c}2&1&3&6\\3&2&1&1\\5&3&4&27\end{array}\right]\xrightarrow{r_1+(-1)r_2}\left[\begin{array}{ccc:c}-1&-1&2&5\\3&2&1&1\\5&3&4&27\end{array}\right]$$

$$\xrightarrow[r_3+5r_1]{r_2+3r_1}\left[\begin{array}{ccc:c}-1&-1&2&5\\0&-1&7&16\\0&-2&14&52\end{array}\right]\xrightarrow{r_3+(-2)r_2}\left[\begin{array}{ccc:c}-1&-1&2&5\\0&-1&7&16\\0&0&0&20\end{array}\right]$$

$$\xrightarrow[(-1)r_2]{(-1)r_1}\left[\begin{array}{ccc:c}1 & 1 & -2 & -5\\0 & 1 & -7 & -16\\0 & 0 & 0 & 20\end{array}\right].$$

该题无须把$\widetilde{A}$通过初等行变换化为简化阶梯矩阵,因为由阶梯形矩阵对应的方程组

$$\begin{cases}x_1+x_2-2x_3=-5,\\ \quad x_2-7x_3=-16,\\ \quad\quad 0x_3=20\end{cases}\tag{6-8}$$

即可看出,不可能有 x_1,x_2,x_3 的值满足第三个方程,因此方程组(6 - 8) 无解,也即方程组(6 - 7) 无解.

习题6 - 5

1. 求下列矩阵的秩.

(1)$\begin{bmatrix}4 & -3 & 1\\-3 & 6 & -3\\1 & -3 & 2\end{bmatrix}$; (2)$\begin{bmatrix}4 & 1 & -1 & 2\\-2 & 2 & 8 & 14\\1 & -2 & -7 & -13\end{bmatrix}$.

2. 用初等行变换把下列矩阵化为阶梯形矩阵,并求它们的秩.

(1)$\begin{bmatrix}1 & -2 & 3 & -1\\5 & -9 & 11 & -5\\3 & -5 & 5 & -3\end{bmatrix}$; (2)$\begin{bmatrix}2 & -3 & 0 & 7 & -5\\1 & 0 & 3 & 2 & 0\\2 & 1 & 8 & 3 & 7\\3 & -2 & 5 & 8 & 0\end{bmatrix}$.

3. 用初等行变换解下列线性方程组.

(1)$\begin{cases}4x_1+2x_2-x_3=2,\\3x_1-x_2+2x_3=10,;\\11x_1+x_2=8;\end{cases}$ (2)$\begin{cases}2x_1+3x_2+x_3=4,\\x_1-2x_2+4x_3=-5,\\3x_1+8x_2-2x_3=13,\\4x_1-x_2+9x_3=-16;\end{cases}$

(3)$\begin{cases}x_1+3x_2-2x_3+2x_4-x_5=0,\\-2x_1-5x_2+x_3-5x_4+3x_5=0,\\3x_1+7x_2-x_3+x_4-3x_5=0,\\-x_1-4x_2+5x_3-x_4=0.\end{cases}$

6.6 一般线性方程组解的讨论

本节以矩阵为工具来讨论一般线性方程组,即含有 n 个未知量数、m 个方程的方程组的解的情况,将着重讨论两个问题:第一,如何判定线性方程组是否有解?第二,在有解的情况下,解是否唯一?

线性方程组

$$\begin{cases} a_{11}x_1 + a_{12}x_2 + \cdots + a_{1n}x_n = b_1, \\ a_{21}x_1 + a_{22}x_2 + \cdots + a_{2n}x_n = b_2, \\ \qquad\vdots \\ a_{m1}x_1 + a_{m2}x_2 + \cdots + a_{mn}x_n = b_m, \end{cases} \tag{6-9}$$

其中系数 $a_{ij}(i = 1,2,\cdots,m; j = 1,2,\cdots,n)$，常数项 $b_i(i = 1,2,\cdots,m)$ 都是已知数，$x_j(j = 1,2,\cdots,n)$ 是未知数，当 $b_i(i = 1,2,\cdots,m)$ 不全为零，称方程组(6 - 9) 为非齐次线性方程组；当 $b_i(i = 1,2,\cdots,m)$ 全为零，即

$$\begin{cases} a_{11}x_1 + a_{12}x_2 + \cdots + a_{1n}x_n = 0, \\ a_{21}x_1 + a_{22}x_2 + \cdots + a_{2n}x_n = 0, \\ \qquad\vdots \\ a_{m1}x_1 + a_{m2}x_2 + \cdots + a_{mn}x_n = 0, \end{cases} \tag{6-9}$$

称方程组(6 - 10) 为齐次线性方程组.

6.6.1　非齐次线性方程组

我们知道，非齐次线性方程组(6 - 9) 有有解、无解两种情况，那么，如何来判定呢?通过对 6.5 节线性方程组求解过程的研究可知，非齐次线性方程组(6 - 9) 是否有解，就看把其增广矩阵 $\widetilde{\boldsymbol{A}}$ 和系数矩阵 A 化为阶梯形矩阵后的非零行行数是否相同，而一个矩阵用初等行变换化为阶梯形矩阵后的非零行的数目就等于该矩阵的秩，因此，可以用矩阵的秩来反映非齐次线性方程组(6 - 9) 是否有解.

定理 6 - 4　非齐次线性方程组(6 - 9) 有解的充分必要条件是

$$\mathrm{R}(\boldsymbol{A}) = \mathrm{R}(\widetilde{\boldsymbol{A}})$$

在判定非齐次线性方程组(6 - 9) 有解的情况下，其解是否唯一呢?同样，通过对 6.5 节线性方程组求解过程的研究可知，当 $\mathrm{R}(\boldsymbol{A}) = \mathrm{R}(\widetilde{\boldsymbol{A}}) = r < n$ 时，非齐次线性方程组(6 - 9) 有解，而且有 $n - r$ 个自由未知量，其解有无穷多个，而当没有自由未知量，即 $r = n$ 时，解才唯一. 综上所述，有下述定理.

定理 6 - 5　对于非齐次线性方程组(6 - 9)，若 $\mathrm{R}(\boldsymbol{A}) = \mathrm{R}(\widetilde{\boldsymbol{A}}) = r$ 则当 $r = n$ 时，方程组(6 - 9) 有唯一解，当 $r < n$ 时，方程组(6 - 9) 有无穷多组解.

【例 6 - 26】　λ 为何值时，非齐次线性方程组

$$\begin{cases} \lambda x_1 + x_2 + x_3 = 1, \\ x_1 + \lambda x_2 + x_3 = \lambda, \\ x_1 + x_2 + \lambda x_3 = \lambda^2 \end{cases}$$

分别有唯一解、无解、有无穷多组解?

解　$$\widetilde{\boldsymbol{A}} = \left[\begin{array}{ccc:c} \lambda & 1 & 1 & 1 \\ 1 & \lambda & 1 & \lambda \\ 1 & 1 & \lambda & \lambda^2 \end{array}\right] \xrightarrow{r_1 \leftrightarrow r_2} \left[\begin{array}{ccc:c} 1 & \lambda & 1 & \lambda \\ \lambda & 1 & 1 & 1 \\ 1 & 1 & \lambda & \lambda^2 \end{array}\right] \xrightarrow[r_3 + (-1)r_1]{r_2 + (-\lambda)r_1} \left[\begin{array}{ccc:c} 1 & \lambda & 1 & \lambda \\ 0 & 1-\lambda^2 & 1-\lambda & 1-\lambda^2 \\ 0 & 1-\lambda & \lambda-1 & \lambda^2-\lambda \end{array}\right]$$

$$\xrightarrow{r_2 \leftrightarrow r_3} \left[\begin{array}{ccc:c} 1 & \lambda & 1 & \lambda \\ 0 & 1-\lambda & \lambda-1 & \lambda^2-\lambda \\ 0 & 1-\lambda^2 & 1-\lambda & 1-\lambda^2 \end{array}\right]$$

$$\xrightarrow{r_3+(-1)(1+\lambda)r_2}\left[\begin{array}{ccc:c}1 & \lambda & 1 & \lambda \\ 0 & 1-\lambda & \lambda-1 & \lambda^2-\lambda \\ 0 & 0 & 2-\lambda-\lambda^2 & (1-\lambda)(1+\lambda^2)^2\end{array}\right].$$

(1) 要使方程组有唯一解,必须满足

$$R(\boldsymbol{A}) = R(\widetilde{\boldsymbol{A}}) = 3, \text{即}\, 1-\lambda \neq 0, \text{且}\, 2-\lambda-\lambda^2 \neq 0,$$

由此解得 $\lambda \neq -2$ 且 $\lambda \neq 1$,所以当 $\lambda \neq -2$ 且 $\lambda \neq 1$ 时方程组有唯一解.

(2) 要使方程组无解,必须满足

$$R(\boldsymbol{A}) \neq R(\widetilde{\boldsymbol{A}}), \text{即}\, 2-\lambda-\lambda^2 = 0, \text{且}\, (1-\lambda)(1+\lambda)^2 \neq 0,$$

由此解得 $\lambda = -2$,所以当 $\lambda = -2$ 时,方程组无解.

(3) 要使方程组有无穷多组解时,必须满足

$$R(\boldsymbol{A}) = R(\widetilde{\boldsymbol{A}}) < 3, \text{即}\, 2-\lambda-\lambda^2 = 0, \text{且}\, (1-\lambda)(1+\lambda)^2 = 0,$$

由此解得 $\lambda = 1$,所以当 $\lambda = 1$ 时,方程组有无穷多组解.

6.6.2 齐次线性方程组

对于齐次线性方程组(6 - 10),由于其增广矩阵的最后一列全为零,所以满足定理 1 的条件即齐次线性方程组总有解,因为 $x_1 = x_2 = \cdots = x_n = 0$,总满足方程组(6 - 10)(这样的解称为零解). 因此,对于齐次线性方程组来说,重要的是如何判定它是否有非零解?由定理 6 - 5 可得以下定理.

定理 6 - 6 齐次线性方程组(6 - 10) 有非零解的充分必要条件为 $R(\boldsymbol{A}) < n$.

【例6 - 27】 现有一个木工、一个电工和一个油漆工,三人同意彼此装修他们自己的房子,在装修前,他们达成了如下协议:

(1) 每人总共工作 10 天(包括给自己家干活在内);

(2) 每人的日工资根据一般的市场价在 60 ~ 80 元之间;

(3) 每人的日工资数应使得每人的总收入与总支出相等.

表 6 - 7 是他们协商制订出的工作天数的分配方案,如何计算出他们每人应得的工资?

表 6 - 7

工种 / 天数	木工	电工	油漆工
在木工家的工作的天数	2	1	6
在电工家的工作的天数	4	5	1
在油漆工家工作的天数	4	4	3

分析 这是一个投入产出问题. 根据他们的协议分别建立描述木工、电工、油漆工各自的收支平衡关系的等式. 这类问题的关键是要设计出合理的工作天数分配方案表(本题已列出),然后根据工作天数的分配方案建立线性方程组,使得最后计算出的每一个工人的日工资基本上均等,或相差不是太大,同时还要与市场价基本上相符合.

为便于求解,假设三人装修工作均符合房屋装修工序;装修工作时间并不要求在同一天开始或同时结束,但要求在指定时间段装修完毕;每个人都能保质保量地完成工作.

解 设 x_1、x_2、x_3 分别为木工、电工、油漆工的日工资,木工的 10 个工作日总收入为

$10x_1$，木工、电工及油漆工三人在木工家工作的天数分别为 2 天、1 天，6 天，即木工的总支出为 $2x_1+x_2+6x_3$，由于木工总支出与总收入要相等，于是木工的收支平衡关系可描述为

$$2x_1+x_2+6x_3=10x_1.$$

同理，电工、油漆工各自的收支平衡关系可有如下两个等式描述：

$$4x_1+5x_2+x_3=10x_2,$$
$$4x_1+4x_2+3x_3=10x_3.$$

联立上述三个方程得线性方程组，即

$$\begin{cases}2x_1+x_2+6x_3=10x_1,\\4x_1+5x_2+x_3=10x_2,\\4x_1+4x_2+3x_3=10x_3,\end{cases}$$

整理得三人的日工资应满足齐次线性方程组

$$\begin{cases}-8x_1+x_2+6x_3=0,\\4x_1-5x_2+x_3=0,\\4x_1+4x_2-7x_3=0.\end{cases}$$

对增广矩阵$\widetilde{\boldsymbol{A}}$（或仅对系数矩阵 A）作初等行变换，得

$$\widetilde{\boldsymbol{A}}=\left[\begin{array}{ccc:c}-8&1&6&0\\4&-5&1&0\\4&4&-7&0\end{array}\right]\xrightarrow{r_1\leftrightarrow r_2}\left[\begin{array}{ccc:c}4&-5&1&0\\-8&1&6&0\\4&4&-7&0\end{array}\right]$$

$$\xrightarrow[r_3-r_1]{r_2+2r_1}\left[\begin{array}{ccc:c}4&-5&1&0\\0&-9&8&0\\0&9&-8&0\end{array}\right]\xrightarrow{r_3+r_2}\left[\begin{array}{ccc:c}4&-5&1&0\\0&-9&8&0\\0&0&0&0\end{array}\right].$$

至此化为阶梯形矩阵，容易看出，增广矩阵$\widetilde{\boldsymbol{A}}$的秩与系数矩阵 A 的秩都等于 2，而未知量的个数 $n=3$，有

$$\mathrm{R}(\widetilde{\boldsymbol{A}})=\mathrm{R}(\boldsymbol{A})=2<3,$$

所以齐次线性方程组有非零解.

对所得的阶梯形矩继续作初等行变换，得

$$\widetilde{\boldsymbol{A}}\xrightarrow{r_1+\left(-\frac{5}{9}\right)r_2}\left[\begin{array}{ccc:c}4&0&-\frac{31}{9}&0\\0&-9&8&0\\0&0&0&0\end{array}\right]\xrightarrow[-\frac{1}{9}r_2]{\frac{1}{4}r_1}\left[\begin{array}{cc:c:c}1&0&-\frac{31}{36}&0\\0&1&-\frac{8}{9}&0\\0&0&0&0\end{array}\right],$$

得到与原方程组同解的方程组

$$\begin{cases}x_1-\frac{31}{36}x_3=0,\\x_2-\frac{8}{9}x_3=0.\end{cases}$$

令 $x_3=k$（x_3 可取任意实数，为自由未知量），则齐次线性方程组解的一般表达式为

$$\begin{cases} x_1 = \dfrac{31}{36}k, \\ x_2 = \dfrac{8}{9}k, \\ x_3 = k, \end{cases}$$其中 k 可取任意实数.

由于每个人的日工资在60 ~ 80元之间,故选择 $k = 72$,以确定木工、电工及油漆工每人每天的日工资为

$$x_1 = 62, x_2 = 64, x_3 = 72.$$

习题6 - 6

1. 判定下列线性方程组是否有解,若有解,是否唯一?

(1) $\begin{cases} x_1 + 2x_2 + 3x_3 = 0, \\ 2x_1 + 5x_2 + 3x_3 = 0, \\ x_1 + 8x_3 = 0; \end{cases}$

(2) $\begin{cases} x_1 + x_2 - 2x_3 = -1, \\ 2x_1 + x_2 - 2x_3 = 1, \\ x_1 + x_2 + x_3 = 3, \\ x_1 + 2x_2 - 3x_3 = 1; \end{cases}$

(3) $\begin{cases} x_1 + 3x_2 + 5x_3 - 4x_4 = 1, \\ x_1 + 3x_2 + 2x_3 - 2x_4 + x_5 = -1, \\ x_1 - 2x_2 + x_3 - x_4 - x_5 = 3, \\ x_1 - 4x_2 + x_3 + x_4 - x_5 = 3. \end{cases}$

2. λ,μ 为何值时,方程组 $\begin{cases} x_1 + 2x_2 + 3x_3 = 6, \\ x_1 - x_2 + 6x_3 = 0 \\ 3x_1 - 2x_2 + \lambda x_3 = \mu \end{cases}$,无解,有唯一解,有无穷多组解?

3. 某公司年初对三个企业投资100万元,年末公司从三个企业中获总利润4.6万元,已知各企业的今年获利分别为投资额的3%、4%和6%,其中第三企业所获利润比第一、第二企业所获利润之和多0.8万元,问公司对三个企业投资各多少?

复习题6

1. 填空题

(1) n 阶方阵 $\boldsymbol{A}$ 可逆的充分必要条件是 $\boldsymbol{A}$ 的行列式 $|\boldsymbol{A}| =$ ________, 可逆时 $\boldsymbol{A}^{-1} =$ ________.

(2) 已知 $\boldsymbol{A}$ 为三阶可逆矩阵, $|\boldsymbol{A}| = 6$,则 $|3\boldsymbol{A}| =$ ________, $|3\boldsymbol{A}^{-1}| =$ ________, $|\boldsymbol{A}^*| =$ ________, $|3\boldsymbol{A}^{-1} - 2\boldsymbol{A}^*| =$ ________.

(3) 若 $\boldsymbol{A} = \begin{bmatrix} 1 & 2 \\ 2 & 1 \end{bmatrix}$,则 $(\boldsymbol{I} + \boldsymbol{A})(\boldsymbol{I} - \boldsymbol{A})^{-1} =$ ________.

(4) 已知 $A=\begin{bmatrix}2&1&0\\1&1&2\\-1&2&1\end{bmatrix}$, $B=\begin{bmatrix}3&1&-2\\3&-2&4\\-3&5&-1\end{bmatrix}$, 则 $AB-BA=$ ________.

(5) $A=(1,2,3)$, $B=(4,5,6)$, 则 $AB^{\mathrm{T}}=$ ________, $A^{\mathrm{T}}B=$ ________, $|3AB^{\mathrm{T}}|=$ ________, $|3A^{\mathrm{T}}B|=$ ________.

(6) 已知 $A=\frac{1}{5}\begin{bmatrix}0&0&1&0\\0&2&0&0\\3&0&0&0\\0&0&0&4\end{bmatrix}$, 则 $A^{-1}=$ ________.

(7) 方程组 $\begin{cases}x\cos\alpha-y\sin\alpha=\cos\beta\\x\sin\alpha+y\cos\alpha=\sin\beta\end{cases}$ 的解是________.

(8) 已知 $A=\begin{bmatrix}1&2&3&1\\2&-1&k&2\\0&1&1&3\\1&-1&0&-8\\2&0&2&5\end{bmatrix}$, $\mathrm{R}(A)=3$, 则 $k=$ ________.

(9) 方程组 $\begin{cases}x_1+x_2-x_3=a_1\\-x_1+x_2-x_3+x_4=a_2\\-2x_2+2x_3-x_4=a_3\end{cases}$, 有解的充分必要条件是________.

(10) 若方程组 $\begin{cases}k_1x_1-x_2-x_3=0\\x_1+k_2x_2-x_3=0\\-x_1+2k2x_2+x_3=0\end{cases}$, 有非零解, 则 $k_1=$ ________, $k_2=$ ________.

2. 选择题.

(1) 若三阶行列式 $\begin{vmatrix}a_{11}&a_{12}&a_{13}\\a_{21}&a_{22}&a_{23}\\a_{31}&a_{32}&a_{33}\end{vmatrix}=1$, 则 $\begin{vmatrix}4a_{11}&5a_{11}+3a_{12}&a_{13}\\4a_{21}&5a_{21}+3a_{22}&a_{23}\\4a_{31}&5a_{31}+3a_{32}&a_{33}\end{vmatrix}=$ (　　).

A. 12　　B. 15　　C. 20　　D. 60

(2) 若矩阵 $A=[a_{ij}]_{m\times l}$, $B=[b_{ij}]_{l\times n}$, $C=[c_{ij}]_{n\times m}$, 则下列运算式中(　　)无意义.

A. ABC　　B. BCA　　C. $A+BC$　　D. $A^{\mathrm{T}}+BC$

(3) 若 A,B 皆为 n 阶可逆方阵, 则下列关系中(　　)恒成立.

A. $(A+B)^2=A^2+2AB+B^2$　　B. $(A+B)^{\mathrm{T}}=A^{\mathrm{T}}+B^{\mathrm{T}}$

C. $|A+B|=|A|+|B|$　　D. $(A+B)^{-1}=A^{-1}+B^{-1}$

(4) 设矩阵 $A=\begin{bmatrix}1&2\\3&4\end{bmatrix}$, 则 A 的伴随矩阵 A^* 为(　　).

A. $\begin{bmatrix}1&3\\2&4\end{bmatrix}$　　B. $\begin{bmatrix}4&2\\3&1\end{bmatrix}$　　C. $\begin{bmatrix}1&-2\\-3&4\end{bmatrix}$　　D. $\begin{bmatrix}4&-2\\-3&1\end{bmatrix}$

(5) 当(　　)时, 齐次线性方程组 $\begin{cases}3x+2y=0,\\2x-3y=0,\\2x-y+\lambda z=0\end{cases}$ 仅有零解.

A. $\lambda \neq 0$　　B. $\lambda \neq 1$　　C. $\lambda \neq 2$　　D. $\lambda \neq 3$

(6) 设 $\boldsymbol{A} = \begin{bmatrix} 3 & 1 & 0 \\ -1 & 2 & 1 \\ 3 & 4 & 2 \end{bmatrix}$, $\boldsymbol{B} = \begin{bmatrix} 1 & 0 & 2 \\ -1 & 1 & 1 \\ 2 & 1 & 1 \end{bmatrix}$满足方程 $3\boldsymbol{A} - 2\boldsymbol{X} = \boldsymbol{B}$, 则矩阵 $\boldsymbol{X}$ 为(　　).

A. $\begin{bmatrix} 4 & 3 & -1 \\ -1 & 5 & 1 \\ 7 & 11 & 5 \end{bmatrix}$　B. $\begin{bmatrix} 4 & \frac{3}{2} & -1 \\ -1 & \frac{5}{2} & 1 \\ \frac{7}{2} & \frac{11}{2} & \frac{5}{2} \end{bmatrix}$　C. $\begin{bmatrix} 2 & \frac{3}{2} & -1 \\ -1 & \frac{5}{2} & 1 \\ \frac{7}{2} & \frac{11}{2} & \frac{5}{2} \end{bmatrix}$　D. $\begin{bmatrix} 2 & 3 & -1 \\ -1 & 5 & 1 \\ 7 & 1 & 2 \end{bmatrix}$

(7) 设 n 阶方阵 $\boldsymbol{A},\boldsymbol{B}$ 可逆,常数 $\lambda \neq 0$,下列说法中正确的是(　　).

A. $(\boldsymbol{A}^{-1})^{-1} = \boldsymbol{A}$　　B. $(\lambda\boldsymbol{A})^{-1} = \lambda\boldsymbol{A}^{-1}$

C. $\boldsymbol{AB} = \boldsymbol{BA}$　　D. $\boldsymbol{AX} = \boldsymbol{AY}$,且 $\boldsymbol{A} \neq 0$,则 $\boldsymbol{X} = \boldsymbol{Y}$

(8) 已知 $D = \begin{vmatrix} 1 & 0 & 1 & 2 \\ -1 & 1 & 0 & 3 \\ 1 & 1 & 1 & 0 \\ -1 & 2 & 5 & 4 \end{vmatrix}$. 则 $D =$ (　　).

A. $-A_{31} + 2A_{32} + 5A_{33} + 4A_{34}$　　B. $A_{31} + A_{32} + A_{33} + A_{34}$

C. $A_{11} + A_{21} + A_{31} + A_{41}$　　D. $A_{13} + A_{33} + 5A_{43}$

3. 解答题.

(1) 求方程 $\begin{vmatrix} 1 & a_1 & a_2 & a_3 \\ 1 & a_1 + x & a_2 & a_3 \\ 1 & a_1 & a_2 + x + 1 & a_3 \\ 1 & a_1 & a_2 & a_3 + x + 2 \end{vmatrix} = 0$ 的所有根.

(2) 已知 $\boldsymbol{A} = \begin{bmatrix} 1 & 0 & 1 \\ 0 & 2 & 0 \\ 0 & 0 & 1 \end{bmatrix}$,求$(\boldsymbol{A} + 3\boldsymbol{I})^{-1}(\boldsymbol{A}^2 - 9\boldsymbol{I})$.

(3) 计算矩阵 $\boldsymbol{A} = \begin{bmatrix} 1 & 4 & -1 & 0 \\ 2 & a & 2 & 1 \\ 11 & 56 & 5 & 4 \\ 2 & 5 & b & -1 \end{bmatrix}$的秩,讨论秩与 a,b 的关系.

(4) 已知线性方程组$\begin{cases} (1+\lambda)x_1 + x_2 + x_3 = 0, \\ x_1 + (1+\lambda)x_2 + x_3 = \lambda, \\ x_1 + x_2 + (1+\lambda)x_3 = \lambda^2, \end{cases}$当 λ 为何值时,方程组无解,有唯一解,有无穷多组解?并求其解.

(5) 某工厂计划生产 A、B、C 三种产品,产量分别为 5 台、7 台、12 台,这可用列矩阵 $\boldsymbol{Y} = \begin{bmatrix} 5 \\ 7 \\ 12 \end{bmatrix}$来表示,生产上述三种产品需要甲、乙、丙、丁四种主要材料,单位产品所需要的各种材料数量如表 6 - 8 所示,求按上述计划生产三种产品时,需要各种材料的数量.

表 6 - 8

材料＼数量＼产品	A	B	C
甲	3	4	6
乙	20	18	25
丙	16	11	13
丁	10	9	8

(6) 某部门集资 15 000 万元准备建造住房 210 000 m^2,已知建 6 层楼房需投资 600 元/m^2,建造 14 层小高楼需投资 900 元/m^2,问按现有资金建 210 000 m^2 住房,应有 6 层楼房和 14 层小高楼各为多少?

第 7 章　计算方法初步

随着电子计算机的普及与发展,许多复杂的数值计算问题现在都可以通过计算机得到妥善解决.

所谓计算方法,就是利用计算器、电子计算机等计算工具来求出数学问题的数值近似解,并对算法的收敛性、稳定性和误差进行分析、计算.这里所说的“算法”,不仅仅是数学公式,还包括由基本运算和运算顺序的规定构成的完整解题步骤,一般可通过框图(流程图)来直观地描述.

算法的优劣不但影响到计算的速度和效率,还会由于计算的误差直接影响到计算结果的精度,有时甚至直接影响到计算的成败.因此,选定合适的算法是整个数值计算中非常重要的一环.本章将简要地介绍在数值计算中常用的几种算法.

7.1　误　差

7.1.1　误差的来源与分类

用数值计算方法解决实际问题时,首先必须建立数学模型,而用数学模型描述具体的实际问题时往往要做许多简化.因此,数学模型本身就包含着误差,这种误差称为模型误差.此外,数学模型中一般还包含一些观测数据,这种观测结果不是绝对准确的,因此存在观测误差.这两种误差在数值计算中不予讨论.数值计算中所涉及的误差主要指以下两类.

第一类是截断误差或方法误差.在数值计算中常常遇到求极限和无穷级数求和等,但计算机只能完成有限次算术运算和逻辑运算,这就要对某种无穷过程进行“截断”,称这种由方法自身引起的误差为截断误差.例如,计算 e^x 时可取

$$e^x \approx 1 + \frac{x}{1!} + \frac{x^2}{2!} + \frac{x^3}{3!},$$

用三次函数近似计算 e^x 时自然产生了误差,此误差主要由截断级数产生的,和计算机或计算器毫无关系.

第二类是舍入误差.所有的计算设备在表示除去整数和一些分数外的数时都不精确.计算机几乎一直使用固定字长的浮点数,所以用这种方法表示数时都不会太准确,我们称这种由计算机的缺陷导致的误差为舍入误差.

7.1.2　绝对误差、相对误差和有效数字

引例7－1　用一把毫米刻度的直尺来测量桌子的长度,读出长为 $x^* = 1\,235$ mm,这是

桌子实际长度 x 的一个近似值. 由直尺的精度知道,这个近似值的误差不会超过 0.5 毫米,则有

$$|x-x^*|=|x-1\ 235|\leq 0.5\ \text{mm}.$$

定义 7－1　设准确值 x 的近似值为 x^*,则 $\mathrm{e}=x-x^*$ 称为近似值 x^* 的绝对误差,简称误差. 如果

$$|\mathrm{e}|=|x-x^*|\leq\varepsilon,$$

ε 就称为近似值 x^* 的误差限.

绝对误差可正可负,一般来说误差 e 的准确值很难求出,往往只能求出 e 的上界即误差限 ε. 如上面的例子中,我们只能估计出误差限. 由此例也可看出绝对误差限是有量纲和单位的.

引例 7－2　甲打字时平均每百个字错一个,乙打字时平均每千个字错一个,他们的误差都是错一个,但显然乙要准确些. 这就启发我们除了看错字的多少外,还要看打字的正确率.

定义 7－2　把近似值的误差 e 与准确值 x 的比值

$$\frac{\mathrm{e}}{x}=\frac{x-x^*}{x}$$

称为近似值 x^* 的相对误差,记为 e_r. 如果

$$\left|\frac{x-x^*}{x}\right|\leq\varepsilon_r$$

ε_r 就称为近似值 x^* 的相对误差限.

在实际计算中,由于准确值 x 通常是不知道的,所以也取 $\mathrm{e}_r=\dfrac{\mathrm{e}}{x^*}$ 作为相对误差,同样地,取 $\varepsilon_r=\dfrac{\varepsilon}{x^*}$. 由定义知,甲打字时的相对误差 $|\mathrm{e}_r|\leq\dfrac{1}{100}=1\%$,乙打字时的相对误差 $|\mathrm{e}_r|\leq\dfrac{1}{1\ 000}=0.1\%$. 易知相对误差是一个无量纲的量.

引例 7－3　甲平均每生产 100 个零件中有 1 个次品,乙平均每生产 500 个零件中有 1 个次品. 他们的次品数都是 1 个,但显然乙的技术水平比甲高.

这就启发人们除了要看次品的多少外,还要看产品的合格率. 甲的次品率是 1%,而乙的次品率是 0.2%.

我们取 x 的近似值 x^*,常采用四舍五入的方法取前几位.

【例 7－1】　已知 $x=\pi=3.141\ 592\ 6\cdots$,按四舍五入的原则分别取三位和五位有效位.

解　取三位得　　$x_3{}^*=3.14,\mathrm{e}_3\approx 0.00\ 16;$

取五位得　　$x_5{}^*=3.141\ 6,\mathrm{e}_5\approx -0.000\ 007.$

它们的误差均不超过末位数字的半个单位,即

$$|\pi-3.14|\leq\frac{1}{2}\times10^{-2},\ |\pi-3.141\ 6|\leq\frac{1}{2}\times10^{-4}.$$

下面我们将四舍五入抽象成数学语言,并引入"有效数学"来刻画它.

定义 7－3　若 x 的近似值 x^* 的误差限是某一位的半个单位,该位到 x^* 的第一位非零

数字共有 n 位,我们就说 x^* 有 n 位有效数字或说 x^* 准确到该位.

上面的例子中 $x_3^* = 3.14$ 和 $x_5^* = 3.141\,6$ 分别以三位和五位有效数字来表示 π.

【例 7-2】 依四舍五入原则写出下列各数具有五位有效数字的近似数:

$$39.188\,2,\quad 913.958\,72,\quad 0.014\,325\,4,\quad 9.000\,023\,4\times 10^3.$$

解 按定义,上述各数具有五位有效数字的近似值分别为

$$39.188,\quad 913.96,\quad 0.014\,325,\quad 9.000\,0\times 10^3$$

注 $x^* = 9.000\,023\,4\times 10^3$ 的五位有效数字是 $9.000\,0\times 10^3$,而不是 9×10^3,因为 9×10^3 只有 1 位有效数字.

7.1.3 误差的危害与防止

在实际的数值计算中,参与运算的数据往往都是些近似值,带有误差. 这些数据误差在多次运算过程中会进行传播,使计算结果产生误差. 下面通过对误差的某些传播规律的简单分析,指出在数值计算中应遵循的几个原则.

1. 避免两相近数相减

在数值运算中两相近数相减会使有效数字严重损失. 如 $x = 532.65$, $y = 532.52$ 都具有五位有效数字,但 $x - y = 0.13$ 只有两位有效数字,所以要尽量避免这类运算.

通常,采用的办法是改变计算公式或多保留几位有效数字.

【例 7-3】 $\sqrt{170} - 13 = 0.038\,404\,8\cdots$,如用四位有效数字进行计算,算式改为

$$\sqrt{170} - 13 = 13.04 - 13 = 0.04,$$

结果只有一位有效数字.

但是若将算式改为

$$\sqrt{170} - 13 = \frac{1}{\sqrt{170} + 13} = \frac{1}{13.04 + 13} = 0.038\,40,$$

结果有四位有效数字.

显然,新算法避免了两个相近数相减,防止了有效数字的损失.

2. 避免用绝对值很小的数作除数

用绝对值太小的数作除数,舍入误差会增大,而且当太小的除数稍有一点误差时,对计算结果影响很大.

【例 7-4】 已知 $\dfrac{2.718\,2}{0.000\,109} = 24\,937.615$,若将分母取一位有效数字,则 $\dfrac{2.718\,2}{0.000\,1} = 27\,182$.

若将分母取两位有效数字,即分母只有 0.000 01 的变化时,

$$\frac{2.718\,2}{0.000\,11} = 24\,710.909.$$

由于有效数字的位数不同,计算结果会有显著的变化. 因此,在算法的设计中应避免用绝对值太小的数作除数.

3. 防止大数“吃掉”小数

计算机在进行运算时,首先要把参加运算的数对阶,即把两数都写成绝对值小于 1 而阶码相同的数.

如 $a = 10^8 + 2$,必须改写成 $a = 0.1\times 10^9 + 0.000\,000\,002\times 10^9$.

如果计算机只能表示 8 位小数，则算出 $a = 0.1 \times 10^9$，大数"吃"了小数，这种情况有时允许，有时不允许.

【例 7-5】 设 $a = 10^9, b = 10, c = -10^9$，则在 8 位字长的计算机上，有

$$(a+b)+c = (10^9+10)-10^9 \approx 10^9 - 10^9 = 0,$$

即 b 被大数"吃掉"了. 如按

$$(a+c)+b = 0+b = b$$

计算，b 就不会被吃掉. 因此，算法的选用很重要.

4. 注意简化计算步骤，减少运算次数

同一个计算问题，如果能减少运算次数，不仅能大大节省计算机的计算时间，还能减少舍入误差.

例如，计算 x^{255} 的值，如果逐个相乘要用 254 次乘法，但若写成

$$x^{255} = x \cdot x^2 \cdot x^4 \cdot x^8 \cdot x^{16} \cdot x^{32} \cdot x^{64} \cdot x^{128},$$

则只要做 14 次乘法即可.

【例 7-6】 计算多项式 $P_3(x) = a_0 + a_1x + a_2x^2 + a_3x^3$ 的值.

解 如果通过 $a_0 + a_1x + a_2x \cdot x + a_3x \cdot x \cdot x$ 计算，需要六次乘法和三次加法运算，若将它写成"嵌套形式"即

$$P_3(x) = [(a_1x + a_2)x + a_1]x + a_0,$$

则只需三次乘法和三次加法运算. 嵌套乘法不但快，而且舍入误差小.

同样地，对于一个 n 次多项式 $P_n(x) = a_0 + a_1x + \cdots + a_{n-1}x^{n-1} + a_nx^n$，用嵌套形式比逐项计算的运算次数少得多，这种算法称为秦九韶算法，也称 Horner 算法（秦九韶于 1247 年提出此算法，比 Horner（1819 年）提出此算法早 500 多年）.

5. 注意计算过程中误差的传播与积累，防止误差被恶性放大

一个数值方法进行计算时，由于原始数据有误差，在计算中这种误差会被传播，有时误差增长很快使计算结果完全不可信.

【例 7-7】 序列 $\{y_n\}$ 满足递推关系 $y_{n+1} = 10y_n (n = 1,2,\cdots)$，若 $y_0 = \sqrt{2} \approx 1.41$（三位有效数字），计算 y_{10} 时误差限有多大？这个计算过程稳定吗？

解 $\{y_n\}$ 显然是一个等比数列，因此

$$y_{10} \approx 1.14 \times 10^{10}.$$

y_{10} 的误差限为

$$\sqrt{2} \times 10^{10} - 1.14 \times 10^{10} = (\sqrt{2} - 1.41) \times 10^{10} < \frac{1}{2} \times 10^8.$$

可以看到，y_0 只有 $\frac{1}{2} \times 10^{-2}$ 的误差限，但计算 y_{10} 时却有 $\frac{1}{2} \times 10^8$ 的误差限，这是什么原因呢？设 y_n 的计算值为 $\bar{y}_n (n = 1,2,\cdots)$，我们在计算 y_0 时由于舍入原因，有误差 $\varepsilon_0 = y_0 - \bar{y}_0$.

设 $\varepsilon_1 = y_1 - \bar{y}_1$，则 $\varepsilon_1 = 10\varepsilon_0$.

类似的推理，可以得到 $\varepsilon_{10} = 10\varepsilon_9 = 10^2\varepsilon_8 = \cdots = 10^{10}\varepsilon_0$. 即初始误差 ε_0 被逐次放大，以至于最后淹没真解，这就是问题的症结所在. 因此这种计算公式是不稳定的，在选择数值计算方法时，应该不采用类似于此例中的递推公式.

习题 7 - 1

1. 在二位浮点十进制计算机上,分别从左到右及从右到左计算

$$1 + 0.4 + 0.3 + 0.2 + 0.04 + 0.03 + 0.02 + 0.01,$$

试比较计算结果.

2. 指出下列各数各有几位有效数字.

6.342 1, 3.084 59, 20.081 014, 197.810 20, 196×10^5, 0.000 197 6.

3. 用秦九韶算法计算 $P(x) = 2x^3 + 7x^2 - 9$ 在点 $x = 2$ 处的值.

4. 用较好的算法求 $x^2 - 40x + 1 = 0$ 的两个根,使它们具有四位有效数字($\sqrt{399} \approx 19.975$).

7.2 一元非线性方程的解法

科学研究和工程设计中的许多问题通常归结为解一元方程 $f(x) = 0$. 如在光的衍射理论中,我们需要方程

$$x - \tan x = 0$$

的根. 对于此类方程,即使有根存在,也难以求出根的表达式. 而在实际问题中,我们只要能获得满足一定精确度的近似根就可以了. 所以研究适用于实际计算的求方程近似根的数值方法,具有重要的现实意义. 本节将介绍计算机上常用的求解非线性方程 $f(x) = 0$ 的近似根的数值方法.

7.2.1 二分法

1. 有根区间的确定

设函数 $y = f(x)$ 在区间 $[a,b]$ 上单调连续,且 $f(a)f(b) < 0$,则由连续函数的介值定理知,方程 $f(x) = 0$ 在区间 $[a,b]$ 上有唯一实根 x^*.

这是用高等数学的方法来判断有根区间,另外也可借助某些数学工具软件(如 Matlab、Mathematica 等)描绘出函数的图形,直观地了解函数方程根的分布情况.

2. 二分法的原理

二分法(或称对分法)是求方程 $f(x) = 0$ 近似根的一种最简单、最直观的方法,我们首先通过猜价格的游戏来了解二分法的具体过程.

在许多电视节目中有一种猜商品价格的游戏,游戏规则是在规定的时间内根据主持人的提示来猜商品价格,如果猜出的价格与实际价格相差不超过规定的范围,参赛者就可胜出. 下面我们将二分法应用在这种游戏里.

引例 7 - 4 猜测一台某品牌液晶电视的价格(实际价格 6 800 元),猜出的价格误差不超过 30 元就可胜出,并获得此电视机.

参赛者:(首先估计价格在 6 000 至 8 000 元之间,因此直接取它们的中间值)7 000 元.

主持人:高了. 参赛者:(取 6 000 与 7 000 的中间值)6 500 元.

主持人:低了.　　参赛者:(取 6 500 与 7 000 的中间值)6 750 元.

主持人:低了.　　参赛者:(取 6 750 与 7 000 的中间值)6 875 元.

主持人:高了.　　参赛者:(取 6 750 与 6 875 的中间值)6 812.5 元.

规定时间到了,最后的价格与实际价格仅相差 12.5 元,参赛者获胜.

参赛者充分利用了二分法的思想获得了胜利. 由此可以看出二分法的本质就是对区间不停进行平分直到得到满足要求的区间.

同样的道理,如果要求方程 $f(x)=0$ 的根 x^*,我们可以首先确定 x^* 所在的大致区间 $[a,b]$,将区间 $[a,b]$ 分成两个相等的子区间,取其中含根的小区间,再对这个小区间重复前面的做法,直到确定含根的充分小的子区间,并且将这个区间的中点作为 x^* 的近似值. 这就是二分法求方程根的算法原理.

从上面的游戏中还观察到第三次猜测的价格反而比第四次更接近真实价格,但是继续二分必定可以得到满足要求的近似解. 从图 7 - 1 中我们可以进一步直观了解二分法的思想.

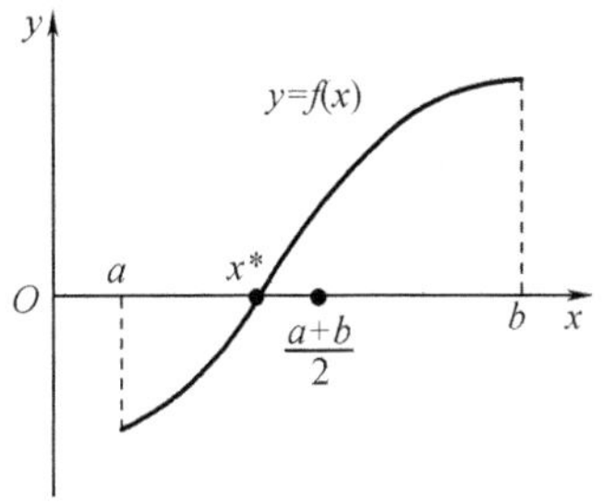

图 7 - 1

【例 7 - 8】　用二分法求方程

$$x^3-2x-5=0$$

在区间[2,3]上根的近似值.

解　设 $f(x)=x^3-2x-5$,因为 $f(2)=-1<0$,$f(3)=16>0$,故区间(2,3)为有根区间.

(1) 将区间(2,3)对分为两个子区间(2,2.5)与(2.5,3),并计算 $f(2.5)=5.625>0$,则区间(2,2.5)是新的有根区间.

(2) 将区间(2,2.5)对分为(2,2.25)与(2.25,2.5),并由 $f(2.25)>0$ 得到新的有根区间(2,2.25).

如此继续下去,具体过程见表 7 - 1.

表 7 - 1

x(区间的端点)	f(x)(相应的函数值)	存在解的区间
2	- 1	
3	16	(2,3)
2.5	5.625	(2,2.5)
2.25	1.890 625	(2,2.25)
2.125	0.345 703	(2,2.125)
2.062 5	- 0.351 318	(2.062 5,2.125)
2.093 75	- 0.008 942	(2.093 75,2.125)
2.109 375	0.166 836	(2.093 75,2.109 375)

最后取近似根为区间(2.093 75,2.109 375)的中点 $x=2.101\ 562\ 5$. 而根的准确值 $x^*=2.074\ 551\ 5$,误差为 0.007 011 0.

从这个例子可以看到,每次对分区间长度都是原来的一半,那么最后一次二分得到的区间长度为初始区间长度的 $\frac{1}{2^6}$. 而近似根为最后一个区间的中点,因此近似根与真解的差不超过最后一个区间的一半，也就是说，六次二分后近似根的误差不超过初始区间长度的$\frac{1}{2^7}$.

更一般地，有　　　n 次二分后的近似根的误差 $\leqslant \frac{b-a}{2^{n+1}}$.　　　(7 - 1)

利用式(7 - 1)，我们可以求实根的近似值到任意指定的精度，并且这样得到的序列 $\{x_k\}$ 收敛于实根 x^*.

【例 7 - 9】 用二分法求方程 $2\sin x - \frac{e^x}{4} - 1 = 0$ 在区间 $[-7, -5]$ 间的根，精确到五位有效数字至少要二分多少次？

解　根据式(7 - 1)，二分次数 k 只需满足

$$\frac{-5-(-7)}{2^{k+1}} \leqslant \frac{1}{2} \times 10^{-4},$$

便可达到精度，从上式解出 $k \geqslant 4\log_2 10 + 1 = 14.3$. 因此，至少要二分 15 次才能使结果准确到五位有效数字.

3. 二分法算法的实现

(1) 二分法算法的实现可通过如下步骤实现：

① 输入有根区间的端点 a，b 及预定的精度 ε；

② 计算中点 $x = \frac{(a+b)}{2}$，若 $f(x) = 0$ 则输出 x，计算结束，否则转入步骤 ③；

③ 若 $f(a)f(x) < 0$，则 $b = x$，否则 $a = x$，转入步骤 ④；

④ 若 $b - a < \varepsilon$，则输出方程满足精度要求的根 x，计算结束；否则转入步骤 ②.

(2) 列出流程图(图 7 - 2).

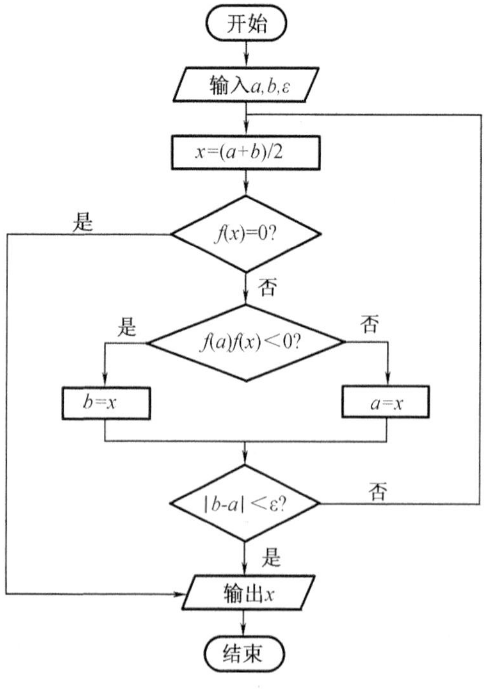

图 7 - 2

(3) 程序实现

二分法思想简单、逻辑清晰,只要确定了有根区间,并且在此区间内 $f(x)$ 连续,则一定能够求得 $f(x)=0$ 的根,因而算法安全可靠,缺点是收敛较慢. 在实际应用中,常用它来确定方程根的初始近似值,然后使用收敛较快的其他算法来求得满足较高精度要求的近似根.

7.2.2　牛顿法

1. 牛顿法(切线法) 的原理

在高等数学中我们利用微分作近似计算时,用到了“以直代曲”的思想. 也就是说,当 x 与 x_0 充分接近时,我们可以用 $y=f(x)$ 在点 $(x_0,f(x_0))$ 处的切线来近似代替曲线 $y=f(x)$. 下面,我们用这种思想来求方程的近似根.

设 x_0 是方程 $f(x)=0$ 的一个零点 x^* 的近似值(设 $f'(x_0)\neq 0$),现考虑用过曲线 $y=f(x)$ 上点 $P_0(x_0,f(x_0))$ 处的切线近似代替函数 $f(x)$,即用线性函数

$$y=f(x_0)+f'(x_0)(x-x_0)$$

代替 $f(x)$,那么相应地得到 $f(x)=0$ 的近似方程

$$f(x_0)+f'(x_0)(x-x_0)=0.$$

记此方程的解为 x_1,则解得

$$x_1=x_0-\frac{f(x_0)}{f'(x_0)}.$$

将 x_1 作为 x^* 的新的近似值,对 x_1 再采取同样的做法,得到 $f(x)=0$ 的新的近似方程

$$f(x_1)+f'(x_1)(x-x_1)=0.$$

记此方程的解为 x_2,则

$$x_2=x_1-\frac{f(x_1)}{f'(x_1)}.$$

更一般地,有

$$x_{k+1}=x_k-\frac{f(x_k)}{f'(x_k)},k=0,1,2,\cdots. \tag{7-2}$$

一直重复这种做法直到相邻两个近似根充分靠近,称式(7-2) 为牛顿迭代公式. 用牛顿迭代公式求方程近似根的方法称为牛顿迭代法,简称牛顿法. 它的基本思想就是将非线性方程 $f(x)=0$ 用曲线 $y=f(x)$ 的切线方程来求解.

2. 牛顿法的几何意义

从前面的分析过程可知,牛顿法的几何意义就是用切线与 x 轴交点的横坐标作为曲线与 x 轴交点的横坐标的近似值,故牛顿法又称为切线法,如图 7-3 所示.

【例 7-3】　用牛顿法求方程 $xe^x-1=0$ 在点 $x=0.5$ 附近的根(取五位小数计算),精度要求为 $\varepsilon=10^{-3}$.

解　设 $f(x)=xe^x-1$,则 $f'(x)=e^x+xe^x$,由牛顿迭代公式得

$$x_{k+1}=x_k-\frac{x_ke^{x_k}-1}{e^{x_k}+x_ke^{x_k}}=x_k-\frac{x_k-e^{-x_k}}{1+x_k}.$$

取初值 $x_0=0.5$,得

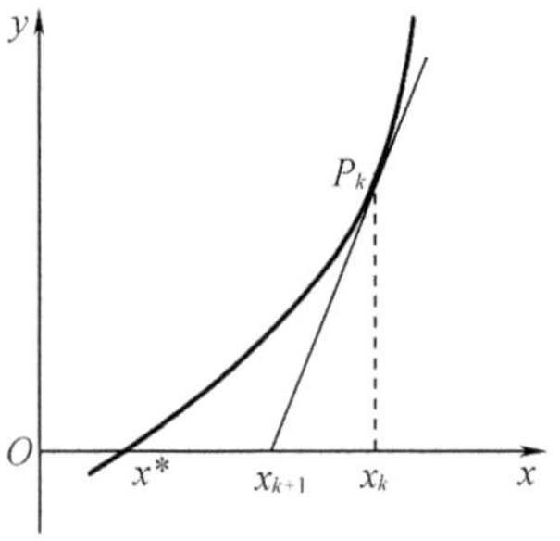

图 7 - 13

$$x_1 = x_0 - \frac{f(x_0)}{f'(x_0)} = 0.571\ 02, x_2 = x_1 - \frac{f(x_1)}{f'(x_1)} = 0.567\ 16,$$

$$x_3 = x_2 - \frac{f(x_2)}{f'(x_3)} = 0.567\ 14.$$

由于 $|x_3 - x_2| = 0.000\ 02 < 10^{-3}$,故 $x^* \approx x_3 \approx 0.567$.

迭代了 3 次就得到较满意的结果,与二分法比较可知,牛顿法的收敛速度是很快的.

【例 7 - 4】 计算 $\sqrt{17}$ 的近似值.

解 这是一类求$\sqrt{c}$ 的近似值问题. 我们可将这类开方问题化为求方程 $x^2 - c = 0$ 的正根的问题.

设$f(x) = x^2 - c$,则$f'(x) = 2x$. 用牛顿法求解的迭代公式为

$$x_{k+1} = x_k - \frac{x_k^2 - c}{2x_k} = \frac{1}{2}\left(x_k + \frac{c}{x_k}\right).$$

利用上述公式计算 $\sqrt{17}$ 的近似值,取 $x_0 = 4$ 为初始值,取 $c = 17$,则计算结果如下(以四舍五入形式给出,仅列出正确的数字):

$$x_1 = 4.125, \quad x_2 = 4.123\ 106, \quad x_3 = 4.123\ 105\ 625\ 617.7,$$

$$x_4 = 4.123\ 105\ 625\ 617\ 660\ 549\ 821\ 409\ 856.$$

x_4 给出的值精确到 28 位数字,并且从这些结果中,我们观察到所期望的有效数字位数倍增的现象.

以上是求平方根准确有效的方法,如果 x_k 已有 m 位有效数字,则 x_{k+1} 大致有 $2m$ 位有效数字. 现在计算机上多用牛顿法求平方根,选取适当初始值,只需很少几次运算就可得相当精确的结果.

由此可见,牛顿法的优点是收敛速度快,缺点是要计算 $f(x)$ 的导数,并且初始值要足够靠近真根,否则牛顿法可能不收敛.

3. 牛顿法算法实现

(1) 牛顿法的计算步骤如下:

① 确定根的大致范围 $[a,b]$ 及初始值 x_0.

② 按牛顿法建立迭代式 $x_1 = x_0 - \dfrac{f(x_0)}{f'(x_0)}$,得 x_1 的值.

③ 如果 $|x_1 - x_0| \leqslant \varepsilon$($\varepsilon$ 为给定的精度),则取 x_1 为根的近似值;否则,用 x_1 代替 x_0 重复步骤(2) 和(3). 但是若计算过程中$f'(x_0) = 0$ 或迭代次数超过预先设定的最大迭代次数 N,却仍达不到精度要求时,则认为该方法失败.

(2) 列出流程图(图 7 - 4).

(3) 程序实现(附录 B).

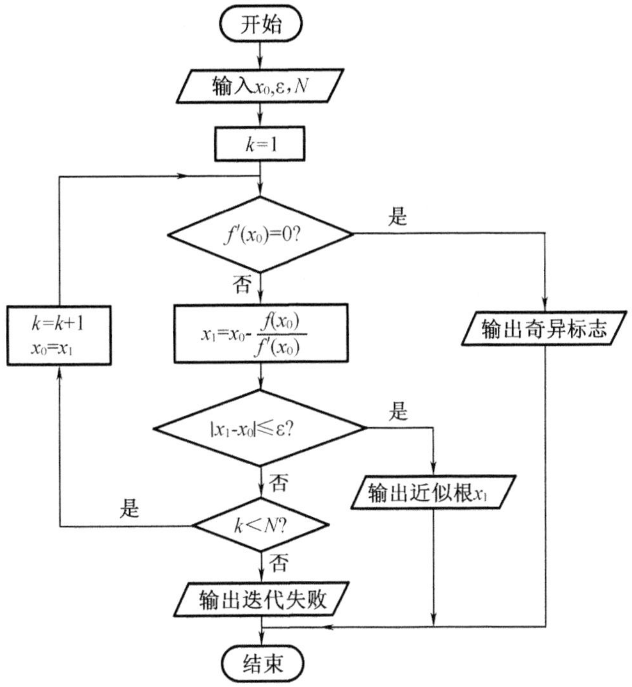

图 7 – 4

习题 7 – 2

1. 证明方程 $1-x-\sin x=0$ 在区间(0,1) 内有一个根. 若用二分法求误差不大于 0.5×10^{-4} 的近似根,需要二分多少次?

2. 利用牛顿法求 $\sqrt{115}$ 的近似值,精确到 10^{-4}.

3. 导出求解 $x^3-c=0$ 的牛顿迭代公式.

4. 用二分法求方程 $x^4-3x+1=0$ 在区间[0.3,0.4] 上的根,要求误差不超过 $\frac{1}{2}\times10^{-2}$.

7.3　插值法和曲线拟合

7.3.1　拉格朗日插值法

以前都是通过查表求出三角函数、对数函数和其他一些常见函数的值,而不是像今天这样通过计算机和计算器来求出这些函数值. 这些早期的数表中给出的都是自变量均匀分布的函数值. 那么,如何求出相邻的两个自变量之间的函数值呢?

【例 7 – 5】　已知正弦函数的两个特殊角度 x 与函数值 y 之间的关系如表 7 – 2 所示,求 $\sin 40°$ 的近似值.

表 7 - 2

x	$30°$	$45°$
y	$\frac{1}{2}$	$\frac{\sqrt{2}}{2}$

解　过两点$\left(30,\frac{1}{2}\right)$,$\left(45,\frac{\sqrt{2}}{2}\right)$作直线 $y = P_1(x)$,可以看到在这两点之间的线段与正弦函数很接近,则以 $P_1(40)$ 作为 $\sin 40°$ 的近似值.

过两点$\left(30,\frac{1}{2}\right)$,$\left(45,\frac{\sqrt{2}}{2}\right)$作直线 $y = P_1(x)$,则

$$P_1(x) = \frac{\frac{\sqrt{2}}{2}-\frac{1}{2}}{45-30}(x-30)+\frac{1}{2} = \frac{\sqrt{2}-1}{30}(x-30)+\frac{1}{2}.$$

以直线在 $x = 40$ 处的值作为 $\sin 40°$ 的近似值,即

$$\sin 40° \approx P_1(40) = \frac{\sqrt{2}-1}{30}(40-30)+\frac{1}{2} = \frac{\sqrt{2}}{3}+\frac{1}{6} \approx 0.638.$$

此结果与 $\sin 40°$ 的精确值 0.642 78… 比较,误差限仅为 0.005. 在这个例子中构造出 $y = \sin x$ 的近似函数 $y = P_1(x)$,使其满足已给出的离散值,即 $P_1(30) = \frac{1}{2}$,$P_1(45) = \frac{\sqrt{2}}{2}$,称 $P_1(x)$ 为 $\sin x$ 的插值函数,$\sin x$ 为被插值函数,30,45 为插值节点. 求插值函数的方法称为插值法.

更一般地,许多实际问题中,都要遇到函数值的计算. 当函数 $f(x)$ 的解析表达式不知道时,往往通过实验测得它在一系列点(这些点称为节点)处的函数值,即只知道表格函数(见表 7 - 3);而对于 $x_i(i = 0,1,2,\cdots,n)$ 以外的点(即非节点)处的函数 $f(x)$ 的值一无所知,为了获得函数在非节点处的函数值,就需要我们设法构造一个尽可能简单的函数(如多项式函数)$g(x)$ 来近似代替函数 $f(x)$,我们自然要求在节点 x_i 处,$g(x)$ 与 $f(x)$ 的函数值相等. 更确切地说,我们要研究下列问题.

表 7 - 3

x_0	x_1	x_2	$\cdots$	x_n
y_0	y_1	y_2	$\cdots$	y_n

已知函数 $y = f(x)$ 在 $n + 1$ 个相异节点 $x_i(i = 0,1,2,\cdots,n)$ 处的函数值 $f(x_i) = y_i$. 求一个次数不高于 n 次的多项式 $P_n(x)$. 使其满足插值条件

$$P_n(x_i) = f(x_i)(i = 0,1,2,\cdots,n). \tag{7-3}$$

点 x_i 称为插值节点,y_i 称为插值节点处的函数值. $y = f(x)$ 称为被插函数,$P_n(x)$ 称为插值多项式,这样的问题称为插值问题.

插值法的几何意义就是通过 $n + 1$ 个点 (x_0,y_0),(x_1,y_1),…,(x_n,y_n) 作一条代数曲线 $y = P(x)$,使其近似于曲线 $y = f(x)$,如图 7 - 5 所示.

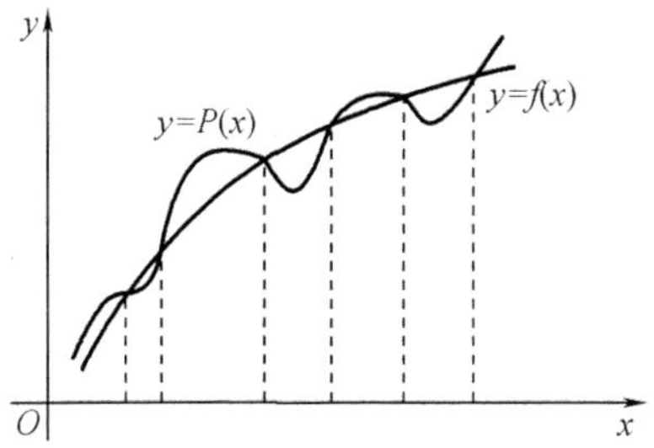

图 7－5

下面首先考虑最简单的线性插值和二次插值，从而得到 n 次拉格朗日插值多项式的直接构造方法.

1. 线性插值

已知在两个互异点 x_0，x_1 处的函数值 $f(x_0)=y_0$，$f(x_1)=y_1$，或如表 7－4 所示，要构造线性函数 $P_1(x)=a_0+a_1x$，使其满足 $P_1(x_0)=y_0$，$P_1(x_1)=y_1$，也就是要求通过两个已知点的一条直线，来近似代替原曲线 $y=f(x)$. 如图 7－6 所示.

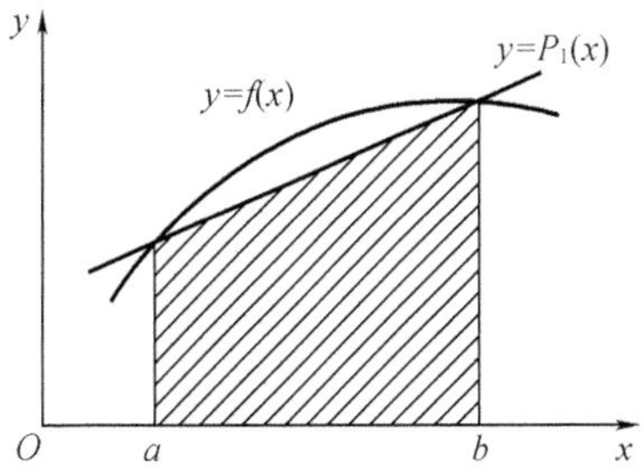

图 7－6

表 7－4

x	x_0	x_1
y	y_0	y_1

根据直线方程的点斜式，容易求出

$$P_1(x)=y_0+\frac{y_1-y_0}{x_1-x_0}(x-x_0),$$

上式经过整理，可以改写成

$$y=y_0l_0(x)+y_1l_1(x),$$

其中
$$l_0(x)=\frac{x-x_1}{x_0-x_1},l_1(x)=\frac{x-x_0}{x_1-x_0}.\tag{7－4}$$

称式(7－4)为拉格朗日线性插值多项式，$l_i(x)(i=0,1)$ 称为线性插值基函数. 它们有下述性质：

$$l_0(x)+l_1(x)=1,$$

$$l_0(x_0)=1,l_0(x_1)=0,l_1(x_0)=0,l_1(x_1)=1.$$

例 7－1 就是用线性插值求函数近似值. 线性插值是用两个已知点求得函数的近似值，计算简单但误差较大. 如果多用一些已知点的函数值来求 $y=f(x)$ 的近似值，结果的误差可能会小些，因此我们要研究用二次插值求近似值.

2. 二次插值

已知 $f(x)$ 在三个互异点 x_0、x_1、x_2 的函数值为 y_0、y_1、y_2，如表 7－5 所示，要构造次数不

超过二次的多项式 $P_2(x)=a_0+a_1x+a_2x^2$，使其满足

$$P_2(x_i)=y_i(i=0,1,2).$$

表 7 – 5

x	x_0	x_1	x_2
y	y_0	y_1	y_2

其几何意义是用经过三点 $A(x_0,y_0)$，$B(x_1,y_1)$，$C(x_2,y_2)$ 的抛物线 $y=P_2(x)$ 近似代替曲线 $y=f(x)$，如图 7 – 7 所示. 特别地，当三点共线时 $y=P_2(x)$ 就是一条直线，此时 $P_2(x)$ 是一次或零次多项式.

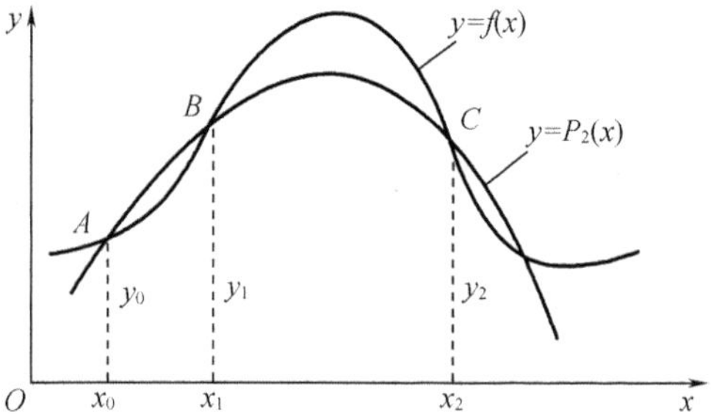

图 7 – 7

如果 A,B,C 不在一直线上，作出的曲线就是抛物线. 这样的 $P_2(x)$ 是 x 的二次函数，其形式为

$$P_2(x)=a_0+a_1x+a_2x^2,$$

其中 a_0,a_1,a_2 为待定系数，将已知点 A,B,C 的坐标分别代入上式，即可得一个关于 a_0,a_1,a_2 三个未知数的三元一次方程组. 解此方程组并将 a_0,a_1,a_2 代入上式得

$$P_2(x)=l_0(x)y_0+l_1(x)y_1+l_2(x)y_2, \tag{7-5}$$

其中 $$l_0(x)=\frac{(x-x_1)(x-x_2)}{(x_0-x_1)(x_0-x_2)},$$

$$l_1(x)=\frac{(x-x_0)(x-x_2)}{(x_1-x_0)(x_1-x_2)},l_2(x)=\frac{(x-x_0)(x-x_1)}{(x_2-x_0)(x_2-x_1)}.$$

称式(7 – 5) 为拉格朗日二次插值多项式，$l_i(x)(i=0,1,2)$ 为二次插值基函数，它们有如下性质：

$$l_0(x)+l_1(x)+l_2(x)=1,$$
$$l_0(x_0)=1,l_0(x_1)=l_0(x_2)=0,$$
$$l_1(x_1)=1,l_1(x_0)=l_1(x_2)=0,$$
$$l_2(x_2)=1,l_2(x_0)=l_2(x_1)=0.$$

一般来说，二次插值比线性插值的近似程度要好些.

【例 7 – 6】 给定正弦函数的三个特殊角度 x 与函数值 y 之间的关系如表 7 – 6 所示，用二次插值求 sin 40° 的近似值.

表 7 – 6

$x/(°)$	30	45	60
y	$\frac{1}{2}$	$\frac{\sqrt{2}}{2}$	$\frac{\sqrt{3}}{2}$

解 由式(7 – 5) 得

$$P_2(x)=\frac{(x-45)(x-60)}{(30-45)(30-60)}\times\frac{1}{2}+\frac{(x-30)(x-60)}{(45-30)(45-60)}\times\frac{\sqrt{2}}{2}+$$
$$\frac{(x-30)(x-45)}{(60-30)(60-45)}\times\frac{\sqrt{3}}{2}$$

$$\sin 40^\circ \approx P_2(40) = \frac{2+8\sqrt{2}-\sqrt{3}}{18} = 0.6434.$$

这个结果与 sin 40° 的精确值比较,误差限仅为 0.000 64,比用线性插值的计算结果更加精确.

3. n 次拉格朗日插值

容易看出,线性插值和二次插值多项式的构造方法,可以推广到 n 次插值的情形. 对于给定的函数表 7 - 7,令

$$\begin{aligned} l_i(x) &= \frac{(x-x_0)(x-x_1)\cdots(x-x_{i-1})(x-x_{i+1})\cdots(x-x_n)}{(x_i-x_0)(x_i-x_1)\cdots(x_i-x_{i-1})(x_i-x_{i+1})\cdots(x_i-x_n)} \\ &= \prod_{\substack{j=0 \\ j\neq i}}^{n} \frac{x-x_j}{x_i-x_j}(i,j=0,1,\cdots,n), \end{aligned}$$

表 7 - 7

x	x_0	x_1	$\cdots$	x_n
y	y_0	y_1	$\cdots$	y_n

它们都是 n 次多项式,并且具有性质

$$l_i(x_i) = 1, l_i(x_j) = 0(i,j=0,1,\cdots,n;i\neq j).$$

再令
$$P_n(x) = y_0 l_0(x) + y_1 l_1(x) + \cdots + y_n l_n(x),$$

则 $P_n(x)$ 次数不超过 n,且经过表 7 - 7 中的 $n+1$ 个点,所以即为所求的 n 次插值多项式,称其为 n 次拉格朗日插值多项式,称 $l_i(x)(i=0,1,\cdots,n)$ 为 n 次插值基函数.

值得注意的是,当 $n=1$ 时,式(7 - 5) 就是线性插值多项式;当 $n=2$ 时,式(7 - 5) 就是二次插值多项式.

插值法的一个最常见的应用是在气象预报中. 气象局的工作人员从遍布各地的数百个气象站中搜索有关温度、风速和方向、湿度及气压的资料,加上从地球的人造同步卫星获得的云层数据,再把这些离散的数据进行插值从而预测各个地区的天气. 当然,气象局会用比拉格朗日插值法更完善的插值法处理这些数据.

插值法是一个古老而实用的数值方法,这里只简要地介绍了有关插值法的一些基本概念及拉格朗日多项式,因限于学时,还有许多常用的插值方法如牛顿基本插值公式、三次样条插值等未作介绍,需要进一步学习的读者,可查阅相关的参考文献.

7.3.2　曲线拟合与最小二乘法

前面所谈的数据都是假设其为精确的,但是如果这些数据是由实验得到的,那么肯定会有测量误差. 如果要求近似曲线严格地通过所有数据点,就会使曲线保留原有的测量误差. 因此在许多实际问题中,只要求所构造的近似函数 $y=\Phi(x)$"最好" 地反映所给数据点的变化趋势,而不必经过所有数据点,这就是曲线拟合问题. 称 $y=\Phi(x)$ 为经验公式或拟合曲线.

1. 问题的提出与最小二乘原理

引例 7 - 5　在研究温度对电阻的影响中,记录了一组温度值和电阻值(见表 7 - 8),并画出了其图形(见图 7 - 8).

表 7 - 8

T/℃	20.5	32.7	51.0	73.2	95.7
R/Ω	765	826	873	942	1 032

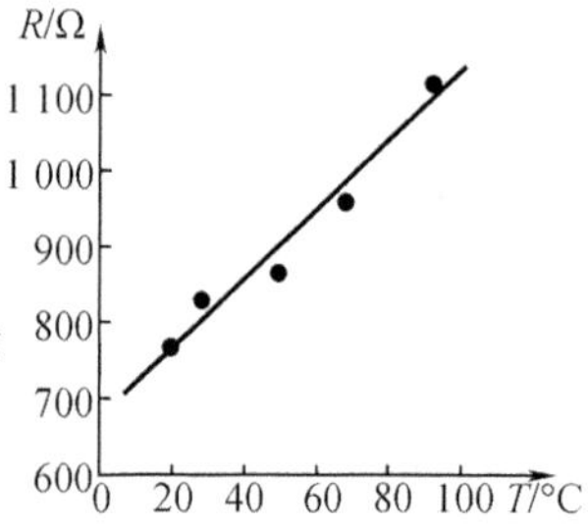

图 7 - 8

由图7 - 8中可以看出这两个变量之间近似于线性关系. 于是可以假设

$$R = aT + b,$$

其中,参数 a 和 b 的值可以由图中得到.

但是不同的人会画出不同的直线,从而得到不同的系数 a 和 b. 正如前面所说,我们希望从这些直线中确定一条直线,使它能"最好" 地反映这些数据点的变化趋势. 可以有许多方法来确定"最好" 的参数 a 和 b,常用的方法是最小二乘法,也就是使直线在各点的偏差的平方和达到最小.

如果设 Y_i 是实验值,而 y_i 由下式算出:

$$y_i = ax_i + b,$$

其中,x_i 是带有自由误差的特殊变量值. 我们希望求出 a,b 的最佳值,使得直线在各点的偏差的平方和

$$s = \sum_{i=1}^{N} (Y_i - ax_i - b)^2$$

达到最小值,其中N是由实验提供的数据对(x,Y) 的个数. 这就是最小二乘原则. 当s达到最小值时,由多元函数的极值求法,偏导数$\frac{\partial s}{\partial a}$,$\frac{\partial s}{\partial b}$ 都为零,从而得到方程组

$$\begin{cases} \sum_{i=1}^{N} 2(Y_i - ax_i - b)(-x_i) = 0, \\ \sum_{i=1}^{N} 2(Y_i - ax_i - b)(-1) = 0, \end{cases}$$

整理得

$$\begin{cases} a\sum_{i=1}^{N} x_i^2 + b\sum_{i=1}^{N} x_i = \sum_{i=1}^{N} x_iY_i, \\ a\sum_{i=1}^{N} x_i + bN = \sum_{i=1}^{N} Y_i. \end{cases} \qquad (7-6)$$

求解此方程组即得 a、b 的最佳值,称方程组(7 - 6) 为法方程组.

对图 7 - 7 中的数据可以求出

$$N = 5, \sum_{i=1}^{5} T_i = 273.1, \sum_{i=1}^{5} T_i^2 = 186\,07.27,$$

$$\sum_{i=1}^{5} R_i = 4\,438, \sum_{i=1}^{5} T_iR_i = 254\,932.5.$$

于是得到法方程组为

$$\begin{cases} 18\,607.27a + 273.1b = 254\,932.5, \\ 273.1a + 5b = 4\,438, \end{cases}$$

解得 $a = 3.395$,$b = 702.2$,进而确定最佳直线为 $R = 3.395T + 702.2$.

2. 代数多项式拟合

上面的引例直线是作为拟合曲线,称为直线拟合. 当取二次曲线 $y = a_0 + a_1x + a_2x^2$ 做拟合时,称为二次拟合或抛物拟合. 还是用 Y_i 表示对应于 x_i 的实验数据,x_i 带有自由误差,与前面的直线拟合同样原理,求下列平方和的最小值:

$$s = \sum_{i=1}^{N} (Y_i - a_0 - a_1x_i - a_2x_i^2)^2.$$

在最小值点处,所有偏导数 $\frac{\partial s}{\partial a_0}, \frac{\partial s}{\partial a_1}, \frac{\partial s}{\partial a_2}$ 都为零,从而得到方程组

$$\begin{cases} \sum_{i=1}^{N} 2(Y_i - a_0 - a_1x_i - a_2x_i^2)(-1) = 0, \\ \sum_{i=1}^{N} 2(Y_i - a_0 - a_1x_i - a_2x_i^2)(-x_i) = 0, \\ \sum_{i=1}^{N} 2(Y_i - a_0 - a_1x_i - a_2x_i^2)(-x_i^2) = 0, \end{cases}$$

整理得法方程组为

$$\begin{cases} a_0N + a_1\sum x_i + a_2\sum x_i^2 = \sum Y_i, \\ a_0\sum x_i + a_1\sum x_i^2 + a_2\sum x_i^3 = \sum x_iY_i, \\ a_0\sum x_i^2 + a_1\sum x_i^3 + a_2\sum x_i^4 = \sum x_i^2Y_i. \end{cases} \tag{7-7}$$

如果把这个方程写成矩阵形式发现它的系数矩阵和右端向量形式很有趣:

$$\boldsymbol{A} = \begin{bmatrix} N & \sum x_i & \sum x_i^2 \\ \sum x_i & \sum x_i^2 & \sum x_i^3 \\ \sum x_i^2 & \sum x_i^3 & \sum x_i^4 \end{bmatrix}, \boldsymbol{b} = \begin{bmatrix} \sum Y_i \\ \sum x_iY_i \\ \sum x_i^2Y_i \end{bmatrix}. \tag{7-8}$$

式(7 - 7) 和式(7 - 8) 中所有求和变量都是从 1 到 N,其中 $\boldsymbol{A}$ 表示系数矩阵,$\boldsymbol{b}$ 为常数项矩阵.

由式(7 - 7) 和式(7 - 8) 容易看出一般情形,当用 n 次多项式

$$y = a_0 + a_1x + a_2x^2 + \cdots + a_nx^n$$

作为拟合曲线时,仍设由实验得到的数据对(x,Y) 的个数为 N,则相应的法方程组为

$$\begin{bmatrix} N & \sum x_i & \sum x_i^2 & \cdots & \sum x_i^n \\ \sum x_i & \sum x_i^2 & \sum x_i^3 & \cdots & \sum x_i^{n+1} \\ \sum x_i^2 & \sum x_i^3 & \sum x_i^4 & \cdots & \sum x_i^{n+2} \\ \sum x_i^n & \sum x_i^{n+1} & \sum x_i^{n+2} & \cdots & \sum x_i^{2n} \end{bmatrix} \begin{bmatrix} a_0 \\ a_1 \\ a_2 \\ \vdots \\ a_n \end{bmatrix} = \begin{bmatrix} \sum Y_i \\ \sum x_iY_i \\ \sum x_i^2Y_i \\ \vdots \\ \sum x_i^nY_i \end{bmatrix}$$

上式中所有求和变量都是从 1 到 N.

【例 7 - 7】　已知一组观测数据表(见表 7 - 9),试用最小二乘法求一个多项式来拟合这组数据.

表 7－9

x	0	1	2	3	4	5
y	5	2	1	1	2	3

解　如图 7－9 所示，作散点图可以看出这些点接近一条抛物线，因此设所求的多项式为

$$y = a_0 + a_1 x + a_2 x^2.$$

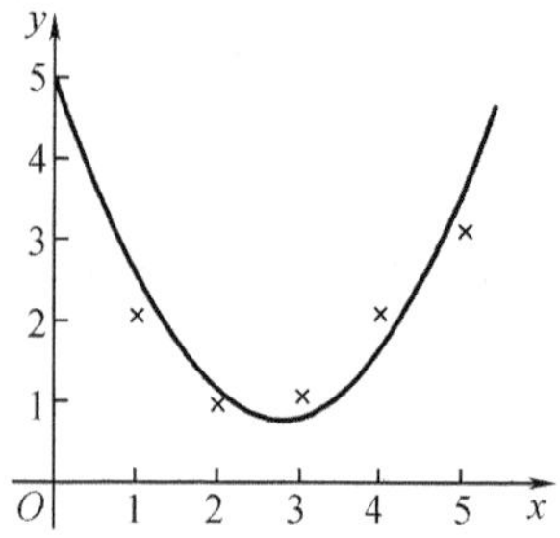

图 7－9

由式(7－7)得法方程组为

$$\begin{cases} 6a_0 + 15a_1 + 55a_2 = 14, \\ 15a_0 + 55a_1 + 225a_2 = 30, \\ 55a_0 + 225a_1 + 979a_2 = 122, \end{cases}$$

解之得

$$a_0 = 4.714\,3, a_1 = -2.785\,7, a_2 = 0.500\,0,$$

故所求的多项式为

$$y = 4.714\,3 - 2.785\,7x + 0.500\,0x^2.$$

3. 其他类型的数据拟合

在许多实际问题中，变量之间内在的关系并不像前面说的那样简单，在很多情况下实验数据需要用其他函数来拟合. 其中比较常用的函数为

$$y = ae^{bx}$$

上式两端取对数得

$$\ln y = \ln a + bx. \tag{7-9}$$

若令 $u = \ln y, A = \ln a, B = b$，则式(7－9)化为线性函数

$$u = A + Bx.$$

于是可以用前面介绍的方法来拟合这个线性函数. 除了多项式函数外，还有很多函数可用来拟合实验数据，如 $y = \dfrac{x}{ax+b}$，$y = ae^{\frac{b}{x}}$ 等. 在实际应用中，根据实验数据的不同特点，可以选择不同的拟合曲线.

最小二乘法在实际中有广泛的应用，内容也十分丰富，本节只着重讨论了多项式拟合的最小二乘问题，需要进一步了解的读者，可查阅有关参考文献.

习题 7－3

1. 在某处测得海洋不同深处水温如表 7－10 所示. 试分别用线性插值和二次插值计算在深度为 1 000 m 处的水温.

表 7－10

深度 /m	466	714	950	1 422	1 634
水温 /℃	7.04	4.28	3.40	2.52	2.13

2. (1) 根据 $y = \sqrt{x}$ 在 100，121，144 处的值建立拉格朗日插值多项式 $P_2(x)$；

(2) 利用 $P_2(x)$，分别求 $\sqrt{113}$，$\sqrt{76}$ 的值.

3. 已知观测数据如表 7－11 所示，试用最小二乘法求经验直线 $y = a_0 + a_1x$.

表 7－11

x	1	2	4	6	8
y	1.8	3.6	8.2	12	15.4

4. 已知观测数据如表 7－12 所示. 用最小二乘法求二次多项式 $y = a_0 + a_1x + a_2x^2$，使其与观测数据相拟合.

表 7－12

x	－3	－2	0	3	4
y	18	10	2	2	5

7.4　数值积分

积分运算是微积分学的一个重要分支. 在微积分中通常用牛顿－莱布尼兹公式计算连续函数 $f(x)$ 的定积分，即

$$\int_a^b f(x)\,\mathrm{d}x = F(b) - F(a).$$

但在实际中遇到许多函数，它们的原函数已不是初等函数.

引例 7－6　若某物体的速度函数是 $v(t) = \sin t^2$，根据积分的物理意义，此物体在 $t = 2$ s 时的位移是 $\int_0^2 \sin^2 \mathrm{d}t$，但是此积分无法直接求出，因为已经证明 $\sin t^2$ 的原函数不能用初等函数表示.

那么，当被积函数的原函数不能用初等函数表示时，是否有其他的方法计算定积分的值呢？答案是肯定的. 我们可以用数值方法计算定积分的值.

用数值方法计算积分的基本思想是在区间上选取一个函数 $\varphi(x)$ 近似代替原被积函数 $f(x)$，于是得到

$$\int_a^b f(x)\,\mathrm{d}x \approx \int_a^b \varphi(x)\,\mathrm{d}x.$$

由于多项式容易计算，又能很好地逼近连续函数，因此可以选取 $\varphi(x)$ 作为前面讨论过的拉格朗日插值多项式.

7.4.1　用插值法求定积分

下面分别用线性插值、抛物线插值来近似代替原来的被积函数，从而得到相应的梯形求积公式和抛物线求积公式.

1. 梯形求积公式

在积分区间 $[a,b]$ 上，如果只取两端点进行线性插值，即取 $x_0 = a$，$x_1 = b$，则有

$$P_1(x) = l_0(x)f(a) + l_1(x)f(b).$$

由于 $\int_a^b l_0(x)\mathrm{d}x=\int_a^b \frac{x-b}{a-b}\mathrm{d}x=\frac{b-a}{2},\int_a^b l_1(x)\mathrm{d}x=\int_a^b \frac{x-a}{b-a}\mathrm{d}x=\frac{b-a}{2}$,

因此
$$\int_a^b f(x)\mathrm{d}x\approx\int_a^b P_1(x)\mathrm{d}x=\frac{b-a}{2}[f(a)+f(b)] \tag{7-10}$$

其几何意义为:用梯形面积近似代替曲边梯形的面积(图 7 - 10),所以式(7 - 10)称为梯形求积公式.

【例 7 - 8】 用梯形公式计算定积分 $\int_{0.5}^1 \sqrt{x}\mathrm{d}x$.

解
$$\int_{0.5}^1 \sqrt{x}\mathrm{d}x=\frac{1-0.5}{2}(\sqrt{0.5}+\sqrt{1})=0.4267767,$$

积分的准确值为

$$\int_{0.5}^1 \sqrt{x}\mathrm{d}x=\frac{2}{3}x^{\frac{3}{2}}\Big|_{0.5}^1=0.43096441$$

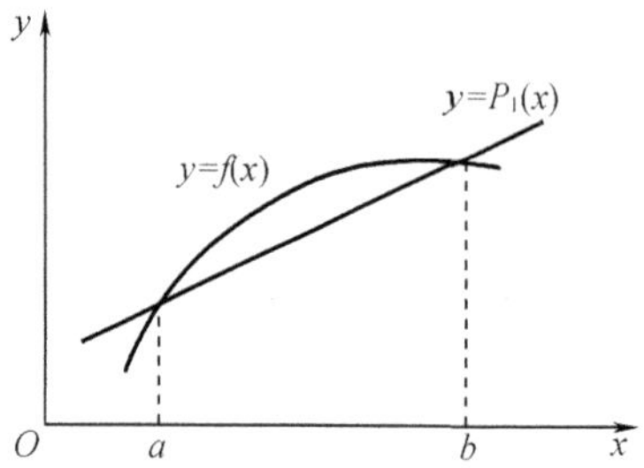

图 7 - 10

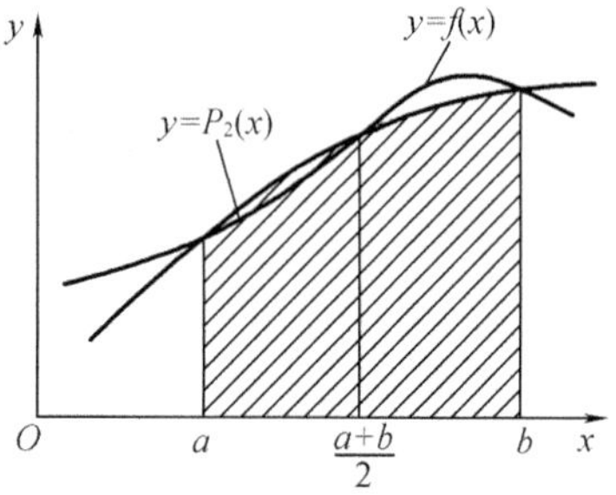

图 7 - 11

2. 抛物线求积公式

在求积区间 $[a,b]$ 上,如果取等距的三点进行插值,即取 $x_0=a,x_1=\frac{a+b}{2},x_2=b$(图 7 - 11),则有

$$P_2(x)=l_0(x)f(a)+l_1(x)f\left(\frac{a+b}{2}\right)+l_2(x)f(b).$$

由于
$$\int_a^b l_0(x)\mathrm{d}x=\int_a^b \frac{\left(x-\frac{a+b}{2}\right)(x-b)}{\left(a-\frac{a+b}{2}\right)(a-b)}\mathrm{d}x=\frac{1}{6}(b-a),$$

$$\int_a^b l_1(x)\mathrm{d}x=\int_a^b \frac{(x-a)(x-b)}{\left(\frac{a+b}{2}-a\right)\left(\frac{a+b}{2}-b\right)}\mathrm{d}x=\frac{2}{3}(b-a),$$

$$\int_a^b l_2(x)\mathrm{d}x=\int_a^b \frac{(x-a)\left(x-\frac{a+b}{2}\right)}{(b-a)\left(b-\frac{a+b}{2}\right)}\mathrm{d}x=\frac{1}{6}(b-a),$$

因此
$$\int_a^b f(x)\mathrm{d}x\approx\int_a^b P_2(x)\mathrm{d}x=\frac{b-a}{6}\left[f(a)+4f\left(\frac{a+b}{2}\right)+f(b)\right]. \tag{7-11}$$

式(7 - 11)称为辛卜森(Simpson)公式. 因为辛卜森公式从几何上看是用抛物线围成的曲

边梯形面积来近似代替$f(x)$所围成的曲边梯形面积(见图7－11),所以辛卜森公式也称为抛物线求积公式.

【例7－9】 用抛物线求积公式计算例1中的积分值.

解 $\int_{0.5}^{1}\sqrt{x}\,\mathrm{d}x \approx \frac{0.5}{6}(\sqrt{0.5}+4\sqrt{0.75}+1)=0.430\,934\,03.$

此结果与准确值相比已具有很好的精度.

3. 柯特斯(Cotes)公式

在求积区间$[a,b]$上,如果取5个等距点进行插值,即取$x_k=a+kh(k=0,1,2,3,4)$,$h=\frac{b-a}{4}$,则相应的插值型求积公式为

$$\int_a^b f(x)\,\mathrm{d}x \approx \frac{b-a}{90}[7f(x_0)+32f(x_1)+12f(x_2)+32f(x_3)+7f(x_4)] \quad (7-12)$$

称式(7－12)为柯特斯公式.

【例7－10】 用柯斯公式求例1中的积分值.

解 $\int_{0.5}^{1}\sqrt{x}\,\mathrm{d}x \approx \frac{0.5}{90}(7\sqrt{0.5}+32\sqrt{0.625}+12\sqrt{0.75}+32\sqrt{0.875}+7)$

$=0.430\,964\,07$

7.4.2　复化求积公式

当积分区间$[a,b]$不太大时,用梯形公式、辛卜森公式和柯特斯公式比较简单实用,但当区间较大时,计算结果的误差很大.

在微积分中已学过,推导定积分定义的基本原理是:把曲边梯形从a到b分成很多小的曲边梯形,再将每个小曲边梯形用小矩形近似代替,从而得到曲边梯形面积的近似值.同样的道理,如果将积分区间平均分成几个小区间,对每个小区间分别用梯形公式、辛卜森公式近似计算,再把这些近似值相加就可得到整个曲边梯形面积的近似值,这样得到的求积公式称为复化求积公式.

根据以上说明,将积分区间n等分,并记

$$h=\frac{(b-a)}{n},x_k=a+kh(k=0,1,2,\cdots,n),$$

于是有

$$\int_a^b f(x)\,\mathrm{d}x=\sum_{k=0}^{n-1}\int_{x_k}^{x_{k+1}}f(x)\,\mathrm{d}x.$$

对小区间$[x_k,x_{k+1}]$的积分记为

$$I_k=\int_{x_k}^{x_{k+1}}f(x)\,\mathrm{d}x.$$

1. 复化梯形公式

对求积区间等分出的某个小区间$[x_k,x_{k+1}]$上的积分I_k应用梯形公式

$$I_k \approx \frac{h}{2}[f(x_k)+f(x_{k+1})],$$

则得到复化梯形公式,即

$$\int_a^b f(x)\,\mathrm{d}x \approx \sum_{k=0}^{n-1}\frac{h}{2}[f(x_k)+f(x_{k+1})]$$

或
$$\int_a^b f(x)\,dx \approx \frac{h}{2}\left[f(x_0)+2\sum_{k=0}^{n-1}f(x_k)+f(x_n)\right]$$

将 $h=\frac{b-a}{n}$ 代入,得
$$\int_a^b f(x)\,dx \approx \frac{b-a}{2n}\left[f(a)+2\sum_{k=0}^{n-1}f(x_k)+f(b)\right]. \quad (7-13)$$

复化梯形公式用若干个小梯形面积之和逼近积分 $\int_a^b f(x)\,dx$,显然比梯形公式的效果更好,如图 7 - 12 所示.

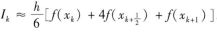

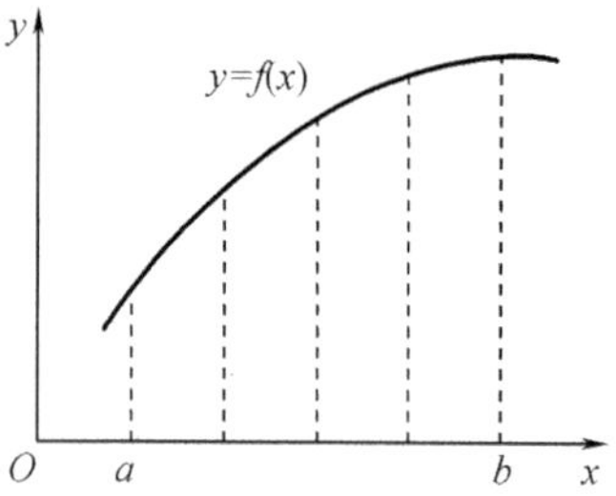

图 7 - 12

2. 复化辛卜森公式

对积分区间$[a,b]$等分出的某个小区间$[x_k,x_{k+1}]$,记其中点为 $x_{k+\frac{1}{2}}$,对积分 I_k 应用辛卜森公式得
$$I_k \approx \frac{h}{6}\left[f(x_k)+4f(x_{k+\frac{1}{2}})+f(x_{k+1})\right].$$
由此得到复化辛卜森公式
$$\int_a^b f(x)\,dx \approx \sum_{k=0}^{n-1}\frac{h}{6}\left[f(x_k)+4f(x_{k+\frac{1}{2}})+f(x_{k+1})\right],$$
整理,得
$$\int_a^b f(x)\,dx \approx \frac{b-a}{6n}\left[f(a)+4\sum_{k=0}^{n-1}f(x_{k+\frac{1}{2}})+2\sum_{k=0}^{n-1}f(x_k)+f(b).\right] \quad (7-14)$$

【例 7 - 11】 用函数 $f(x)=\frac{\sin x}{x}$ 的数据表(表 7 - 13),计算积分 $I=\int_0^1\frac{\sin x}{x}dx$.

依题意,此时把积分区间$[0,1]$分成了 8 等份,则 $h=\frac{1-0}{8}=0.125$.

表 7 - 13

x	$f(x)$	x	$f(x)$
0	1,000 000 0	$\frac{5}{8}$	0. 946 155 6
$\frac{1}{8}$	0. 997 397 8	$\frac{6}{8}$	0. 908 851 6
$\frac{2}{8}$	0. 989 615 8	$\frac{7}{8}$	0. 877 192 5
$\frac{3}{8}$	0. 976 726 7	1	0. 841 470 9
$\frac{4}{8}$	0. 958 851 0		

解 (1) 用复化梯形公式求解.
$$\int_0^1\frac{\sin x}{x}dx \approx 0.125\times 0.5\left[f(0)+2f\left(\frac{1}{8}\right)+2f\left(\frac{1}{4}\right)+2f\left(\frac{3}{8}\right)+2f\left(\frac{1}{2}\right)\right.$$
$$\left.+2f\left(\frac{5}{8}\right)+2f\left(\frac{3}{4}\right)+2f\left(\frac{7}{8}\right)+f(1)\right]$$
$$=0.945\,690\,9.$$

(2) 用复化辛卜森公式求,此时 $n=4, h=\frac{1-0}{4}=0.25$,故

$$\int_0^1 \frac{\sin x}{x}dx \approx \frac{0.25}{6}\left[f(0)+4f\left(\frac{1}{8}\right)+2f\left(\frac{1}{4}\right)+4f\left(\frac{3}{8}\right)+2f\left(\frac{1}{2}\right)\right.$$
$$\left.+4f\left(\frac{5}{8}\right)+2f\left(\frac{3}{4}\right)+4f\left(\frac{7}{8}\right)+f(1)\right]$$
$$=0.946\,083\,2.$$

习题 7 - 4

1. 分别用下面指定的公式计算积分 $\int_0^1 \frac{x}{1+x^2}dx$.

(1) 梯形公式;　　　　(2) 抛物线公式.

2. 用 $n=8$ 的复化辛卜森公式计算积分 $\int_0^1 \sqrt{1-x^2}dx$.

3. 在 $a=0, b=1$ 的情形下,验证当 $f(x)=x^5$ 时的牛顿 - 柯特斯公式是准确的.

复习题 7

1. 选择题.

(1) 已知 $A=(\sqrt{2}-1)^2$,若取 $\sqrt{2}\approx 1.4$ 计算 A,下面哪一种算法得到的结果最好(　　).

A. $\frac{1}{(\sqrt{2}+1)^2}$　　B. $3-2\sqrt{2}$　　C. $\frac{1}{3+2\sqrt{2}}$　　D. $(\sqrt{2}-1)^2$

(2) 函数 $y=f(x)$ 过点 $(1,4),(3,2)$ 的线性插值多项式为(　　).

A. $x-5$　　B. $-x+5$　　C. $3x+5$　　D. $-x+7$

(3) 对给定数据点 $(x_i, y_i)(i=1,2,\cdots,n)$ 进行曲线拟合之前,先画这些数据点的散点图,其目的是(　　).

A. 根据散点图的分布形状推断拟合函数的形式

B. 为保证拟合曲线过这些点

C. 观察散点图中点的个数是否与所给数据点一致

D. 为方便插值多项式次数的确定

(4) 下列说法正确的是(　　).

A. 相对误差限愈小,精度愈高

B. 绝对误差限能完全表示近似值的好坏

C. 数学模型与近似公式之间的误差称为舍入误差

D. 按四舍五入原则写出 0.037 855 1 具有 4 位有效数字的近似值为 0.037 9

2. 填空题.

(1) 为了使 $1-\cos 1°$ 的计算结果精度更高,应使用的合理公式为________.

(2) 用二分法求方程 $x^3-x-1=0$ 在区间 $[1,2]$ 上的实根,精确到 10^{-3} 至少要二分________次.

(3) 用牛顿法计算 $\sqrt{30}$ 的迭代公式为________.

(4) 对 $n+1$ 个不同的数据点 $(x_i,y_i)(i=0,1,2,\cdots,n)$ 的 n 次拉格朗日插值公式为________.

(5) 计算 $\int_a^b f(x)\,dx$ 的近似值. 用梯形公式计算,结果为________;用抛物线公式计算,结果为________.

3. 用牛顿法求方程 $x^3-3x-1=0$ 在点 $x_0=2$ 附近的根. 要求精确到小数点后第3位.

4. 当 $x=1,-1,2$ 时,$f(x)=0,-3,4$. 求 $f(x)$ 的二次插值多项式.

5. 设函数 $y=f(x)$ 的观测数据如表7-14所示,求其拉格朗日插值多项式. 并计算 $f(1)$ 的近似值.

表7-14

x	0	2	3	4
y	1	-3	-1	2

6. 从地面发射一枚火箭,在最初80 s内,记录其加速度如表7-15所示,试求火箭在80 s时的速度(提示:用复化辛卜森公式).

表7-15

时间 t/s	0	10	20	30	40	50	60	70	80
加速度 $a/(m/s^2)$	30.00	31.63	33.44	35.47	37.75	40.33	43.29	46.69	50.67

第8章　计 算 实 验

随着科学技术,尤其是计算机技术的飞速发展,数学在科学研究与工程技术中的作用不断增强,应用范围已覆盖了目前几乎所有的学科分支.这就要求我们不仅要了解应用数学的基本方法和特点,还要能够熟练地掌握现有的重要数学软件(如 MATLAB、MATHEMATIC、MAPLE 等).本章将对 MATLAB 及其数学应用进行简单介绍.

MATLAB 是 MATHWORKS 公司推出的集科学计算、图像可视化、声音处理于一体的高性能语言,是当今国际上公认的科技领域方面最为优秀的应用软件和开发环境.作为"高性能语言",MATLAB 通常只要一条指令就能解决诸如矩阵运算(求行列式、逆矩阵等)、解方程、作图、数据处理与分析等操作,使人们从烦琐的程序编写与调试中解放出来,大大缩短程序开发的时间.MATLAB 几乎已成为理工科学生必须掌握的工具,也成为课堂教学中的一个有效工具.

8.1　MATLAB 基础

8.1.1　MATLAB 工作界面

双击桌面上的快捷图标或者从"开始"菜单的程序子菜单中单击 MATLAB 的可执行文件,在屏幕上创建一个窗口,它主要包括以下几个窗口.

(1) Command Window(指令窗口)　指令窗口是十分重要的组成部分,是用户与 MATLAB 进行交互的主要场所,是直接运行函数和脚本的窗体.在提示符 ≫ 后直接输入命令,按回车键,该命令行即被执行.

(2) Current Directory(当前路径浏览器)　当前路径浏览器是 MATLAB 系统文件保存、操作的默认路径管理器.在当前路径管理器用户可以查看、重命名或删除当前路径文件或文件夹,也可以改变文件默认保存路径,甚至可以对文件进行打开、执行等一系列操作.

(3) Workspace(工作台窗口)　工作台窗口中列出了程序计算过程中产生的变量及其对应的数据的尺寸、字节和类型.选中一个变量,单击鼠标右键则可根据菜单进行相应的操作.

(4) Command History(指令历史窗口)　指令历史窗口记录用户每一次开启 MATLAB 的时间,以及每一次开启 MATLAB 后在 MATLAB 指令窗口中运行过的所有指令行.这些指令可以通过双击再次执行,也可以通过复制、粘贴来实现指令窗导入历史指令.

(5) Launch Pad(发布平台)　提供对工具箱演示程序和文档的访问.

8.1.2 变量、函数与表达式

1. MATLAB 变量名的定义规则

变量名第一个字符必须为英文字母，而且不能超过63个字符. 变量名可以包含字母、下画线、数字，但是不能为空格、标点等. 在 MATLAB 中，如果没有定义则不能对符号进行引用，在对变量进行引用前，需要先使用sym( )或syms命令创建符号变量和表达式. 例如，≫ syms x.

常用特殊变量：ans 是系统自动给出的运行结果，是英文 answer 的缩写，如果我们直接指定变量，则系统不再提供 ans 作为运行结果变量；pi 表示圆周率；inf 表示无穷大.

2. 数学运算符号及几种特殊符号

1) 数学运算符号

(1) +(加法运算)　用于两个数相加或两个同阶矩阵相加；

(2) -(减法运算)　用于两个数相减或两个同阶矩阵相减；

(3) *(乘法运算)　用于两个数相乘或两个可乘矩阵相乘；

(4)^(乘幂运算)　适用于一个方阵的多少次方；

(5)\(左除运算)　表示左除(如 X = A\B 可以得到矩阵方程 $\boldsymbol{AX} = \boldsymbol{B}$ 的解)；

(6)/(右除运算)　表示右除.

以上运算符的使用和在算术运算中几乎一样，但需要注意的是，MATLAB 中所有的运算定义在复数域上；MATLAB 书写表达式的规则与手写算式相同.

2) 几种特殊符号

(1) ≫(提示符号)　运行 MATLAB 后，把要执行的命令直接输入到"≫"之后，再按回车键即可得到结果；

(2)%(注释符号)　"%"后的内容为对该行命令的注释；

(3)；(分号)　若不想让 MATLAB 直接显示运算结果，只需在命令后加分号；

(4)Ans(变量)　MATLAB 会将运算结果直接存入一变量 ans，代表 MATLAB 运算后的答案，或者也可将结果设定给自定义的变量.

3. 数学函数

MATLAB 常用的数学函数有以下几种：

(1) 三角函数　sin(x)，cos(x)，tan(x)，cot(x)，sec(x)，csc(x)；

(2) 反三角函数　asin(x)，acos(x)，atan(x)，acot(x)；

(3) 双曲与反双曲函数　sinh(x)，cosh(x)，tanh(x)，asinh(x)，acosh(x)，atanh(x)；

(4) 幂函数　x^a(x 的 a 次幂)，sqrt(x)(x 的平方根)；

(5) 指数函数　a^x(a 的 x 次幂)，exp(x)(e 的 x 次幂)；

(6) 对数函数　log(x)(自然对数)，log2(x)(以 2 为底的对数)，log10(x)(以 10 为底的对数)，其中，$\log_a x$ 可表示为$\dfrac{\log(x)}{\log(a)}$；

(7) 其他数学函数：abs(x)(绝对值) 等.

MATLAB 中函数的共同特点：若自变量 x 为矩阵，则函数值也为 x 的同阶矩阵. 即对 x 的每一元素分别求函数值. 若自变量为通常情况下的一个数据，则函数值是对应于 x 的一个数据.

8.1.3 符号运算

符号运算是指运算对象允许非数值的符号变量,其特点是运算过程和结果中允许存在非数值的符号变量.

1. 符号表达式

符号表达式是代表数字、函数和变量的字符串数组,不要求变量有预先的值. 符号表达式的创建,如 f = sym('a * x^2 + b * x + c').

2. 符号表达式计算

计算是 MATLAB 中最简单的计算器使用法,只要在命令窗口中直接输入需要计算的式子,然后按回车键即可.

如计算表达式$\dfrac{2\sin\dfrac{\pi}{4}}{1+\sqrt{6}}$,输入:

```
≫ syms x;
≫ x = 2 * (sin(pi/4))/(1 + sart(6))
≫ x =
        0.4100
```

3. 符号方程

符号方程是含有等号的符号表达式. 符号方程的创建. 如 f = sym('a * x^2 + b * x + c = 0').

8.1.4 函数 M 文件

MATLAB 的内部函数是有限的,有时为了研究某一函数的各种性态,需要为 MATLAB 定义新函数,为此必须编写函数文件. 函数文件是文件名后缀为"m" 的文件. 这类文件的第一行必须是以特殊字符 function 开始,其一般格式为

function 因变量名 = 函数名(自变量名)

因变量名可以是多个变量,它们之间使用逗号隔开,表示要计算的项;自变量名是一组变量,它们之间使用逗号隔开,其本身没有任何意义,只有在函数调用时才赋予它们实际值. 函数文件从第二行开始才是函数体语句. 函数值必须通过函数中设定的具体的运算来完成,最后把计算结果赋值给因变量. 函数 m 文件一经建立,就可像使用 MATLAB 系统定义的函数一样使用它.

M 文件建立步骤如下:

(1) 在 Matlab 中,点击 File → New → M - file;

(2) 在编辑窗口中输入函数内容;

(3) 点击 File → Save,存盘(注意 M 文件必须与函数名一致).

【例 8 - 1】 计算函数$f(x_1,x_2)=100(x_2-x_1^2)^2+(1-x_1)^3$在点(1,3) 处的函数值.

解 (1) 建立 M 文件并保存为 fun. m.

```
function f = fun(x)
f = 100 * (x(2) - x(1)^2)^2 + (1 - x(1))^3
end
```

(2) 直接使用函数 fun. m 计算 f(1,3),只需在 MATLAB 命令窗口键入命令:

```
>> x = [1  3];
>> fun(x)
```

则执行结果为

```
ans =
    400
```

8.1.5 关系与逻辑运算

MATLAB 关系与逻辑运算主要提供求解真(假)命题的答案. 对于所有输出的关系与逻辑表达式,若为真值,则输出为 1;若为假值,则输出为 0.

关系操作符与逻辑操作符分别如表 8 - 1、表 8 - 2 所示.

表 8 - 1

运算符	含义	运算符	含义	运算符	含义
>	大于	> =	大于等于	= =	等于
<	小于	< =	小于等于	~ =	不等于

表 8 - 2

逻辑操作符	说明	相应的函数
&	逻辑与	And(A,B)
!	逻辑或	Or(A,B)
~	逻辑非	No(A,B)

以下介绍几个常见的软件操作实验.

8.2 初等函数的图形绘制

8.2.1 实验目的

学会使用 MATLAB 软件进行函数的图形绘制.

8.2.2 预备知识

1. 常见初等函数的图形

2. MATLAB 命令

1) 绘制二维图形

(1) line 绘图函数.

绘制直线,使用 line 命令. 例如:

line([2,5],[3,9]) % 绘制点(2,3) 到点(5,9) 的直线.

(2) plot 绘图函数.

plot(X,Y,…)　% 绘制 X 为横坐标,Y 为纵坐标的数学图形

plot(X,Y,X1,Y1,…)　% 同时绘制 Y 对 X,Y1 对 X1 的数学图形

plot(X,Y,LineSpec,…)　% 绘图不同颜色,线型和标记的数学图形

LineSpec 指曲线的颜色、线型和标记.

颜色字符串有 y(黄)、m(洋红)、c(青)、r(红)、g(绿)、b(蓝)、w(白)、k(黑).

线型字符串有 —(实线)、:(点线)、—.(虚点线)、--------(虚线).

标记形式有.(黑点)、o(圆圈)、×(叉型)、+(加号)、*(星号).

例如,输入如下程序:

≫ x1 = 0:pi/100:2 * pi;

≫ x2 = 0:pi/10:2 * pi;

≫ plot(xl,sin(x1),'r:',x2,sin(x2),'r + ')(见图 8 - 1)

另外,还可以用 fplot('fun',[xmin,xmax]) 命令来画函数 fun 在区间[min$x$,max$x$] 上的图形.

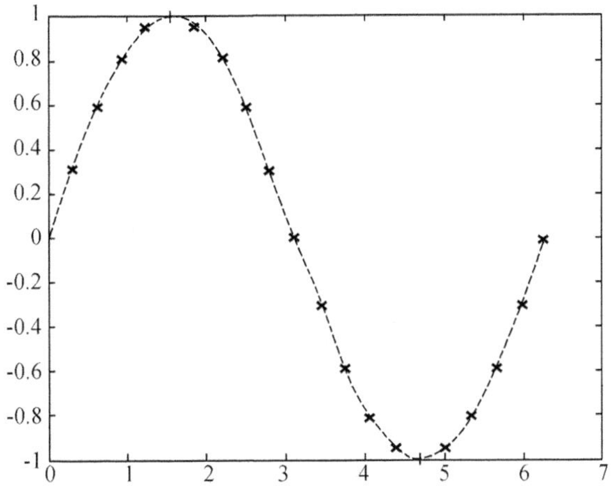

图 8 - 1

例如,绘制 sin(x^2) 的图形,输入

≫ fplot('sin(x.^2)',[0,10]).

函数 ezplot( ) 可用来绘制符号函数的简易的图形.

ezplot(f,[a,b]　在区间[a,b] 绘制由 f 表达的符号函数图形.

ezplot(x,y,[tmin,tmax]) 在区间[min$t$,max$t$] 绘制 $x = x(t)$,$y = y(t)$ 的参数曲线图形.

(3) 图形保持　在绘图过程中,如果要在已经绘制的图形上添加新的图形,则可以使用 hold 命令来实现图形的保持功能. hold on 保持当前图形,hold off 关闭图形保持功能.

(4) 图形标注与坐标控制.

axis　对横、纵坐标轴的刻度比例和外观控制.

axis off　取消坐标轴.　　axis on　显示坐标轴.

xlable　标记横坐标轴.　　ylable　标记纵坐标轴.

title　标记图形名称.　　legend　标注图例.

grid　grid on 表示在当前图形的单位处加格栅,grid off 表示取消格栅.

【例 8 - 2】 在 $0 \leqslant x \leqslant 2\pi$ 区间内,绘制曲线 $y_1 = 2e^{-0.5x}$ 和 $y_2 = \cos(4\pi x)$,并给图形添加图形注标.

解 程序如下:

```
>> x = 0:pi/100:2 * pi;
>> y1 = 2 * exp( - 0.5 * x);
>> y2 = cos(4 * pi * x);
>> plot(x,y1,x,y2)
>> xlabel('Variable X');
>> ylabel('Variable Y');
>> legend('y1','y2')
>> title('曲线 y1 和 y2')
```

其运算结果如图 8 - 2 所示.

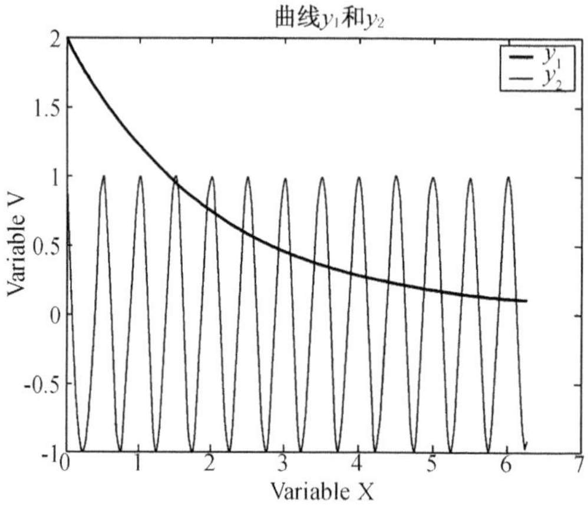

图 8 - 2

(5) 图形窗口的分割　调用格式为

subplot(m,n,p)

该函数将当前图形窗口分成 $m \times n$ 个绘图区,即每行 n 个,共 m 行,区号按行优先编号,且选定第 p 个区为当前活动区. 在每一个绘图区允许以不同坐标系单独绘制图形.

应用举例,如输入:

```
>> x = linspace(0,2 * pi,30);   % 生成从 0 到 2π,30 个数的等差数列
>> y = sin(x);z = cos(x);u = 2 * sin(x) * cos(x);v = sin(5 * x);
>> subplot(2,2,1),plot(x,y),axis([0 2 * pi - 1 1]),title('six(x)');
>> subplot(2,2,2),plot(x,z),axis([0 2 * pi - 1 1]),title('cos(x)');
>> subplot(2,2,3),plot(x,u),axis([0 2 * pi - 1 1]),title('2sin(x)cos(x)');
>> subplot(2,2,4),plot(x,v),axis([0 2 * pi - 20 20]),title('2sin(5 * x)');
```

则得到如图 8 - 3 所示的图形.

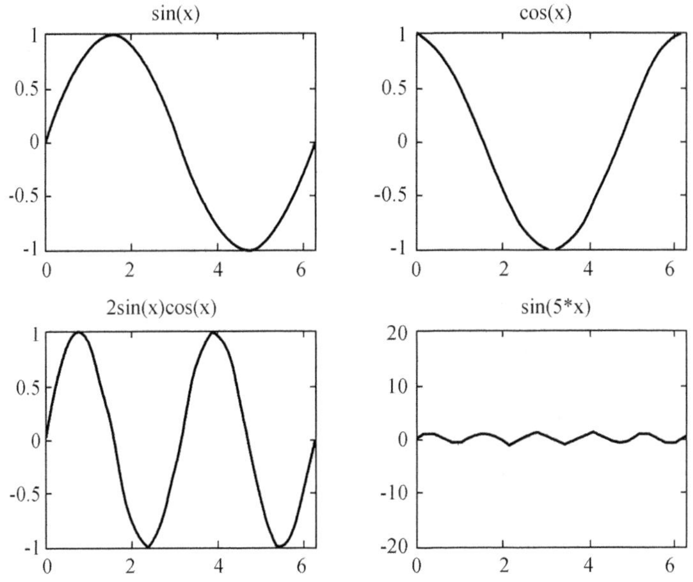

图 8－3

2）隐函数的绘图

MATLAB 提供了一个 ezplot 函数绘制隐函数图形.

（1）对于函数 f = f(x)，ezplot 函数的调用格式：

ezplot(f)　在默认区间 $-2\pi < x < 2\pi$ 绘制 $f = f(x)$ 的图形.

ezplot(f,[a,b])　在区间 $a < x < b$ 绘制 $f = f(x)$ 的图形.

（2）对于隐函数 f = f(x,y)，ezplot 函数的调用格式：

ezplot(f)　在默认区间 $-2\pi < x < 2\pi$ 和 $-2\pi < y < 2\pi$ 绘制 $f(x,y) = 0$ 的图形.

ezplot(f,[xmin,xmax,ymin,ymax])　在区间 $x\text{min} < x < x\text{max}$ 和 $y\text{min} < y < y\text{max}$ 绘制 $f(x,y) = 0$ 的图形.

ezplot(f,[a,b])　在区间 $a < x < b$ 和 $a < y < b$ 绘制 $f(x,y) = 0$ 的图形.

（3）对于参数方程 $x = x(t)$ 和 $y = y(t)$，ezplot 函数的调用格式：

ezplot(x,y)　在默认区间 $0 < t < 2\pi$ 绘制 $x = x(t)$ 和 $y = y(t)$ 的图形.

ezplot(x,y,[tmin,tmax])　在区间 $\text{min}t < t < \text{max}t$ 绘制 $x = x(t)$ 和 $y = y(t)$ 的图形.

应用举例，如输入：

```
≫ subplot(2,2,1);ezplot('x^2 + y^2 - 9');axis equal
≫ subplot(2,2,2);ezplot('x^3 + y^3 - 5 * x * y + 1/5')
≫ subplot(2,2,3);ezplot('cos(tan(pi * x))',[0,1])
≫ subplot(2,2,4);ezplot('8 * cos(t)','4 * sqrt(2) * sin(t)',[0,2 * pi)])
```

则得到如图 8－4 的图形：

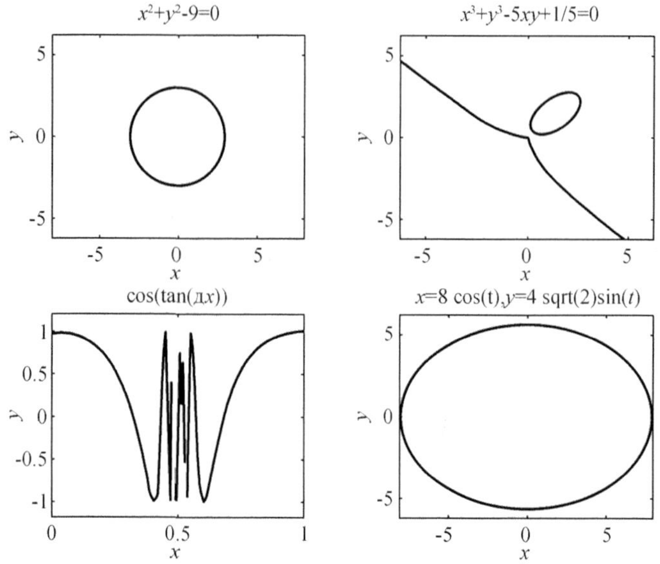

图 8 – 4

3）三维数学图形绘制

(1) 绘制三维曲线　绘制三维曲线的命令格式为

plot3(X,Y,LineSpec,…)

该函数格式除了包括第三维的信息(比如 Z 轴方向)之外,其他与二维函数 plot 相同.

例如,输入如下程序:

```
≫ t = 0:pi/10:4 * pi;
≫ x = cos(t);
≫ y = sin(t);
≫ z = t;
≫ plot 3(x,y,z)
```

其结果可绘制如下一条空间螺旋线(见图 8 – 5).

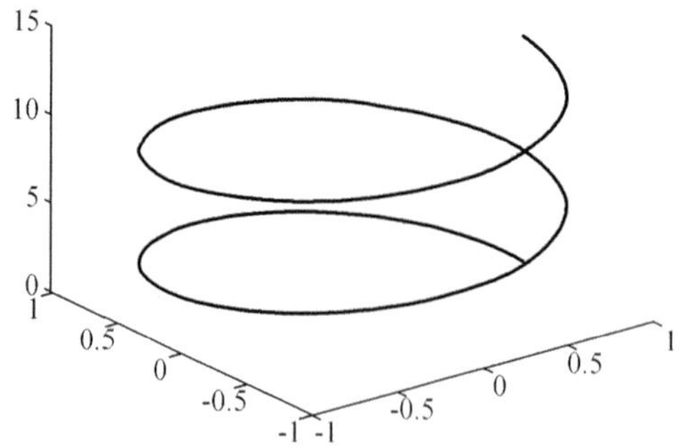

图 8 – 5

(2) 绘制三维曲面.

① 网格曲面　在 MATLAB 中,利用 meshgrid 函数产生平面区域内的网格坐标矩阵,其

格式为

$$x = a:d1:b; y = c:d2:d; [x,y] = meshgrid(x,y);$$

用 mesh 函数可以画出三维网格曲面. 例如,画出 $z = \sin x \sin y$ 在区域 $[-\pi,\pi] \times [-\pi,\pi]$ 上的网格曲面,输入如下程序:

```
≫ x = - pi:0.2:pi;
≫ y = - pi:0.2:pi;
≫ [X,Y] = meshgrid(x,y);
≫ Z = sin(X). * sin(Y);
≫ Mesh(X,Y,Z);
≫ xlabel('x');ylabel('y');zlabel('z');
```

计算机画出的图形如图 8 - 6 所示. 在上述命令中间隔(这里是0.2)越大,网格越稀;间隔越小,网格越密.

此外,还有带等高线的三维网格曲面函数 meshc 和带底座的三维网格曲面函数 meshz,其用法与 mesh 类似,不同的是 meshc 还在平面 xOy 上绘制曲面在 z 轴方向的等高线,meshz 还在平面 xOy 上绘制曲面的底座.

② 表面曲面　用 surf 函数可以画出三维表面曲面.

如上例,绘制 $z = \sin x \sin y$ 在区域 $[-\pi,\pi] \times [-\pi,\pi]$ 上的表面曲面,输入如下程序:

```
≫ Surf(X,Y,Z);
≫ xlabel('x');
≫ ylabel('y');
≫ zlabel('z');
```

计算机绘制的图形如图 8 - 7 所示.

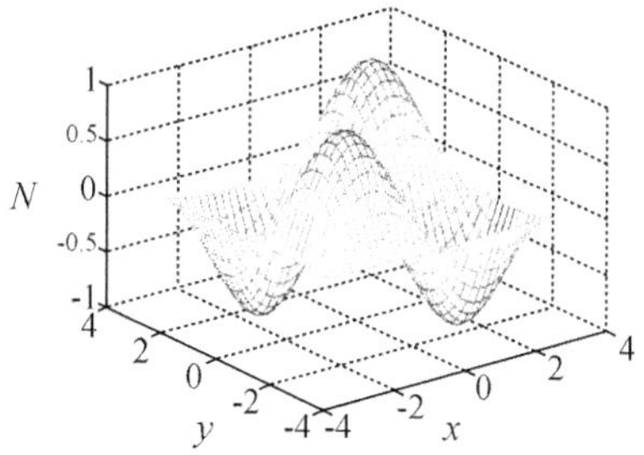

图 8 - 6

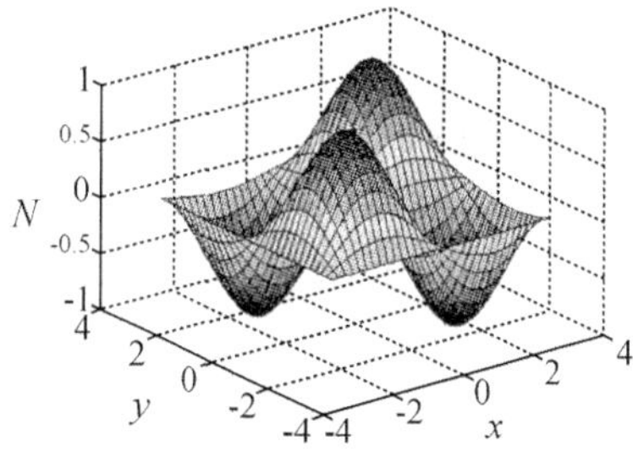

图 8 - 7

8.2.3　实验内容与要求

用 MATLAB 数学软件包,完成下列函数的图形显示.

1. 二维图形的绘制

(1) $y = \sin x$;　　(2) $y = \cos x$;

(3) 画出 $y_1 = \sin x$ 和 $y_2 = \cos x$ 在区间 $[0,\pi]$ 的图形,正弦曲线用红色的实线画出,余弦曲线用蓝色的虚线画出;

(4) $y = x^3$;　　(5) $y = 16e^{-x^2}$, $-3 \leqslant x \leqslant 3$;

(6) $y^2 = x^2(4 - x^2)$, $-2 \leqslant x \leqslant 2$;

(7) 在区间$[0,2\pi]$绘制函数$y = 2e^{-x}\sin 5x$的图形,观察当$x \to +\infty$时函数的极限;

(8) $\frac{1}{x} - \ln x + \ln(x-1) + y - 1 = 0, x^3 + y^3 - 3xy = 0, x^2 - y^2 - 1 = 0.$

2. 三维图形的绘制

(1) 绘制马鞍面$z = \frac{x^2}{a^2} - \frac{y^2}{b^2}$;

(2)$z = \frac{2x}{e^{x^2+y^2}}$, $-2 \leqslant x,y \leqslant 2$,绘制该函数对应的曲面图;

(3)$z = \frac{\sin\sqrt{x^2+y^2}}{\sqrt{x^2+y^2}}$,在平面$xOy$内选择区域$[-8,8]\times[-8,8]$,绘制该函数的四种三维曲面图.

8.2.4　操作提示

1. (1)
```
>> clear;
>> ezplot('sin(x)')
```
(2)
```
>> clear;
>> ezplot('cos(x)')
```
(3)
```
>> x = 0:0.1:pi;
>> y1 = sin(x);
>> y2 = cos(x);
>> plot(x,y1,'r',x,y2,'-b');
>> title('正弦和余弦曲线')
   % 给出图标题
```
(4)
```
>> clear;
>> ezplot('x^3');
```
(5)
```
>> clear
>> x1 = -3:0.01:3;
>> y1 = 16 * exp(-x1.^2);
>> plot(x1,y1)
```
(6)
```
>> fplot('sqrt(x.^2. *(4 - x.^2))',[-2,2]);
>> hold on
>> fplot('-sprt(x.^2. *(4 - x.^2))',[-2,2]);
>> hold off
>> title('y^2 = x^2(4 - x^2)');
```
(7)
```
>> x = 0:0.1*pi:2*pi;
>> y = 2*exp(-x).* sin(5*x);
>> plot(x,y,'-b'); % 用蓝色实线绘图
>> xlabel('x'); ylabel('y')% 加坐标轴标签
```
由图 8 - 8 可知,$\lim\limits_{x\to+\infty} 2e^{-x}\sin 5x = 0$.

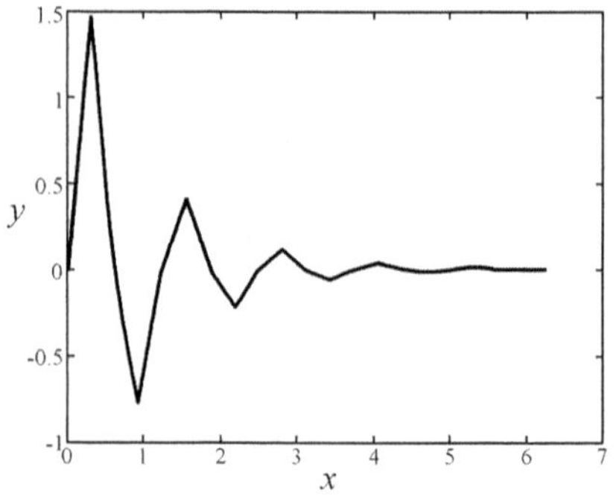

图 8 - 8

(8)
```
>> subplot(1,3,1),ezplot('1/x - log(x) + log(x - 1) + y - 1')
>> subplot(1,3,2),ezplot('x^3 + y^3 - 3 * x * y',[-3,3])
>> subplot(1,3,3),ezplot('x^2 - y^2 - 1')
```
其运算结果如图 8 - 9 所示.

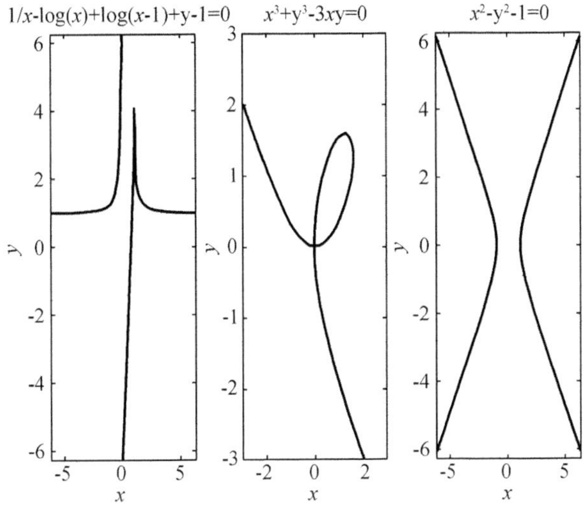

图 8 - 9

2. (1)
```
>> x = -10:0.1:10;
>> y = -10:0.1:10;
>> a = 2;b = 4;
>> [X,Y] = meshgrid(x,y);
>> Z = (X.^2)./(a^2) - (Y.^2)./(b^2);
>> surf(X,Y,Z);
```
其运算结果如图 8 - 10 所示.

(2)
```
>> x = -2:0.1:2;
>> y = -2:0.2:2;
>> [X,Y] = meshgrid(x,y);
>> Z = 2 * X./exp(X.^2 + Y.^2);
>> surf(X,Y,Z);
>> title('三维曲面图');
```
其运算结果如图 8 - 11 所示.

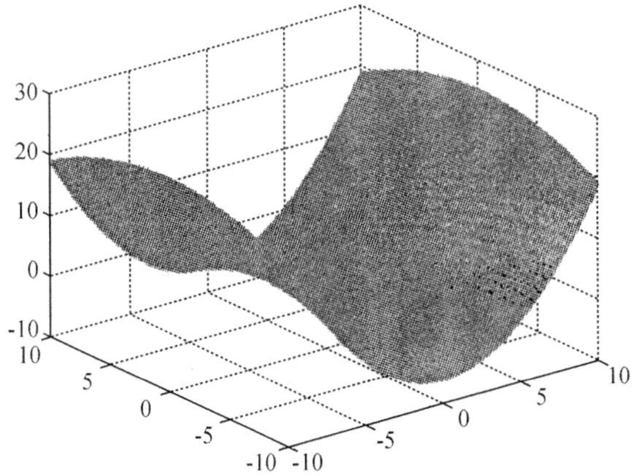

图 8 - 10

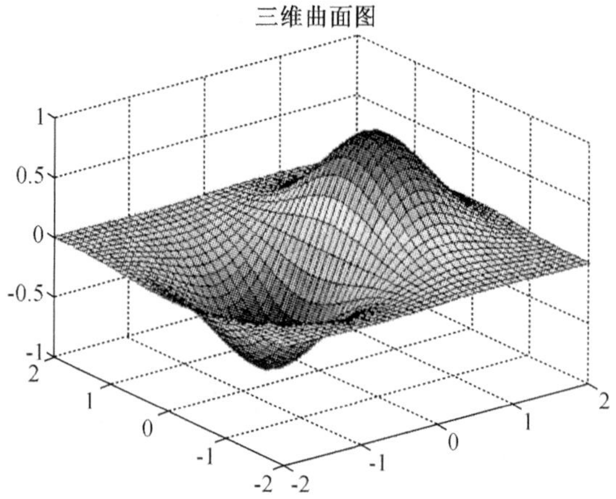

图 8 - 11

(3) ≫ [x,y] = meshgrid(- 8:0.5:8);

≫ z = sin(sqrt(x.^2 + y.^2))./(sart(x.^2 + y.^2) + eps);% eps 为无穷小,保证算式有意义

≫ subplot(2,2,1);mesh(x,y,z);title('mesh(x,y,z)')

≫ subplot(2,2,2);meshc(x,y,z);title('meshc(x,y,z)')

≫ subplot(2,2,3);meshz(x,y,z);title('meshz(x,y,z)')

≫ subplot(2,2,4);surf(x,y,z);title('surf(x,y,z)')

其运算结果如图 8 - 12 所示.

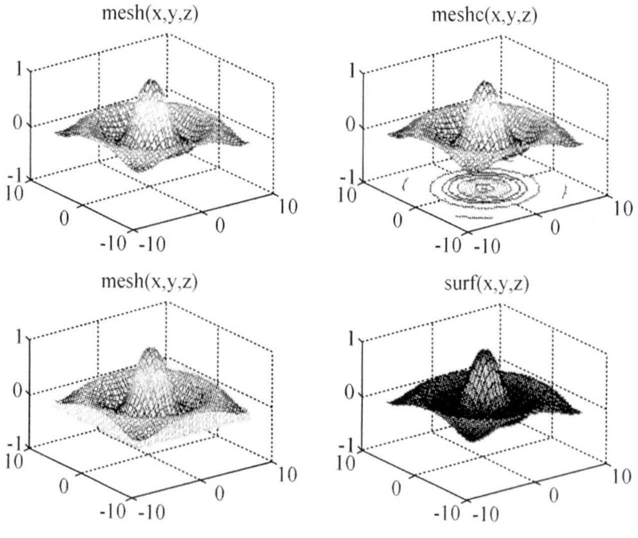

图 8 - 12

8.3　微积分的基本计算及幂级数展开

8.3.1　实验目的

学会使用 MATLAB 数学软件求函数的导函数、积分以及函数的幂级数展开式等函数的处理能力.

8.3.2　预备知识

1. 基本要求

要掌握函数的极限、导数及微分、不定积分及定积分基本运算方法;熟悉函数幂级数展开式.

2. 所用 MATLAB 命令提示

(1) 极限运算由命令函数"limit( )”来实现(表 8 - 3).

表 8 - 3

数学表达式	命令格式
$\lim\limits_{x\to 0} f(x)$	limit(f)
$\lim\limits_{x\to a} f(x)$	limit(f,x,a) 或 limit(f,a)
$\lim\limits_{x\to a^-} f(x)$	limit(f,x,a,'left')
$\lim\limits_{x\to a^+} f(x)$	limit(f,x,a,'right')
$\lim\limits_{x\to \infty} f(x)$	limit(f,x,inf)

例如,计算 $\lim\limits_{x\to 0} e^{-x}$ 的值.其程序实现如下:

```
≫ syms x;
≫ limit(exp( - x))
ans =
1
```

(2) 符号微分由函数“diff” 来实现,其调用格式和功能如下.

diff(f)　对 findsym 函数返回的独立变量求微分,f 为符号表达式.

diff(f,'a')　对变量 a 求微分,f 为符号表达式.

diff(f,n)　对函数独立变量求 n 次微分,f 为符号表达式.

diff(f,'v',n)　对指定变量 v 求 n 次微分,f 为符号表达式.

例如:
```
≫ f = '6 * x^3 - 4 * x^2 + b * x - 5';
≫ diff(f)
ans =
18 * x^2 - 8 * x + b
≫ diff(f,2)
ans =
```

```
≫ diff(f,'b')
ans =
x
```

(3) 符号积分由函数“inf” 来实现,其调用格式和功能如下.

inf(f,v)　对指定变量 v 求不定积分,f 为符号表达式.

inf(f,a,b)　对独立变量求 a 到 b 的定积分,f 为符号表达式.

inf(f,v,a,b)　对指定变量 v 求 a 到 b 的定积分,f 为符号表达式.

例如:

```
≫ f = 'sqrt(x)';
≫ int(f)
ans =
2/3 * x^(3/2)
≫ int(f,'a','b')
ans =
2/3 * b^(3/2) - 2/3 * a^(3/2)
≫ int(f,0.5,0.6)
ans =
2/25 * 15^(1/2) - 1/6 * 2^(1/2)
≫ numeric(int(f,0.5,0.6))      % 使用 eric 函数可以计算积分的数值
ans =
0.0741
```

(4) 在 MATLAB 中泰勒展开由命令函数 taylor( ) 完成,其调用格式和功能如下.

taylor(f,n,v)　返回f的 $n-1$ 阶麦克劳林多项式近似. f为表示函数的符号表达式,v 为指定表达式中的独立变量,v 可以是字符串或符号变量.

taylor(f,n,v,a)　返回f关于a的泰勒级数近似. 变量v可以是数值、符号或表示数值或未知值的字符串. n 为展开阶数,如不指定,则求5 阶泰勒级数展开式,即n 的默认值为6. a 为变量求导的取值点,n,v 和 a 的顺序没有先后之分,还可以忽略 n,v,a 等变量中的任何一个. taylor 函数根据变量的位置和类型确定它们的用途.

例如:求函数$f(x) = x^2\sin^2 x$ 的泰勒幂级数展开式,其程序实现如下:

```
≫ syms x
≫ taylor(x^2 * (sin(x))^2,15,x)
ans =
x^4 - 1/3 * x^6 + 2/45 * x^8 - 1/315 * x^10 + 2/14175 * x^12 - 2/467775 * x^14
```

3. 其他

列出一部分用于代数式的命令,其应用请看帮助系统.

collect　合并同类项.

expand　将乘积展开为和式.

horner　把多项式转换为嵌套表示形式.

factor　分解因式.

simplify　化简代数式.

simple　输出最简单的形式.

subs(s,old,new)　替换.

8.3.3　实验内容与要求

1. 极限问题基本实验　使用 MATLAB 软件程序求下列极限:

(1) $\lim\limits_{x\to 0}\dfrac{\sin x}{x}$;　(2) $\lim\limits_{x\to\infty}\left(1+\dfrac{2t}{x}\right)^{3x}$;　(3) $\lim\limits_{h\to 0}\dfrac{\sin(x+h)-\sin x}{h}$;

(4) $\lim\limits_{x\to+\infty}\left(1+\dfrac{a}{x}\right)^{x}$;　(5) $\lim\limits_{x\to 1}\dfrac{\sqrt{x+2}-\sqrt{3}}{x-1}$;　(6) $\lim\limits_{x\to 0^-}2^{x}$;

(7) $\lim\limits_{x\to 0^+}2^{\frac{1}{x}}$;　(8) $\lim\limits_{n\to+\infty}\dfrac{3\left[1+\left(\dfrac{2}{3}\right)^{n+1}\right]}{\left(\dfrac{2}{3}\right)^{n+1}}$;　(9) $\lim\limits_{x\to 0^+}\dfrac{\sin ax}{\sqrt{1-\cos x}}$;

(10) $\lim\limits_{x\to+\infty}\left(\dfrac{2x-1}{2x+1}\right)^{x+1}$.

2. 微分问题基本实验　利用MATLAB数学软件可求一元函数的一阶导数、高阶导数及多元函数的偏导数等.

(1) 求函数$f(x)=\dfrac{(x-1)^3}{x+1}$的导数;

(2) 求函数$f(x)=\dfrac{(x-1)^3}{x+1}$的二阶导数;

(3) 求函数$f(x)=x^6\ln x$的四阶导数;

(4) 设$f(t)=\dfrac{t-\sin t}{t+\sin t}$,求$f'\left(\dfrac{\pi}{2}\right)$;

(5) 求函数$y=\dfrac{(x+1)\sqrt[3]{x-1}}{(x+4)^2e^x}$的一阶、二阶导数;

(6) 求函数以$y=x^{x^{x^x}}$的一阶导数;

(7) 对函数$x^3+y^3+z^3=5xyz$,求$\dfrac{\partial z}{\partial x},\dfrac{\partial z}{\partial y}$;

(8) 设$z=x^2e^{2x}-3y^4+2x^2y^2$,求$\dfrac{\partial^2 z}{\partial x^2},\dfrac{\partial^2 z}{\partial y^2},\dfrac{\partial^2 z}{\partial x\partial y}$;

(9) 求隐函数$F(x,y)=x-y+\dfrac{1}{2}\sin y$所确定的导数$\dfrac{dy}{dx}$;

(10) 求椭圆参数方程$\begin{cases}x=a\cos t\\y=b\sin t\end{cases}$,所确定的导数$\dfrac{dy}{dx}$.

3. 积分问题基本实验　求下列不定积分或定积分:

(1) $\int\dfrac{1}{1+x^2}dx$;　(2) $\int e^x\sin x\,dx$;　(3) $\int\arcsin x\,dx$;

(4) $\int\dfrac{1}{(x^2+a^2)^2}dx$;　(5) $\int_1^2\dfrac{1}{x}dx$;　(6) $\int_0^2|x-1|\,dx$;

(7) $\int_0^t\dfrac{\sin x}{x}dx$.

4. 判别广义积分$\int_1^{+\infty}\dfrac{1}{x^p}dx$,$\int_{-\infty}^{+\infty}\dfrac{1}{\sqrt{2\pi}}e^{-\frac{x^2}{2}}dx$与$\int_0^2\dfrac{1}{(x-2)^2}dx$的敛散性,如收敛时,算积分

值.

5. 泰勒级展开问题

(1) 将函数 $f(z) = \sin z, f(z) = e^z$ 展开成 5 阶的 z 的幂级数.

(2) 求函数 $f(x) = \dfrac{1}{5+4\cos x}$ 的泰勒级数展开，取第七项.

(3) 求函数 $y = \cos x$ 在点 $x = 0$ 处的 5 阶泰勒展开式及其在点 $x = \dfrac{\pi}{3}$ 处的 6 阶泰勒展开式.

(4) 将函数 $f(x) = \dfrac{1}{x^2+2}$ 展开成 7 阶的 $x-1$ 的幂函数.

8.3.4 操作提示

1. (1)
```
>> syms x a t h n;
>> limit(sin(x)/x)
ans =
1
```

(2)
```
>> limit(1 + 2 * t/x)^(3 * x),x,inf)
ans =
exp(6 * t)
```

(3)
```
>> limit((sin(x + h) - sin(x))/h,h,0)
ans =
cos(x)
```

(4)
```
>> limit((1 + a/x)^x,x,inf)
ans =
exp(a)
```

(5)
```
>> syms x a n
>> f = (sqrt(x + 2) - sqrt(3))/(x - 1);
>> limit(f,x,1)
ans =
1/6 * 3^(1/2)
```

(6)
```
>> f = 2^x;
>> limit(f,x,0,'left')
ans =
1
```

(7)
```
>> f = 2^(1/x);
>> limit(f,x,0,'right')
ans =
inf
```

(8)
```
>> f = 3 * (1 + (2/3) * (n + 1)/((2/3)^(n + 1));
>> limit(f,n, + inf)
ans =
inf
```

(9)
```
>> f = sin(a * x)/(sqrt(1 - cos(x)));
>> limit(f,x,0,'right')
ans =
a * 2^(1/2)
```

(10)
```
>> f = ((2 * x - 1)/(2 * x + 1))^(x + 1);
>> limit(f,x, + inf)
ans =
exp( - 1)
```

2. (1)
```
>> syms x;
>> f = (x - 1)^3/(x + 1);
>> diff(f,'x')
ans =
```

```
3*(x-1)^2/(x+1)-(x-1)^3/(x+1)^2
```

(2)
```
>> diff(f,2)
ans =
6*(x-1)/(x+1)-6*(x-1)^2/(x+1)^2+2*(x-1)^3/(x+1)^3
```

(3)
```
>> f = x^6*log(x);
>> diff(f,'x',4)
ans =
360*x^2*log(x)+342*x^2
```

(4)
```
>> syms t;
>> f = (t-sin(t))/(t+sin(t));
>> limit(diff(f,'t'),t,pi/2)
ans =
8/(pi+2)^2
```

(5)
```
>> syms x
>> simple(diff(((x+1)*(x-1)^(1/3))/((x+4)^2*exp(x))))
ans =
-1/3*(14*x^2-17*x-10+3*x^3)/(x+4)^3/exp(x)/(x-1)^(2/3)
>> simple(diff(diff(((x+1)*(x-1)^(1/3))/(x+4)^2*exp(x))))
ans =
1/9*(510*x-74+25*x^3-645*x^2+75*x^4+9*x^5)/(x-1)^(5/3)/(x
+4)^4/exp(x)
```

(6)
```
>> syms x
>> simple(diff(x^x^x^x))
ans =
((x^x)^x)^x*(log((x^x)^x)+x*(log(x^x)+x*(log(x)+1)))
```

(7)
```
>> syms x y z
>> f = x^3+y^3+z^3-5*x*y*z;
>> dfdx = diff(f,'x')                % 求出 ∂f/∂x
dfdx =
3*x^2-5*y*z
>> dfdy = diff(f,'y')                % 求出 ∂f/∂y
dfdy =
3*y^2-5*x*z
>> dfdz = diff(f,'z')                % 求出 ∂f/∂z
dfdz =
3*z^2-5*x*y
>> dzdx = -dfdx/dfdz
dzdx =
(-3*x^2+5*y*z)/(3*z^2-5*x*y)
>> dzdy = -dfdy/dfdz
```

```
dzdy =
(-3*y^2+5*x*z)/(3*z^2-5*x*y)
```

(8)
```
>> syms x y;
>> z = x^2*exp(2*x) - 3*y^4 + 2*x^2*y^2;
>> diff((z,x,2)
ans =
2*exp(2*x) +8*x*exp(2*x) +4*x^2*exp(2*x) +4*y^2
>> diff(z,y,2)
ans =
-36*y^2 +4*x^2
>> diff(diff(z,x),y)
ans =
8*x*y
```

(9)
```
>> syms x y;
>> f = x - y + 1/2*sin(y);
>> dfdx = diff(f,'x');
>> dfdy = diff(f,'y');
>> dydx = - dfdx/dfdy
dydx =
-1/(-1+1/2*cos(y))
>> simplify(dydx)
ans =
-2/(-2+cos(y))
```

(10)
```
>> syms t a b;
>> fx = sym('a*cos(t)');
>> fy = sym('b*sin(t)');
>> xt = diff(fx,'t');
>> yt = diff(fy,'t');
>> dv = yt/xt
dv =
-b*cos(t)/a/sin(t)
```

3. (1)
```
>> syms x
>> int(1/(1+x^2))
ans =
atan(x)
```

(2)
```
>> syms x;
>> y = exp(x)*sin(x);
>> int(y)
ans =
-1/2*exp(x)*cos(x) +1/2*
exp(x)*sin(x)
```

(3)
```
>> syms x;
>> y = asin(x);
>> int(y,x)
ans =
x*asin(x) + (1 - x^2)^(1/2)
```

(4)
```
>> syms x a;
>> y = 1/(x^2 + a^2)^2;
>> int(y,x)
ans =
1/2*x/a^2/(x^2 + a^2) +
1/2/a^3*atan(x/a)
```

(5)
```
>> syms x;
>> int(1/x,1,2)
ans =
log(2)
```

(6)
```
>> clear
>> syms x;
>> int(abs(x - 1),0,2)
ans =
1
```

(7)
```
>> syms x t;
>> int(sin(x)/x,0,t)
ans =
sinint(t)
```

通过查帮助 help sinint 可知 sinint(x) = int(sin(t)/t,t,0,x). 结果相当于没求!因为这类积分无法用初等函数来表示. 但我们可以得到它的函数值,如输入

```
Sinint(3)
```

得结果

```
ans =
   1.8487
```

即虽然得不到该积分上限函数的表达式,但可以得到它在各个点处的函数值,实际上该值是这一点作为积分上限的积分的近似值.

4. 对第一个积分输入命令

```
>> syms x p;
>> int(1/x^p,1, + inf)
ans =
limit( - (x - exp(p * log(x)))/(p - 1)/exp(p * log(x)),x = inf)
```

相当于

```
ans = limit( - 1/(p - 1) * x^( - p + 1) + 1/(p - 1),x = inf).
```

由结果看出当 p < 1 时,x^(- p + 1) 为无穷大;当 p > 1 时,ans = 1/(p - 1);还可以进一步验证. 输入语句

```
p = 0.5;int(1/x^p,1, + inf)
```

得结果

```
ans = inf;
```

输入语句

```
p = 1.5;int(1/x^p,1, + inf)
```

得结果

```
ans = 2.
```

对第二个积分输入命令

```
syms x;int(1/sqrt(2 * pi) * exp( - x^2/2), - inf, + inf)
```

得结果

```
ans =
        7186705221432913/18014398509481984 * 2^(1/2) * pi^(1/2)
```

由输出结果看出这个积分收敛(因积分值已经求出).

对最后一个积分输入命令

```
>> syms x;
>> int(1/(x - 2)^2,0,2)
```

得结果

```
ans = inf
```

说明这个积分的结果是无穷大,所以该广义积分发散.

5. (1) ≫ syms z

```
≫ taylor(sin(z),0)
ans =
      z - 1/6 * z^3 + 1/120 * z^5
≫ taylor(exp(z),0)
ans = 1 + z + 1/2 * z^2 + 1/6 * z^3 + 1/24 * z^4 + 1/120 * z^5
```

(2) ≫ syms x;

```
≫ f = 1/(5 + 4 * cos(x));
≫ t = taylor(f,8)
t =
1/9 + 2/81 * x^2 + 5/1458 * x^4 + 49/131220 * x^6
```

(3) ≫ syms x;

```
≫ taylor(cos(x))
ans =
1 - 1/2 * x^2 + 1/24 * x^4
≫ taylor(cos(x),pi/3,7)
ans =
1/2 - 1/2 * 3^(1/2) * (x - 1/3 * pi) - 1/4 * (x - 1)/3 * pi)^2 + 1/12 * 3^(1/2) *
(x - 1/3 * pi)^3 + 1/48 * (x - 1/3 * pi)^4 - 1/240 * 3^(1/2) * (x - 1/3 * pi)^5 -
1/1440 * (x - 1/3 * pi)^6
```

(4) ≫ syms x n;

```
≫ taylor(1/(2 + x^2),8,x,1)
ans =
5/9 - 2/9 * x + 1/27 * (x - 1)^2 + 4/81 * (x - 1)^3 - 11/243 * (x - 1)^4 +
10/729 * (x - 1)^5 + 13/2187 * (x - 1)^6 - 56/6561 * (x - 1)^7
```

8.4 行列式、矩阵及线性方程组

8.4.1 实验目的

熟悉MATLAB软件中关于矩阵运算的各种命令,学会使用MATLAB软件进行矩阵的各种运算;掌握MATLAB求矩阵秩的命令及求方阵行列式的命令;理解逆矩阵概念,掌握MATLAB求方阵的逆矩阵的命令,会用MATLAB求解线性方程组.

8.4.2 预备知识

1.矩阵的建立

逗号或空格用于分隔某一行的元素,分号用于区分不同的行.除了分号,在输入矩阵时,按回车键也表示开始新的一行.输入矩阵时,严格要求所有行有相同的列.

例如:m = [1 2 3 4 ;5 6 7 8 ;9 10 11 12]

```
p = [1 1 1 1
     2 2 2 2
     3 3 3 3]
```

特殊矩阵的建立：

(1) 输入的整个矩阵分别以方括号“[”、“]”为其首尾；

(2) 矩阵的元素必须以逗号“,”或空格分隔；

(3) 矩阵的行与行之间必须用分号“;”或回车键隔离.

特殊矩阵的生成：

```
eye(n)              % 生成 nn 单位矩阵
ones(n)             % 生成 nn 全 1 矩阵
zeros(n)            % 生成 nn 零矩阵
ones(m,n)           % 生成 mn 全 1 矩阵
zeros(m,n)          % 生成 mn 零矩阵
ones(size(A))       % 生成与 A 同型的全 1 矩阵
zeros(size(A))      % 生成与 A 同型的零矩阵
```

例如：生成 2 × 8 全 1 矩阵，运行命令

```
>> A = ones(2,8)
A =
1 1 1 1 1 1 1 1
1 1 1 1 1 1 1 1
```

2. 矩阵中的元素操作

(1) 矩阵 ***A*** 的第 *r* 行：A(r,:).

(2) 矩阵 ***A*** 的第 *r* 列：A(:,r).

(3) 依次提取矩阵 ***A*** 的每一列，将 **A** 拉伸为一个列向量：**A(:)**.

(4) 取矩阵 ***A*** 的第 *i*1 ~ *i*2 行、第 *j*1 ~ *j*2 列构成新矩阵：A(i1:i2,j1:j2).

(5) 删除 ***A*** 的第 *i*1 ~ *i*2 行，构成新矩阵：A(i1:i2,:) = [ ].

(6) 删除 ***A*** 的第 *j*1 ~ *j*2 列，构成新矩阵：A(:,j1:j2) = [ ].

(7) 将矩阵 ***A*** 和 ***B*** 拼接成新矩阵：[A B]；[A;B].

3. 矩阵行列式

在 MATLAB 中，可用函数 det 求矩阵的行列式大小. 该函数语法格式为

```
d = det(x)          % 返回方形矩阵 x 的行列式
```

例如：

```
>> a = [1 0 0;0 1 0;0 0 1];
>> b = det(a)
b =
   1
```

4. 矩阵的运算

矩阵加法：A + B

矩阵乘法：A * B

应注意两点：(1) 左除和右除的区别：设 ***A*** 是可逆矩阵，A * X = B 的解是 ***A*** 左除 ***B***，即

X = A\B;X * A = B 的解是 **A** 右除 **B**,即 X = A/B;

(2) 幂、乘、除三种运算和线性代数中的定义一致,但“.^”、““. * ”、“./” 和“.\” 是指数组之前的运算,即对应元素进行相应的运算.例如:

```
≫ M = [1,0.5,2;2,3,3;4.5,1,6]
M =
     1.0000   0.5000   2.0000
     2.0000   3.0000   3.0000
     4.5000   1.0000   6.0000
≫ N = [2,2,3;3,1,4;1,1,2]
N =
     2     2     3
     3     1     4
     1     1     2
≫ V = [1,2;2,1;3,1]
V =
     1     2
     2     1
     3     1
≫ R1 = M + N
R1 =
     3.0000    2.5000    5.0000
     5.0000    4.0000    7.0000
     5.5000    2.0000    8.0000
≫ R2 = M - N
R2 =
      -1.0000   -1.5000   -1.0000
      -1.0000    2.0000   -1.0000
       3.5000         0    4.0000
≫ R3 = M * N
R3 =
     5.5000    4.5000    9.0000
     16.0000   10.0000   24.0000
     18.0000   16.0000   29.5000
≫ R4 = M. * N
R4 =
     2.0000    1.0000    6.0000
     6.0000    3.0000    12.0000
     4.5000    1.0000    12.0000
≫ R5 = M * V
R5 =
```

```
    8.0000     4.5000
   17.0000    10.0000
   24.5000    16.0000
>> R6 = M/N
R6 =
   -0.5000     0.2500     1.2500
    2.0000    -0.5000    -0.5000
   -0.5000     1.7500     0.2500
>> R7 = M./N
R7 =
    0.5000  0.2500  0.6667
    0.6667  3.0000  0.7500
    4.5000  1.0000  3.0000
>> R8 = M\N
R8 =
   -3.1034    -3.3793   -4.4138
    0.6897    -0.1379    0.7586
    2.3793     2.7241    3.5172
>> R9 = M.\N
R9 =
    2.0000    4.0000    1.5000
    1.5000    0.3333    1.3333
    0.2222    1.0000    0.3333
```

5. 矩阵的转置和秩

若 $\boldsymbol{A}$ 是一个矩阵，则 A′ 是 $\boldsymbol{A}$ 的转置，rank(A) 是 $\boldsymbol{A}$ 的秩，例如：

```
>> A = [1,2,3;4,5,6;7,8,9]
A =
    1    2    3
    4    5    6
    7    8    9
>> rank(A)
ans =
    2
```

6. 矩阵的初等变换

用 rref 函数进行矩阵的初等行变换，例如：

```
>> A = [ 1 2 1 8;1 2 3 10;2 3 1 13;1 2 2 9]
A =
    1    2    1    8
    1    2    3    10
    2    3    1    13
```

```
    1    2    2    9
>> B = rref(A)
B =
    1    0    0    3
    0    1    0    2
    0    0    1    1
    0    0    0    0
```

7. 求矩阵的逆矩阵

(1) inv(A) 是 **A** 的逆矩阵(若不可逆,则给出警告信息). 例如,输入命令:

```
>> A = [1 2 3;2 2 1;3 4 3]
A =
    1    2    3
    2    2    1
    3    4    3
>> B = inv(A)
B =
      1.0000      3.0000     -2.0000
     -1.5000     -3.0000      2.5000
      1.0000      1.0000     -1.0000
```

B 即为所求矩阵 **A** 的逆矩阵,也可输入语句 B * A,进一步验证该结果的正确性.

(2) 利用初等行变换也可以求逆矩阵,构造 n 行 $2n$ 列的矩阵(A E),并进行初等行变换,当把 **A** 变为单位矩阵时,**E** 就变成了 **A** 的逆矩阵. 利用 MATLAB 命令 rref 可以求出矩阵的行简化阶梯形. 例如,输入命令 C = [A,eye(3)],将两个矩阵合并成一个矩阵,结果为

```
C =
    1    2    3    1    0    0
    2    2    1    0    1    0
    3    4    3    0    0    1
```

再将 **C** 化为行简化阶梯,输入

```
>> D = rref(C)
D =
    1.0000         0         0    1.0000    3.0000   -2.0000
         0    1.0000         0   -1.5000   -3.0000    2.5000
         0         0    1.0000    1.0000    1.0000   -1.0000
```

则 **D** 的后三列即为 **A** 的逆矩阵,运行

```
>> F = D(:,[4 5 6])
F =
     1.0000     3,0000    -2.0000
    -1.5000    -3.0000     2.5000
     1.0000     1.0000    -1.0000
```

8. 解线性方程组

1）求线性方程组的唯一解或特解

若 $\boldsymbol{AX}=\boldsymbol{b}$ 是线性方程组的矩阵形式，可以直接用矩阵或初等变换法求线性方程组的唯一解或特解.

【例 8－3】 求方程组 $\begin{cases} 5x_1+6x_2 = 1, \\ x_1+5x_2+6x_3 = 0, \\ x_2+5x_3+6x_4 = 0, \\ x_3+5x_4+6x_5 = 0, \\ x_4+5x_5 = 1 \end{cases}$ 的解.

解

```
>> A = [5 6 0 0 0
        1 5 6 0 0
        0 1 5 6 0
        0 0 1 5 6
        0 0 0 1 5];
>> B = [1 0 0 0 1]';
>> r = rank(A)
r =
    5
>> X = A\B
X =
      2.2662
    - 1.7218
      1.0571
    - 0.5940
      0.3188
```

这就是方程组的解.

用函数 rref 求解：

```
>> C = [A,B]
C =
    5    6    0    0    0    1
    1    5    6    0    0    0
    0    1    5    6    0    0
    0    0    1    5    6    0
    0    0    0    1    5    1
>> D = rref(C)
D =
    1.0000         0         0         0         0     2.2662
         0    1.0000         0         0         0   - 1.7218
         0         0    1.0000         0         0     1.0571
         0         0         0    1.0000         0   - 0.5940
         0         0         0         0    1.0000     0.3188
```

则 D 的最后一列元素就是所求之解.

2）求线性齐次方程组的通解

在 MATLAB 中,用函数 null 来求出解空间的一组基(基础解系). 基本格式为

```
z = null(A,'r')   %z 的列向量是方程 AX = 0 的有理基
```

【例 8-4】 求解方程组的通解$\begin{cases} x_1+2x_2+2x_3+x_4=0, \\ 2x_1+x_2-2x_3-2x_4=0, \\ x_1-x_2-4x_3-3x_4=0. \end{cases}$

解 输入命令

```
>> A = [1 2 2 1;2 1 -2 -2;1 -1 -4 -3];
>> format rat;            % 指定有理格式输出
>> B = null(A,'r')        % 求解空间的有理基
B =
      2     5/3
     -2    -4/3
      1       0
      0       1
```

或通过行最简形得到基:

```
>> C = rref(A)
C =
    1.0000         0    -2.0000    -1.6667
         0    1.0000     2.0000     1.3333
         0         0          0          0
```

即可写出其基础解系(与上面结果一致).

写出通解:

```
>> syms k1 k2
>> X = k1*B(:,1) + k2*B(:,2)      % 写出方程组的通解
```

运行后结果如下:

```
X =
  2*k1 + 5/3*k2
  -2*k1 - 4/3*k2
            k1
            k2
```

3）求非齐次线性方程组的通解

非齐次线性方程组需要先判断方程组是否有解,若有解,再去求通解. 因此,其求解步骤如下:

第一步 判断 $\boldsymbol{AX}=\boldsymbol{b}$ 是否有解,若有解则进行第二步;

第二步 求 $\boldsymbol{AX}=\boldsymbol{b}$ 的一个特解;

第三步 求 $\boldsymbol{AX}=0$ 的通解;

第四步 $\boldsymbol{AX}=\boldsymbol{b}$ 的通解为:($\boldsymbol{AX}=0$ 的通解) + ($\boldsymbol{AX}=\boldsymbol{b}$ 的一个特解).

【例 8-5】 求解方程组的通解 $\begin{cases} x_1 + x_2 - 3x_3 - x_4 = 1, \\ 3x_1 - x_2 - 3x_3 + 4x_4 = 4, \\ x_1 + 5x_2 - 9x_3 - 8x_4 = 0. \end{cases}$

解法 1 在 MATLAB 编辑器中建立 M 文件如下：

```
A = [1 1 -3 -1;3 -1 -3 4;1 5 -9 -8];
b = [1 4 0]';
B = [A b];
n = 4;
R_A = rank(A)
R_B = rank(B)
format rat
if R_A == R_B&R_A == n
    x = A\b
elseif R_A == R_B&R_A < n
        x = A\b
        c = null(A,'r')
    else x = 'Equation has no solves'
    end
```

运行后结果显示为

```
>>
R_A =
        2
R_B =
        2
Warning:Rank deficient, rank = 2 tol = 8.8373e-015.
> In C:\MATLAB6p5\work\Untitled.m at line 11
x =
       0
       0
     -8/15
      3/5
c =
     3/2    -3/4
     3/2     7/4
      1       0
      0       1
```

所以原方程的通解为 $\boldsymbol{x} = k_1\begin{bmatrix} 3/2 \\ 3/2 \\ 1 \\ 0 \end{bmatrix} + k_2\begin{bmatrix} -3/4 \\ 7/4 \\ 0 \\ 1 \end{bmatrix} + \begin{bmatrix} 0 \\ 0 \\ -8/15 \\ 3/5 \end{bmatrix}.$

解法 2 用 rref 求解

```
≫A = [1 1 -3 -1;3 -1 -3 4;1 5 -9 -8];
≫b = [1 4 0]';
≫B = [A b];
≫C = rref(B)
```

运行后结果显示为

```
C =
    1 0   -3/2   3/4    5/4
    0 1   -3/2  -7/4   -1/4
    0 0    0     0      0
```

对应齐次方程组的基础解系为 $\boldsymbol{\xi}_1 = \begin{bmatrix} 3/2 \\ 3/2 \\ 1 \\ 0 \end{bmatrix}, \boldsymbol{\xi}_2 = \begin{bmatrix} -3/4 \\ 7/4 \\ 0 \\ 1 \end{bmatrix}$. 非齐次方程组的特解为 $\boldsymbol{\eta}^* = \begin{bmatrix} 5/4 \\ -1/4 \\ 0 \\ 0 \end{bmatrix}$,所以原方程组的通解为 $x = k_1\boldsymbol{\xi}_1 + k_2\boldsymbol{\xi}_2 + \boldsymbol{\eta}^*$.

8.4.3 实验内容与要求

使用 MATLAB 软件实现下列的算法.

1. 已知 $\boldsymbol{A} = \begin{bmatrix} -3 & 2 & -1 & -3 & -2 \\ -2 & -1 & 3 & 1 & 3 \\ 7 & 0 & -5 & 10 & 9 \end{bmatrix}$,求 A 的秩.

2. 已知矩阵 $\boldsymbol{A} = \begin{bmatrix} 1 & 2 & 3 \\ 15 & 20 & 25 \\ 30 & 40 & 45 \end{bmatrix}$,求(1)$R_1 = |\boldsymbol{A}|$;(2)$R_2 = \boldsymbol{A}^{-1}$;(3)$R_3 = R(\boldsymbol{A})$.

3. 求矩阵 $\boldsymbol{A} = \begin{bmatrix} 1 & 2 & 3 \\ 2 & 2 & 1 \\ 3 & 4 & 3 \end{bmatrix}$的转置矩阵、秩及逆矩阵.

4. 求解方程组$\begin{cases} x_1 - 2x_2 + 3x_3 - x_4 = 1, \\ 3x_1 - x_2 + 5x_3 - 3x_4 = 2, \\ 2x_1 + x_2 + 2x_3 - 2x_4 = 3. \end{cases}$

5. 试用 MATLAB 求解习题 6 - 5 的第三题.

8.4.4 操作提示

1.
```
≫A = [-3 2 -1 -3 -2; -2 -1 3 1 3;7 0 -5 10 9]
 A =
```

```
    -3     2    -1    -3    -2
    -2    -1     3     1     3
     7     0    -5    10     9
≫ rank(A)
ans =
     3
```

2.
```
≫ A = [1 2 3;15 20 25;30 40 45]
≫ R1 = det(A)
R1 =
     50
≫ R2 = inv(A)
R2 =
    -2.0000    0.6000   -0.2000
     1.5000   -0.9000    0.4000
          0    0.4000   -0.2000
≫ R3 = rank(A)
R3 =

```

3.
```
≫ A = [1,2,3;2,2,1;3,4,3];
≫ A'
ans =
     1     2     3
     2     2     4
     3     1     3
≫ rank(A)
ans =
     3
≫ C = inv(A)
C =
     1.0000     3.0000    -2.0000
    -1.5000    -3.0000     2.5000
     1.0000     1.0000    -1.0000
```

4.
```
A = [1 -2 3 -1;3 -1 5 -3;2 1 2 -2];
b = [1 2 3]';
B = [A b];
n = 4;
R_A = rank(A)
R_B = rank(B)
format rat
if R_A == R_B&R_A == n
```

```
        x = A\b
    elseif R_A = = R_B&R_A < n
            x = A\b
            c = null(A,'r')
        else x = 'Equation has no solves'
        end
```

运行后结果显示为

```
≫
R_A =
    2
R_B =
    3
x =
Equation has no soloves
```

说明该方程组无解.

5. 略.

8.5 插值法与曲线拟合、最小二乘法

8.5.1 实验目的

会在 MATLAB 平台上进行拉格朗日插值,通过实验体验插值方法的基本原理和特点.

会在 MATLAB 平台上进行最小二乘拟合,通过实验熟悉曲线拟合的线性最小二乘法及利用计算机进行曲线拟合的方法,加深理解多元函数极值的有关内容.

8.5.2 预备知识

1. MATLAB 中有关多项式的基本命令

(1) n 次多项式 $P(x) = a_nx^n + a_{n-1}x^{n-1} + \cdots + a_1x + a_0$,在 MATLAB 中,用长度为 $n+1$ 的行向量表示:$P = [a_n, a_{n-1},, \cdots, a_1, a_0]$.

(2) 多项式的加减法,可直接由向量的加减而推出.

(3) 多项式 $P_1(x)$ 与 $P_2(x)$ 的乘积为 conv(P$_1$,P$_2$).

(4) 多项式 $P_1(x)$ 除以 $P_2(x)$,要求商式 $Q(x)$ 和 $R(x)$,可用命令[q,r] = deconv(P$_1$,P$_2$).

2. 拉格朗日插值法

1) 线性插值

在 MATLAB 中,有一个函数 interp1 可以对函数表进行线性插值,确定横坐标为 x_i 的指定点的函数. 函数(命令)interp1 在每一段数据区间上进行线性插值,它的调用格式为

yi = interp1(x,y,xi)

其中,x 表示数据横坐标值的数组(x 必须为单调),y 表示数据纵坐标值的数组. 两个数组的长度必须一致. x_i 是一个标量或表示 x 值的数组,其对应的 y 值通过线性插值算出.

【例 8 - 6】 假定给出如表 8 - 4 形式的函数关系 $y = y(x)$，其中，$y(x)$ 是关于 x 的单调增函数. 用 MATLAB 分别计算出使 $y = 0.9, 0.7, 0.6$ 和 0.5 的 x 值.

表 8 - 4

x	0	0.25	0.50	0.75	1.00
y	0.9162	0.8109	0.6931	0.5596	0.4055

解 这是一个反插值问题，就是说将 x 看做 y 的函数，即 $x = f(y)$. 解此问题的 MATLAB 程序如下：

```
>> x = [0.00,0.25,0.50,0.75,1.00];
>> y = [0.9162,0.8109,0.6931,0.5596,0.4055];
>> yi = [0.9,0.7,0.6,0.5]';
>> xi = interp1(y,x,yi);
>> [yi,xi]      % 给出结果，第一列是 y 值，第二列是 x 值
ans =
    0.9000    0.0385
    0.7000    0.4854
    0.6000    0.6743
    0.5000    0.8467
```

2）拉格朗日插值

拉格朗日插值在生产实践与科学试验中应用得非常多，然而 MATLAB 没有专门针对拉格朗日插值的插值函数. 为此，编写拉格朗日插值的 M 文件.

编写拉格朗日插值的 M 文件 Lagran. m，其程序如下：

```
function y = Lagran(x0,y0,x)
n = length(x0);m = length(x);% 输入的插值点与它的函数值应有相同的个数
for i = 1:m
  z = x(i);
  s = 0.0;
  for k = 1:n
    p = 1.0;
    for j = 1:n
      if j~ = k
        p = p*(z - x0(j))/(x0(k) = x0(j));
        end
      end
      s = p*y0(k) + s;
  end
  y(i) = s;
  end
```

【例 8 - 7】 编好 M 文件后，就可以用拉格朗日插值函数进行插值计算了. 已知采样点值如表 8 - 5 所示. 计算在 2.101 和 4.234 两处的插值函数值.

表 8 - 5

x	1.1	2.3	3.9	5.1
y	3.887	4.276	4.651	2.117

解 MATLAB 程序如下：

```
≫ x0 = [1.1 2.3 3.9 5.1];
≫ y0 = [3.887 4.276 4.651 2.117];
≫ xi = [2.101 4.234];
≫ yi = Lagran(x0,y0,xi)
yi =
    4.1457 4.3007
```

3. 曲线拟合

进行多项式拟合主要使用两个函数：polyfit 和 polyval.

用 polyfit 函数计算拟合数据集的多项式在最小二乘意义上的系数，调用形式为 p = polyfit(x,y,n)，x 和 y 是包含要拟合的 x 和 y 数据的矢量，n 是多项式的次数.

polyval 函数主要用来计算多项式的数值，调用形式为

y = polyval(p,x)

其中，p 为多项式的系数，而 x 是变量的数值，得到的结果就是函数的数值向量.

【例 8 - 8】 对于下面的数据：

x = [1 2 3 4 5], y = [5.5 43.1 128 290.7 498.4].

要求进行三次多项式拟合.

解 p = polyfit(x,y,3)

```
p =
    -0.1917   31.5821   -60.3262   35.3400
```

下面在一个更好的范围内计算 polyfit 函数的估计值，并通过绘图进行比较.

```
≫ x2 = 1:0.1:5;
≫ y2 = polyval(p,x2);% 求 polyfit 所得的多项式在 x2 处的预测值 y2
≫ plot(x,y,'o',x2,y2)
≫ grid on
```

其生成的图形如图 8 - 13 所示.

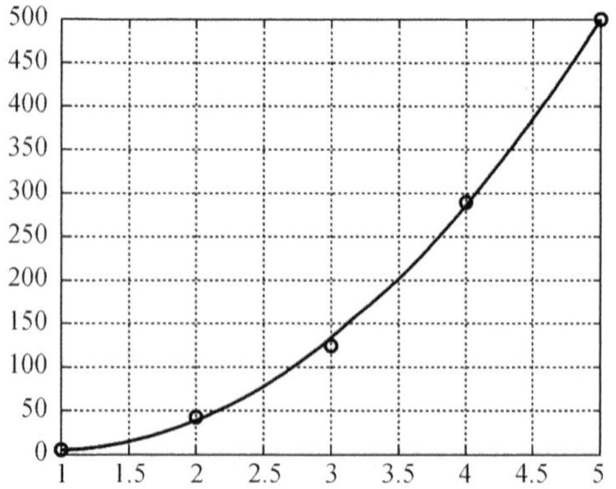

图 8 - 13

8.5.3　实验内容与要求

1. 设有多项式 $P_1(x) = x^3 + x + 1, P_2(x) = x^2 - x + 2$.

(1) 求 $P_1(x) + P_2(x), P_1(x) - P_2(x), P_1(x) \cdot P_2(x)$;

(2) $P_1(x)$ 除以 $P_2(x)$,求商和余式;

(3) 求 $P_1(-5), P_2(4)$.

2. 已知 $\sqrt{1} = 1, \sqrt{4} = 2, \sqrt{9} = 3$,用拉格朗日插值公式求 $\sqrt{5}$ 的近似值.

3. 已知函数 $y = \ln x$ 的函数如表 8 - 6 所示.

表 8 - 6

x	10	11	12	13	14
$\ln x$	2.3026	2.3979	2.4849	2.5649	2.6391

试用拉格朗日插值法求 ln 11.75 的近似值.

4. 已知数据如表 8 - 7 所示.

表 8 - 7

x_1	0.56160	0.56280	0.56401	0.56521
y_1	0.82741	0.82659	0.82577	0.81495

试用拉格朗日插值多项式求 $x = 0.5626, 0.5635, 0.5645$ 时的函数近似值并画出图形.

5. 在 12 h 内,每隔 1 h 测量一次温度,温度依次为 5,8,9,15,25,29,31,30,22, 25,27, 24. 试估计在 3.2 h,6.5 h,7.1 h,11.7 h 时的温度值.

6. 在区间 $[-5,5]$ 上取节点数 $n = 11$,等距间隔 $h = 1$ 的结点为插值点,对于函数 $f(x) = \dfrac{5}{1 + x^2}$ 进行拉格朗日插值,把 $f(x)$ 和插值多项式的曲线画在同一张图上.

7. 先在直角坐标系下作出下列数据表示的点,再用一个适当的多项式拟合所给数据.

$$x = [1,2,3,4,5];$$

$$y = [2.9,5.2,7.0,8.9,10.8]$$

8. 用二次多项式拟合下列数据,并画出数据点和拟合曲线图形.

$$x = [0.25,0.30,0.39,0.45,0.53,0.74,0.82];$$

$$y = [0.5000,0.5477,0.6245,0.6708,0.7280,0.7764,0.8812].$$

9. 对下列一组数据进行最小二乘二次、三次和四次多项式拟合. 要求在同一坐标系内把二次和三次最小二乘拟合多项式进行比较,试绘制四次拟合多项式的图形.

$x = [0.1:0.1:0.9]$;

$y = [5.1234,5.3067,5.5687,5.9375,6.4370,7.0978,7.9778,9.0253,10.3627]$;

8.5.4　操作提示

1. (1)
```
>> P1 = [1,0,1,1];
>> P2 = [0,1, -1,2];
>> P1 + P2
ans =
     1     1     0     3
```

```
        >> P1 - P2
        ans =
            1     -1     2     -1
        >> P3 = conv(P1,P2)
        P3 =
            0     1     -1     3     0     1     2
(2) >> P2 = [1, -1,2];
    >> [q,r] = deconv(P1,P2)
    q =
        1     1
    r =
        0     0     0     -1
(3) >> polyval(P1, -5)
    ans =
        -129
    >> polyval(P2,4)
    ans =
        14
```

```
2. >> x0 = [1 4 9];y0 = [1 2 3];
   >> Lagran(x0,y0,5)
   ans =
       2.2667
```

3. 线性插值法

```
>> x = [11 12];
>> y = [2.3979 2.4849];
>> xh = [11.75];
>> yh = Lagran(x,y,xh)
yh =
    2.4632
```

抛物线插值法

```
>> x = [11 12 13];
>> y = [2.3979 2.4849 2.5649];
>> xh = [11.75];
>> yh = Lagran(x,y,xh)
yh =
    2.4638
```

```
4. >> x0 = [0.5610 0.56280 0.56401 0.56521];
   >> y0 = [0.82741 0.82659 0.82577 0.82495];
   >> xi = [0.5625 0.5635 0.5645];
   >> yi = Lagran(x0,y0,xi)
```

```
yi =
     0.8268      0.8261      0.8254
>> plot(x0,y0,'o',xi,yi,'g^')
```

其曲线图如图 8 - 14 所示.

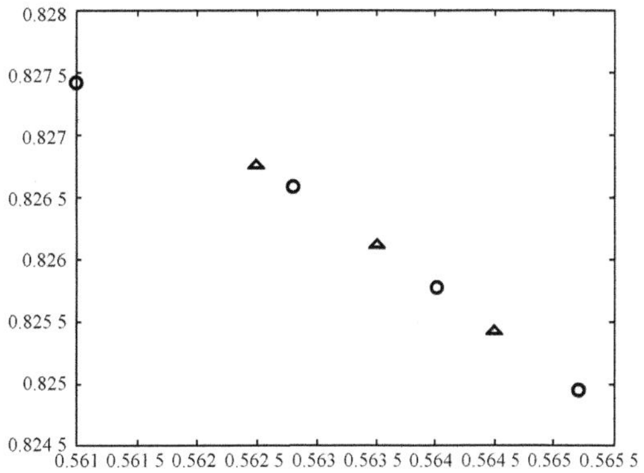

图 8 - 14

```
5.>> hours = 1:12;
  >> temps = [5 8 9 15 25 29 31 30 22 25 27 24];
  >> t = interp1(hours,temps,[3.2 6.5 7.1 11.7])
  t =
     10.2000     30.0000     30.9000     24.9000
6.>> t = -5:0.1:5;
  >> ft = (1 + t.*t).\5;
  >> t1 = -5:1:5;
  >> ft1 = (1 + t1.*t1).\5;
  >> y1 = Lagran(t1,ft1,t);
  >> plot(t,ft,'b':,t,y1,'g + ');
  >> xlabel('x');ylabel('y');
```

函数 f(x) 及插值多项式的曲线图如图 8 - 15 所示.

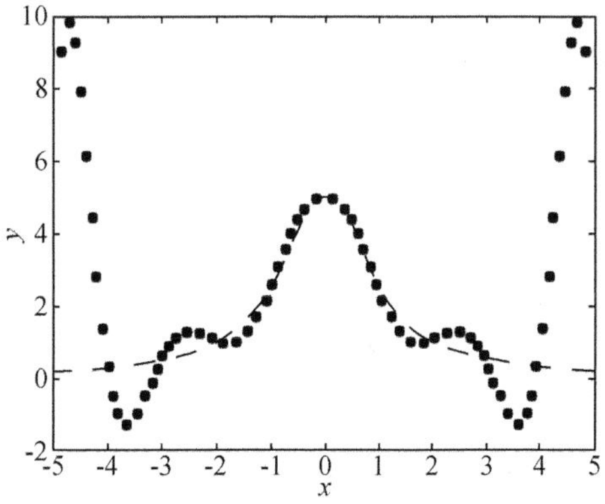

图 8 - 15

7. ≫ x = [1,2,3,4,5];

≫ y = [2.9,5.2,7.0,8.9,10.8];

≫ plot(x,y,'o')

≫ polyfit(x,y,1)% 从图形看出,节点近似地分布于一条直线,故采用线性拟合

ans =

1.9500 1.1100

8. ≫ x = [0.25 0.30 0.39 0.45 0.53 0.74 0.82];

≫ y = [0.5000 0.5477 0.6245 0.6708 0.7280 0.7764 0.8812];

≫ a = polyfit(x,y,2)

a =

-0.4829 1.1221 0.2562

≫ x1 = [0.25:0.01:0.82];

≫ y1 = a(3) + a(2) * x1 + a(1) * x1.^2;

≫ plot(x,y,'*')

≫ hold on

≫ plot(x1,y1,'—r')

数据点及拟合曲线图形如图 8 - 16 所示.

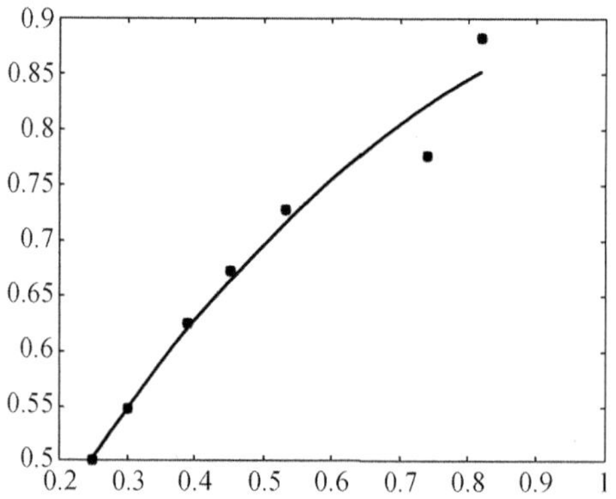

图 8 - 16

9. ≫ x = [0.1:0.1:0.9];

≫ y = [5.1234 5.3067 5.5687 5.9375 6.4370 7.0978 7.9778 9.0253 10.3627];

≫ a1 = polyfit(x,y,2)

a1 =

8.1410 -1.7924 5.3001

≫ a2 = polyfit(x,y,3)

a2 =

4.6793 1.1220 1.1649 4.9913

≫ a3 = polyfit(x,y,4)

a3 =

```
        0.0163      4.6467      1.1438      1.1594      4.9917
>> x1 = [0.1:0.001:0.9];
>> y2 = a1(3) + a1(2) * x1 + a1(1) * x1.^2;
>> y3 = a2(4) + a2(3) * x1 + a2(2) * x1.^2 + a2(1) * x1.^3;
>> plot(x,y,'*')
>> hold on
>> plot(x1,y2,'—r')
>> hold on
>> plot(x1,y3,'-b')
```

最后,再来绘制四次拟合多项式的图形(见图 8 - 17).

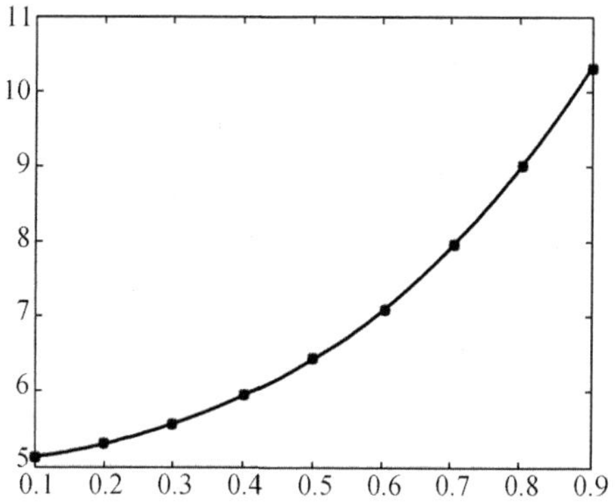

图 8 - 17

```
>> y4 = a3(5) + a3(4) * x1 + a3(3) * x1.^2 + a3(2) * x1.^3 + a3(1) * x1.^4;
>> plot(x,y,'*')
>> hold on
>> plot(x1,y4,'-r')
```

复 习 题 8

1. 作出微积分中几个常用一元函数的图形,观察这些函数在点 $x=0$ 附近的特性,并给予解释.

(1) $y=\dfrac{\sin x}{x}$;　(2) $y=x\sin\dfrac{1}{x}$;　(3) $y=e^{-\frac{x^2}{2}}$;　(4) $y=e^{-\frac{1}{x}}$.

2. (1) 试绘制出显函数方程 $y=\sin\tan x-\tan\sin x$ 在 $x\in[-\pi,\pi]$ 内的曲线;

(2) 试绘制出隐函数 $x^2\sin(x+y^2)+y^2e^{x+y}+5\cos(x^2+y)=0$ 的曲线.

3. (1) 画出星形线 $\begin{cases}x=3\cos^3 t,\\ y=3\sin^3 t\end{cases}$ 的图形;

(2) 绘制环面螺线 $\begin{cases}x=(4+\sin 20t)\cos t,\\ y=(4+\sin 20t)\sin t,\\ z=\cos 20t,\end{cases}$ 并观察图形的特征;

(3) 绘制球面$\begin{cases} x = \cos u\sin v, \\ y = \sin u\sin v, \\ z = \cos v, \end{cases}$ $0 \leqslant u \leqslant 2, 0 \leqslant v \leqslant$ 的图形.

4. 某制造公司在生产了一批超声速运输机之后停产了,但该公司承诺将为客户终身供应一种始于该机型的特殊润滑油. 一年后该批飞机的用油率(单位:L/ 年) 由下式给出

$$r(t) = \frac{300}{t^{\frac{3}{2}}},$$

其中 $t(t \geqslant 1)$ 表示飞机服役的年数,该公司要一次性生产该批飞机一年以后所需的润滑油并在需要时分发出去. 请问需要生产此润滑油多少升?

5. 已知函数$f(x) = \dfrac{\sin x}{(x^2 + 4x + 3)}$,求出它的泰勒幂级数展开的前 9 项,并分别求函数在点 $x = 2$ 和 $x = a$ 处的泰勒幂级数展开式.

6. 试对正弦函数 $y = \sin x$ 进行泰勒幂级数展开,观察不同阶次下的近似效果.

7. 三个农户 A、B、C 在自家菜园内种植了三种农作物,A 种番茄,B 种玉米,C 种茄子,收获时他们同意按照下面的比例分享各家的收获:A 得番茄的 1/2,玉米的 1/3,茄子的 1/4;B 得番茄的 1/3,玉米的 1/3,茄子的 1/4;C 得番茄的 1/6,玉米的 1/3,茄子的 1/2. 如果满足闭合经济的平衡条件,即产出 - 消费平衡,同时收获物的最低价格为 1 000 元. 那么,每户确定各自收获物的价格是多少?

8. 某市有三个重要企业,煤矿、发电厂和一条地方铁路. 煤矿为开采 1 元钱的煤,必须向发电厂支付0. 25元的电费. 向地方铁路支付0. 25元的运输费;而发电厂生产1元钱的电力,必须向煤矿购买0. 65元的煤作燃料,并消耗0. 05元的电力和0. 05元的运输费;地方铁路为提供 1 元钱的运力,需支付 0. 55 元的煤燃料费和 0. 10 元的电费.

某个星期内,煤矿从外面接到50 000元的订货,发电厂从外面接到25 000元的订货,外界对地方铁路没有要求. 问这三个企业在该星期内应如何制订生产计划,才能精确地满足其自身的要求和外界的要求.

9. 用切削机床进行金属品加工时,为了适当地调整机床,需要测定刀具的磨损速度. 在一定的时间测量刀具的厚度,得数据如表 8 - 8 所示.

表 8 - 8

切削时间 t/h	0	1	2	3	4	5	6	7	8
刀具厚度 y/cm	30. 0	29. 1	28. 4	28. 1	28. 0	27. 7	27. 5	27. 2	27. 0
切削时间 t/h	9	10	11	12	13	14	15	16	
刀具厚度 y/cm	26. 8	26. 5	26. 3	26. 1	25. 7	25. 3	24. 8	24. 0	

求刀具厚度 y 关于切削时间 t 的拟合曲线.

10. 对$f(x) = \dfrac{1}{1 + 9x^2}$在$[-1,1]$上,分别用 $n = 8, n = 10$ 的等距分点进行多项式插值,并绘制 $f(x)$ 及插值多项式的图形.

附　　录

附录 A　积 分 表

一、含有 $ax+b$ 的积分

1. $\int \frac{dx}{ax+b} = \frac{1}{a}\ln|ax+b| + C.$

2. $\int (ax+b)^{\mu} dx = \frac{1}{a(\mu+1)}(ax+b)^{\mu+1} + C\ (\mu \neq -1).$

3. $\int \frac{x}{ax+b}dx = \frac{1}{a^2}(ax+b-b\ln|ax+b|) + C.$

4. $\int \frac{x^2}{ax+b}dx = \frac{1}{a^2}\left[\frac{1}{2}(ax+b)^2 - 2b(ax+b) + b^2\ln|ax+b|\right] + C.$

5. $\int \frac{dx}{x(ax+b)} = -\frac{1}{b}\ln\left|\frac{ax+b}{x}\right| + C.$

6. $\int \frac{dx}{x^2(ax+b)} = -\frac{1}{bx} + \frac{a}{b^2}\ln\left|\frac{ax+b}{x}\right| + C.$

7. $\int \frac{x dx}{(ax+b)^2} = \frac{1}{a^2}\left(\ln|ax+b| + \frac{b}{ax+b}\right) + C.$

8. $\int \frac{x^2 dx}{(ax+b)^2} = \frac{1}{a^3}\left(ax+b-2b\ln|ax+b| - \frac{b^2}{ax+b}\right) + C.$

9. $\int \frac{dx}{x(ax+b)^2} = \frac{1}{b(ax+b)} - \frac{1}{b^2}\ln\left|\frac{ax+b}{x}\right| + C.$

二、含有 $\sqrt{ax+b}$ 的积分

10. $\int \sqrt{ax+b}\,dx = \frac{2}{3a}\sqrt{(ax+b)^3} + C.$

11. $\int x\sqrt{ax+b}\,dx = \frac{2}{15a^2}(3ax-2b)\sqrt{(ax+b)^3} + C.$

12. $\int x^2\sqrt{ax+b}\,dx = \frac{2}{105a^3}(15a^2x^2 - 12abx + 8b^2)\sqrt{(ax+b)^3} + C.$

13. $\int \frac{x}{\sqrt{ax+b}}dx = \frac{2}{3a^2}(3a^2x^2 - 4abx + 8b^2)\sqrt{ax+b} + C.$

14. $\int \frac{x^2}{\sqrt{ax+b}}dx = \frac{2}{15a^3}(3a^2x^2-4abx+8b^2)\sqrt{ax+b}+C.$

15. $\int \frac{dx}{x\sqrt{ax+b}} = \begin{cases} \frac{1}{\sqrt{b}}\ln\left|\frac{\sqrt{ax+b}-\sqrt{b}}{\sqrt{ax+b}+\sqrt{b}}\right|+C & (b>0), \\ \frac{2}{\sqrt{-b}}\arctan\sqrt{\frac{ax+b}{-b}}+C & (b<0). \end{cases}$

16. $\int \frac{dx}{x^2\sqrt{ax+b}} = -\frac{\sqrt{ax+b}}{bx}-\frac{a}{2b}\int\frac{dx}{x\sqrt{ax+b}}.$

17. $\int \frac{\sqrt{ax+b}}{x}dx = 2\sqrt{ax+b}+b\int\frac{dx}{x\sqrt{ax+b}}.$

三、含有 $x^2 \pm a^2$ 的积分

18. $\int \frac{dx}{x^2+a^2} = \frac{1}{a}\arctan\frac{x}{a}+C.$

19. $\int \frac{dx}{(x^2+a^2)^n} = \frac{x}{2(n-1)a^2(x^2+a^2)^{n-1}}+\frac{2n-3}{2(n-1)a^2}\int\frac{dx}{(x^2+a^2)^{n-1}}.$

20. $\int \frac{dx}{x^2-a^2} = \frac{1}{2a}\ln\left|\frac{x-a}{x+a}\right|+C.$

四、含有 $ax^2+b(a>0)$ 的积分

21. $\int \frac{dx}{ax^2+b} = \begin{cases} \frac{1}{\sqrt{ab}}\arctan\sqrt{\frac{a}{b}}x+C, & b>0, \\ \frac{1}{2\sqrt{-ab}}\ln\left|\frac{\sqrt{a}x-\sqrt{-b}}{\sqrt{a}x+\sqrt{-b}}\right|+C, & b<0. \end{cases}$

22. $\int \frac{x}{ax^2+b}dx = \frac{1}{2a}\ln|ax^2+b|+C.$

23. $\int \frac{x^2}{ax^2+b}dx = \frac{x}{a}-\frac{b}{a}\int\frac{dx}{ax^2+b}.$

24. $\int \frac{dx}{x(ax^2+b)} = \frac{1}{2b}\ln\frac{x^2}{|ax^2+b|}+C.$

25. $\int \frac{dx}{x^2(ax^2+b)} = -\frac{1}{bx}-\frac{a}{b}\int\frac{dx}{ax^2+b}.$

26. $\int \frac{dx}{(ax^2+b)^2} = \frac{x}{2b(ax^2+b)}+\frac{1}{2b}\int\frac{dx}{ax^2+b}.$

五、含有 $ax^2+bx+c(a>0)$ 的积分

27. $\int \frac{dx}{ax^2+bx+c} = \begin{cases} \frac{2}{\sqrt{4ac-b^2}}\arctan\frac{2ax+b}{\sqrt{4ac-b^2}}+C, & (b^2<4ac), \\ \frac{1}{\sqrt{b^2-4ac}}\ln\left|\frac{2ax+b-\sqrt{b^2-4ac}}{2ax+b+\sqrt{b^2-4ac}}\right|+C, & (b^2>4ac). \end{cases}$

28. $\int \frac{x}{ax^2+bx+c}dx = \frac{1}{2a}\ln|ax^2+bx+c| - \frac{b}{2a}\int \frac{dx}{ax^2+bx+c}.$

六、含有$\sqrt{x^2+a^2}\,(a>0)$的积分

29. $\int \frac{dx}{\sqrt{x^2+a^2}} = \ln(x+\sqrt{x^2+a^2})+C.$

30. $\int \frac{dx}{\sqrt{(x^2+a^2)^3}} = \frac{x}{a^2\sqrt{x^2+a^2}}+C.$

31. $\int \frac{x}{\sqrt{x^2+a^2}}dx = \sqrt{x^2+a^2}+C.$

32. $\int \frac{x^2}{\sqrt{x^2+a^2}}dx = \frac{x}{2}\sqrt{x^2+a^2} - \frac{a^2}{2}\ln(x+\sqrt{x^2+a^2})+C.$

33. $\int \frac{x^2}{\sqrt{(x^2+a^2)^3}}dx = -\frac{x}{\sqrt{x^2+a^2}} + \ln(x+\sqrt{x^2+a^2})+C.$

34. $\int \frac{dx}{x\sqrt{x^2+a^2}} = \frac{1}{a}\ln\frac{\sqrt{x^2+a^2}-a}{|x|}+C.$

35. $\int \frac{dx}{x^2\sqrt{x^2+a^2}} = -\frac{\sqrt{x^2+a^2}}{a^2x}+C.$

36. $\int \sqrt{x^2+a^2}dx = \frac{x}{2}\sqrt{x^2+a^2} + \frac{a^2}{2}\ln(x+\sqrt{x^2+a^2})+C.$

37. $\int \sqrt{(x^2+a^2)^3}dx = \frac{x}{8}(2x^2+5a^2)\sqrt{x^2+a^2} + \frac{3}{8}a^4\ln(x+\sqrt{x^2+a^2})+C.$

38. $\int x\sqrt{x^2+a^2}dx = \frac{1}{3}\sqrt{(x^2+a^2)^3}+C.$

39. $\int x^2\sqrt{x^2+a^2}dx = \frac{x}{8}(2x^2+a^2)\sqrt{x^2+a^2} - \frac{a^4}{8}\ln(x+\sqrt{x^2+a^2})+C.$

40. $\int \frac{\sqrt{x^2+a^2}}{x}dx = \sqrt{x^2+a^2} - a\ln\frac{\sqrt{x^2+a^2}-a}{|x|}+C.$

41. $\int \frac{\sqrt{x^2+a^2}}{x^2}dx = -\frac{\sqrt{x^2+a^2}}{x} + \ln(x+\sqrt{x^2+a^2})+C.$

七、含有$\sqrt{x^2-a^2}\,(a>0)$的积分

42. $\int \frac{dx}{\sqrt{x^2-a^2}} = \ln|x+\sqrt{x^2-a^2}|+C.$

43. $\int \frac{dx}{\sqrt{(x^2-a^2)^3}} = -\frac{x}{a^2\sqrt{x^2-a^2}}+C.$

44. $\int \frac{x}{\sqrt{x^2-a^2}}dx = \sqrt{x^2-a^2}+C.$

45. $\int \frac{x^2}{\sqrt{x^2-a^2}}dx = \frac{x}{2}\sqrt{x^2-a^2} + \frac{a^2}{2}\ln|x+\sqrt{x^2-a^2}|+C.$

46. $\int \frac{x^2}{\sqrt{(x^2-a^2)^3}}dx = -\frac{x}{\sqrt{x^2-a^2}} + \ln|x+\sqrt{x^2-a^2}| + C.$

47. $\int \frac{dx}{x\sqrt{x^2-a^2}} = \frac{1}{a}\arccos\frac{a}{|x|} + C.$

48. $\int \frac{dx}{x^2\sqrt{x^2-a^2}} = \frac{\sqrt{x^2-a^2}}{a^2x} + C.$

49. $\int \sqrt{x^2-a^2}dx = \frac{x}{2}\sqrt{x^2-a^2} - \frac{a^2}{2}\ln|x+\sqrt{x^2-a^2}| + C.$

50. $\int \sqrt{(x^2-a^2)^3}dx = \frac{x}{8}(2x^2-5a^2)\sqrt{x^2-a^2} + \frac{3}{8}a^4\ln|x+\sqrt{x^2-a^2}| + C.$

51. $\int x\sqrt{x^2-a^2}dx = \frac{1}{3}\sqrt{(x^2-a^2)^3} + C.$

52. $\int x^2\sqrt{x^2-a^2}dx = \frac{x}{8}(2x^2-a^2)\sqrt{x^2-a^2} - \frac{a^4}{8}\ln|x+\sqrt{x^2-a^2}| + C.$

53. $\int \frac{\sqrt{x^2-a^2}}{x}dx = \sqrt{x^2-a^2} - a\arccos\frac{a}{|x|} + C.$

54. $\int \frac{\sqrt{x^2-a^2}}{x^2}dx = -\frac{\sqrt{x^2-a^2}}{x} + \ln|x+\sqrt{x^2-a^2}| + C.$

八、含有$\sqrt{a^2-x^2}\,(a>0)$的积分

55. $\int \frac{dx}{\sqrt{a^2-x^2}} = \arcsin\frac{x}{a} + C.$

56. $\int \frac{dx}{\sqrt{(a^2-x^2)^3}} = \frac{x}{a^2\sqrt{a^2-x^2}} + C.$

57. $\int \frac{x}{\sqrt{a^2-x^2}}dx = -\sqrt{a^2-x^2} + C.$

58. $\int \frac{x}{\sqrt{(a^2-x^2)^3}}dx = \frac{1}{\sqrt{a^2-x^2}} + C.$

59. $\int \frac{x^2}{\sqrt{a^2-x^2}}dx = -\frac{x}{2}\sqrt{a^2-x^2} + \frac{a^2}{2}\arcsin\frac{x}{a} + C.$

60. $\int \frac{x^2}{\sqrt{(a^2-x^2)^3}}dx = \frac{x}{\sqrt{a^2-x^2}} - \arcsin\frac{x}{a} + C.$

61. $\int \frac{dx}{x\sqrt{a^2-x^2}} = \frac{1}{a}\ln\frac{a-\sqrt{a^2-x^2}}{|x|} + C.$

62. $\int \frac{dx}{x^2\sqrt{a^2-x^2}} = -\frac{\sqrt{a^2-x^2}}{a^2x} + C.$

63. $\int \sqrt{a^2-x^2}dx = \frac{x}{2}\sqrt{a^2-x^2} + \frac{a^2}{2}\arcsin\frac{x}{a} + C.$

64. $\int \sqrt{(a^2-x^2)^3}dx = \frac{x}{8}(5a^2-2x^2)\sqrt{a^2-x^2} + \frac{3}{8}a^4\arcsin\frac{x}{a} + C.$

65. $\int x\sqrt{a^2-x^2}\,dx=-\frac{1}{3}\sqrt{(a^2-x^2)^3}+C.$

66. $\int x^2\sqrt{a^2-x^2}\,dx=\frac{x}{8}(2x^2-a^2)\sqrt{a^2-x^2}+\frac{a^4}{8}\arcsin\frac{x}{a}+C.$

67. $\int\frac{\sqrt{a^2-x^2}}{x}\,dx=\sqrt{a^2-x^2}-a\ln\frac{a+\sqrt{a^2-x^2}}{|x|}+C.$

68. $\int\frac{\sqrt{a^2-x^2}}{x}\,dx=-\frac{\sqrt{a^2-x^2}}{x}-\arcsin\frac{x}{a}+C.$

九、含有$\sqrt{\pm ax^2+bx+c}\,(a>0)$的积分

69. $\int\frac{dx}{\sqrt{ax^2+bx+c}}=\frac{1}{\sqrt{a}}\ln|2ax+b+2\sqrt{a}\sqrt{ax^2+bx+c}|+C.$

70. $\int\sqrt{ax^2+bx+c}\,dx=\frac{2ax+b}{4a}\sqrt{ax^2+bx+c}+\frac{4ac-b^2}{8\sqrt{a^3}}\ln|2ax+b+$

$2\sqrt{a}\sqrt{ax^2+bx+c}|+C.$

71. $\int\frac{x}{\sqrt{ax^2+bx+c}}=\frac{1}{a}\sqrt{ax^2+bx+c}-\frac{b}{2\sqrt{a^3}}\ln|2ax+b+$

$2\sqrt{a}\sqrt{ax^2+bx+c}|+C.$

72. $\int\frac{dx}{\sqrt{c+bx-ax^2}}=\frac{1}{\sqrt{a}}\arcsin\frac{2ax-b}{\sqrt{b^2+4ac}}+C.$

73. $\int\sqrt{c+bx-ax^2}\,dx=\frac{2ax-b}{4a}\sqrt{c+bx-ax^2}+\frac{b^2+4ac}{8\sqrt{a^3}}\arcsin\frac{2ax-b}{\sqrt{b^2+4ac}}+C.$

74. $\int\frac{x}{\sqrt{c+bx-ax^2}}\,dx=-\frac{1}{a}\sqrt{c+bx-ax^2}+\frac{b}{2\sqrt{a^3}}\arcsin\frac{2ax-b}{\sqrt{b^2+4ac}}+C.$

十、含有$\sqrt{\frac{a\pm x}{b\pm x}}$或$\sqrt{2(x-a)(b-x)}$的积分

75. $\int\sqrt{\frac{x+a}{x+b}}\,dx=\sqrt{(x+a)(x+b)}+(a-b)\ln(\sqrt{x+a}+\sqrt{x+b})+C.$

76. $\int\sqrt{\frac{a-x}{b+x}}\,dx=-\sqrt{(a-x)(b+x)}+(a+b)\arcsin\sqrt{\frac{b+x}{a+b}}+C.$

77. $\int\sqrt{\frac{x+a}{b-x}}\,dx=-\sqrt{(x+a)(b-x)}-(a+b)\arcsin\sqrt{\frac{b-x}{a+b}}+C.$

78. $\int\frac{dx}{\sqrt{(x-a)(b-x)}}=2\arcsin\sqrt{\frac{x-a}{b-a}}+C\quad(a<b).$

十一、含有三角函数的积分

79. $\int\sin x\,dx=-\cos x+C.$

80. $\int\cos x\,dx=\sin x+C.$

81. $\int \tan x\mathrm{d}x = -\ln|\cos x| + C.$

82. $\int \cot x\mathrm{d}x = \ln|\sin x| + C.$

83. $\int \sec x\mathrm{d}x = \ln|\sec x + \tan x| + C = \ln\left|\tan\left(\frac{\pi}{4} + \frac{x}{2}\right)\right| + C.$

84. $\int \csc x\mathrm{d}x = \ln|\csc x - \cot x| + C = \ln\left|\tan\frac{x}{2}\right| + C.$

85. $\int \sec^2 x\mathrm{d}x = \tan x + C.$

86. $\int \csc^2 x\mathrm{d}x = -\cot x + C.$

87. $\int \sec x\tan x\mathrm{d}x = \sec x + C.$

88. $\int \csc x\cot x\mathrm{d}x = -\csc x + C.$

89. $\int \sin^2 x\mathrm{d}x = \frac{x}{2} - \frac{1}{4}\sin 2x + C.$

90. $\int \cos^2 x\mathrm{d}x = \frac{x}{2} + \frac{1}{4}\sin 2x + C.$

91. $\int \sin^n x\mathrm{d}x = -\frac{1}{n}\sin^{n-1}x\cos x + \frac{n-1}{n}\int \sin^{n-2}x\mathrm{d}x.$

92. $\int \cos^n x\mathrm{d}x = -\frac{1}{n}\cos^{n-1}x\sin x + \frac{n-1}{n}\int \cos^{n-2}x\mathrm{d}x.$

93. $\int \frac{\mathrm{d}x}{\sin^n x} = -\frac{1}{n-1}\frac{\cos x}{\sin^{n-1}x} + \frac{n-2}{n-1}\int \frac{\mathrm{d}x}{\sin^{n-2}x}.$

94. $\int \frac{\mathrm{d}x}{\cos^n x} = \frac{1}{n-1}\frac{\sin x}{\cos^{n-1}x} + \frac{n-2}{n-1}\int \frac{\mathrm{d}x}{\cos^{n-2}x}.$

95. $$\begin{aligned}\int \cos^m x\sin^n x\mathrm{d}x &= \frac{1}{m+n}\cos^{m-1}x\sin^{n+1}x + \frac{m-1}{m+n}\int \cos^{m-2}x\sin^n x\mathrm{d}x \\ &= -\frac{1}{m+n}\cos^{m+1}x\sin^{n-1}x + \frac{n-1}{m+n}\int \cos^m x\sin^{n-2}x\mathrm{d}x.\end{aligned}$$

96. $\int \sin ax\cos bx\mathrm{d}x = -\frac{1}{2(a+b)}\cos(a+b)x - \frac{1}{2(a-b)}\cos(a-b)x + C \quad (a^2 \neq b^2).$

97. $\int \sin ax\sin bx\mathrm{d}x = -\frac{1}{2(a+b)}\sin(a+b)x - \frac{1}{2(a-b)}\sin(a-b)x + C \quad (a^2 \neq b^2).$

98. $\int \cos ax\cos bx\mathrm{d}x = \frac{1}{2(a+b)}\sin(a+b)x + \frac{1}{2(a-b)}\sin(a-b)x + C \quad (a^2 \neq b^2).$

99. $\int \frac{\mathrm{d}x}{a + b\sin x} = \frac{2}{\sqrt{a^2 - b^2}}\arctan\frac{a\tan\frac{x}{2} + b}{\sqrt{a^2 - b^2}} + C \quad (a^2 > b^2).$

100. $\int \frac{\mathrm{d}x}{a + b\sin x} = \frac{1}{\sqrt{b^2 - a^2}}\ln\left|\frac{a\tan\frac{x}{2} + b - \sqrt{b^2 - a^2}}{a\tan\frac{x}{2} + b + \sqrt{b^2 - a^2}}\right| + C \quad (a^2 < b^2).$

101. $\int \frac{dx}{a+b\cos x} = \frac{2}{a-b}\sqrt{\frac{a-b}{a+b}}\arctan\left(\sqrt{\frac{a-b}{a+b}}\tan\frac{x}{2}\right)+C \quad (a^2>b^2).$

102. $\int \frac{dx}{a+b\cos x} = \frac{1}{b-a}\sqrt{\frac{b-a}{b+a}}\ln\left|\frac{\tan\frac{x}{2}+\sqrt{\frac{a+b}{b+a}}}{\tan\frac{x}{2}-\sqrt{\frac{a+b}{b-a}}}\right|+C \quad (a^2<b^2).$

103. $\int \frac{dx}{a^2\cos^2 x+b^2\sin^2 x} = \frac{1}{ab}\arctan\left(\frac{b}{a}\tan x\right)+C.$

104. $\int \frac{dx}{a^2\cos^2 x-b^2\sin^2 x} = \frac{1}{2ab}\ln\left|\frac{b\tan x+a}{b\tan x-a}\right|+C.$

105. $\int x\sin ax\,dx = \frac{1}{a^2}\sin ax-\frac{1}{a}x\cos ax+C.$

106. $\int x^2\sin ax\,dx = -\frac{1}{a}x^2\cos ax+\frac{2}{a^2}x\sin ax+\frac{2}{a^3}\cos ax+C.$

107. $\int x\cos ax\,dx = \frac{1}{a^2}\cos ax+\frac{1}{a}x\sin ax+C.$

108. $\int x^2\cos ax\,dx = \frac{1}{a}x^2\sin ax+\frac{2}{a^2}x\cos ax-\frac{2}{a^3}\sin ax+C.$

十二、含有反三角函数的积分($a>0$)

109. $\int \arcsin\frac{x}{a}dx = x\arcsin\frac{x}{a}+\sqrt{a^2-x^2}+C.$

110. $\int x\arcsin\frac{x}{a}dx = \left(\frac{x^2}{2}-\frac{a^2}{4}\right)\arcsin\frac{x}{a}+\frac{x}{4}\sqrt{a^2-x^2}+C.$

111. $\int x^2\arcsin\frac{x}{a}dx = \frac{x^3}{3}\arcsin\frac{x}{a}+\frac{1}{9}(x^2+2a^2)\sqrt{a^2-x^2}+C.$

112. $\int \arccos\frac{x}{a}dx = x\arccos\frac{x}{a}-\sqrt{a^2-x^2}+C.$

113. $\int x\arccos\frac{x}{a}dx = \left(\frac{x^2}{2}-\frac{a^2}{4}\right)\arccos\frac{x}{a}-\frac{x}{4}\sqrt{a^2-x^2}+C.$

114. $\int x^2\arccos\frac{x}{a}dx = \frac{x^3}{3}\arccos\frac{x}{a}-\frac{1}{9}(x^2+2a^2)\sqrt{a^2-x^2}+C.$

115. $\int \arctan\frac{x}{a}dx = x\arctan\frac{x}{a}-\frac{a}{2}\ln(a^2+x^2)+C.$

116. $\int x\arctan\frac{x}{a}dx = \frac{1}{2}(a^2+x^2)\arctan\frac{x}{a}-\frac{a}{2}x+C.$

117. $\int x^2\arctan\frac{x}{a}dx = \frac{x^3}{3}\arctan\frac{x}{a}-\frac{a}{6}x^2+\frac{a^3}{6}\ln(a^2+x^2)+C.$

十三、含有指数函数的积分

118. $\int a^x dx = \frac{1}{\ln a}a^x+C.$

119. $\int e^{ax}dx = \frac{1}{a}e^{ax} + C.$

120. $\int xe^{ax}dx = \frac{1}{a^2}(ax - 1)e^{ax} + C.$

121. $\int x^n e^{ax}dx = \frac{1}{a}x^n e^{ax} - \frac{n}{a}\int x^{n-1}e^{ax}dx.$

122. $\int xa^x dx = \frac{x}{\ln a}a^x - \frac{1}{(\ln a)^2}a^x + C.$

123. $\int x^n a^x dx = \frac{1}{\ln a}x^n a^x - \frac{n}{\ln a}\int x^{n-1}a^x dx.$

124. $\int e^{ax}\sin bx dx = \frac{1}{a^2 + b^2}e^{ax}(a\sin bx - b\cos bx) + C.$

125. $\int e^{ax}\cos bx dx = \frac{1}{a^2 + b^2}e^{ax}(b\sin bx + a\cos bx) + C.$

126. $\int e^{ax}\sin^n bx dx = \frac{1}{a^2 + b^2n^2}e^{ax}\sin^{n-1}bx(a\sin bx - nb\cos bx) + \frac{n(n-1)b^2}{a^2 + b^2n^2}\int e^{ax}\sin^{n-2}bx dx.$

127. $\int e^{ax}\cos^n bx dx = \frac{1}{a^2 + b^2n^2}e^{ax}\cos^{n-1}bx(a\cos bx + nb\sin bx) + \frac{n(n-1)b^2}{a^2 + b^2n^2}\int e^{ax}\cos^{n-2}bx dx.$

十四、含有对数函数的积分

128. $\int \ln x dx = x\ln x - x + C.$

129. $\int \frac{dx}{x\ln x} = \ln|\ln x| + C.$

130. $\int x^n \ln x dx = \frac{x^{n+1}}{n+1}\left(\ln x - \frac{1}{n+1}\right) + C.$

131. $\int (\ln x)^n dx = x(\ln x)^n - n\int (\ln x)^{n-1}dx.$

132. $\int x^m (\ln x)^n dx = \frac{x^{m+1}}{m+1}(\ln x)^n - \frac{n}{m+1}\int x^m (\ln x)^{n-1}dx.$

附录 B　参考程序

1. 二分法求方程 $f(x) = x^3 - 2x - 5 = 0$ 在[2,3]内的根.(软件环境为 DOS3.3 以上操作系统以及 Turbo C 2.0 编译器.)

```
#include 〈stdio.h〉
#include 〈math.h〉
float f(float x)
{ return (x*x*x-2*x-5);
}
main( )
```

```
{ float a,b,c,x;
  scanf("%f%f%f",&a,&b,&c);
  if (f(a) * f(b) >= 0)
  { printf(" 不满足二分法条件,退出!");exit(0);}
    do
    {x = (a + b)/2;
    if (f(x) * f(b) < 0)
         a = x;
    else b = x;}
  while (fabs(b - a) <= c);
       x = (b + a)/2;
  print f("x = %f\n",x);
}
/* 输出结果如下:
当输入:2   3   0.00001
程序输出:x = 2.094 555
 */
```

2. 用牛顿法求方程 $f(x) = x^3 - x^2 - 1 = 0$ 的根.（与以上软件环境相同.）

```
# include 〈stdio. h〉
# include 〈math. h〉
# define N 100
# define epsilon 0.0001
float f(float x)
{ return (x * x * x - x * x - 1);}
  float f1 (float x)
  { return (3 * x * x - 2 * x);}
  main( )
  { int i;
  float x0,x1;
  printf ("please input x0:");
  scanf("%f",& x0);
  x1 = x0
  for (i = 0;i < N;i ++)
  { printf("x(%d) = %f\n",i,x1);
    x1 = x0 - f(x0)/f1(x0);
    if (fabs(x1 - x0) < epsilon || fabs (f(x1)) < epsilon)
         {printf ("\n The root of the equation is x = %f\n",x1);
    return;
}
x0 = x1;
```

```
}
printf ("After %d repeate, no solved! \n",N);
}
/* 输出结果如下:
当输入:1.5
程序输出:The root of the equation is x = 1.466 667 */
```

参 考 文 献

[1] 陈传璋,金福临,朱学贵等. 数学分析[M]. 2 版. 北京:高等教育出版社,1983.
[2] 周铭. 经济数学基础(一)[M]. 重庆:重庆大学出版社,2002.
[3] 余英,李开慧. 应用高等数学基础 [M]. 重庆:重庆大学出版社,2005.
[4] 刘树利,王家玉. 计算机数学基础[M]. 2 版. 北京:高等教育出版社,2004.
[5] 华东师范大学数学系. 数学分析[M]. 北京:高等教育出版社,2004.
[6] 盛祥耀. 高等数学[M]. 北京:高等教育出版社,2003.
[7] 宣明. 数学建模与数学实验[M]. 杭州:浙江大学出版社,2010.
[8] 宣立新. 高等数学[M]. 北京:高等教育出版社,2003.
[9] 周生银. 高等应用数学[M]. 重庆:西南师范大学出版社,2006.
[10] 冯宁. 高等数学(工科类)[M]. 北京:高等教育出版社,2005.
[11] 尹江艳,任路平. 高等应用数学基础[M]. 北京:原子能出版社,2007.
[12] 廖辉. 高等数学[M]. 成都:四川大学出版社,2007.
[13] 王宪杰,等. 高等数学典型应用实例与模型[M]. 北京:科技出版社,2005.
[14] 侯风波. 高等数学[M]. 北京:高等教育出版社,2003.
[15] 赵佳因. 高等数学[M]. 北京:北京大学出版社,2004.
[16] 柳重堪. 高等数学[M]. 北京:中央广播电视大学出版社,1999.
[17] 朱建国. 计算机应用数学[M]. 北京:高等教育出版社,2008.
[18] 中山大学数学力学系. 概率论与数理统计[M]. 北京:高等教育出版社,1984.
[19] 徐洁磐. 离散数学导论[M]. 2 版. 北京:高等教育出版社,1991.
[20] 魏莹. 计算机应用数学[M]. 武汉:华中科技大学出版社,2010.
[21] 王礼萍. 离散数学简明教程[M]. 北京:清华大学出版社,2005.
[22] 贾振华. 离散数学[M]. 北京:中国水利水电出版社,2004.
[23] 邹阿金. 离散数学典型例题与解法[M]. 北京:国防科技大学出版社,2003.
[24] 方景龙,王毅刚. 应用离散数学[M]. 北京:人民邮电出版社,2005.
[25] 石生明. 近世代数初步[M]. 北京:高等教育出版社,2002.
[26] 赵占兴. 计算机应用数学[M]. 大连:大连理工大学出版社,2011.
[27] 邓永录. 应用概率及其理论基础[M]. 北京:清华大学出版社,2005.

计算机应用数学考试大纲

I 课程性质与设置目的

（一）课程性质与特点

本书立足于应用型人才培养，以应用计算机数学的基础为编写框架，作为计算机基础应用数学为课程设置目标，以达到学生掌握基本的应用.

本书特色：函数、极限和连续，介绍函数、极限、连续及其相关的基本概念、性质和计算.

（二）本课程的基本要求

通过本课程的学习，要求学生达到如下几点：

1. 系统地学习和掌握数学的主要基础知识，掌握微积分相关知识、掌握函数与极限、导数与微分、中值定理与导数的应用、不定积分、定积分、常微分方程简介、无穷级数相关知识.

2. 掌握线性代数相关知识、掌握行列式、矩阵、向量与线性方程组、矩阵的特殊值、二次齐式相关知识.

3. 掌握计算方法的相关知识，掌握数值计算中的误差、非线性方程及方程组的解法、线性插值、数值积分的相关知识.

4. 掌握离散数学相关知识，掌握命题逻辑、一阶逻辑、集合的概念与运算、关系和函数、代数系统概述、几种典型的代数系统、图的基本概念、树、几类特殊的图、形式语言与计算机的相关知识.

5. 掌握概率论的相关知识、掌握随机事件与概率、随机变量与概率分布、随机变量的数字特征、大数定律与中心极限定理.

6. 掌握积分变换相关知识，掌握傅里叶变换、拉普拉斯变换、卷积分、Z 变换、小波变换相关知识.

（三）本课程与相关课程的联系

此书所包含的知识在广度与深度上都基本满足不同专业对数学的不同需要，微积分、线性代数是许多专业的都需要的基础课，计算方法、离散数学为计算机软件、硬件、网络、电视、通讯、电子技术、嵌入式系统、电子商务等专业设置. 积分变换为电视多媒体、网络电子通讯、等专业设置. 概率为通讯、网络、多媒体技术、信息管理、嵌入式系统电子商务等专业设置，积分变换为电视、多媒体、网络、电子、通讯等专业设置.

II　课程内容与考核目标

第 1 章　函数、极限和连续

(一)学习目的与要求

本章介绍了微积分的相关知识,微积分是高等数学中的一门重要的课程,初等数学与高等数学的区别不仅在研究的对象(前查研究常量,而后者研究变量)而且在研究方法上也有根本性的区别,微积分在与计算机相关的各专业中都有广泛应用.在这些专业中不仅道接应用微积分的结论,而且应用微积分中所提供的方法.本章是今后学习各章的基础.

要求对微积分的基础知识进行掌握,掌握函数与极限、导数与微分、中值定理与导数的应用、不定积分、定积分的相关知识.

(二)课程内容与考核知识点

1. 函数的概念及其性质

(1)函数的基本知识.

(2)函数的概念.

(3)函数的简单性质.

(4)反函数和复合函数.

(5)函数的四则运算.

(6)基本初等函数.

(7)初等函数.

2. 函数的极限

(1)数列的极限.

(2)函数的极限.

(3)函数极限的性质.

(4)无穷小量与无穷大量.

(5)极限的运算.

3. 函数的连续性

(1)函数连续的定义.

(2)函数的间断点.

(3)连续函数的性质.

(4)初等函数的连续性.

(5)闭区间上连续函数的性质.

(三)考核要求

要求熟练掌握函数的概念及其性质,能够掌握函数的极限运算,了解函数的连续性.

第 2 章　导数与微分

(一)学习目的与要求

本章应了解的是微分学是高等数学的重要组成部分,它的基本概念是导数和微分,而导数和微分的概念是建立在极限概念的基础上的,其基本任务是解决函数的变化率问题及函数的增量问题上. 本章将介绍函数的导数和微分的概念,以及计算导数与微分的基本公式和方法.

要求对学生对导数和微分的基本概念的熟练掌握,导数的基本公式与运算法则的运用以及特殊函数求导.

(二)课程内容与考核知识点

1. 导数的概念

(1)导数的引入.

(2)导数的概念.

(3)函数的可导性与连续性的关系.

2. 导数的基本公式和运算法则

(1)基本初等函数的导数公式.

(2)函数的和、差、积、商的求导法则.

(3)复合函数的求导法则

3. 特殊函数求导法及高阶导数

(1)隐函数求导法.

(2)对数求导法.

(3)由参数方程所确定的函数的求导法.

4. 函数的微分

(1)微分的概念.

(2)微分的计算.

(3)微分在近似计算中的应用.

第3章　导数的应用

(一)学习目的与要求

本章作为第2章内容的延续,主要是利用导数与微分这一方法来分析和研究函数的性质、图形和各种形态,这些基本的理论是微分学中的几个微分中值定理,学生一定要熟练掌握和基本运用.

要求学生熟练掌握并能基本运用.

(二)课程内容与考核知识点

1. 中值定理和洛必达法则

(1)中值定理.

(2)洛必达法则.

(3)在近似计算中需要注意的一些问题.

2. 函数的单调性和极值

(1)函数的单调性.

(2)函数的极值.

3. 函数的凹凸性和拐点

(1)曲线的凹凸.

(2)拐点.

4. 函数的最值

第 4 章 积分及其应用

（一）学习目的与要求

本章介绍原函数与不定积分的概念、基本积分公式、换元积分法、分部积分法、定积分的概念与性质、微积分基本定理、定积分的换元积分法和分部积分法、定积分的应用及反常积分初步.

要求熟练掌握积分、不定积分的概念、公式、换镇子积分法及分部积分法等.

（二）课程内容与考核知识点

1. 不定积分

（1）不定积分的概念与性质.

（2）不定积分的换元法.

（3）不定积分的分部积分法及积分表的使用.

2. 定积分

（1）定积分概念的引入.

（2）牛顿－莱布尼兹公式.

（3）定积分的换元积分法和分部积分法.

3. 定积分的几何应用

（1）定积分的几何意义.

（2）定积分的微元分析法.

（3）利用定积分计算面积与体积

4. 均值计算

5. 微分方程

（1）微分方程的概念.

（2）微分方程的积分解法与代数解法.

第 5 章　矩阵化建模技术

（一）学习目的与要求

本章介绍矩阵的概念及运算，矩阵的初等变换及逆矩阵，矩阵化建模技术的应用.

要求熟练掌握矩阵与逆矩阵的运算、矩阵的初等变换及其在计算机技术中的应用，了解特殊矩阵的运算、矩阵化技术的应用、矩阵形式的模型建立.

（二）课程内容与考核知识点

1. 矩阵

（1）矩阵的概念.

（2）几种特殊矩阵.

（3）矩阵的运算.

（4）矩阵与逆距阵.

（5）矩阵与行列式.

2. 矩阵的初等变换

（1）初等变换的形式.

(2)初等矩阵.

(3)矩阵的秩.

(4)初等变换求逆矩阵.

(5)线性方程组的矩阵形式.

3. 矩阵化技术的应用

(1)线性方程组的解法.

(2)计算机技术中的应用.

(3)矩阵形式的模型建立.

(三)考核要求

熟练掌握矩阵的概念、运算方法、矩阵与逆矩阵、矩阵与行列式,能够熟练运用消元法等方法解初等矩阵,了解特殊矩阵的有关解法.

第 6 章　行列式、矩阵与线性方程组

(一)学习目的与要求

本章介绍了二、三阶行列式及 n 阶行列式的性质、矩阵的概念及其运算、逆矩阵、矩阵的秩与初等变换、一般线性方程组解的讨论.

要求对掌握二、三阶行列式的性质及运用克莱姆法则,利用 n 阶行列式可求 n 元线性方程组的解,掌握矩阵和逆矩阵的概念及运用矩阵、逆矩阵解线性方程组.

(二)课程内容与考核知识点

1. 二、三阶行列式

(1)二阶行列式.

(2)三阶行列式.

(3)三阶行列式的性质.

2. n 阶行列式

(1)n 阶行列式.

(2)克莱姆法则.

3. 矩阵的概念及其运算

(1)矩阵的概念.

(2)矩阵的加法与减法、数与矩阵相乘.

(3)矩阵与矩阵相乘.

4. 逆矩阵

(1)逆矩阵的概念.

(2)逆矩阵的求法.

(3)用逆矩阵解线性方程组.

5. 矩阵的秩与初等变换

(1)矩阵的秩.

(2)矩阵的初等变换.

(3)利用初等变换解线性方程组.

2. 一般线性方程组解的讨论

(1)非齐次线性方程组

(2)齐次线性方程组

(三)考核要求

要求熟练掌握二、三阶行列式及 n 阶行列式的运算方法，掌握逆矩阵和矩阵的概念及性质，并运用克来姆法则及利用 n 阶行列式求 n 元线性方程组的解.

识记：掌握傅里叶积分的相关知识.

第7章　计算方法初步

(一)学习目的与要求

通过对计算方法的初步学习，能够利用计算器、电子计算机等计算工具来求出数学问题的数值近似解，并对算法的收敛性、稳定性和误差进行分析、计算.

要求熟练掌握计算方法，包括误差的来源与分类、绝对误差、相对误差和有效数字、误差的危害与防止、一元非线性方程的解法、插值法和曲线拟合、数值积分.

(二)课程内容与考核知识点

1. 误差

(1)误差的来源与分类.

第8章　计算实验

(三)学习目的与要求

通过计算实验，实现真正将前面所学的知道用于实际运算中，使学生加深记忆，巩固消化计算机应用数学知识，为以后的学习、研究和工作提供必要的基础积累.

要求在老师的指导下，学生可以独立完成本章的实验.

1. MATLAB 基础

(1)MATLAB 工作界面.

(2)变量、函数与表达式.

(3)符号运算.

(4)函数 M 文件.

(5)关系与逻辑运算.

2. 初等函数的图形绘制

(1)实验目的.

(2)预备知识.

(3)实验内容与要求.

(4)操作提示.

3. 微积分的基本计算及幂级数展开

(1)实验目的.

(2)预备知识.

(3)实验内容与要求.

(4)操作提示.

4. 行列式、矩阵及线性方程组

(1)实验目的.

(2)预备知识.

(3)实验内容与要求.

(4)操作提示.

5. 插值法与网线拟合、最小二乘法

(1)实验目的.

(2)预备知识.

(3)实验内容与要求.

(4)操作提示.

III　关于大纲的说明与考核实施要求

(一)关于"课程内容与考核目标"中有关提法的说明

根据大纲提出的知识点和学习要求,参考"熟练"和"了解"层次,进行相应的课识调整.

(二)关于自学习教材

选用吕洋波老师主编,经由哈尔滨工程大学出版社出版的《计算机应用数学》.

(三)自学方法的指导

本课程作为一门专业课程,内容多、难度大,自学者在自学过程中应注意以下几点:

1. 在学习前,应仔细阅读课程大纲的第一部分,了解课程的性质、地位、任务,熟知课程的基本要求以及本课程与有关课程的联系,使以后的学习能紧紧围绕课程的基本要求.

2. 在阅读某一章教材内容前,应先查阅考试大纲中关于该章的考核知识点、自学要求和考核要求,注意对各知识点的能力层次要求,以便在阅读教材时做到心中有数,有的放矢.

3. 阅读教材时,要逐段细读,逐句推敲,集中精力,吃透每个知识点,对基本概念必须深刻理解,对基本理论必须彻底弄清,对基本方法和基本技术必须牢固掌握,在阅读中遇有个别细节问题不清楚,在不影响学习新内容的情况下,可暂时搁置

4. 在学完教材的每一节内容后,应认真做好教材中的有关习题和思考题,这是帮助考生理解、消化和巩固所学知识、培养分析问题、解决问题能力的重要环节. 必须引起极大的注意.

(四)对社会助学的要求

1. 应熟知考试大纲对课程所提出的总的要求和各章的知识点.

2. 应掌握各知识点要求达到的层次,并深刻理解对各知识点的考核要求.

3. 辅导时应以指定的教材为基础,考试大纲为依据,不要随意增删内容,以免与考试大纲脱节.

4. 辅导时应对学生进行学习方法的指导,提倡学生"认真阅读教材,刻苦钻研教材,主动提出问题,依靠自己学通"的学习方法.

5. 辅导时要注重基础、突出重点,要帮助考生对课程内容建立一个整体的概念,对考生提出的问题,应以启发引导为主.

6. 注意对考生能力的培养,特别是自学能力的培养,要引导考生逐步学会独立学习,在自学过程中善于提出问题、分析问题、做出判断和解决. 要注意培养考生实验操作的能力

7. 要考生了解试题难易与能力层次高低两者不完全是回事,在各个能力层次中都存在

着不同难度的试题.

（五）关于命题和考试的若干规定

本大纲各章所提到的考核要求中，各条细目都是考试的内容，试题覆盖到章，适当突出重点章节，加大重点内容的覆盖密度.

2. 试题难易程度要合理，可分为四档：易、较易、较难和难，这四档在各份试卷中所占的比例约为 2∶3∶3∶2.

3. 试题主要题型有：填空题、选择题、简答题、计算题及应用题等五种类型（见附录）

4. 本课程考试方式为闭卷、笔试，考试时间为 150 分钟. 试题分量应以中等水平的考生在规定时间内答完全部试题为度，评分采用百分制，60 分为及格.

附:考试题型举例

一、单项选择题(在每小题的四个备选项中只选出一个符合题目要求的项的代码,写在题干的括号里,错选、多选、未选的均无分)

1. 当 $x \to 0$ 时,下列各无穷小量与 x 相比是高阶无穷小量的是(　　)

A. $2x^2+x$　　B. $\sin x^2$　　C. $x+\sin x$　　D. $x^2+\sin x$

2. 当 $x \to 0$ 时,$\ln(1+x)$ 等价于(　　).

A. $1+x$　　B. $1-1/2x$　　C. x　　D. $1+\ln x$

二、填空题(在每小题的空格中填上正确的答案,错填、未填均无分)

1. 函数 $f(x)$ 在 $x=x_0$ 处连续是函数 $f(x)$ 在 $x=x_0$ 处有定义的________________条件.

2. 函数 $f(x)=|x|$ 在区间________________上是连续的.

三、简答题

1. 曲线 $y=x^{3/2}$ 上哪一点处的切线与直线 $y=3x-1$ 平等?

2. 讨论函数 $f(x)=x^3+6x^2-2$ 的单调性、凹凸性,并求出极值和拐点.

四、简单应用题

1. 要用薄铁皮造一圆柱体汽油筒,体积为 V,问底半径 r 和高 h 分别为多少时,才能使表面积最小? 这时底直径与高的比是多少?

2. 一正方体的棱长 $x=10$ cm,如果棱长增大 0.1 cm,求此正方体体积增加的精确值和近似值.

五、综合应用题

1. 用围墙围成面积为 216 m^2 的一块矩形土地,并在长边正中用一堵墙将其隔成两块,问这块地的长和宽选取多大尺寸,才能使所用建材最省?